高等院校教材

计算机教程

主 编 郭 梅

副主编 陈 莲 曹亦萍

科学出版社

北 京

内 容 简 介

本书根据教育部高等教育司组织制定的《高等学校文科计算机课程教学大纲》中公共基础部分教学内容的构架进行编写。包括计算机基础知识、多媒体技术基础、Windows XP 操作系统中文版、Word 2003 文字处理软件、Excel 2003 电子表格软件、PowerPoint 2003 演示文稿软件、计算机网络应用基础、常用工具软件等内容。

本书可供普通高等院校，尤其是政法类院校非计算机专业学生用作公共课教材，还可供从事政法工作的人员自学参考。

图书在版编目(CIP)数据

计算机教程/郭梅主编. —北京:科学出版社，2007

高等院校教材

ISBN 978-7-03-018600-3

Ⅰ. 计…　Ⅱ. 郭…　Ⅲ. 电子计算机-高等学校-教材　Ⅳ. TP3

中国版本图书馆 CIP 数据核字(2007)第 021856 号

责任编辑:孙明星　段博原　宛　楠 / 责任校对:刘小梅
责任印制:张克忠 / 封面设计:陈　敬

科 学 出 版 社 出版
北京东黄城根北街 16 号
邮政编码：100717
http://www.sciencep.com

北京市文林印务有限公司 印刷

科学出版社发行　各地新华书店经销

*

2007 年 3 月第 一 版　开本：787×1092 1/16
2007 年 3 月第一次印刷　印张：24
印数：1—3 500　　　字数：548 300

定价：30.00元

(如有印装质量问题，我社负责调换〈文林〉)

《计算机教程》编委会

主　编　郭　梅

副主编　（按姓氏笔划为序）

　　　　陈　莲　曹亦萍

编　者　（按姓氏笔划为序）

　　　　王　云　王立梅　王宝珠　李　鹏　李　激

　　　　张扬武　陈　莲　赵晶明　郭　梅　曹亦萍

前　言

21 世纪是信息化时代，计算机是采集、存储、加工、传递信息的重要工具，掌握计算机的基础知识及应用技能成为新时代人们的迫切需要，同时也是高等学校进行素质教育的重要内容之一。

本书根据教育部高等教育司组织制定的《高等学校文科计算机课程教学大纲》中公共基础部分教学内容的构架进行编写。为使学生走上社会工作岗位后，能够灵活应用所学的计算机知识，解决各种实际问题，本书从实用角度出发，选用了流行的 Windows XP 操作系统、Office 2003 办公软件以及常用工具软件为主要内容，充实了多媒体技术的内容，完善了网络应用的知识。本书详细叙述了各模块的具体功能、解决问题的具体步骤，除第 8 章外，各章之后附有"本章小结"及习题，便于学员掌握和巩固所学知识。

作为中国政法大学从事计算机基础教学和研究的一线教师，作者考虑到政法院校及相关专业学员的实际需要，在本书中列举了与法学相关的实例，这些实例代表性强、层次清晰、通俗易懂、图文并茂。作为教材，实例采用了虚拟数据。

全书共分为 8 章：

第 1 章　计算机基础知识。包括计算机概论、计算机常用的数制及字符编码、计算机系统的组成、计算机的主要技术指标、计算机病毒及其防治、计算机与法律问题。

第 2 章　多媒体技术基础。包括多媒体技术的基本概念、多媒体技术的发展历程、我国多媒体技术发展状况、多媒体技术的应用、多媒体关键技术、多媒体元素及处理、常用多媒体设备、流媒体、常用多媒体信息处理工具。

第 3 章　Windows XP 操作系统中文版。包括 Windows XP 的使用基础、文件与文件夹管理、磁盘管理、程序管理、应用程序间的数据交换、系统资源与环境设置、汉字输入法、联机帮助系统。

第 4 章　Word 2003 文字处理软件。包括基本操作、文本编辑、表格制作、图形对象的处理、模板与样式的使用、页面排版和打印。

第 5 章　Excel 2003 电子表格软件。包括 Excel 2003 的基础知识、基本操作、公式和函数、图表、数据库操作、链接数据、数据保护、工作簿的修订。

第 6 章　PowerPoint 2003 演示文稿软件。包括演示文稿的基本编辑、幻灯片的制作、放映、演示文稿的输出、应用。

第 7 章　计算机网络应用基础。包括计算机网络基础知识、网络协议及局域网的组建、Internet 应用基础。

第 8 章　常用工具软件。包括压缩软件 WinRAR、文件传输软件 FlashFXP、电子阅读工具 Adobe Reader。

本书可作为文科类专业，尤其是法学专业计算机公共基础课程教学使用，也可作为一般工作人员的自学参考书。

　　本书由郭梅任主编，陈莲、曹亦萍任副主编。第 1 章由王立梅编写，第 2 章由郭梅、李激编写，第 3 章由赵晶明、张扬武编写，第 4 章由曹亦萍编写，第 5 章由陈莲编写，第 6 章由王宝珠编写，第 7 章由王云编写，第 8 章由李鹏编写。

　　本书得到了中国政法大学有关部门领导的大力支持，计算机教研室张西咸教授、李国新教授、黄都培教授、雷光复教授等提出了宝贵意见，在此一并表示感谢。

　　由于时间仓促，加之编者水平有限，不足之处在所难免，敬请广大读者多提宝贵意见。

编者

2007 年 1 月

目　　录

第 1 章　计算机基础知识

电子数字计算机是 20 世纪重大科技发明之一，在它诞生至今短暂的半个多世纪中，计算机技术取得了迅猛的发展，它的应用领域也从最初的军事应用扩展到社会生产、生活的各个领域，有力地推动了信息化社会的发展。计算机已遍及机关、学校、企事业单位，成为信息社会必不可少的工具。

1.1　计算机概论

1.1.1　计算机发展简史

计算机是一种用机械或者电子技术来实现数学运算的计算工具。计算机的发展经历了三个阶段：近代计算机发展阶段（或称机械式计算机发展阶段）、现代计算机发展阶段（或称传统大型主机发展阶段）、计算机与通信相结合（微机及网络）发展阶段。

1. 近代计算机阶段

近代计算机是指具有完整含义的机械式计算机或机电式计算机。经历了大约 120 年的历史（1822~1944），其中最重要的代表人物是英国数学家查尔斯·巴贝奇（Charles Babbage，1792~1871。研制出差分机和分析机，为现代计算机设计思想的发展奠定了基础）。

2. 现代计算机阶段

现代计算机采用先进的电子技术来代替落后的机械或继电器技术，又称电子计算机。齿轮和继电器依次被电子管、晶体管、集成电路以及大规模和超大规模集成电路所取代，发展速度越来越快。按运算对象的不同，电子计算机分为数字电子计算机、模拟电子计算机和混合电子计算机三种。通常所说的电子计算机是指数字电子计算机。

现代计算机经历了半个多世纪的发展，这一时期的杰出代表人物是英国科学家艾兰·图灵（Alan Mathison Turing，1912~1954）和美籍匈牙利科学家冯·诺依曼（Von Neumann，1903~1957）。图灵在计算机科学方面的贡献主要有两个：一是建立图灵机模型，奠定了可计算理论的基础；二是提出图灵测试，阐述了机器智能的概念。冯·诺依曼对人类的最大贡献是对计算机科学、计算机技术和数值分析的开拓性工作，被誉为"计算机之父"。

根据所使用元器件的不同来划分，电子计算机先后经历了 4 个发展阶段。

1）第一代计算机

主要指 1946~1958 年间的计算机，人们通常把这一时期称之为电子管计算机时代。

此时计算机的逻辑元件采用电子管，主存储器采用磁鼓、磁芯，外存储器采用磁带。软件使用机器语言，20 世纪 50 年代中期开始使用汇编语言，但没有操作系统。

ENIAC 是第一台真正能够工作的电子计算机，但它还不是现代意义的计算机。ENIAC 能完成许多基本计算，如四则运算、平方立方、三角函数等。但是，它的计算需要人的大量参与，做每项计算之前技术人员都需要插拔许多导线，非常麻烦。

1946 年美国数学家冯·诺依曼看到计算机研究的重要性，立即投入到这方面的工作中，他提出了现代计算机的基本原理：存储程序控制原理。后来，人们把应用这种原理构造的计算机称作冯·诺依曼计算机。根据存储程序控制原理造出的新计算机 EDSAC（electronic delay storage automatic calculator）和 EDVAC（electronic discrete variable automatic computer）分别于 1949 和 1952 年在英国剑桥大学和美国宾夕法尼亚大学投入运行。EDVAC 是最先开始研究的存储程序计算机，这种机器里还使用了 10 000 只晶体管。但是由于一些原因，EDVAC 直到 1952 年才完成。EDSAC 是世界上第一台存储程序计算机，也是所有现代计算机的原型和范本。

随着军用和民用的发展，工业化国家的一批公司企业投入到计算机研究开发领域中，这可以看作是信息产业的开始。

早期的计算机只是解决各种计算问题的设备，而要使计算机能够解决具体问题，必须由用户编写出有关的程序，这在当时非常困难。人们需要用二进制编码形式写程序，既耗费日时，又容易出错。这种状况大大地限制了计算机的广泛应用。

20 世纪 50 年代前期，计算机领域的先驱者们就开始认识到这个问题的重要性。1954 年，IBM 公司约翰·巴克斯领导的小组开发出第一个得到广泛重视，并至今仍在使用的高级程序设计语言 FORTRAN。FORTRAN 语言的诞生使人们可以用比较习惯的符号形式描述计算过程，这大大地提高了程序开发效率，也使更多的人乐于投入到计算机应用领域的开发工作中。FORTRAN 语言推动着 IBM 的新机型 704 走向世界，使其成为当时最成功的计算机。

2）第二代计算机

主要指 1959～1964 年间的计算机，人们通常称这一时期为晶体管计算机时代。此时计算机的逻辑开关元件是半导体晶体管，使用磁芯作为主存储器，辅助存储器采用磁盘和磁带。计算机软件在这一阶段有了很大发展，出现了监控程序并发展为后来的操作系统，有了各种计算机语言。

在这一时期，计算机的应用已由军事领域和科学计算扩展到数据处理和事务处理。并且计算机体积减小，重量减轻，速度加快，可靠性增强。具有代表性的机器有 UNI-VACII、贝尔的 TRADIC、IBM 的 7090、7044 等。

3）第三代计算机

主要指 1965～1970 年间的计算机，人们通常称这一时期为集成电路计算机时代。此时的计算机使用中小规模集成电路作为逻辑开关元件，开始使用半导体存储器，辅助存储器仍以磁盘、磁带为主；外部设备种类和品种增加；开始走向系列化、通用化和标准化，操作系统进一步完善，高级语言数量增多。

这一时期的计算机主要用于科学计算、数据处理以及过程控制。计算机的体积、重量进一步减小，运算速度和可靠性有了进一步提高。代表性的机器有 IBM360 系列、Honey Well 6000 系列、富士通 F 230 系列等。

4）第四代计算机

主要指从 1971 年开始，至今仍在继续发展的计算机，人们通常称这一时期为大规模和超大规模集成电路计算机时代。这一代计算机使用大规模、超大规模集成电路作为逻辑开关元件，主存储器采用半导体存储器，辅助存储器采用大容量的软、硬磁盘，并开始引入光盘。外部设备有了很大发展，扫描仪、激光打印机、绘图仪等设备的应用逐渐普及。操作系统不断发展和完善，数据库管理系统进一步发展，软件行业已发展成为现代新型的工业部门。

20 世纪 60 年代末，随着半导体技术的发展，在一个集成电路芯片上能够制造出的电子元件数已经突破 1000 的数量级，这就使在一个芯片上做出一台简单的计算机成为可能。1971 年 Intel 公司的第一个微处理器芯片 4004 诞生，这是第一个做在一个芯片上的计算机（实际上是计算机的最基本部分 CPU），它预示着计算机发展的一个新阶段的到来。1976 年苹果计算机公司成立，它在 1977 年推出的 APPLE II 计算机是早期最成功的微型计算机。这种计算机性能优良、价格便宜，时价只相当于一台高档家电。这种情况第一次使计算机有可能走入小企业、商店、普通学校，甚至走入家庭成为个人生活用品。计算机在社会上扮演的角色从此发生了根本性的变化，它开始从科学研究和大企业应用的象牙塔中走了出来，逐渐演化成为普通百姓身边的普通用品。

在这个时期另一项有重大意义的发展是图形技术和图形用户界面技术。计算机诞生之初，使用的是字符命令形式，既复杂又不直观，不利于人机交互。Xerox（施乐）公司 Polo Alto 研究中心（PARC）在 70 年代末开发了基于窗口菜单按钮和鼠标器控制的图形用户界面技术，使计算机操作能够以比较直观的、容易理解的形式进行，为计算机的蓬勃发展做好了技术准备。1984 年，Apple 公司仿照 PARC 的技术开发了新型 Macintosh 个人计算机，采用了完全的图形用户界面，取得巨大成功。这个事件和 1983 年 IBM 推出的 PC/XT 计算机一起，启动了微型计算机蓬勃发展的大潮流。

从 20 世纪 80 年代后期开始，计算机发展进入了一个突飞猛进的时期。这种迅猛发展的动力是多方面的，包括：技术进步导致计算机的性能飞速提高和计算机的价格大幅度降低。在计算机领域有一条著名的定律，被称为"摩尔定律"，由美国人 G. Moore 在 1965 年提出。该定律说，同样价格的计算机核心部件 CPU 的性能大约 18 个月提高一倍。这个发展趋势已经延续了 30 多年。60 年代中期是 IBM 360 诞生的年代，那时计算机的一般价格在百万美元的数量级，性能为每秒十万到一百万条指令。而今天的普通微型机，每秒可以执行数亿条指令，价格还不到那时计算机的千分之一，而性能却超出大约一千倍。也就是说，在短短的几十年里，计算机的性能价格比提高了大约一百万倍。

5）新一代计算机

从 20 世纪 80 年代开始，日本、美国以及欧洲共同体（现欧盟）都相继开展了新一代计算机的研究。新一代计算机是把信息采集、存储、处理、通信和人工智能结合在一起的计算机系统，它不仅能进行一般信息处理，而且能面向知识处理，具有形式推理、联想、学习和解释能力，能帮助人类开拓未知的领域和获取新的知识。

新一代计算机的系统结构将突破传统的冯·诺依曼机器的概念，实现高度并行处理，其研究领域大体包括人工智能、系统结构、软件工程和支援设备，以及对社会的影响等。

3. 微型机及网络发展阶段

在计算机的发展历程中，微型机的出现开辟了计算机的新纪元。微型机因其体积小，结构紧凑而得名。它的一个重要特点是将中央处理器（CPU）制作在一块电路芯片上，这种芯片称作微处理器。根据微 CPU 的集成规模和处理能力，又形成了微型机的不同发展阶段。

1）第一代微型机（1971～1972）

1971 年美国 Intel 公司首先研制成功 4004 微处理器，它是一种 4 位微处理器，随后又研制出 8 位微处理器 Intel 8008。由这种 4 位或 8 位微处理器制成的微型机都属于第一代。

2）第二代微型机（1973～1977）

第二代微型机的微处理器都是 8 位的，但集成度有了较大提高。典型产品有 Intel 公司的 8080、Motorola 公司的 6800 和 Zilog 公司的 Z80 等处理器芯片。以这类芯片为 CPU 生产的微型机，其性能较第一代有了较大提高。

3）第三代微型机（1978～1981）

1978 年 Intel 公司生产出 16 位微处理器 8086，标志着微处理器进入第三代，其性能比第二代提高近 10 倍。典型产品有 Intel 8086、Z8000、M68000 等。用 16 位微处理器生产出的微型机支持多种应用，如数据处理和科学计算。

4）第四代微型机（1981 年至今）

随着半导体技术的发展，集成电路的集成度越来越高，众多的 32 位高档微处理器被研制出来，典型产品有 Intel 公司的 Pentium 系列；AMD 公司的 AMD K6、AMD K6-2；Cyrix 公司的 6X86 等。用 32 位微处理器生产的微型机，一般将归于第四代，其性能可与 20 世纪 70 年代的大中型计算机相媲美。

20 世纪 70 年代以来，计算机网络不断发展，经历了由简单到复杂、由低级到高级的发展过程。概括起来可分为 4 个阶段：

1）远程终端联机阶段

远程终端利用通信线路与大型主机相连，组成联机系统。

2）计算机网络阶段

自 1968 年美国 ARPAnet 运行以来，计算机通信网络技术得到迅速的发展。1972 年 Xerox 公司开发了以太网（ethernet）技术。此后，局域网（LAN）、城域网（MAN）、广域网（WAN）也不断地发展起来。

3）计算机网络互联阶段

1984 年国际标准化组织公布了开放系统互联参考模型，促进了网络互联的发展，出现了许多网间互联技术，如有综合业务数字网（ISDN）、光纤网等。

4）信息高速公路阶段

1993 年美国提出了"国家信息基础建设"计划（national information infrastructure，NII），掀起了信息高速公路的建设。即把计算机资源都用高速通信连起来，以便资源共享，提高国家的综合实力和人民的生活质量。

4．未来计算机的发展

从第一台计算机的诞生至今，计算机的体积不断变小，但性能、速度却在不断提高。然而人类的追求是无止境的，科学家们一刻也没有停止研究更好、更快、功能更强的计算机。从目前的研究方向看，未来计算机将向着以下几个方向发展。

1）超越冯·诺依曼结构

到目前为止，各种类型的计算机都属于冯·诺依曼型计算机，即采用存储程序和二进制编码。随着计算机应用领域的扩大，冯·诺依曼型计算机的工作方式逐渐显露出其局限性，所以科学家提出了制造非冯·诺依曼型计算机的设想。

自 20 世纪 60 年代起，人们从两个方向开始努力，一是创建新的程序设计语言，即"非冯·诺依曼语言"；二是在计算机元件方面，提出了与人脑神经网络相类似的新型超大规模集成电路的思想，即"分子芯片"。

"非冯·诺依曼语言"目前有三种：LISP、PROLOG 和 F.P.。LISP 语言使用最简单的词汇来表达非数值计算问题，具有自编译能力，广泛应用于数学中的微积分计算、定理证明、谓词演算和博弈论等，还扩展到计算机中进行符号处理、硬件描述和超大规模集成电路设计等。PROLOG 语言是一种逻辑程序设计语言，其核心思想是把程序设计变为逻辑设计，即程序等于逻辑，大大突破了传统程序设计的概念。PROLOG 语言在 20 世纪 70 年代受到冷落，但在 1982 年日本提出"第五代计算机"时，它成为核心语言，并成为与 LISP 语言并驾齐驱的人工智能语言。F.P. 语言由 IBM 公司的软件大师约翰·巴库斯（FORTRAN 语言的创建者）创建，它是一种供理论研究的理想语言，直到 20 世纪 90 年代还未广泛使用。

20 世纪 40 年代初，匹茨维纳等人把逻辑中的真假值与人类神经元的兴奋和抑制以及计算机的开关电路加以类比，创建了一门新学科——生物控制论，设想用计算机电子元器件的 0 和 1 的运算来逐渐接近人脑神经元的兴奋和抑制。然而人们发现，即使是超大规模集成电路芯片上的晶体管也无法与人脑的神经元相比。人脑的神经元有 1000 亿个，而每一个芯片上放置 2000 万个晶体管就几乎达到极限，两者相距 5000 倍。在 20 世纪 80 年代初，人们根据有机化合物分子结构存在着"键合"和"离散"两种状态，提出了生物芯片构想，并着手研究由蛋白质分子作为计算机元件的生物计算机。

2）生物计算机（分子计算机）

生物计算机在 20 世纪 80 年代中期开始研制，其最大特点是采用了生物芯片，它由生物工程技术产生的蛋白质分子构成。在这种芯片中，信息以波的形式传播，运算速度比当今最新一代计算机快 10 万倍，能量消耗仅相当于普通计算机的十分之一，并且拥有巨大的存储能力。由于蛋白质分子能够自我组合，再生新的微型电路，使得生物计算机具有生物体的一些特点，如能发挥生物本身的调节机能自动修复芯片发生的故障，还能模仿人脑的思考机制等。

3）光子计算机

光子计算机是利用光子取代电子进行数据运算、传输和存储。在光子计算机中，不同的波长表示不同的数据。这远胜于电子计算机中用"0"、"1"状态变化进行的二进制运算，可以对复杂度高、运算量大的任务实现快速的并行处理。光子计算机将使目前的运算速度呈指数上升。

4）量子计算机

把量子力学和计算机结合起来的可能性是 1982 年提出来的，是指利用处于多现实态下的原子作为数据进行运算。在某种条件下，原子世界存在着多现实态，即原子和亚原子粒子可以同时存在于此处或彼处，可以同时表现出高速和低速，可以同时向上或向下运动。如果用这些不同的原子状态分别代表不同的数字或数据，就可以利用一组具有不同潜在状态组合的原子，在同一时间对某个问题的可能答案进行探询，并最终使正确答案的组合被发现。

1.1.2　计算机的特点

计算机作为一种通用智能工具，具有以下特点。

1. 高速运算处理能力

计算机运算速度快，使得许多过去无法处理的问题都能得以及时解决。例如天气预报问题，要迅速分析大量的气象数据资料，才能作出及时的预报。若手工计算需十天半月才能发出，事过境迁，消息陈旧，就失去了预报的意义。现在用计算机只需十几分钟就可完成一个地区内数天的天气预报。

2. 高计算精确度能力

计算机具有其他计算工具无法比拟的计算精度，一般可达十几位，甚至几十位、几百位有效数字的精度。这样的计算精度能满足一般实际问题的需要。1949 年瑞特威斯纳（Reitwiesner）用 ENIAC 机把圆周率 π 算到小数点后 20 703 位，打破了著名数学家商克斯（W. Shanks）花了 15 年时间于 1873 年创下的计算圆周率 π 小数点后 707 位的记录。这样的计算精度是任何其他已知工具所不可能达到的。

3. 具有记忆和逻辑判断能力

计算机的存储系统具有存储和"记忆"大量信息的能力，能存储输入的程序和数据，保留计算结果。现代的计算机存储容量极大，一台计算机能轻而易举地将一个中等规模的图书馆的全部图书资料信息存储起来，而且不会"忘却"。人用大脑存储信息，随着脑细胞的老化，记忆能力会逐渐衰退，记忆的东西会逐渐遗忘，相比之下计算机的记忆能力是超强的。

计算机借助于逻辑运算，可以进行逻辑判断，并根据判断的结果自动地确定下一步该做什么，从而使计算机能解决各种不同的问题，具有很强的通用性。1976 年，美国数学家阿皮尔（K. Apple）和海肯（W. Haken）用计算机进行了上百亿次的逻辑判断，证明了很多个定理，解决了一百多年来未能解决的著名难题——四色问题（四色问题：对无论多么复杂的地图分区域填色时，为使相邻区域颜色不同，最多只需四种颜色）。

4. 有自动控制能力

计算机是个自动化电子装置，在工作过程中不需要人工干预，能自动执行存放在存储器中的程序。程序是人经过仔细规划事先设计好的，程序一旦设计好并输入计算机开始执行，计算机便成为人的替身，不知疲倦地工作起来。利用计算机这个特点，既可以让计算机去完成那些枯燥乏味、令人厌烦的重复性劳动，也可以让计算机控制机器深入到人类躯体难以胜任的、有毒的、有害的场所作业。

1.1.3　计算机的类型

计算机按其功能可分为专用计算机和通用计算机。专用计算机功能单一、适应性差，但是在特定用途下最有效、最经济、最快速。通用计算机功能齐全、适应性强，目前所说的计算机都是指通用计算机。

在通用计算机中，又可根据运算速度、输入输出能力、数据存储能力、指令系统的规模和机器价格等因素将其划分为巨型机、大型机、小型机、微型机、服务器及工作站等。

1. 巨型机

巨型机又称超级计算机，当代多称其为高性能计算机。其运算速度快，存储容量大，结构复杂，价格昂贵，主要用于尖端科学研究领域，如图 1-1 所示。

图 1-1　DC6600 巨型机

1）高性能计算机的发展

自 1964 年以后，高性能计算机经历了三个发展阶段：萌芽阶段、向量机鼎盛阶段和大规模并行处理机（MPP）蓬勃发展阶段。

· 萌芽阶段（1964～1975）

1964 年诞生的 CDC6600 被公认为世界上第一台巨型计算机，其运算速度为1Mflops。70 年代初研制成功 STAR-100 向量机，这是世界上最早的向量机。随后于1974 年，诞生了世界上最早的 SIMD 阵列计算机——ILLIAC-IV 并行机。

· 向量机阶段（1976～1990）

1976 年，CRAY 公司推出 CRAY-1 向量机，开始了向量机的蓬勃发展，其峰值速度为 0.1Gflops。至 1991 年，该公司研制的 Cray-YMP-C90 速度已达 16Gflops。

向量机处理极大地提高了计算机运算速度，但由于时钟周期已接近物理极限，向量计算机的进一步发展已经不太可能。

• MPP 阶段（1990 年至今）

就在传统向量机逐渐萎缩的同时，迎来了大规模并行处理 MPP 机蓬勃发展的时代。各种新技术层出不穷，大公司也纷纷介入。这一时期的代表机型有：1992 年，Intel 公司的 Paragon、TMC 公司的 CM-5；1993 年，Cray 公司的 T3D；1994 年，IBM 公司的 SP2；1996 年，Cray 公司的 T3E、Hitachi 公司的 SR2201。其中，1996 年 12 月宣布的 ASCI RED，运算速度超过了万亿次/秒。

2）我国高性能计算机发展历程

我国计算机产业起步较晚，但取得了可喜成绩。

我国从 1957 年开始研制通用数字电子计算机。1958 年 6 月，中国科学院计算所与北京有线电厂共同研制成功我国第一台计算机——103 型通用数字电子计算机；1960 年，我国第一台大型通用电子计算机——107 型通用电子数字计算机研制成功，主要用于弹道计算；1964 年，441B 全晶体管计算机研制成功；1965 年，中国第一台百万次集成电路计算机"DJS-II"型的操作系统编制完成；1977 年 4 月，安徽无线电厂、清华大学和四机部六所联合研制成功我国第一台微型计算机 DJS-050 机。

此外，我国高性能计算机系统的研制也取得了丰硕成果。

1983 年 12 月，银河-I 巨型计算机由国防科技大学计算机研究所研制成功，如图 1-2 所示，运算速度达到每秒 1 亿次。这是我国当时运算速度最快、存储容量最大、

功能最强的巨型计算机，标志着我国具备了研制高端计算机系统的能力，开始跨入世界研制巨型机的行列。此后，在 1992 年 11 月和 1997 年 6 月，银河-II 和银河-III 巨型计算机分别研制成功。银河-II 主机为我国高性能向量中央处理机共享主存耦合系统，各项技术指标达到了 80 年代中后期国际先进水平。银河-III 高性能计算机的研制成功，使中国成为世界上少数几个能研制和生产大规模并行计算机系统的国家之一。

图 1-2 银河-I 巨型计算机

2000 年，由 1024 个 CPU 组成的银河IV超级计算机系统问世，峰值性能达到每秒 1.0647 万亿次浮点运算，其各项指标均达到当时国际先进水平，使我国高端计算机系统的研制水平再上一个新台阶。

2002 年 8 月，世界上第一个万亿次机群系统——联想深腾 1800 出世，该机作为世界机群计算潮流的领导者，获得 2004 年国家科技进步二等奖。

2003 年 11 月，联想深腾 6800 问世把世界机群计算推向新的高峰。

2004 年 5 月，浪潮天梭 20000 以 56 180phH（每小时复合查询的处理能力）的测试成绩打破并刷新了全球商业智能计算世界纪录。

2004 年我国第一台每秒 11 万亿次的超级计算机曙光 4000A（如图 1-3 所示）的成功研制以及成功应用，使中国成为继美国、日本之后第三个能研制 10 万亿次商品化高性能计

图 1-3 曙光 4000A

算机的国家。在 2006 年 6 月 22 公布的全球超级计算机前 500 强排行榜中，曙光 4000A 位列第十，这是中国超级计算机得到国际同行认可的最好成绩。

2. 大型主机

大型机规模仅次于巨型机，有比较完善的指令系统和丰富的外部设备，主要用于计算中心和计算机网络中。如图 1-4 所示。

3. 小型机

小型机较之大型机成本较低，维护也较容易。小型机用途广泛，既可用于科学计算、数据处理，也可用于生产过程自动控制和数据采集及分析处理。如图 1-5 所示。

图 1-4　大型机 EDSAC　　　　　　　　　　　图 1-5　小型机

4. 微型机

微型机又称个人电脑 PC（personal computer）。20 世纪 70 年代后期，微型机的出现引发了计算机硬件领域的一场革命。如今微型机家族"人丁兴旺"。微型机采用微处理器、半导体存储器和输入输出接口等芯片组装，使得它较之小型机体积更小，价格更低，灵活性更好，可靠性更高，使用更加方便。如无特殊性说明，本书所指计算机均为微型机。

5. 工作站

20 世纪 70 年代后期出现了一种新型的计算机系统，称为工作站（WS）。工作站实际上是一台高档微机。其独到之处是易于联网，配有大容量主存，大屏幕显示器特别适合于 CAD/CAM 和办公自动化，典型产品有美国 SUN 公司的 SUN3、SUN4 等。

随着大规模集成电路的发展，目前的微型机与工作站乃至小型机之间的界限已不明显，现在的微处理器芯片速度已经达到甚至超过十年前的一般大型机 CPU 的速度。

6. 服务器

随着计算机网络的日益推广和普及，一种可供网络用户共享的、高性能的计算机应运而生，这就是服务器。服务器一般具有大容量的存储设备和丰富的外部设备，其上运行网络操作系统，要求较高的运行速度，对此很多服务器都配置了双 CPU。服务器上的资源可供网络用户共享。

1.1.4　计算机的应用

计算机的应用已渗透到人类社会的各个领域。从航天飞行到海洋开发，从产品设计到生产过程控制，从天气预报到地质勘探，从疾病诊疗到生物工程，从自动售票到情报检索等，都应用了计算机。计算机就像一台"万能"的问题解答机器，只要能够精确地进行公式化的问题，都可以放到计算机上加以解决。因而各行各业的人都可以利用计算机来解决各自的问题。

1）科学计算

科学计算，亦称数值计算，是指用计算机完成科学研究和工程技术中所提出的数学问题。计算机作为一个计算工具，科学计算是它最早的应用领域。

2）数据处理

数据处理，亦即信息处理，是指计算机对信息记录、整理、统计、加工、利用、传播等一系列活动的总称。所谓信息是指可以被传递、传播、传达，用可被感受的声音、图像、文字所表征，并与某些特定的事实、主题或事件相联系的消息、情报、知识。信息可以用数值、文字、图像、动画等多种形式的数据为载体。信息处理是目前计算机应用最广泛的领域。

3）自动控制

自动控制亦称过程控制或实时控制，是用计算机及时采集检测数据，按最佳值迅速对控制对象进行自动控制或自动调节。利用计算机进行过程控制，不仅大大提高了控制的自动化水平，而且大大提高了控制的及时性和准确性，从而能改善劳动条件，提高质量，节约能源，降低成本。实时控制系统是一种实时处理系统，对计算机的响应时间有一个较高的要求。实时处理系统指计算机对输入的信息以足够快的速度进行处理，并在一定的时间内作出某种反映或进行某种控制。目前在实时控制系统中广泛采用集散系统，即把控制功能分散给若干台微机担任，而操作管理则高度集中在一台高性能计算机上进行。

4）计算机辅助设计和辅助教育

计算机辅助设计（computer aided design，CAD）是利用计算机的计算、逻辑判断等功能，帮助人们进行产品和工程设计。在设计中可通过人—机交互更改设计和布局，反复迭代设计直至满意为止。它能使设计过程逐步趋向自动化，大大缩短设计周期，以增强产品在市场上的竞争力，同时也可节省人力和物力，降低成本，提高产品质量。计算机辅助设计和辅助制造（CAM）结合起来可直接把 CAD 设计的产品加工出来。近年来，各工业发达国家又进一步将计算机集成制造系统（computer integrated manufacturing system，CIMS）作为自动化技术的前沿、方向。CIMS 是集工程设计、生产过程控制、生产经营管理为一体的高度计算机化、自动化和智能化的现代化生产大系统。它是制造业的未来。

计算机辅助教育（computer based education，CBE）是计算机在教育领域中的应用，包括计算机辅助教学（CAI）、计算机辅助管理教学（CMI）。CAI 最大的特点是交互教学和个别指导，它改变了传统的教师在讲台上讲课而学生在课堂内听课的教学方式。CMI 是用计算机实现各种教学管理，如制定教学计划、课程安排、计算机评分、日常的教务管理等。

5）人工智能方面研究和应用（AI）

人工智能（artificial intelligence，AI）是使计算机能够模拟人类的智能活动，具有判断、理解、学习、图像识别、问题求解等能力。它是计算机应用的一个新领域，也是未来计算机发展的一个方向。人工智能的应用主要有机器人、专家系统、模式识别、智能检索等。

6）多媒体技术应用

多媒体技术就是一种以计算机技术为基础，并融合通信技术（电话、传真等）和大众传播技术（报纸、广播、电视等）为一体的，能够交互式处理数据、文字、声音和图形（图像）等多种媒体信息，并与实际应用紧密结合的一种综合性技术。详细内容参见第 2 章。

7）计算机网络通信

计算机网络是现代计算机技术与通信技术结合的产物。它以共享资源（硬件、软件和数据）和信息传递为目的，在网络协议的控制下，将地理上分散的许多独立的计算机连接在一起形成网络。详细内容参见第 7 章。

1.2　计算机常用的数制及字符编码

1.2.1　计算机中数的表示方法

1. 数制及数制的基与权

数制是人们利用符号来计数的科学方法。日常生活中会接触到不同的数制。例如，一周有 7 天，逢 7 进 1；一分钟有 60 秒，逢 60 进 1；常用的十进制，逢 10 进 1。而在计算机中，信息的存储和处理采用的是二进制，为了书写的方便还引入了八进制和十六进制。

在一个数制中，表示每个数位上可用字符的个数称为该数制的基数，例如，十进制中有 0 到 9 十个字符，基数为 10；二进制中只有 0 和 1 两个字符，基数为 2。数制中每一固定位置对应的单位值称为权。权是以基数为底的幂，指数自右向左递增加 1。

二进制（binary system）：使用的数字为 0 和 1，二进制数值中各位的权为以 2 为底的幂，如：

二进制数	1	0	0	1	1	0	1	1
各位的权	2^7	2^6	2^5	2^4	2^3	2^2	2^1	2^0

各位的权为 2^0，2^1，…，2^7，有时也顺次称其各位为 0 权位、1 权位、2 权位等。

十进制（decimal system）：使用的数字为 0、1、2、3、4、5、6、7、8、9，十进制值中各位的权为以 10 为底的幂，如：

十进制数	3	8	4	5	6	1	2	0
各位的权	10^7	10^6	10^5	10^4	10^3	10^2	10^1	10^0

各位的权为 10^0，10^1，…，10^7，有时又称为 0 权位、1 权位、2 权位……

以此类推，八进制（octave system）的基数为 8，使用的数字为 0、1、2、3、4、5、6、7，各位的权是以 8 为底的幂，即 8^0，8^1，8^2，8^3，…

十六进制（hexadecimal system）的基数为 16，使用的数为 0、1、2、3、4、5、6、7、8、9、A、B、C、D、E、F，各位的权是以 16 为底的幂，即，16^0，16^1，16^2，16^3，…。在十六进制中，A、B、C、D、E、F 分别对应 10 进制数中的 10、11、12、13、14、15。

十进制与二进制、八进制、十六进制的对应关系参见表 1-1。

表 1-1　各种进制的表示方法

十进制	二进制	八进制	十六进制	十进制	二进制	八进制	十六进制
0	0000	0	0	9	1001	11	9
1	0001	1	1	10	1010	12	A
2	0010	2	2	11	1011	13	B
3	0011	3	3	12	1100	14	C
4	0100	4	4	13	1101	15	D
5	0101	5	5	14	1110	16	E
6	0110	6	6	15	1111	17	F
7	0111	7	7	16	10000	20	10
8	1000	10	8				

2. 二进制数的特点

尽管人们习惯用十进制数，但计算机中采用二进制数。将八进制数、十六进制数引入计算机，主要是为了书写方便。

二进制数与其他数制相比，有以下特点：

（1）数制简单、容易表示。

二进制数只有"0"和"1"两种数字，任何具有两个不同稳定状态的元件，都可以用来表示二进制数的每一位。而制造具有两个稳定状态要比制造多个稳定状态（如 10 个稳定状态）的元件容易得多，如晶体管的导通和截止、电容的充电和放电、磁芯两个不同状态的磁化等。在计算机中通常采用电平的"高"、"低"或脉冲的"有"、"无"来分别表示"1"和"0"。这种简单的工作状态可靠性高，抗干扰能力强。

（2）运算规则简单。

二进制运算的规则非常简单，因此，在计算机中实现二进制运算的线路也大为简化。

（3）可以使用逻辑代数这一数学方式对计算机逻辑线路进行分析和综合，便于机器结构的简化。

3. 不同数制间的转换

在任一数制中，一个数都可用它的按权展开式表示，即

$$S = A_{n-1}r^{n-1} + A_{n-2}r^{n-2} + \cdots + A_i r^i + \cdots + A_1 r^1 + \cdots + A_{-(n-1)}r^{-(n-1)}$$

式中，r 为基数，如：

$(11101.1101)_2 = 1 \times 2^4 + 1 \times 2^3 + 1 \times 2^2 + 1 \times 2^0 + 1 \times 2^{-1} + 1 \times 2^{-2} + 1 \times 2^{-4}$

$(387.46)_{10} = 3 \times 10^2 + 8 \times 10^1 + 7 \times 10^0 + 4 \times 10^{-1} + 6 \times 10^{-2}$

$(346.1)_8 = 3 \times 8^2 + 4 \times 8^1 + 6 \times 8^0 + 1 \times 8^{-1}$

$(5f3b.ac)_{16} = 5 \times 16^3 + 15 \times 16^2 + 3 \times 16^1 + 11 \times 16^0 + 10 \times 16^{-1} + 12 \times 16^{-2}$

求出按权展开式的值就是该数转换为十进制的等价值。

十进制转换成二进制：整数用"除 2 取余"，小数用"乘 2 取整"的方法，如 $(14.35)_{10}$ 的转换方法如下：

```
2  14    取余数 ↑低位        0.35
2   7    0                   × 2
2   3    1                   0.70    0    ↑高位
2   1    1                   × 2
2   0    1    ↓高位          1.40    1
                             × 2
                             0.80    0
                             × 2
(14.35)₁₀=(1110.01011)₂      1.60    1
                             × 2            ↓低位
                             1.20    1
```

$(14.35)_{10} = (1110.01011)_2$

从上面可看出，转换后的小数部分有误差，一般转换到所要求的精度为止。

十六进制转换为二进制：不论是十六进制的整数或小数，只要把每一位十六进制数用相应的四位二进制代替即可，如：

$$(3AB.7E)_{16} = (0011\ 1010\ 1011.0111\ 1110)_2$$

二进制转换成十六进制：整数部分由小数点向左每 4 位一组，小数部分由小数点向右每 4 位一组，不足四位的补 0，然后用 4 位二进制对应的十六进制代替即可，如：

$$(101,1101,0101,1010.1011,01)_2 = (5D5A.B4)_{16}$$

$$\downarrow \quad\quad \downarrow \quad\quad \downarrow \quad\quad \downarrow \quad\quad \downarrow \quad\quad \downarrow$$

0101　1101　0101　1010　1011　0100 → 5 D 5 A B 4

为了便于区别不同数制表示的数，可以在数值后面用相应数值的字母表示，其中：H 表示十六进制数，Q 表示八进制数，B 表示二进制数，D（或不加标志）表示十进制数，如 64H、754Q、1101B、369D 分别表示十六进制的 64、八进制的 754、二进制的 1011 和十进制数 369。另外，规定当十六进制数以字母开头时，为了避免与其他字符相混，在书写时前面加一个数 0，如十六进制数 B9H，应写成 0B9H。

1.2.2　数据在计算机中的表示

1. 数据的概念

数据是可由人工或自动化手段加以处理的那些事实、概念、场景和指示的表示形式，包括符号、表格、声音、图形等等。

2. 数据的单位

二进制只有两个数码 0 和 1，任何形式数据都要靠 0 和 1 来表示。为了能有效地表示和存储不同形式的数据，计算机中使用了下列不同的数据单位：

1）位（bit）

位，音译为"比特"，简记为 b，是计算机存储数据、表示数据的最小单位。一个 bit 只能表示一个开关量，例如 1 代表"开关闭合"，0 代表"开关断开"。

2）字节（byte）

字节来自英文 Byte，音译为"拜特"，简记为 B。规定 1 个字节等于 8 个位，即 1Byte＝8bit。字节是重要的数据单位，表现如下：

计算机存储器是以字节为单位组织的，每个字节都有一个地址码（就像门牌号码一样），通过地址码可以找到这个字节，进而能存取其中的数据。

字节是计算机处理数据的基本单位，即以字节为单位解释信息。

计算机存储器容量大小是以字节数来度量的，除了 B 以外，经常使用的单位还有 KB（kilobytes）、MB（megabytes）、GB（gigabytes）、TB（terabytes）。

$$1KB = 2^{10}\,B$$
$$1MB = 2^{10}\,KB = 2^{20}\,B$$
$$1GB = 2^{10}\,MB = 2^{30}\,B$$
$$1TB = 2^{10}\,GB = 2^{40}\,B$$

3）字（word）

计算机一次存取、加工和传送的二进制数称为字。字长是计算机一次所能处理的实际位数，它决定了计算机数据处理的速度，因而是衡量计算机性能的一个重要标志。字长越长，性能越强。

1.2.3　计算机中的编码

任何形式的数据，无论是数字、文字、图形、图像、声音、视频，在计算机中都是采用二进制数码的组合来表示，称为二进制编码。

1. 二进制编码的十进制数

机器内部的数是采用二进制数，但输入、输出时通常还是采用十进制数，不过这样的十进制数是用二进制编码表示的，即一个十进制的数用 4 位二进制编码表示，这就是二进制编码的十进制数，简称 BCD 码（binary-coded decimal）。

　　4 位二进制有 16 种组合，原则上可任选其中的 10 种作为代码，分别代表十进制中 0～9 这 10 个数字。为便于记忆和比较直观，最常用的方法是 8421BCD 码，8、4、2、1 分别是 4 位二进制数的权值。

　　这种 BCD 码与十进制数的关系直观，其相互转换也很简单。

　　如十进制数的 25，用 BCD 码表示时，2 用 0010 代替，5 用 0101 代替，25 的 BCD 码表示应为 00100101（BCD）。可以看出，BCD 码只是用二进制代码表示的十进制数，它并不是等价的二进制数，25 的等价的二进制数应是 00011001。BCD 码和十六进制数也不同，十六进制与二进制都是进位计数制的一种，而 BCD 码仅仅是一种代码表示法。又如十进制数 125，其值与二、十六进制及 BCD 码的关系如下：

　　125（十进制数）　　　　　　01111101（二进制数）

　　7DH（十六进制数）　　　　　0001，0010，0101（BCD 代码）

　　BCD 码的优点是与十进制数转换方便，容易阅读；缺点是用 BCD 码表示的十进制数的数位要较纯二进制表示的十进制数位更长，使电路复杂性增加，运算速度减慢。

　　当希望计算机直接用十进制数进行运算时，应将数用 BCD 码来存储和运算。例如 4＋3，应是 0100＋0011＝0111。但若是改为 4＋8，直接运算结果为 0100＋1000＝1100，但从 BCD 数的运算来说应为 0001 0010，亦即十进制数 12。因此，在这种情况下，就要对二进制数的运算结果（1100）进行调整，使之符合十进制数的运算和进位规律。这种调整称为十进制调整。其内容有两条：

　　（1）若两个 BCD 数相加，结果大于 1001，亦即大于十进制数 9，则应作加 0110（即加 6）调整。

　　（2）若两个 BCD 数相加，结果在本位上并不大于 1001，但却产生了进位，相当于十进制运算大于等于 16，则也要作加 0110（加 6）调整。

　　如上面提到的 4＋8，直接运算结果为 0100＋1000＝1100，作加 6 调整后所得结果为 1100＋0110＝0001 0010，亦即十进制数 12，结果正确。因此，BCD 数运算一定要作十进制调整。

　　若是两个 BCD 数相减，则也要进行十进制调整，其规律是：数相减时，若低 4 位向高 4 位有借位，在低 4 位就要作减 0110（减 6）调整。

　　2. 字符编码

　　在计算机中，除数字外，还需处理各种字符，如字母、运算符号、标点符号等等。这些字符都要用代码来表示。最常用的代码是 ASCII 码（American standard code for information interchange，美国标准信息交换码），被国际标准化组织指定为国际标准。

　　标准 ASCII 码采用 7 位编码，最高位置 0，在数据传输时，该位常作奇偶校验位，以确定数据传输是否正确。标准 ASCII 码表见附录。

　　在标准 ASCII 码表中，由于采用 7 位二进制数对字符进行编码，共有 $2^7＝128$ 个不同的编码值，相应可以表示 128 个不同字符的编码。其中包含 34 个控制符的编码（00H～20H 和 7FH）和 94 个字符编码（21H～7EH）。例如，字母 "A" 的 ASCII 码值为 41H，"a" 的 ASCII 码值为 61H，等等。

3. 汉字编码

计算机在处理汉字信息时也要将其转化为二进制代码，这就需要对汉字进行编码。

1）国标码

计算机处理汉字所用的编码标准是我国于 1980 年颁布的国家标准 GB2312—80，即《中华人民共和国国家标准信息交换汉字编码》，简称国标码，其主要用途是用于汉字信息处理系统之间或者与通信系统之间进行信息交换。

在国标码表中，共收录了一、二级汉字和图形符号 7445 个。其中图形符号 682 个，包括数字、序号、罗马数字、英文字母、日文假名、俄文字母、汉字注音等；汉字字符 6763 个，包括一级汉字（常用汉字）3755 个，按汉语拼音字母顺序排列，二级汉字（不常用汉字）3008 个，按偏旁部首排列。

由于一个字节只能表示 256 种编码，显然不能完全表示汉字的国标码，因此一个国标码必须用两个字节来表示。

为了中英文兼容，国标 GB2312—80 中规定，国标码中的所有汉字和字符的每个字节的编码范围与 ASCII 码表中的 94 个字符编码相一致，所以，其编码范围是 2121H～7E7EH。

2）汉字输入码

汉字输入方法很多，如区位、拼音、五笔字型等。不同输入法有自己的编码方案，称为输入码。输入码进入机器后必须转换为机内码进行存储和处理。

3）机内码

机内码是指在计算机中表示一个汉字的编码。正是由于机内码的存在，输入汉字时就允许用户根据自己的习惯使用不同的汉字输入码，例如，拼音、五笔、自然、区位等，进入系统后再统一转换成机内码存储。

机内码一般都采用变形的国标码。所谓变形的国标码是国标码的另一种表示形式，即将每个字节的最高位置 1。这种形式避免了国标码与 ASCII 码的二义性，通过最高位来区别是 ASCII 码字符还是汉字字符。

4）汉字字形码

汉字字形码是一种用点阵表示汉字字形的编码，是汉字的输出形式。它把汉字按字形排列成点阵，常用的点阵有 16×16、24×24、32×32 或更高。一个 16×16 点阵的汉字字形要占用 32 个字节，24×24 点阵要占用 72 个字节……可见汉字点阵的信息量是非常大的。所有不同的汉字字体、字号的字形构成汉字库，一般存储在硬盘上，字库中存储了每个汉字的字形点阵代码，不同的字体（如宋体、仿宋、楷体等）对应着不同的字库。当要显示输出时先到字库中找到它的字形描述信息然后再把字形送到显示器输出。

1.3　计算机系统的组成

计算机系统包括硬件系统和软件系统两大部分。计算机工作时软硬件协同工作，二者缺一不可。

　　硬件（hardware）是构成计算机的物理装置，是看得见、摸得着的一些实实在在的有形实体。一个计算机硬件系统，从功能角度而言包含五大部件：运算器、控制器、存储器、输入设备和输出设备。

　　硬件是计算机能够运行的物质基础，计算机的性能，如运算速度、存储容量、计算精度、可靠性等，很大程度上取决于硬件的配置。只有硬件而没有任何软件支持的计算机称为裸机。

　　软件（software）是指使计算机运行需要的程序、数据和有关的技术文档资料。软件是计算机的灵魂，是发挥计算机功能的关键。有了软件，人们可以不必过多地去了解机器本身的结构与原理，可以方便灵活地使用计算机。软件屏蔽了下层的具体计算机硬件，形成一台抽象的逻辑计算机（也称虚拟机），它在用户和计算机硬件之间架起了桥梁。

　　在计算机系统中，有时硬件和软件之间并没有一条明确的分界线。一个由软件完成的操作也可以直接由硬件来实现，而一个由硬件所执行的指令也能够用软件来完成。软件和硬件之间的界线是经常变化的。今天的软件来完成的功能可能明天就由硬件来完成，反之亦然。

1.3.1　计算机硬件系统

　　硬件是组成计算机的物理实体，它提供了计算机工作的物质基础，人通过硬件向计算机系统发布命令、输入数据，并得到计算机的响应，计算机内部也必须通过硬件来完成数据存储、计算及传输等各项任务。无论是哪一种计算机，一个完整的硬件系统从功能角度而言必须包括运算器、控制器、存储器、输入设备和输出设备五部分，每个功能部件各尽其职、协调工作。微型计算机也是基于这五部分组成的，根据微型计算机的特点将硬件分为主机和外部设备两部分，如图 1-6 所示。

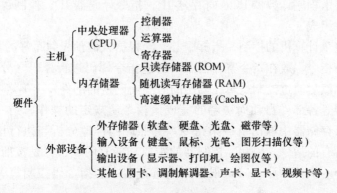

图 1-6　硬件基本结构

1. 中央处理器 CPU

中央处理器（central processing unit，CPU），又称为微处理器（MPU），是一个

超大规模集成电路器件，是微型计算机的心脏。它起到控制整个微型计算机工作的作用，产生控制信号对相应的部件进行控制，并执行相应的操作。不同型号的微型计算机，其性能的差别首先在于其微处理器性能的不同，而微处理器的性能又与它的内部结构、硬件配置有关。微处理器具有专门的指令系统，但无论哪种微处理器，其内部结构是基本相同的，主要由运算器、控制器及寄存器等组成。其中运算器用于对数据进行算术运算和逻辑运算，即数据的加工处理；控制器用于分析指令、协调 I/O 操作和内存访问；寄存器用于临时存储指令、地址、数据和计算结果。通常我们所说的 P Ⅲ、P Ⅳ等，都是指 CPU 的型号，如图 1-7 所示。CPU 型号决定计算机的型号和性能。

图 1-7　Pentium Ⅳ CPU

1）运算器

运算器又称为算术逻辑单元 ALU（arithmetic logic unit），用来进行算术、逻辑运算以及位移循环等操作。ALU 是一种以全加器为核心的具有多种运算功能的组合逻辑电路。通常，参加运算的两个操作数，一个来自累加器 A，另一个来自内部数据总线，可以是数据寄存器 DR（data register）中的内容，也可以是寄存器组 RA 中某个寄存器的内容。运算结果往往也送回累加器 A 暂存。为了反映数据经 ALU 处理之后的结果特征，运算器设有一个状态标志寄存器 F。

2）控制器

控制器（controller）是整个计算机的指挥中心，它负责从内存储器中取出指令并对指令进行分析、判断，根据指令发出控制信号，使计算机的有关设备有条不紊地协调工作，保证计算机能自动、连续地工作。

控制器主要由程序计数器 PC、寄存器 IR、指令译码器 ID、控制逻辑部件 PLA 和时序电路等部件组成。

控制器是整个计算机的控制、指挥中心，它根据人们预先编写好的程序，依次从存储器中取出各条指令，放在指令寄存器中，通过指令译码进行译码（分析），确定应该进行什么操作，然后通过控制逻辑在确定的时间向确定的部件发出确定的控制信号，使运算器和存储器等各部件自动而协调的完成该指令所规定的操作。当一条指令完成以后，再顺序地从存储器中取出下一条指令，并照此同样地分析与执行该指令。如此重复，直到完成所有的指令。因此，控制器的主要功能有两项：一是按照程序逻辑要求，控制程序中指令的执行顺序；二是根据指令寄存器中的指令码控制每一条指令的执行过程。

控制器中各部件的功能可以简单地归纳如下：

（1）程序计数器 PC。

程序计数器 PC 中存放着下一条指令在内存中的地址。控制器利用它来指示程序中指令的执行顺序。当计算机运行时，控制器根据 PC 中的指令地址，从存储器中取出将要执行的指令送到指令寄存器 IR 中进行分析和执行。

通常情况下，程序是按顺序逐条执行的。因此，PC 在大多数情况下，可以通过自动加 1 计数功能来实现对指令执行顺序的控制。当遇到程序中的转移指令时，控制器则会用转移指令提供的转移地址来代替原 PC 自动加 1 后的地址。这样，计算机就可以通过执行转移指令来改变指令的执行顺序。

（2）指令寄存器 IR。

指令寄存器 IR 用于暂存从存储器取出的将要执行的指令码，以保证在指令执行期间能够向指令译码器 ID 提供稳定可靠的指令码。

（3）指令译码器 ID。

指令译码器 ID 用于对指令寄存器 IR 中的指令进行译码分析，以确定该指令应执行什么操作。

（4）控制逻辑部件 PLA。

控制逻辑部件又称为可编程逻辑阵列 PLA。它依据指令译码器 ID 和时序电路的输出信号，用来产生执行指令所需的全部微操作控制信号，以控制计算机的各部件执行该指令所规定的操作。由于每条指令所执行的具体操作不同，所以每条指令都有一组不同的控制信号的组合，以确定相应的微操作系列。

（5）时序电路。

由于计算机工作是周期性的，取指令、分析指令、执行指令等一系列操作的顺序，都需要精确地定时。时序电路用于产生指令执行时所需的一系列节拍脉冲和电位信号，以定时指令中各种微操作的执行时间和确定微操作执行的先后次序。在微型计算机中，由石英晶体振荡器产生基本的定时脉冲。两个相邻的脉冲前沿的时间间隔称为一个时钟周期或个 T 状态，它是 CPU 操作的最小时间单位。

此外，还有地址寄存器 AR，它是用来保存当前 CPU 所要访问的内存单元或 I/O 设备的地址。由于内存和 CPU 之间存在着速度上的差别，所以必须使用地址寄存器来保持地址信息，直到内存读/写操作完成为止。数据寄存器 DR 用来暂存微处理器与存储器或输入/输出接口电路之间待传送的数据。地址寄存器 AR 和数据寄存器 DR 在微处理器的内部总线和外部总线之间，还起着隔离和缓冲的作用。

2. 存储器（memory）

存储器是有记忆能力的部件，用来存储程序和数据。存储器可分为两大类：内存储器和外存储器。内存储器简称内存，与 CPU 直接相连，存放当前要运行的程序和数据，故也称主存储器（简称主存）。它的特点是存取速度快，可与 CPU 处理速度相匹配，但价格较贵，能存储的信息量较少。外存储器简称外存，又称辅助存储器，主要用于保存暂时不用但又需长期保留的程序或数据。存放在外存的程序必须调入内存才能运行。外存的存取速度相对来说较慢，但外存价格比较便宜，可保存的信息量大。

1）内存储器

按其工作方式不同，内存可分为随机存取存储器 RAM（random access memory）和只读存储器 ROM（read only memory）。对存储器存入信息的操作称为写入（write），从存储器取出信息的操作称为读出（read）。执行读出操作后，原来存放的信息并不改变，只有执行了写入操作，写入的信息才会取代原先存放的内容。

RAM 是计算机工作的存储区，一切要执行的程序和数据都要先装入该存储器内。随机的含义是指既能从该设备中读出数据，也可以往里写入数据。CPU 在工作时直接从 RAM 中读数据，而 RAM 中的数据来自外存，并随着计算机的工作随时变化。RAM 的特点主要有两个：一是存储器中的数据可以反复使用，只有向存储器写入新数据时存储器中的内容才被更新；二是 RAM 中的信息随着计算机的断电自然消失，所以说 RAM 是计算机处理数据的临时存储区，要想使数据长期保存起来，必须将数据保存在外存中。

目前微型计算机中的 RAM 大多采用半导体存储器，因其外形是一条长方形的板卡，俗称内存条。其优点是扩展方便，用户可根据需要随时增加内存。常见的内存条容量有 128MB、256MB 和 512MB 等，如图 1-8 所示。使用时只要将内存条插在主板的内存插槽上即可。

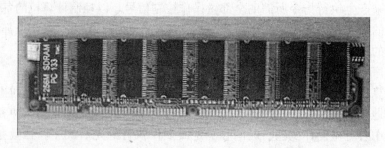

图 1-8　内存条

ROM 是指只能从该设备中读数据，而不能往里写数据。ROM 中的数据是由设计者和制造商事先编制好固化在里面的一些程序，用户不能随意更改。ROM 主要用于检查计算机系统的配置情况并提供最基本的输入/输出（I/O）控制程序，如存储 BIOS 参数的 CMOS 芯片。

ROM 的特点是，计算机断电后存储器中的数据仍然存在。

为了便于对存储器内存放的信息进行管理，整个内存被划分成许多存储单元，每个存储单元都有一个编号，此编号称为地址（address）。通常计算机按字节编址。地址与存储单元为一对一的关系，是存储单元的唯一标志。CPU 对存储器的读写操作都是通过地址来进行的。需要注意的是，存储单元的地址和该单元中所存放的内容是两个不同的概念。存储单元的地址以二进制数表示，称为地址码。地址码的长度（位数）表明了可以访问的存储单元的数目。

另外，为了提高 CPU 与主存之间的数据交换速度，在 CPU 和内存之间还设置了一级或两级高速小容量存储器，称之为高速缓冲存储器（Cache），固化在 CPU 内。在计算机工作时，系统先将数据由外存读入 RAM 中，再由 RAM 读入 Cache 中，然后 CPU 直接从 Cache 中取数据进行操作。Cache 的容量在 32～256KB 之间，存/取速度在 15～35ns 之间，而 RAM 存/取速度一般要大于 80ns。

计算机中的存储系统采用寄存器—高速缓存—主存—辅存的层次结构。

2) 外存储器

外存储器目前使用得最多的是磁介质存储器和光介质存储器两大类。磁介质存储器是将磁性材料沉积在盘片基体上形成记录介质，并在磁头与记录介质的相对运动中存取信息，常见的有软盘和硬盘两种。用于计算机系统的光介质存储器主要是光盘（optical disk），通常称为 CD（compact disk），光盘采用光学方式读写信息，存储的信息量较大。外存的存储介质需要通过机电装置才能存取信息，这些机电装置称为驱动器。

（1）磁介质存储器。

磁介质存储器常见的有软盘存储器和硬盘两种存储器。

① 软盘存储器。

软盘存储器由软盘、软盘驱动器和软盘适配器三部分组成，如图 1-9 所示。软盘是活动的存储介质，软盘驱动器是读写装置；软盘适配器是软盘驱动器与主机连接的接口。

软盘适配器与软盘驱动器安装在主机箱内，软盘驱动器插槽暴露在主机箱的前面板上，可方便地插入或取出软盘。

图 1-9　软盘驱动器及软盘

软盘的结构：

软盘是一种涂有磁性物质的聚酯薄膜圆型盘片，它被封装在一个方形的保护套中，构成一个整体。当软盘驱动器从软盘中读写数据时，软盘保护套被固定在软盘驱动器中，而封套内的盘片在驱动电机的驱动下进行旋转以便磁头进行读写操作。

软盘上有写保护口，主要用于保护软盘中的信息。一旦设置了写保护，就意味着只能从该软盘中读信息，而不能再往软盘上写信息。

目前常用的软盘直径为 3.5 英寸，存储容量为 1.44MB。

软盘片的存储格式：

软盘片存储信息是按磁道和扇区来存储的。磁道是由外向内的一个个同心圆，磁道号从外向内越来越大；每个磁道上又等分成若干个扇区；每个扇区可以存储若干个字节。扇区数与字节数由格式化程序来定。例如，1.44MB 软盘有 80 个磁道、每个磁道有 18 个扇区、每个扇区存储 512B，两面存储。

当软盘插入软盘驱动器后，驱动器的电机通过离合器带动盘片在封套内旋转。封套上开有一个读写槽，磁头通过读写槽沿着磁道移动进行读写。软盘驱动器转动磁盘的工作方式，就像在电唱机上播放唱片一样。

软盘的格式化：

新软盘在使用前必须进行格式化，格式化后才能被系统识别和使用。格式化的目的是对磁盘划分磁道和扇区，同时还将磁盘分成四个区域：引导扇区（BOOT）、文件分配表（FAT）、文件目录表（FDT）和数据区。

引导扇区用于存放系统的自引导程序，主要为启动系统和存放磁盘参数而设置。

文件分配表用于描述文件在软盘上的存放位置以及整个软盘扇区的使用情况。

文件目录表即根目录区，用于存放软盘根目录下所有文件名和子目录名、文件属性、文件在软盘上存放的起始位置、文件的长度及文件建立或修改的日期与时间等。

数据区即用户区，用于存放程序或数据（文件）。

软盘的技术指标：

面数：只用一面存储信息的软盘为单面软盘，双面存储信息的软盘称为双面软盘。

磁道：磁道是以盘片中心为圆心的一些同心圆。每一圆周为一个磁道，数据存储在磁道内。通常软盘的磁道数为80，磁道从0开始编号。

扇区：每个磁道被分成若干区域，每个区域为一个扇区。每个磁道上的扇区数可分为8、9、15或18，扇区编号从1开始。扇区是软盘的基本存储单位，每个扇区的存储容量为512B。

存储密度：存储密度分为道密度和位密度。道密度是指沿磁盘半径方向单位长度的磁道数，例如，3.5英寸软盘的存储密度为80道/inch。位密度是每个磁道内单位长度所能记录二进制数的位数。

容量：容量指软盘所能存储数据的字节数。存储容量通常指格式化容量，即软盘经格式化后的容量，例如，1.44MB等。

图1-10　硬盘存储器剖视图

② 硬盘存储器。

硬盘存储器包括硬盘驱动器和硬盘，密封在一个金属体内，一般置于主机箱中。硬盘由若干同样大小的、涂有磁性材料的铝合金圆盘片环绕一个共同的轴心组成。每个盘片上下两面各有一个读/写磁头，磁头传动装置将磁头快速而准确地移动到指定的磁道。其剖视图如图1-10所示。

硬盘的结构：

一个硬盘可以有1～10张甚至更多的盘片，所有的盘片串在一根轴上，两个盘片之间仅留出安置磁头的距离。柱面是存储器中的各硬盘盘片具有相同编号的磁道的集合。硬盘的容量取决于硬盘的磁头数、柱面数及每个磁道扇区数，由于硬盘一般均有多个盘片，所以用柱面这个参数来代替磁道。每一扇区的容量为512B，硬盘容量为：512×磁头数×柱面数×每道扇区数。

不同型号的硬盘其容量、磁头数、柱面数及每道扇区数均不同，主机必须知道这些参数才能正确控制硬盘的工作，因此安装新磁盘后，需要对主机进行硬盘类型的设置。此外，当计算机发生某些故障时，有时也需要重新进行硬盘类型的设置。

硬盘通常固定在主机箱内，常见容量有40GB、60GB甚至更大。当容量不足时，可再扩充硬盘。

硬盘的性能指标：

硬盘性能的技术指标一般包括存储容量、速度、访问时间及平均无故障时间等。

使用硬盘的准备工作：

使用新硬盘之前，必须做三件工作，硬盘的低级格式化、硬盘分区和硬盘的高级格式化。

• 硬盘的低级格式化

硬盘的低级格式化即硬盘的初始化，其主要目的是对一个新硬盘划分磁道和扇区，并在每个扇区的地址域上记录地址信息。初始化工作一般由硬盘生产厂家在硬盘出厂前完成，当硬盘受到破坏，或更改系统时，需进行硬盘的初始化。

初始化工作是由专门的程序来完成的，如 ROM-BIOS 中的硬盘初始化程序等，具体操作请参阅具体的使用说明书。

• 硬盘分区

初始化后的硬盘仍不能直接被系统识别使用，这是因为硬盘存储容量大，为了方便用户使用，系统允许把硬盘划分成若干个相对独立的逻辑存储区，每一个逻辑存储区称为一个硬盘分区。

对硬盘进行分区的主要目的是建立系统使用的硬盘区域，并将主引导程序和分区信息表写到硬盘的第一个扇区上。只有分区后的硬盘才能被系统识别使用，这是因为经过分区后的硬盘具有自己的名字，也就是通常所说的硬盘标识符，系统通过标识符访问硬盘。

硬盘分区工作一般也是由厂家完成，但由于计算机的不安全因素或病毒的侵害等有时要求用户重新对硬盘进行分区。硬盘分区操作也是由系统的专门程序完成的，如 DOS 下的 FDISK 命令、分区软件 Partition Magic 等，具体操作请参阅相关的使用说明书。

• 硬盘的高级格式化

硬盘建立分区后，使用前必须对每一个分区进行高级格式化，格式化后的硬盘才能使用。硬盘格式化的主要作用有两点：一是装入操作系统，使硬盘兼有系统启动盘的作用；二是对指定的硬盘分区进行初始化，建立文件分配表以便系统按指定的格式存储文件。

硬盘格式化是由格式化命令完成的，如 DOS 下的 FORMAT 命令。

注意：格式化操作会清除硬盘中原有的全部信息，所以在对硬盘进行格式化操作之前一定要做好备份工作。

（2）光介质存储器。

光介质存储器是利用光学方式进行读写信息的存储设备，主要由光盘、光盘驱动器和光盘控制器组成。光介质存储器最早用于激光唱机和影碟机，后来由于多媒体计算机的迅速发展，光介质存储器便在微型计算机系统中获得广泛的应用。

光盘是存储信息的介质，按用途可分为只读型光盘和可擦写型光盘两种。只读型光盘中包括 CD-ROM 和只写一次型光盘。CD-ROM 由厂家预先写入数据，用户不能修改，这种光盘主要用于存储文献和不需要修改的信息。只写一次型光盘的特点是可以由用户写入信息，但只能写入一次，写入后将永久存在盘上不可修改。可擦写型光盘类似于磁盘，可以重复读写，它的材料与只读型光盘有很大的不同，是磁光材料。目前微型计算机中常用的是 CD-ROM。光盘的主要特点是：存储容量大、可靠性高，一张 4.72

英寸 CD-ROM 的容量可达 650MB。只要存储介质不发生问题，光盘上的信息就永远存在。CD-ROM 驱动器是大容量的数据存储设备，又是高品质的音源设备，是最基本的多媒体设备。

（3）移动存储产品。

随着信息技术的不断发展，很多小巧、轻便的移动存储产品正在不断涌现和普及。

• 移动硬盘

移动硬盘以硬盘为存储介质，可随身携带，适于备份和传递是大容量数据，如图 1-11 所示。具有以下优点：

图 1-11　移动硬盘

容量大。目前移动硬盘能提供 20GB、40GB 甚至更高的存储容量，一定程度上满足了用户的需求。

传输速度快。移动硬盘大多采用 USB、IEEE1394 等传输速度较快的接口，能提供较高的数据传输速度。

使用方便。现在的 PC 机基本都配备了 USB 接口，在大多数版本的 Windows 操作系统中，大都不需要安装驱动程序，具有真正的"即插即用"特性，使用起来灵活方便。

可靠性高。移动硬盘多采用硅氧盘片，盘面平滑，坚固耐用，并且具有更大的存储容量和更好的可靠性，保护了数据的完整性。

• Flash 存储设备

Flash 存储设备是一种小体积的移动存储装置，其原理在于将数据储存于内置的闪存中，并利用 USB 接口以方便不同计算机间的数据交换，通常叫做闪盘或优盘，如图 1-12 所示。

具有保密功能的优盘通常使用两种方法来确保数据的安全。一是优盘锁，优盘锁是指用户可

图 1-12　朗科优盘

以对优盘设置密码，该密码存储在优盘内。每次用户如果需要使用优盘时，系统会提示用户输入密码。如果所输入的密码与用户原来设定的密码相匹配，则用户可以访问优盘，否则用户将被拒绝访问优盘。这样就确保没有得到授权的人无法读取优盘内的数据，万一优盘丢失或被窃取，数据依然不会轻易泄漏，从而确保了优盘内的数据的安全。二是数据加密，数据加密是指存储在优盘内的数据内容本身是经过特定的加密算法加密后存储在优盘内的，读取优盘内的数据时需经过解密后再传回给用户。这样，企图非法窃取优盘内数据的人即使通过特殊的手段绕过优盘锁后（例如取出优盘内的 Flash memory 芯片），也无法读取优盘内数据的真正内容。这样进一步确保了优盘内数据的安全。

3. 输入/输出设备

输入设备是向计算机输入信息的装置，用于向计算机输入原始数据和处理数据的程序。常用的输入设备有键盘、鼠标器、扫描仪、磁盘驱动器、模数转换器（A/D）、数

字化仪、条形码读入器和光笔等。

输出设备主要用于将计算机处理过的信息保存起来，或以人们能接受的数字、文字、符号、图形和图像等形式显示或打印出来。常用的输出设备有显示器、打印机、绘图仪、磁盘驱动器、数模转换器（D/A）等。

输入/输出设备是通过输入/输出接口（I/O 接口）与微处理器相连的。I/O 接口也称为适配器，其功能是使主机与 I/O 设备能协调工作。一般做成电路板的形式，所以常常称为"适配卡"。

1）键盘

键盘是微型计算机的主要输入设备，是实现人机对话的重要工具，如图 1-13 所示。通过它可以输入程序、数据、操作命令，也可以对计算机进行控制。

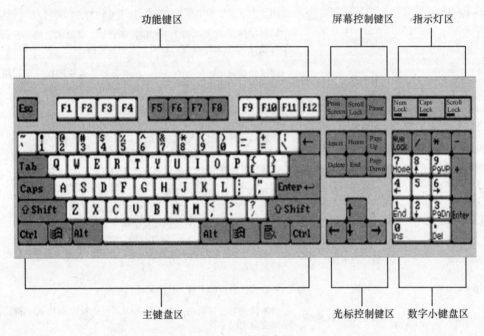

图 1-13　键盘布局

键盘中配有一个微处理器，用来对键盘进行扫描、生成键盘扫描码和数据转换。微型计算机的键盘已标准化，多数以 101 键为主。用户使用的键盘是组装在一起的一组按键矩阵，包括字符键、功能键、控制键和数字键等。

键盘盘面一般由六部分组成：

① 功能键区。位于键盘上方第一行，包括取消键 Esc 和功能键 F1～F12，功能键在不同的软件中具有不同的功能。

② 屏幕控制键区。Dos 环境中用于控制屏幕滚动，Windows 环境中可使用 Print-Screen 获取屏幕图像。

③ 指示灯区。按下相应键位时，对应指示灯亮。

④ 主键盘区。又称打字键区，与标准英文打字机的键盘相似，可以直接键入英文字符。此外，还可以输入数字、常用字符和一些专用控制键等。输入上档字符时，需按

住上档选择键 Shift。

　　⑤ 光标控制键区。位于主键盘与数字小键盘的中间，包括用于光标定位的上、下、左、右、翻页键和用于编辑操作的 Insert、Delete、Home、End 键。

　　⑥ 数字小键盘区。位于键盘右下角，便于右手快速输入数据。可以通过数字锁定键（Num Lock）对数字和编辑键进行切换。

　　表 1-2 给出了部分常用键的基本功能：

表 1-2　键盘常用键位功能表

键　位	名　称	功　能
Esc	取消键	取消命令或退出程序
Tab	制表键	将光标移动到下一制表位
Caps Lock	大写字母锁定键	用于大写字母和小写字母的切换。Caps Lock 灯亮时为大写状态
Shift	上档键	同时按住 Shift 和具有上下档字符的键位，可输入上档字符；同时按住 Shift 和字母键，可用于大小写交换
Backspace（←）	退格键	回退并删除光标左边的字符。在网页等其他应用程序中，相当于"后退"按钮
Enter	回车键	新起一个段落，或表示输入命令结束
Ctrl	控制键	单独键不起作用，与其他键组合，完成某一特定功能
Alt	转换键	
Space	空格键	产生一个空格
⊞	开始键	打开 Windows 的开始菜单
▤	快捷菜单键	打开 Windows 某一对象的快捷菜单
Num Lock	数字锁定键	Num Lock 灯亮时，小键盘数字键起作用，否则为下档光标定位键起作用
Del/Delete	删除键	删除光标后面的字符，或删除所选对象
Ins/Insert	插入/改写转换键	切换插入与改写状态。插入状态下，在光标左面插入字符，否则覆盖当前字符
Home	行首键	在文字处理文档中，将光标置于行首。在网页中，将光标置于页面顶部
End	行尾键	在文字处理文档中，将光标置于行尾。在网页中，将光标置于页面底部
PgUp	向上翻页键	光标向上移动一屏
PgDn	向下翻页键	光标向下移动一屏

　　2）鼠标

　　鼠标也是主要的输入设备，其主要功能用于移动显示器上的光标并通过菜单或按钮向主机发出各种操作命令，但不能输入字符和数据。

　　鼠标的类型、型号很多，按结构可分为机电式和光电式两类。

　　鼠标通常有两个或三个按钮，左按钮用作确定操作；右按钮用作特殊功能，如在任一对象上单击鼠标右按钮会弹出当前对象的快捷菜单。

常见的鼠标和键盘如图 1-14 所示：

图 1-14　鼠标和键盘

安装鼠标一定要注意其接口类型。鼠标接口多为 PS/2 口，将鼠标直接插在微型计算机的 PS/2 口上即可。有些鼠标使用 USB 接口，支持热插拔。

3）显示器

显示器是计算机的主要输出设备，用来将系统信息、计算机处理结果、用户程序及文档等信息显示在屏幕上。如图 1-15 所示：

图 1-15　显示器

显示器有多种形式、多种类型和多种规格。按结构分有 CRT 显示器、液晶显示器等。液晶显示器具有体积小、重量轻，只要求低压直流电源便可工作等特点。CRT 显示器工作原理基本上和一般电视机相同，只是数据接收和控制方式不同。

显示器按显示效果可以分为单色显示器和彩色显示器。单色显示器只能产生一种颜色，即只有一种前景色（字符或图像的颜色）和一种背景色（底色），不能显示彩色图像。彩色显示器所显示的图像，其前景色和背景色均有许多不同的色彩变化，从而构成了五彩缤纷的图像。显示色彩不光取决于显示器本身，还取决于显示卡的功能。

显示器按分辨率可分为低分辨率、中分辨率和高分辨率显示器。低分辨率为 320×

200 左右，即屏幕垂直方向上有 320 根扫描线，水平方向上有 200 个点。中分辨率为 650×350 左右，高分辨率有 640×480、800×600、1024×768 和 1280×1024 等。分辨率是显示器的一个重要指标，分辨率越高图像就越清晰。

显示器与主机相连必须配置适当的显示适配器，即显示卡。显示卡的功能主要用于主机与显示器数据格式的转换，是体现计算机显示效果的必备设备，它不仅把显示器与主机连接起来，而且还起到处理图形数据、加速图形显示等作用。显示卡插在主板的扩展槽上，为了适应不同类型的显示器，并使其显示出各种效果，显示卡也有多种类型，如 EGA、VGA、SVGA、AVGA 等。

4）打印机

打印机也是计算机的基本输出设备之一，与显示器最大的区别是将信息输出在纸上。

按照打印机打印的方式，可分为字符式、行式和页式三类。字符式是一个字符一个字符地依次打印；行式是按行打印；页式是按页打印。按照打印色彩，打印机可分为单色打印机和彩色打印机。按照打印机的工作机构，可分为击打式和非击打式两类。常见的非击打式打印机有激光打印机、喷墨打印机等；击打式打印机有针式打印机，目前已不常见，只在打印票据的时候使用。

将打印机与计算机连接后，必须要安装相应的打印机驱动程序才可以使用打印机。打印机驱动程序通常随系统携带，可以在安装系统的同时安装多种型号打印机的驱动程序，使用时再根据所配置的打印机的型号进行设置。

4. 总线（bus）

总线是计算机各部件之间传送信息的公共通道。微型计算机中，有内部总线和外部总线之分。内部总线是指 CPU 内部之间的连线。外部总线是指 CPU 与其他部件之间的连线。我们日常所说的总线一般指的是外部总线。按其功能的不同，总线分为三种：数据总线 DB（data bus）、地址总线 AB（address bus）和控制总线 CB（control bus）。

数据总线用来传送数据，其位数一般与微处理器字长相同。数据总线具有双向传输功能。

地址总线用来传送地址信息。它是单向传送的，用来把地址信息从 CPU 传送到存储器或 I/O 接口，指出相应的存储单元或 I/O 设备。地址总线的数目决定了 CPU 能直接寻址的最大存储空间，例如，地址总线 AB 由 16 根并行线组成，则 CPU 能直接寻址的存储空间为 2^{16}，存储地址编址范围为 0000H～FFFFH。

控制总线用来传输控制信号。这些控制信号控制着计算机按一定的节拍，有规律地自动工作。

按总线接口类型来划分，有 ISA 总线、PCI 总线和 AGP 总线等。不同的 CPU 芯片，数据总线、地址总线和控制总线的根数也不同。

PCI 总线是目前计算机常用的标准总线结构，它使图形显示、硬盘驱动器、网络适配器等需要高速性能的外设的速度进一步得到提高。

（1）数据总线

数据总线用来传送数据信息，是双向总线。CPU 既可通过 DB 从内存或输入设备读入数据，又可通过 DB 将内部数据送至内存或输出设备。它决定了 CPU 和计算机其他部件之间每次交换数据的位数。80486 CPU 有 32 条数据线，每次可以交换 32 位数据。

（2）地址总线 。

地址总线用于传送 CPU 发出的地址信息，是单向总线。传送地址信息的目的是指明与 CPU 交换信息的内存单元或 I/O 设备。一般存储器是按地址访问的，所以每个存储单元都有一个固定地址，要访问 1MB 存储器中的任一单元，需要给出 1MB 个地址，即需要 20 位地址（$2^{20} \approx 1MB$）。因此，地址总线的宽度决定了 CPU 的最大寻址能力。80286 CPU 有 24 根地址线，其最大寻址能力为 16MB。

（3）控制总线

控制总线用来传送控制信号、时序信号和状态信息等。其中有的是 CPU 向内存或外部设备发出的信息，有的是内存或外部设备向 CPU 发出的信息。显然，CB 中的每一根线的方向是一定的、单向的，但作为一个整体则是双向的。所以，在各种结构框图中，凡涉及控制总线 CB，均是以双向线表示。

5. 主板

主板是安装在主机箱内所有部件的统一体，是微型计算机系统的核心，主要由 CPU、内存、输入/输出设备接口（简称 I/O 接口）、总线和扩展槽等构成，通常被封装在主机箱内，制成一块或多块印刷电路板，称为主机板或系统板，简称主板。

主板是微型计算机系统的主体和控制中心，也是整个硬件系统的平台，它几乎集合了全部系统的功能，控制着各部分之间的指令流和数据流。随着计算机的不断发展，不同型号的微型计算机的主板结构是不同的，但在工作原理、主要器件的设置上大致相似。典型的主板外观如图 1-16 所示。

图 1-16　主板

主板主要由以下部件组成：

1）芯片组

芯片组是主板的灵魂，由一组超大规模集成电路芯片构成。芯片组控制和协调整个计算机系统的正常运转和各个部件的选型，它被固定在主板上，不能像 CPU、内存等进行简单的升级换代。

芯片组的作用是在 BIOS 和操作系统的控制下，按照统一规定的技术标准和规范为计算机中的 CPU、内存、显卡等部件建立可靠的安装、运行环境，为各种接口的外部设备提供可靠的连接。

2）CPU 插座

用于固定连接 CPU 芯片。由于集成化程度和制造工艺的不断提高，越来越多的功能被集成到 CPU 上。为了使 CPU 安装更加方便，现在 CPU 插座基本上采用零插槽式设计。

3）内存插槽

随着内存扩展板的标准化，主板给内存预留专用插槽，只要购买所需数量并与主板插槽匹配的内存条，就可以实现扩充内存和即插即用。

4）总线扩展槽

主板上有一系列的扩展槽，用来连接各种功能插卡。用户可以根据自己的需要在扩展槽上插入各种用途的插卡，如显示卡、声卡、防病毒卡、网卡等，以扩展微型计算机的各种功能。任何插卡插入扩展槽后，就可以通过系统总线与 CPU 连接，在操作系统的支持下实现即插即用。这种开放的体系结构为用户组合各种功能设备提供了方便。

5）输入输出接口

输入输出接口是 CPU 与外部设备之间交换信息的连接电路，它们通过总线与 CPU 相连，简称 I/O 接口。I/O 接口分为总线接口和通信接口两类。当需要外部设备或用户电路与 CPU 之间进行数据、信息交换以及控制操作时，应使用微型计算机总线把外部设备和用户电路连接起来，这时就需要使用微型计算机总线接口；当微型计算机系统与其他系统直接进行数字通信时使用通信接口。

所谓总线接口是把微型计算机总线通过电路插座提供给用户的一种总线插座，供插入各种功能卡。插座的各个管脚与微型计算机总线的相应信号线相连，用户只要按照总线排列的顺序制作外部设备或用户电路的插线板，即可实现外部设备或用户电路与系统总线的连接，使外部设备或用户电路与微型计算机系统成为一体。常用的总线接口有：AT 总线接口、PCI 总线接口、IDE 总线接口等。AT 总线接口多用于连接 16 位微型计算机系统中的外部设备，如 16 位声卡、低速的显示适配器、16 位数据采集卡以及网卡等。PCI 总线接口用于连接 32 位微型计算机系统中的外部设备，如 3D 显示卡、高速数据采集卡等。IDE 总线接口主要用于连接各种磁盘和光盘驱动器，可以提高系统的数据交换速度和能力。

通信接口是指微型计算机系统与其他系统直接进行数字通信的接口电路，通常分串行通信接口和并行通信接口两种，即串口和并口。串口用于将低速外部设备连接到计算机上，传送信息的方式是一位一位地依次进行。串口的标准是 EIA（electronics industry association，电子工业协会）RS-232C 标准。串口的连接器有 D 型 9 针插座和 D 型 25 针插座两种，位于计算机主机箱的后面板上。并行接口多用于连接高速外部设备，传送信息的方式是按字节进行，即 8 个二进制位同时进行。PC 机使用的并口为标准并口 Centronics。打印机一般采用并口与计算机通信，并口也位于计算机主机箱的后面板上。

I/O 接口一般做成电路插卡的形式，所以通常把他们称为适配卡，如软盘驱动器适配卡、硬盘驱动器适配卡（IDE 接口）、并行打印机适配卡（并口）、串行通讯适配卡（串口），还包括显示接口、音频接口、网卡接口（RJ45 接口）、调制解调器使用的电话接口（RJ11 接口）等。在 386 以上的微型计算机系统中，通常将这些适配卡做在一块电路板上，称为复合适配卡或多功能适配卡，简称多功能卡。

6）基本输入输出 BIOS 和 CMOS

BIOS 是一组存储在可擦除的可编程只读存储器 EPROM 中的软件，固化在主板的

BIOS 芯片上，主要作用是负责对基本 I/O 系统进行控制和管理。CMOS 是一种存储 BIOS 所使用的系统存储器，是微机主板上的一块可读写的 ROM 芯片，用来保存当前系统的硬件配置和用户对某些参数的设定。当计算机断电时，由一块电池供电使存储器中的信息不被丢失。用户可以利用 CMOS 对微机的系统参数进行设置。

BIOS 是主板上的核心，负责从计算机开始加电到完成操作系统引导之前的各个部件和接口的检测、运行管理。在操作系统引导完成后，由 CPU 控制完成对存储设备和 I/O 设备的各种操作、系统各部件的能源管理等。

1.3.2　计算机软件系统

软件系统包括系统软件和应用软件。系统软件面向机器，实现计算机硬件系统的管理和控制，同时为上层应用软件提供开发接口，为使用者提供人机接口。应用软件以系统软件为基础面向特定应用领域。

系统软件的核心是操作系统，如 Windows XP、UNIX、LINUX 等，此外，还包括语言处理系统（如编译程序、解释程序）、系统服务程序（如编辑程序、调试程序、诊断程序）和数据库管理系统等。

用户通过软件使用计算机，一般有两种工作方式：交互式和程序式。交互式通常用于操作，有命令、菜单、图标等；程序式用于自动控制，程序使用计算机语言书写。

按计算机语言接近人类自然语言的程度，可将计算机语言划分为三大类：机器语言、汇编语言和高级语言。

机器语言：是直接用计算机指令作为语句与计算机交换信息的。

汇编语言：是一种符号语言，它将难以记忆和辨认的二进制指令码用有意义的英文单词或其缩写作为助记符。用汇编语言编写的程序必须翻译成机器语言程序才能执行。这种翻译工作有专门的翻译程序即汇编程序完成。我们把用汇编语言编写的程序称为汇编语言源程序，经汇编程序翻译后得到的机器语言程序称为目标程序。

高级语言：用类似于自然语言的句子书写程序。用高级语言编写的程序也必须翻译成机器语言程序才能执行。高级语言程序的翻译方式有两种：一种是编译方式，另一种是解释方式。相应的语言处理系统分别称为编译程序和解释程序。在编译方式下，源程序的执行分成两个阶段：编译阶段和运行阶段。高级语言编写的源程序经编译后生成的目标程序（以 .OBJ 为扩展名）尚不能直接在操作系统下运行，还需经过调用连接程序，将目标程序与库文件相连形成可直接运行的执行程序（以 .EXE 为扩展名）。在解释方式下，并不生成目标程序，而是对源程序按语句执行的动态顺序进行逐句分析，边翻译边执行，直至程序结束。

1.4　计算机的主要技术指标

（1）字长：是计算机信息处理中，一次存取、传送或加工的数据长度。字长不仅标志着计算精度，也反映了计算机处理信息的能力。一般情况下，字长越长，计算精度越高，处理能力也越强。

（2）主存容量：是指主存储器所能存储的二进制信息的总量，它反映了计算机处理时容纳数据量的能力。主存容量越大，计算机处理时与外存储器交换数据的次数越少，处理速度也就越快。

（3）运算速度：取决于指令的执行时间。计算机执行不同的操作所需要的时间可能不同，因而有不同的计算方法来表示运算速度。现在多采用两种计算方法：一种是具体指明各种运算需多少时间，另一种是给出每秒所能执行的指令（一般指加、减运算）的百万条数，简称 MIPS。后一种方法是最常用的计算方法。

（4）主频：指 CPU 在单位时间（秒，s）内发出的脉冲数。CPU 中每条指令的执行是通过若干步基本的硬件动作即微操作来完成的，这些微操作按脉冲的节拍来执行。一般来说，主频越高，计算机的运算速度就越快。主频以兆赫（MHz）为单位。

用户在选购计算机时，不能片面追求性能越高越好，而是要根据实际应用情况，选用那些既能满足需要，而且性能又好、价格低廉的计算机，即性能价格比高的计算机。

1.5　计算机病毒及其防治

1.5.1　计算机病毒概述

1. 计算机病毒的定义

计算机病毒是某些人利用计算机软、硬件所固有的脆弱性，编制出来具有特殊功能的程序。因为它与生物医学上的“病毒”同样有传染和破坏的特性，称之为计算机病毒，但它又与医学上的病毒有不同之处，并非天然存在。直至 1994 年 2 月 18 日，我国正式颁布实施了《中华人民共和国计算机信息系统安全保护条例》，在《条例》第二十八条中明确指出：“计算机病毒，是指编制或者在计算机程序中插入的破坏计算机功能或者毁坏数据，影响计算机使用，并能自我复制的一组计算机指令或者程序代码。”此定义具有法律性、权威性。自从 Internet 普及以来，含有 Java 和 ActiveX 技术的网页逐渐被广泛使用，一些别有用心的人于是利用 Java 和 ActiveX 的特性来编写病毒。以 Java 病毒为例，Java 病毒并不能破坏储存媒介上的资料，但若用户使用浏览器来浏览含有 Java 病毒的网页，Java 病毒就可以强迫用户的 Windows 不断的开启新窗口，直到系统资源被耗尽，而用户也只有重新启动。所以在 Internet 出现后，计算机病毒就应加入只要是对使用者造成不便的程序代码，就可以被归类为计算机病毒。

2. 计算机病毒的特征

1）非授权可执行性

用户通常调用执行一个程序时，把系统控制交给这个程序，并分配相应系统资源，如内存，从而使之能够运行，完成用户的需求。因此程序执行的过程对用户是透明的。而计算机病毒是非法程序，正常用户是不会明知是病毒程序，而故意调用执行。但由于计算机病毒隐藏在合法的程序或数据中，具有正常程序的存储性、可执行性。当用户运行正常程序时，病毒伺机窃取到系统的控制权，得以抢先运行，然而此时用户还认为在执行正常程序。

2）隐蔽性

计算机病毒是一种具有很高编程技巧、短小精悍的可执行程序。它通常藏匿在正常程序之中，或者放在磁盘引导扇区、磁盘上标为坏簇的扇区以及一些空闲概率较大的扇区中。病毒想方设法隐藏自身，就是为了防止用户察觉。

3）传染性

传染性是计算机病毒最重要的特征，是判断一段程序代码是否为计算机病毒的依据。病毒程序一旦侵入计算机系统就开始搜索可以传染的程序或者磁介质，然后通过自我复制迅速传播。由于目前计算机网络日益发达，计算机病毒可以在极短的时间内，通过像 Internet 这样的网络传遍世界。

4）潜伏性

计算机病毒具有依附于其他媒体而寄生的能力，这种媒体我们称之为计算机病毒的宿主。依靠病毒的寄生能力，病毒传染给合法的程序和系统后，并不立即发作，而是悄悄隐藏起来，然后在用户不察觉的情况下进行传染。这样，病毒的潜伏性越好，它在系统中存在的时间也就越长，病毒传染的范围也越广，其危害性也越大。

5）表现性或破坏性

无论何种病毒程序，一旦侵入系统都会对操作系统的运行造成不同程度的影响，即使不直接产生破坏作用，也要占用系统资源（如占用内存空间，占用磁盘存储空间以及系统运行时间等），轻者降低系统工作效率，重者导致系统崩溃、数据丢失。例如，一些病毒程序通过显示文字或图像，影响系统的正常运行；还有一些病毒程序通过删除文件，加密磁盘中的数据，甚至摧毁整个系统和数据，使之无法恢复，造成无可挽回的损失。

6）可触发性

计算机病毒一般都有一个或者几个触发条件，当满足触发条件时，病毒即会发作。触发的实质是一种条件的控制，病毒程序可以依据设计者的要求，在一定条件下实施攻击。这个条件可以是敲入特定字符，使用特定文件，某个特定日期或特定时刻，或者是病毒内置的计数器达到一定次数等。

3. 典型计算机病毒介绍

1）引导型病毒（boot strap sector virus）

引导型病毒是藏匿在软盘片或硬盘的第一个扇区。因为早期 DOS 的架构设计，使得病毒可以在每次开机时，在操作系统还没被加载之前就被先行加载到内存中，这个特性使得病毒可以针对 DOS 的各类中断（interrupt）得到完全的控制，并且拥有更大的能力进行传染与破坏。

例如，米开朗基罗（Michelangelo）病毒就是一种典型的引导型病毒，它最擅长侵入计算机硬盘的分区表（partition table）和引导区（boot sector），以及软盘的引导区，而且会常驻在计算机系统的内存中，伺机感染用户所使用的其他磁盘。待到 3 月 6 日，开机若出现黑屏，则表示病毒发作。米开朗基罗病毒是计算机病毒史上第一个格式化硬盘的引导型病毒。

2）文件型病毒（file infector virus）

文件型病毒通常寄生在可执行文件（如后缀为 .COM，.EXE 等文件）中。当执行这些文件时，病毒程序就跟着被执行。文件型病毒依传染方式的不同，又分成非常驻型以及常驻型两种。

（1）非常驻型病毒（non-memory resident virus）。

非常驻型病毒将自己寄生在后缀为 .COM，.EXE 或是 .SYS 的文件中。当这些中毒的程序被执行时，病毒就会尝试去传染给其他文件。

例如，资料杀手（Datacrime Ⅱ）病毒，其病征为每年 10 月 12 日～12 月 31 日之间，除了星期一之外 Datacrime Ⅱ 会在屏幕上显示：*DATA CRIME Ⅱ VIRUS*。然后低级格式化硬盘第 0 号柱面。

（2）常驻型病毒（memory resident virus）。

常驻型病毒隐藏在内存中，因而往往对磁盘造成更大的伤害。一旦常驻型病毒进入了内存中，只要文件被执行，就对其进行感染，效果非常显著。将它赶出内存的唯一方式是冷启动。

例如，黑色星期五（Friday 13th）病毒就是典型的常驻型病毒。每当十三号星期五来临时，黑色星期五病毒会将用户执行的中毒文件删除。该病毒感染速度相当快，其发病的唯一征兆是软盘驱动器的灯会一直亮着。黑色星期五病毒有多个变种，如：Edge、Friday 13th-540C、Friday 13th-978、Friday 13th-B、Friday 13th-C、Friday 13th-D、Friday 13th-NZ、QFresh、Virus-B 等。其感染的本质大同小异，其中当 Friday 13th-C 病毒感染文件时，屏幕上会显示一行客套语："We hope we haven't inconvenienced you."

3）复合型病毒（multi-partite virus）

复合型病毒兼具引导型病毒以及文件型病毒的特性。它们可以传染 .COM，.EXE 文件，也可以传染磁盘的引导区（Boot Sector）。由于这个特性，使得这种病毒具有相当程度的传染力。一旦发作，其破坏的程度相当严重。

例如，翻转（Flip）病毒，其病征为每个月 2 号，如果使用被寄生的磁盘开机，则在 16 时至 16 时 59 分之间，屏幕内容呈水平翻动。

4）隐形飞机式病毒（stealth virus）

隐形飞机式病毒又称作中断截取者（interrupt interceptors）。顾名思义，它通过控制 DOS 的中断向量，把所有受其感染的文件"假还原"，再把"看似跟原来一模一样"的文件返回给 DOS。

例如，福禄多（FRODO）病毒，其别名为 4096，最喜欢感染 .COM，.EXE 和 .OVL 文件，被感染的文件长度都会增加 4096Bytes。当执行被感染的文件时，由于文件分配表 FAT 已经被破坏，执行速度大大降低。

5）千面人病毒（polymorphic/mutation virus）

千面人病毒的可怕之处，在于每当它们繁殖一次，就会以不同的病毒码传染到其他地方。每一个中毒的文件中，所含的病毒码都不一样，对于扫描固定病毒码的防毒软件来说，无疑是一个严重的考验！

例如，Marburg 病毒，在被感染三个月后才会发作。若感染 Marburg 病毒的应用软件执行的时间刚好和最初感染的时间一样（例如，中毒时间是 9 月 15 日上午 11 点，若该应用程序在 12 月 15 日上午 11 点再次被执行），则 Marburg 病毒就会在屏幕上显示一堆字符"X"。

6）宏病毒（macro virus）

宏病毒主要是利用软件本身所提供的宏能力来设计病毒，所以凡是具有写宏能力的软件都有宏病毒存在的可能，如 Word、Excel、AmiPro 等。

例如，Taiwan NO.1 文件宏病毒，其病症是出现连计算机都难以计算的数学乘法题目，并要求输入正确答案，一旦答错，则立即自动打开 20 个文件，并继续出下一道题目，直到耗尽系统资源为止。

7）特洛伊木马和计算机蠕虫

特洛依木马（trojan horse），原指古希腊士兵藏在木马内骗入城门，从而占领敌方城市的故事。后来，我们对于那些将自己伪装成某种应用程序来吸引用户下载或执行，从而进入用户的计算机系统，伺机执行恶意行为，进而破坏用户计算机资料、窃取重要信息、删除文件，甚至造成系统瘫痪的程序称为特洛伊木马。

计算机蠕虫指的是某些恶性程序代码像蠕虫般在计算机网络中爬行，从一台计算机爬到另外一台计算机，从而导致网络堵塞或网络服务拒绝，最终造成整个系统瘫痪。

目前单一形态的恶性程序愈来愈少了，许多恶性程序不但具有传统病毒的特性，更结合了"特洛伊木马"、"计算机蠕虫"形态来造成更大的影响，达到双倍的破坏能力。

例如，探险虫（ExploreZip）病毒就是典型的一例，它能覆盖掉在远程计算机中的重要文件（此为特洛伊木马程序特性），并且会透过网络将自己安装到远程计算机上（此为计算机蠕虫特性）。

假设 A 计算机已感染探险虫病毒，但用户并不知晓，此时收到 B 用户发来的电子邮件。探险虫病毒自动将带毒文件"zipped_files.exe"以电子邮件的附件的方式发送给 B 用户，内容如下：Hi B! I received your email and I shall send you a reply. Till then, take a look at the attached zipped docs. 问候语也有可能是 Bye, Sincerely, All 或是 Salutation 等。当 B 用户在不知情的情况下打开附件时，探险虫就成功地植入 B 计算机，并在后台进行自我复制，将自身的副本作为附件向收件箱中所有未读邮件发送一封回信。更有甚者，它会在用户的硬盘中寻找 Office 文档和各种程序语言的源程序文件，并将所找到的文件以 0 来填充，造成用户资料的损失。

8）黑客型病毒

黑客一词，源于英文 Hacker，原指热衷于计算机技术和网络技术，水平高超的人，尤其是程序设计人员。然而今天，黑客已被用于泛指那些专门利用计算机进行破坏或恶作剧的人。

黑客使用各种方式侵入计算机系统，例如，破解口令（password cracking），开天窗（trapdoor），走后门（backdoor），安放特洛伊木马（trojan horse）等等。

　　许多系统都存在着这样或那样的安全漏洞（bugs），其中某些漏洞是操作系统或应用软件本身具有的，如 Sendmail 漏洞，Windows 98 中的共享目录密码验证漏洞和 IE5 漏洞等，这些漏洞在补丁未被开发出来之前很难防御黑客的破坏；还有一些漏洞是由于系统管理员配置错误引起的，如在网络文件系统中，将目录和文件以可写的方式调出，将用户密码文件以明码方式存放在某一目录下，给黑客带来可乘之机。

　　过去 Windows 的漏洞主要被黑客用来攻击网站，但近年来出现的病毒却利用 Windows 的漏洞对普通用户进行攻击。"红色代码"、"尼姆达"、"蠕虫王"以及"冲击波"就是最好的例子。而且随着 Windows 越来越复杂和庞大，出现漏洞可能也越来越多，利用 Windows 漏洞进行攻击的病毒造成的危害自然会越来越大，微软漏洞已经不仅仅是黑客们攻击网络的秘密通道，而且会被越来越多的病毒编写者利用，成为病毒滋生的温床，甚至可能给整个互联网带来不可估量的灾难。

　　2001 年 7 月，首例黑客型病毒红色代码（CodeRed），因不断搜寻 IIS 网页服务器而导致网络传输异常，造成全球 26.2 亿美元的损失，此后，病毒形态也由单一型转向多种型态的复合型。不到两个月的时间，首例利用多重途径造成网络瘫痪的黑客型病毒尼姆达（Nimda）出现。每一台感染了 Nimda 病毒的计算机，通过 E-mail、网络邻居、程序安全漏洞等，以每 15 秒一次的攻击频率，袭击了数以万计的计算机，在 24 小时内迅速窜升为全球感染率第一的病毒。另外，如果受害计算机曾经遭受 CodeRed 植入后门程序，那么两者结合，更使得黑客能为所欲为地侵入受害计算机，进而以此为中继站对其他计算机发动攻势。

　　防止计算机黑客入侵最常用的方式就是安装防火墙（fire wall），这是一套专门放在 Internet 大门口（gateway）的身份认证系统，其目的是用来隔离外部计算机与内部局域网，任何不受欢迎的用户都无法通过防火墙进入内部网络。如同机场入境关口的海关人员，必须核对身份一样，身份不合者，则谢绝进入。

　　一般而言，破解防火墙并进入内部局域网并不是件容易的事，因此黑客通常采用迂回战术，窃取用户的账号及密码，从而名正言顺地进入局域网。

1.5.2　计算机病毒的防治

1. 加强管理

（1）制定科学的管理制度，对重要任务部门应采取专机专用。

（2）除原始的系统盘外，尽量不使用其他启动盘引导系统。

（3）对系统盘或重要的数据盘进行写保护。

（4）系统盘应放置在安全可靠的地方。

（5）谨用公用软件和共享软件。

（6）定期检测系统区和文件并及时消除病毒。

（7）使用新的软件时，先用杀毒软件检查，减少中毒机会。

（8）不随便打开来历不明的 E-mail 与附件程序，不访问来历不明的网页。

（9）避免在无防毒措施的机器上使用移动存储设备。

（10）定期备份重要数据。

2. 技术防范

1）硬件防护

计算机病毒对系统的入侵是利用 RAM 提供的自由空间及操作系统所提供的相应的中断功能来达到传染的目的。因此，可以通过增加硬件设备来保护系统，此硬件设备既能监视 RAM 中的常驻程序，又能阻止对外存储器的异常写操作，这样就能达到对计算机病毒预防的目的。防病毒卡就是一种预防病毒的硬件保护手段，将它插在主机板的 I/O 插槽上，在系统的整个运行过程中密切监视系统的异常状态。

2）软件防护

（1）安装杀毒软件。杀毒软件是保护个人计算机不被病毒侵袭的主要工具。对待计算机病毒应当以"防"为主，安装杀毒软件的实时监控程序，并定期进行升级，以保证其能够抵御最新出现的病毒的攻击。某些杀毒软件的实时监控一般只监控调入到内存执行的进程，并不能实时完全监控硬盘上的所有文件，因此，为了确保不存在病毒，需要经常手动对计算机做病毒扫描。

（2）安装个人防火墙。安装个人防火墙可以最大限度地阻止网络中的黑客非法访问用户的计算机，防止重要信息被更改、拷贝和毁坏。使用防火墙时，应根据需求进行详细配置，从而抵御黑客的袭击。

（3）安装和及时更新系统补丁。新安装的操作系统，若没有安装相关的系统补丁，含有安全漏洞，则容易感染计算机病毒。因此，越是刚安装系统的计算机，存在的安全风险越大。系统补丁是操作系统的疫苗，能够有效堵住系统漏洞，防止病毒入侵。

1.6 计算机与法律问题

1.6.1 惩治计算机犯罪

随着计算机应用的日益普及，计算机犯罪也日益猖獗，对社会造成的危害也越来越严重。在这样的背景下，我国 1997 年颁布的《刑法》首次对计算机犯罪做了规定。

第二百八十五条（非法侵入计算机信息系统罪）违反国家规定，侵入国家事务、国防建设、尖端科学技术领域的计算机信息系统的，处三年以下有期徒刑或者拘役。

第二百八十六条（破坏计算机信息系统罪）违反国家规定，对计算机信息系统功能进行删除、修改、增加、干扰，造成计算机信息系统不能正常运行，后果严重的，处五年以下有期徒刑或者拘役；后果特别严重的，处五年以上有期徒刑。

违反国家规定，对计算机信息系统中存储、处理或者传输的数据和应用程序进行删除、修改、增加的操作，后果严重的，依照前款的规定处罚。

故意制作、传播计算机病毒等破坏性程序，影响计算机系统正常运行，后果严重的，依照第一款的规定处罚。

第二百八十七条（利用计算机实施的各类犯罪）利用计算机实施金融诈骗、盗窃、贪污、挪用公款、窃取国家秘密或者其他犯罪的，依照本法有关规定定罪处罚。

计算机犯罪与计算机技术密切相关。随着计算机技术的飞速发展，计算机在社会中应用领域的扩大，计算机犯罪的类型和领域不断地增加，从而使"计算机犯罪"这一术语随着时间的推移而不断获得新的含义。结合刑法条文的有关规定和我国计算机犯罪的实际情况，我们认为计算机犯罪的概念有广义和狭义之分：广义的计算机犯罪是指行为人故意直接对计算机实施侵入或破坏，或者利用计算机实施有关金融诈骗、盗窃、贪污、挪用公款、窃取国家秘密或其他犯罪行为的总称；狭义的计算机犯罪仅指行为人违反国家规定，故意侵入国家事务、国防建设、尖端科学技术等计算机信息系统，或者利用各种技术手段对计算机信息系统的功能及有关数据、应用程序等进行破坏、制作、传播计算机病毒，影响计算机系统正常运行且造成严重后果的行为。

计算机犯罪主要有以下特点：

1）作案手段智能化、隐蔽性强

大多数的计算机犯罪，都是行为人经过狡诈而周密的安排，运用计算机专业知识，从事的智力犯罪行为。进行这种犯罪行为时，犯罪分子只需要向计算机输入错误指令，篡改软件程序，作案时间短且对计算机硬件和信息载体不会造成任何损害，作案不留痕迹，使一般人很难觉察到计算机内部软件上发生的变化。有些行为人单就专业知识水平来讲可以称得上是专家。

另外，有些计算机犯罪，是在经过一段时间之后，犯罪行为才能发生作用而达到犯罪目的。如计算机"逻辑炸弹"，行为人可设计犯罪程序在数月甚至数年后才发生破坏作用。这就使计算机犯罪手段更加隐蔽。

2）犯罪侵害的目标较集中

就国内已经破获的计算机犯罪案件来看，作案人主要是为了非法占有财产和蓄意报复，因而目标主要集中在金融、证券、电信、大型公司等重要经济部门和单位，其中以金融、证券等部门尤为突出。

3）犯罪后果严重，社会危害性大

国际计算机安全专家认为，计算机犯罪社会危害性的大小，取决于计算机信息系统的社会作用，取决于社会资产计算机化的程度和计算机普及应用的程度，其作用越大，计算机犯罪的社会危害性也越来越大。

计算机犯罪在计算机及网络应用尚不成熟时，确实很难以防范，但是随着应用技术的发展，防范能力也将日益增强。

1.6.2　保护知识产权

计算机发展过程中的另一个社会问题就是计算机软件产品的盗版问题。因为计算机软件本身的易复制性，盗版可操作性强，给我国软件业的发展带来了十分严重的危害。软件开发是一个技术含量高、成本高的行为。一个复杂的软件系统往往需要大量的人力和财力的投入。但是因为盗版产品的入侵，使得软件产品开发几乎无法赢利。这就大大阻碍了我国软件业的发展。目前我国打击盗版软件和音像制品的力度虽然很大，但是最终抵制盗版的成功还需要每一名计算机的使用者自觉尊重软件开发人员的劳动，扶持我国的软件工业，自觉抵制盗版制品。

本 章 小 结

电子数字计算机是 20 世纪重大科技发明之一，其发展经历了三个阶段：近代计算机发展阶段（或称机械式计算机发展阶段）；现代计算机发展阶段（或称传统大型主机发展阶段）；计算机与通信相结合（微机及网络）发展阶段。

计算机具有运算速度快、计算精度高、海量存储、逻辑判断能力强以及自动控制等特点。在通用计算机中，根据运算速度、输入输出能力、数据存储能力、指令系统的规模和机器价格等因素将其划分为巨型机、大型机、小型机、微型机、服务器及工作站等。计算机在科学计算、数据处理、自动控制、辅助设计和辅助教育、人工智能、多媒体技术及计算机网络通信等领域有着广泛的应用。

信息在计算机中采用二进制数进行存储和处理。这是由于二进制具有数制简单、容易表示、运算规则简单以及逻辑运算能力强等一系列优点。

计算机存储数据、表示数据的最小单位是二进制位 bit，以字节 Byte 为一个基本存储单元，此外，存储容量单位还可以 KB、MB、GB 和 TB 表示。

计算机中常用字符编码是 ASCII 码，汉字字符在输入、处理和输出过程中涉及输入码、机内码、字形码以及国标码。

计算机系统包括硬件系统和软件系统两大部分。硬件是构成计算机的物理装置，是看得见、摸得着的有形实体，是计算机能够运行的物质基础。软件是使计算机运行所需要的程序、数据和有关的技术文档资料，是计算机的灵魂，是发挥计算机功能的关键。在计算机系统中，有时硬件和软件之间并没有一条明确的分界线，相互之间能够转化。

计算机硬件系统，其基本结构包含五大部件：运算器、控制器、存储器、输入设备和输出设备。

运算器又称为算术逻辑单元，用来进行算术、逻辑运算以及位移循环等操作；控制器是整个计算机的指挥中心，负责从内存储器中取出指令并对指令进行分析、判断，根据指令发出控制信号，使计算机的有关设备有条不紊地协调工作，保证计算机能自动、连续地工作；存储器用来存储程序和数据；输入设备用于向计算机输入原始数据和处理数据的程序；输出设备能够将计算机处理信息保存起来，或以人们能接受的数字、文字、符号、图形和图像等形式显示或打印出来。

连接各部件的核心是主板。主板是计算机系统的主体和控制中心，也是整个硬件系统的平台，它几乎集合了全部系统的功能，控制着各部分之间的指令流和数据流。

计算机软件系统按其功能不同，可划分为系统软件和应用软件。系统软件面向机器，实现对计算机硬件系统的管理和控制，同时为上层应用软件提供开发接口，为使用者提供人机接口。应用软件以系统软件为基础面向特定应用领域。

计算机的主要技术指标包括字长、主存容量、运算速度和主频。

计算机病毒是人为编制的程序，具有非授权可执行性、隐蔽性、传染性、潜伏性、破坏性和可触发性。防止计算机病毒可从加强管理、技术防护等多方面进行，同时，需要法律作为后盾，对故意制造、传播计算机病毒的人给予严惩。

习　　题

1. 简述计算机的发展阶段。
2. 简述计算机系统的组成。
3. 计算机硬件系统的基本结构是什么？并说明每个部件的功能。
4. 分别说明系统软件和应用软件的功能。举例说明哪些是系统软件和应用软件。
5. 什么是计算机病毒？

第2章 多媒体技术基础

2.1 多媒体技术的基本概念

多媒体技术是 20 世纪 80 年代发展起来的一门综合技术，被称为是继纸张、印刷术、电报、电话、广播电视、计算机之后，人类处理信息手段的新的飞跃，是计算机技术的又一次革命。随着多媒体技术在社会各个领域的渗透和应用，人们的生活方式、工作与学习环境也经历着巨大的变化。

2.1.1 媒体

媒体（media），也称介质或媒质，是信息表示、传播、交流、转换的载体。日常生活中，媒体的形式多种多样，如电视、广播、电话、电报、报刊、杂志等。

在计算机领域中，媒体包括两种含义：一是指存储和传输信息的物理实体，如磁盘、光盘、磁带、播放设备等；二是指表示信息的逻辑载体，包括文本、音频、视频、图形、图像、动画等。多媒体技术中的媒体通常指后者。

根据国际电信联盟电信标准局 ITU-T（international telecommunication union telecommunication standardization sector）的定义，媒体可分成感觉媒体、表示媒体、表现媒体、存储媒体和传输媒体五大类。

（1）感觉媒体（perception medium）指直接作用于人的感觉器官，使人产生直接感觉的媒体。如引起听觉反应的声音、引起视觉反应的图像、引起嗅觉反应的气味等。

（2）表示媒体（representation medium）指为了有效地加工、处理和传输感觉媒体而人为研究和构造出来的中介媒体，即用于数据交换的各种编码，如图像编码、声音编码、视频编码等。

（3）表现媒体（presentation medium）指获取和还原感觉媒体的计算机输入/输出设备，可分为输入媒体（如键盘、鼠标、扫描仪、数码相机等）和输出媒体（如显示器、扬声器、打印机等）。

（4）存储媒体（storage medium）指用于保存表示媒体的物理介质，如光盘、磁盘、磁带和各种存储器等。

（5）传输媒体（transmission medium）指传输表示媒体的物理载体，如光纤、电缆、双绞线等。

2.1.2 多媒体和多媒体技术

"多媒体"译自英文单词 multimedia，从字面上看，是由前缀 multi 和字根 media 复合而成，直译为中文，就是"多种媒体的复合"。

1990 年，Lippincott 和 Robinson 在 *Byte* 杂志上对多媒体技术定义为：利用计算机综合处理声、像、图、文多种信息，在多种信息之间建立逻辑联系，使之集成为一个具有良好交互性能系统的技术。

国内有学者则定义为：多媒体技术就是以计算机为平台将数据、文字、图像、图形、视频和声音等处理技术结合在一起，构成生动而有效的信息系统，或将计算机系统中文本、图形、图像、声音、视频等多种信息媒体综合于一体进行编排处理的技术。

2001 年，国际电信联盟 ITU 对多媒体含义的描述为：使用计算机交互式综合技术和数字通信网络技术处理多种表示媒体——文本、图形、图像和声音，使多种信息建立逻辑连接，集成为一个交互式系统。

综合上述定义，并结合当今多媒体技术网络化、智能化以及与艺术紧密结合的发展趋势，可以把多媒体技术定义为：多媒体技术是以数字技术为基础，把通信技术、广播技术和计算机技术融于一体，对文字、图形、图像、声音、视频等多种媒体信息进行存储、传输、处理和控制，在不同媒体间建立逻辑连接，集成为一个具有交互性的系统，以提供丰富生动的艺术表现来改善人们使用媒体体验的一门综合性的信息技术。

与传统的媒体技术（如电视或录像）相比，多媒体技术具有以下几个明显的特征：

1）多样性

多样性是指媒体种类和处理技术不再单一，而呈多元化形式。从单纯的文本、数值，到文本、音频、视频、图形、图像、动画等多种媒体的复合，多样性使计算机所能处理的信息空间得到扩展和放大。此外，多样性还可使人类的思维表达不再局限于线性的、单调的、狭小的范围内，而有了更充分、更自由的空间，即使计算机更具亲和性，更加人性化。

2）集成性

集成性是指以计算机为中心，综合处理多种信息媒体。主要体现在以下两个方面：

（1）多种信息媒体的集成。即将多种媒体种类（文本、音频、视频、图形、图像、动画等）融合在一起，形成一个完整的多媒体信息系统。

（2）处理多种信息媒体的软、硬件技术的集成。硬件方面，应具备能够处理多媒体信息的高性能计算机系统以及与之相对应的输入/输出能力和外设；软件方面，应该有集成一体的多媒体操作系统、多媒体信息处理系统、多媒体应用开发与创作工具等，其中融合了多种计算机处理技术，如信号处理技术、音频视频压缩技术、图像压缩技术等。

3）交互性

交互性是多媒体应用有别于传统媒体进行信息交流的主要特点之一。传统媒体的信息交流形式只能单向地、被动地传播信息，而多媒体技术则可以实现用户对信息的主动选择和控制。在多媒体系统中，用户可以借助交互活动控制信息的传播，甚至参与信息的组织过程，使之对感兴趣的画面或内容进行记录或者专门的研究。电视机是集成了多种形式的信息媒体，但不能与用户进行相互交流，也就不能称为多媒体系统。

4）实时性

在多种媒体信息进行综合处理和集成时，声音和动态图像（视频）密切相关，随时间实时变化，这就决定了多媒体技术必须要支持实时处理，播放时，声音和图像不应出现停顿或不同步现象。随着多媒体技术的进步，多媒体系统已经具备对多媒体信息进行实时处理的能力。具体应用如可视电话、视频会议、远程医疗等，使得千里之外的人物与场景犹如近在咫尺。

5）数字化

处理多媒体信息的关键设备是计算机，这就要求不同媒体形式的信息都要进行数字化，即以数字的形式（"0"或"1"）进行存储和处理，而不是传统的模拟信号方式。此外，以数字化方式加工处理的多媒体信息，具有精度高、定位准确和质量好等优点。

2.1.3　多媒体计算机系统

能够综合处理文字、图像、图形、动画、音频、视频等多种媒体信息的计算机被称为多媒体计算机（multimedia personal computer，MPC），它是多媒体技术和计算机技术相结合的产物。目前市场上的计算机大都具有多媒体信息处理功能。

一个完整的多媒体计算机系统由多媒体硬件系统和多媒体软件系统组成。

1. 多媒体硬件系统

（1）计算机基本硬件：包括能够处理多媒体信息的基本部件，如中央处理器 CPU、存储设备、输入/输出设备等。

（2）音频、视频处理设备：如声卡、显卡等，其主要功能是连接、控制多媒体硬件设备，完成音频、视频等多媒体信息的压缩与解压缩。

（3）多媒体信息输入设备：如键盘、鼠标、手写笔、扫描仪、麦克风、数码相机、数码摄像机等。

（4）多媒体信息输出设备：如显示器、打印机、音箱、耳机、投影仪等。

（5）多媒体信息存储设备：如硬盘、光盘、磁带、各种移动存储设备等。

（6）通信设备：宽带网络接入设备等。

事实上，在硬件技术高度发达的今天，为一台普通的个人计算机添加部分多媒体配件，就可以获得一台多媒体计算机，如图 2-1 所示。数码相机、数码摄像机、影碟机、

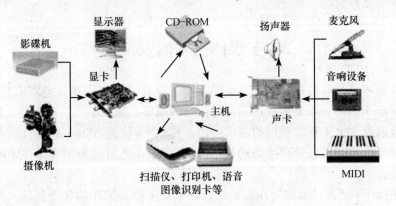

图 2-1　多媒体计算机的主要硬件

麦克风可以获取多媒体原始信息；声卡、显卡可以处理多媒体信息；显示器、音响、耳机可以输出多媒体信息；硬盘、光盘、各种移动存储器可以存储多媒体信息；网络可以传输多媒体信息。

2. 多媒体软件系统

1）多媒体操作系统

也可称为多媒体核心系统（multimedia kernel system），具有控制和管理多媒体计算机硬件和软件资源，进行实时任务调度，实现多媒体数据转换和同步，控制对多媒体设备的驱动，以及图形用户界面管理等功能。Microsoft 公司的 Windows 系列操作系统（特别是 Windows XP、Windows 2003）、Apple 公司的 Mac OSx 等都是典型的多媒体操作系统。

2）多媒体处理系统

又称多媒体系统开发工具软件，是多媒体系统的重要组成部分。主要用于多媒体信息的编辑处理、集成交互以及多媒体应用的创作与开发。包括以下四种类型：

（1）多媒体创作软件工具：用于建立多媒体模型、产生多媒体数据。如 Autodesk 公司的 3D Max 能够制作三维图像、建立三维模型。

（2）多媒体节目写作工具：提供不同的编辑、写作方式。如 Macromedia 公司的 Authorware 软件使用流程图来安排节目，每个流程图由许多图标组成，这些图标扮演脚本命令的角色，并与一个对话框对应，在对话框输入相应内容即可。

（3）多媒体播放工具：用于播放多媒体信息。如 Microsoft 公司推出的视频处理软件 Windows Movie Maker，能够对视频素材进行编辑、配音、添加特效等操作。

（4）其他各类媒体处理工具：如多媒体数据库管理系统、Video-CD 制作节目工具、基于多媒体板卡（如 MPEG 卡）的工具软件、多媒体出版系统工具软件等。它们在各领域中得以广泛应用。

3）多媒体应用系统

根据多媒体系统终端用户要求而定制的应用软件，也指面向某一领域的用户而开发的应用软件，它是面向大规模用户的系统产品。如多媒体辅助教学系统、视频会议系统、远程教育系统等。

2.2　多媒体技术的发展历程

多媒体技术是计算机技术不断发展的结果，是计算机技术和社会需求结合的产物。它的产生来源于简洁、形象地表达和传播信息的需要，来源于人们对影视、娱乐业更高的要求以及教育和人工智能模拟的需求。而计算机 CPU 速度的不断提高、存储容量的增加以及计算机实时信息处理能力的提高、CD-ROM 的出现为多媒体技术的诞生奠定了物质基础。

20 世纪 80 年代，计算机应用开始深入到人们生活、工作的各个领域。改善人机接口，实现信息交流的人为主动控制，以及信息交流形式的多样化是人们的共同需求，人们期待以一种全新的方式应用计算机。

1984 年，美国 Apple 公司率先推出了图形化用户界面的 Macintosh 计算机，引入了位图（或位映射）bitmap 的概念对图形进行处理，并使用了窗口和图形符号作为用户接口，标志着多媒体技术的兴起。

1985 年，美国 Commodore 公司研制开发了世界上第一台多媒体计算机系统 Amiga，并提供了 Amiga 操作系统。Amiga 系统采用 3 个专用芯片用于动画制作、音响处理和图形处理，因而大大提高了多媒体信息的处理能力。

1986 年，荷兰 Philips 公司和日本 Sony 公司共同推出了交互式紧凑光盘系统（compact disc interactive，CD-I），并公布了 CD-ROM 文件格式，之后经过国际标准化组织 ISO 的承认而成为了国际标准。

1987 年，美国 RCA 公司推出了交互式数字视频系统（digital video interactive，DVI），它以计算机技术为基础，用标准光盘来存储和检索图片、动画、声音和其他数据。之后，美国 Intel 公司和 IBM 公司又对 DVI 技术进行了进一步的扩展和开发，使之成为一种可以普及的商品。1995 年，Intel 公司把 DVI 技术放到母板上，称为多媒体计算机（MPC）。

随着多媒体技术向产业化方向迅猛发展，美国 Microsoft 公司联合多家厂商在 1990 年 11 月召开了多媒体开发者会议，成立了多媒体计算机市场协会，制定了多媒体个人计算机标准 MPC 1.0，1993 年和 1995 年又先后发布了 MPC 2.0 和 MPC 3.0。

回溯 20 世纪 80 年代之后，多媒体技术发展迅速，无论是视频，还是音频，其处理技术水平都有了很大提高。AVI 格式的出现无异于为计算机视频存储奠定了一个标准，而 Stream 流媒体使得网络传播视频成为了非常轻松的事情，那么 MPEG 压缩标准则是将计算机视频应用进行了最大化的普及。与此同时，音频技术的发展大致经历了两个阶段，一个是以单机为主的 WAV 和 MIDI 格式的应用，另一个就是随后出现的形形色色的网络音乐压缩技术的发展。

进入 20 世纪 90 年代，计算机、电视、微电子和通信等领域的专业人员进行了全方位的技术合作，多媒体技术取得了显著进展。超大规模集成电路的密度和速度飞速提高，极大地提高了计算机系统处理多媒体信息的能力；硬盘容量和存取速度的大幅度提升，硬盘阵列的采用，足以用来存储视频和动画媒体；操作系统版本不断更新，进一步适应了多媒体信息处理的需求；各种数字化的视频、音频设备及其处理板卡大量涌现，接口类型丰富多样（如 USB，SCSI，IEEE1394 等），充实了 MPC 的外部输入、输出设备，为视频、音频信号的处理创造了条件；各种多媒体系统开发工具软件的出现，为用户制作丰富多彩的多媒体节目提供了强有力的软件支持；压缩技术及各种压缩/解压缩芯片的发展进一步为存储、传输视频音频信号奠定了基础；作为多媒体信息主要存储载体的 CD-ROM，近年来在容量和速度上也获得了迅速的发展，随着市场销量的迅速增加，成本大幅度下降；网络的普遍使用及技术的不断更新，为多媒体信息远距离的传输创造了条件。

未来对多媒体的研究，主要有以下几个研究方面：数据压缩、多媒体信息特性与建模、多媒体信息的组织与管理、多媒体信息表现与交互、多媒体通信与分布处理、多媒体的软硬件平台、虚拟现实技术、多媒体应用开发等。

为使多媒体技术能更加有效地集成与整合，实现"三电合一"和"三网合一"是大势所趋。"三电合一"是指将电信、电脑、电器通过多媒体数字化技术，相互渗透融合，如信息家电、移动办公等。而"三网合一"是把传统的电信网络、计算机网络和广播电视网络相互融合，逐步形成一个统一的网络系统，该网络基于数字化传输技术，提供话音、数据和视频图像业务，如电视会议、视频点播等。"三网合一"的三大优点是带宽资源利用率高、网络管理费用低廉以及使用便捷。多媒体技术的未来充满希望，我们生活中数字信息的数量在今后几十年中将急剧增加，质量上也将大大地改善。多媒体以正在迅速的、意想不到的方式进入人们生活的多个方面。

2.3　我国多媒体技术发展状况

我国多媒体技术产业起步较晚。20 世纪 80 年代后期，从国外引进了音频卡和视频卡，用于多媒体应用系统的开发。此外，为了提高开发应用系统的效率和质量，开始注意创建自己的开发平台、著作工具和编辑软件等。进入 90 年代，我国多媒体技术研究逐渐广泛。

1993 年 9 月，安徽万燕电子系统有限公司在经贸委的支持下，研制出世界上第一台 VCD 影碟机，引起了世界同行的关注。

1994 年，国家经贸委经过充分论证，将多媒体技术列入国家重点技术开发项目计划。在多媒体基础技术、多媒体平台、多媒体应用、多媒体环境等方面进行了重点技术开发，并对一些企业每年拨专款进行重点扶持，推动了多媒体技术的发展，涌现了一批多媒体技术开发应用较好的企业，如：北大方正、联想集团等。

1994 年下半年开始，基于 MPEG 和 JPEG 技术的产品大量投放市场；CD-ROM、VCD 及播放器、播放卡迅速推广；多媒体计算机以前所未有的速度进入家庭；点播电视系统、信息高速公路和多媒体通信技术在国内迅速发展。

1997 年，在第三届国际多媒体技术与应用展览会上，北京金盘电子有限公司推出了高水平的《布达拉宫》光盘节目，成为我国第一张基于英特尔公司的 MMX 技术的光盘，图像的视频品质及其交互性均取得了很好的效果，北大方正利用这一技术也推出了多媒体创作工具方正奥思 2.0，开创了国内多媒体创作的先驱。如今，方正多媒体创作系统、多媒体电化教学系统、多媒体信息管理系统和多媒体办公系统等产品已逐步推广应用。同是在本届展览会上，北京圣方通用电子信息系统公司研制开发出第一个专为中国人设计的全功能网络浏览器——圣方 Internet 导航器，用户面界围绕中文用户设计，使我们可以用自己的浏览器在 Internet 网络上冲浪。

1999 年底，由国家信息产业部牵头，联合上广电、新科、康佳、夏新、先科、万利达、金正、步步高等国内生产 DVD 光盘的知名企业，以及中国华大集成电路设计中心和原隶属于信息产业部的电子科学研究院，共同组建了北京阜国数字技术有限公司。在不到半年的时间里，该公司成功地推出了具有我国自主知识产权的"新一代高密度数字激光视盘系统技术"——EVD。

目前，中国多媒体市场已进入迅速发展的阶段，多媒体技术的应用已遍及各个领域，尤其在教学培训、信息服务、数据通信、影视娱乐、大众媒体传播、广告宣传等方面，已显示出强劲的势头。多媒体产品也已经从家庭级转向企业级的应用和推广。这标志着我国计算机信息技术的发展已进入一个崭新的时代。

虽然我国多媒体产业起步比国外晚了大约 10 年时间，但发展后劲十足，现已形成以影像、动画、图形等技术为核心，以数字化媒介为载体的产业链条，内容涵盖信息、传播、广告、通信、电子娱乐、网络教育、出版等领域。专家预测，到 2010 年，我国多媒体产业产值将达到 15 000 亿元，成为国民经济的第一支柱产业。

2.4　多媒体技术的应用

多媒体技术集图、文、声、像等处理技术于一体，其多样性、集成性、交互性、实时性、数字化的特点使它以极大的优势应用于各行各业，改变着人们生活和工作的方式。

1. 教育与培训

以多媒体计算机为核心的现代教育技术使教学手段和方法丰富多彩。多媒体教学不仅使学生获得生动的学习环境，而且使教师拥有高水平、高质量的教学环境。多媒体技术对信息表达的多样化和交互性赋予现代教育技术新的活力。利用多媒体技术编制教学课件、模拟实验环节或进行技能培训，能够创造出图文并茂、绘声绘色的教学环境和交互氛围，从而能够大大激发学生的兴趣和积极性，延长学生注意的时间，提高学习质量。此外，随着 Internet 的发展，多媒体远程教学已成为课堂教学的补充。图 2-2 是中国政法大学的主页，其上设置了"精品课程"的链接，由此可以浏览该校已被评为市、院、校各级的精品课程，从而使学生跨越时空界限，一睹名师之风采，领略名课之精髓。

图 2-2　中国政法大学的主页

2. 电子出版物

电子出版物是指以数字代码方式将图、文、声、像等信息存储在磁、光、电介质上，通过计算机或类似设备阅读使用，并可复制发行的大众传播媒体。电子出版物的内容可分为电子图书、手册、文档、报纸杂志、教育培训、娱乐游戏、宣传广告、信息咨询、简报等，许多作品是多种类型的组合。多媒体电子出版物是计算机多媒体技术与文化、艺术、教育等多学科相结合的产物，电子出版物以其容量大、体积小、成本低、易于保存和复制以及信息多样化和交互性等特点对传统的出版行业造成了巨大的冲击。数字图书馆就是一个典型的例子。

3. 电子商务

电子商务将是多媒体技术的一个发展方向。凭借计算机网络平台，利用多媒体技术进行商业宣传、商业咨询、产品展示、买卖交易等商务活动，可以减少中间环节、降低买卖成本、提高商业效率。而电子商务的商品不仅包括诸如汽车、家电、食品等实体化的产品，而且还包括新闻、影像、软件之类的数字化知识产品，甚至还包括诸如旅游安排、远程医疗等服务性产品。据有关部门统计表明，电子商务在全球的用户数目前已达到数千万户，先进国家大约有 40% 左右的公司通过电子商务进行商业贸易，其贸易额高达 4 000 亿美元。有关专家指出，电子商务将是 21 世纪全球经济增长最大的领域之一。

4. 多媒体通信

把多媒体技术与网络结合，将电视、电话、传真、音响、摄像机等电子设备与计算机融合在一起，可以实现多媒体电子邮件、视频会议、信息点播、计算机协同工作等项目。

随着计算机网络速度的不断提高，电子邮件已被普遍采用，而包括声、文、图在内的多媒体邮件更受到用户的欢迎；即时通信软件如 QQ、MSN 等提供了文字通信、语音聊天、视频通信等功能，受到人们尤其是年轻人的广泛追捧。

视频会议使用网络通信线路，传输多种媒体信息。在同一时刻，将会议内容、用户发言、会议文件等，按可视形式输送到各分会场，使身处异地的用户就像面对面地沟通，从而实现多个用户实时交互式通信。视频会议将计算机的交互性、通信的分布性和电视的真实性融为一体，越来越受到人们的喜爱。

信息点播包括桌上多媒体通信系统和交互式电视 ITV。通过桌上多媒体信息系统，人们可以远距离点播所需信息，如多媒体数据库的检索与查询等。交互式电视可以提供许多信息服务，如交互式游戏，数字可视电视电话等，从而将计算机网络与信息家庭生活、娱乐、商业购物等各种应用紧密地结合在一起。

计算机协同工作系统是指在计算机支持的环境中，一个群体协同工作以完成一项共同的任务，其应用相当广泛。例如，协同式科学研究，能够使不同地域位置的同行们共同探讨、交流学术。又如师生进行协同式学习。在协同学习环境中，教师与学生之间，学生与学生之间可在共享的窗口中同步讨论，修改同一媒体文档，还可以利用信箱进行异步修改、浏览等。

5. 家庭娱乐

多媒体技术的发展也促使 MPC 走入千家万户，改变了传统的家庭娱乐方式。由于数字化的多媒体信息存储方便、保真度高，在个人电脑用户中备受青睐，而专门的数字视听产品（如 CD、VCD、DVD）的大量涌现，使得家庭娱乐形式更加丰富多彩。特别是随着信息化住宅小区的发展，宽带网的介入，拥有多功能的 MPC 和各类数码产品既可以办公、创作、学习，也可以游戏、娱乐。采用交互式视听功能，用户可以根据自己的喜好在线点播或发布视听节目。

6. 办公自动化

多媒体技术的出现为办公室增加了控制信息的能力和充分表达思想的机会，许多应用程序都是为提高办公人员的工作效率而设计的，从而产生了许多新型的办公自动化系统。在办公信息管理过程中，可以将各种信息，包括文件、档案、报表、数据、图形、音像资料等加工、整理、存储，形成可共享的信息资源；通过视频会议进行工作交流；通过网络传递多媒体邮件；将文件扫描仪、图文传真机、文件资料微缩系统和通信网络等现代化办公设备集成，进行综合管理，构成全新的办公自动化系统已成为新的发展方向。

2.5　多媒体关键技术

多媒体技术是一种基于计算机技术的综合技术，它涉及以下几个关键的技术。

1. 多媒体数据压缩技术

在多媒体系统中，涉及的媒体信息很多，尤其是大量数字化的图形、图像、音频、视频，它们占用的数据空间都非常大。如果不进行压缩，那么一张 650M 的 CD-ROM 只能存放几十秒到几分钟的视频信息，远远达不到人们的要求，因此必须对多媒体信息进行压缩。

而与此同时，多媒体信息中存在大量的冗余信息，也为数据压缩提供了可能，如图片中大面积的颜色以及视频中变化很小的相邻帧。从主观感受的角度，人眼对某些颜色和亮度不敏感，去掉这些信息也不会使人的感觉发生变化。目前比较流行的多媒体压缩编码的国际标准有静态图像压缩标准（JPEG）和运动图像压缩标准（MPEG）。

2. 多媒体软硬件平台

多媒体系统的运行离不开多媒体软硬件平台。在软件方面，从多媒体操作系统、多媒体处理系统到多媒体应用系统，形成了一套多媒体软件系统的支撑。在硬件方面，从 MPC 标准中要求的光盘驱动器、声卡、显卡等，到 CPU 中集成多媒体扩展指令，扫描仪、数码相机、数码摄像机等的出现，为多媒体系统的实现提供了物质基础。

3. 超文本和 Web 技术

利用超文本和超媒体技术，可以对纷繁复杂的多媒体信息进行有效的组织和管理。在超文本和超媒体中，信息不是按线性的方式组织，而是以非线性的形式进行存储和管理的。它以事物自然的联系来组织信息，实现多媒体信息之间的链接。超文本主要是以文字的形式表示信息，建立文字之间的链接关系。而超媒体除了可以使用文本以外，还可以使用其他如图像、图形、动画、音频、视频等多种媒体，并且可以建立它们之间的链接关系。

当前运行的 Internet 上的 Web 系统是最流行的超文本系统。利用 Web 浏览器，可以查看网页信息，实现信息的链接跳转。

4. 多媒体通信技术

多媒体通信是多媒体技术和通信技术结合的产物。通过通信网络，多媒体系统可以传送图像、图形、动画、音频、视频等多种媒体信息。这就对通信网络的传输速率提出了更高的要求。多媒体通信的发展要求有适合于传输多媒体信息的高速通信网，如宽带网（ADSL）、有线电视网等。多媒体技术与通信技术的结合将是计算机技术发展的一个热点。

5. 虚拟现实技术

虚拟现实技术（virtual reality，VR）是利用计算机，借助传感器（如三维鼠标器、数据手套、数据头盔等）来模拟三维真实世界的一种技术。它是在多媒体技术、仿真技术、计算机图形学等多种相关技术的基础之上发展起来的一门综合技术。虚拟现实技术具有多感知性、临场性、交互性和自主性的特点。

6. 智能多媒体技术

人工智能是一种高级的智能计算，而人工智能和多媒体技术的结合——智能多媒体被看作是一种更加拟人化的高级智能计算。"智能多媒体"的概念一经提出就引起了人们的关注和兴趣。智能多媒体的研究主要包括多媒体信息空间中的知识表示和推理、智能多媒体技术中的学习机制以及冯·诺伊曼体系与智能多媒体之间的语义鸿沟等。

2.6　多媒体元素及处理

多媒体元素是指多媒体应用中可以显示给用户的媒体组成。目前主要包括文本、图形、图像、声音、视频、动画等元素。文本字符处理参见 1.2.3 节。

2.6.1　音频

1. 什么是音频

声音是人们用来表达思想和情感的重要方式之一。声音的音调可用频率来反映，频率低于 20Hz 的声音称为次声，高于 20kHz 的称为超声，这两者人耳无法听到。频率范围为 20Hz～20kHz、人耳可以听到的声音称为音频，音频越低，音调就越低，反之越高。

2. 模拟音频的数字化

声音由声源发出，产生声波，引起空气振动，传入人耳。若用麦克风将声波变为模拟的电信号，就可以通过录音装置将声音记录下来，回放时重新转换为声波播放出来。我们现在使用的电话和广播就利用了这种原理，称为模拟音频。而在计算机内，所有的信息均以数字形式（"0"或"1"）表示，声音信号也是如此，称为数字音频，简称为音频，也是本书所介绍的内容。连续的模拟音频信号须转换为离散的数字信号，组成数字音频后，才能被计算机存储和处理，这个过程就是模拟音频的数字化，包括采样、量化和编码三个环节，如图 2-3 所示。

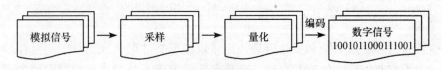

图 2-3　模拟音频的数字化

1）采样

采样是每间隔一段时间间隔获取一个模拟音频信号的幅度值。对同一段声音进行采样，时间间隔越短，采样越密集，则在单位时间内计算机得到的声音样本数据就越多，这样获得的音频就越接近原始声音。对于采样的密集程度，我们可以用每秒钟采样的次数来衡量，即采样频率，采样频率的计算单位是 Hz 或 kHz。

根据奈奎斯特（Naroy Nyquist，1889～1976，美国物理学家）的采样理论，为了保证数字声音不失真，采样频率不应低于声音信号最高频率的两倍，这样，才能把以数字表达的声音还原为原来的模拟声音。正常人耳听觉的频率范围在 20Hz～20kHz 之间，因此理想的采频率应大于 40kHz。通常多媒体声音系统都支持 44.1kHz、22.05kHz、11.025kHz 等不同的采样频率，其中 44.1kHz 的采样频率足以还原人所能听到的任何声音，作为数字音频的 CD 音质的采样频率就是 44.1kHz。

采样频率越高，声音失真越小，当然声音文件所占用的存储空间也就越大。

2）量化

量化是将采样所得到模拟音频信号的幅度值转换为计算机所能处理的二进制的数字值，该二进制数字的个数称为量化位数，也称采样精度。量化位数的多少反映出对各个采样点进行数字化时所选用的精度。在多媒体计算机音频处理系统中，常用的量化位数有 8 位、12 位和 16 位。例如，8 位量化级表示每个采样点可以表示 2^8（即 256）个不同的量化值，而 16 位则可表示 2^{16}（即 65 536）个不同的量化值。

量化位数决定了模拟音频信号数字化后的动态范围，即被记录和重放的声音最高与最低之间的差值。信号的动态范围越大，数字化后的音频信号就越可能接近原始信号，但它所需要的存储空间开销也越大。16 位的量化级足以表示极细微的声音到巨大噪声的声音范围。

在相同的采样频率下，量化位数越多，声音的质量越好。同理，在量化位数相同的情况下，采样频率越高，声效果也就越好。

体现音频数字化质量的另一个因素是声道的数量。记录声音时，每次对一个声道的声波进行采样和量化，称为单声道，而每次对两个声道的声波进行采样和量化，则为双声道，即立体声，它更能满足人们的听觉需求。一些专门的多媒体系统支持 3 个以上的声道，可提供像 3D 环绕立体声等各种附加的高级声音效果。如 DVD 的声音系统甚至可录制 5～8 个声道的声音，以支持多种语言的同步声音。

记录每秒钟存储声音容量的公式为

$$采样频率×量化位数×声道数÷8$$

公式单位为字节。例如，我们常听的 CD 采样频率是 44.1kHz、16 位量化位数、双声道，则录制 1 分钟的数字音频所占存储空间为

$$(44\,100×16×2÷8)×60 = 10\,584\,000(字节)$$

3）编码

模拟音频信号经过采样和量化以后，通常以波形文件形式（.WAV）保存，数据量非常大。为了方便传输、处理和存储，在声音质量要求不高时，可以对原始二进制数据进行压缩编码和压缩处理，将其存储为多种多样的音频文件格式。所谓编码是指按照一定的格式把经过采样和量化得到的离散数据记录下来，并在有效的数据中加入一些用于纠错、同步和控制的数据。而播放音频文件是通过解码器还原后再将音频信号输出。

我们常听的 MP3 音乐就是经过压缩的数字音频，它以极小的声音失真换来了很高的压缩比，例如，在 16 位 44.1kHz 立体声条件下采样的数字声音几乎感觉不到音质的损失，而文件的尺寸却只是波形文件的十几分之一。

音频数据的压缩编码方法有两种基本类型：无损压缩和有损压缩。

经无损压缩的数据，其重构信号与原始信号完全一致。无损压缩方法可以将数据压缩到原来的 1/2 或 1/4，一般用于磁盘文件的压缩。常用的无损压缩方法有 Huffman 编码、算术编码等。

经有损压缩的数据，其重构信号不一定与原始信号完全相同。这种压缩方式在实际压缩过程中会丢掉某些不致对原始数据产生误解的信息，以大大提高压缩比。有损压缩包括 PCM 脉冲编码调制编码、ADPCM 自适应预测编码等算法。

3. 常见音频文件

1）WAVE 文件

扩展名为 .WAV，是 Microsoft 公司开发的音频文件格式。它来源于对模拟声音波形的采样，因此 WAV 文件也叫波形声音文件。用不同的采样频率对模拟声音的波形进行采样，可以得到一系列离散的采样点，再以不同的量化位数把这些采样点的值转换成二进制数，不经任何压缩，直接存入磁盘，就生成了 WAVE 文件。只要采样频率高、采样字节长、机器速度快，利用该格式记录的声音文件能够和原声基本一致，质量非常高，但文件所需要的存储容量也非常大，通常用于存储简短的声音片断。尽管如此，

WAVE 文件的兼容性却是众多音频文件格式中最好的,几乎所有的音频播放软件都能识别。

2) MIDI 文件

扩展名为 .MID,另有变通的格式,扩展名为 .RIM、.CMF 及 .CMI 等。MIDI 是 Musical Instrument Digital Interface(乐器数字接口)的缩写。它是数字音乐的国际通用标准,规定了计算机音乐程序、电子合成器和其他电子设备之间交换信息与控制信号的方法。

MIDI 文件并不对声音进行采样,而是将 MIDI 设备发出的每个音符记录为一连串的数字,其中包括音符的定调、开始音符、演奏音符乐器、音符的音量和时间等指令,计算机将这些指令发送给声卡,声卡按照指令将声音合成后由扬声器播放出来。

由于 MIDI 文件存储的是指令,因此比记录同样声音的波形文件要小得多。例如,半小时的立体声音乐用 MIDI 文件记录只有 200KB 左右,而用波形文件则大约有 300MB。

MIDI 音乐的缺点是音质尚未达到真实乐器的品质,且无法模拟自然界中非音乐类声音,缺乏重现真实自然声音的能力。因此,MIDI 主要用于原始乐器作品、流行歌曲表演、游戏音效以及电子贺卡音乐等。MIDI 文件可以用作曲软件写出,也可以通过声卡的 MIDI 口把外接音序器演奏的乐曲输入到计算机中。

3) MP3 文件

扩展名为 .MP3,是现在最为流行的一种高压缩比的音频文件格式,其全称为 MPEG-1 Layer 3 音频文件。MPEG 是 Moving Picture Experts Group(运动图像专家组)的英文缩写,特指活动影音压缩标准,其中 MPEG 音频文件是 MPEG-1 标准中的音频部分,即 MPEG 音频层。

MPEG 音频文件的压缩是一种有损压缩,根据压缩质量和编码复杂程度的不同可分为三层,即 Layer-1、Layer-2 和 Layer-3,分别对应扩展名为 .MP1、.MP2 和 .MP3 的三种声音文件,并根据不同的用途,使用不同层次的编码。MPEG 音频编码的层次越高,编码器越复杂,压缩比也越高。MP1 和 MP2 的压缩比分别为 4:1 和 6:1~8:1,而 MP3 的压缩比则高达 10:1~12:1,即一分钟 CD 音质的音乐,未经压缩需要 10MB 存储空间,而经过 MP3 压缩编码后只有 1MB 左右,同时其音质基本保持不失真。

4) WMA 文件

扩展名为 .WMA,是 Windows Media Audio 的缩写形式,由 Microsoft 公司发布,音质要强于 MP3 格式,压缩比更高,能够达到 18:1。只要安装了 Windows 操作系统,就可以直接播放 WMA 音乐,新版本的 Windows Media Player 10.0 更是增加了直接把 CD 光盘转换为 WMA 声音格式的功能,在 Windows XP 中,WMA 是默认的编码格式。WMA 这种格式在录制时可以对音质进行调节。同一格式,音质好的可与 CD 媲美,压缩比较高的可用于网络广播。在 Microsoft 公司的大规模推广下,已经得到了越来越多站点的承认和支持,在网络音乐领域中直逼 MP3,几乎所有的音频格式都感受到了 WMA 格式的压力。

5）CD Audio 文件

扩展名为 .CDA，是激光唱片的格式，记录的是波形流，音质非常纯正，是当今世界上音质最好的音频格式，被誉为"天籁之音"。由于 CD 声音的存储采用"音轨"形式，记录声音波形时几乎没有任何信号损失，从而保证了高品质声音的再现。CD 音频格式一般具有 44.1kHz 采样频率，16 位量化位数，实际上 20 位、24 位甚至 36 位采样量化位数也比较常见。但 CD 文件也有其不足之处，无法进行编辑处理；并且，编码数据量庞大，其音频文件也就需要很大的存储空间。

4．声卡

声卡又名音频卡，如图 2-4 所示，用于将声音信号输入 MPC 或将 MPC 中的数字音频还原成声音信号播放出来，主要功能包括模拟声音的采样、量化、数据压缩、数字音频还原、MIDI 合成以及音频信号放大等。目前的声卡普遍采用 16 位采样，采样精度较高。在声卡上可以接入麦克风、音箱、MIDI 合成器、耳机、CD 播放器等音频输入输出设备。

早期的 PC 机只有一个简单的扬声器，通过它发出一些刺耳的尖叫声以提醒人们的注意。直到 1987 年，PC 机才有了第一代声卡——英国 ADLIB 公司生产的音

图 2-4　声卡

乐卡。1989 年，新加坡 Creative Labs 的第一代声卡——Sound Blaster（声霸卡）问世，很快就取代了 ADLIB，成为 PC 机上的声音标准。从此，声卡真正进入个人计算机的领域。老式的普通声卡不支持多声道，只提供 Line-In、Line-Out、Mic、Speaker-Out 等 I/O 插口，而新型的声卡支持多声道。

声卡的种类很多，目前国内外市场上至少有上百种不同型号、不同性能和不同特点的声卡。选购声卡要注意的关键指标是采样频率和量化位数。

声卡的工作原理不太复杂。以波形文件为例。录音时，声音信号通过麦克或者 LINE IN 通道进入，首先经过混音器 CODEC 进行采样、模拟/数字转换（即 A/D 转换）、混合等一系列过程，随后通过主芯片处理，录制成相关的波形声音文件。在放音时，数字声音信号首先通过声卡主芯片进行处理和运算，再传输到混音器 CODEC 进行数字/模拟转换（即 D/A 转换），转换后的模拟信号经过放大器的放大，通过多媒体音箱输出。

2.6.2　图形与图像

1．什么是图形与图像

在计算机领域中，图形和图像是两个不同的概念。

图形是指从点、线、面到三维空间的黑白或彩色几何图形，也称为矢量图形。图形文件由一组指令构成，这组指令用来描述点、线、面等几何图形的尺寸、颜色、形状、位置、维数等各种属性和参数，由于图形是采用数学方式描述的，所以，通常生成的图形文

件相对比较小，而且图形颜色的多少与文件的大小无关。图形在放大、缩小和旋转时，不会产生失真。图形可以用图形编辑器产生，也可以由程序生成。典型的图形有机械结构图和建筑结构图。AutoCAD、Photoshop、CorelDraw 等都是十分著名的图形设计软件。

图像亦即位图，或称点阵图，是指由输入设备捕捉的实际场景或以数字化形式存储的任意画面，典型的图像如照片、扫描的绘画作品，常见的图像输入设备包括扫描仪、数码相机、数码摄像机。图像文件保存的是组成图像的每个像素点的颜色信息，颜色的种类越多，图像文件所占用的存储空间越大，当然点阵图也就表现得更自然、逼真，更接近于实际观察到的真实场景。图像在放大、缩小和旋转时，会产生失真现象。

2. 图像的数字化

现实中的图像是连续的，图像数字化的过程实际上就是对连续图像进行空间和颜色的离散化，其目的是把真实的图像转变成计算机能够接受的显示和存储格式，有利于计算机进行分析处理。图像的数字化过程分成采样、量化与压缩编码三个步骤。

1）采样

图像用点阵描述，采样的实质就是用多少点来描述一幅图像，而采样的结果则是通常所说的图像分辨率。具体采样方法是对图像在水平方向和垂直方向上等间隔地分割成网状结构，所形成的微小矩形区域，即是点阵中的"点"，称为像素，如图 2-5 所示。

图像的大小用分辨率——"水平像素数×垂直像素数"表示。显示时，每一个显示点通常用来显示一个像素，普通 PC 显示模式中，VGA 模式的全屏幕就是由 640（像素/行）×480（行）＝307 200 像素组成的，只有在图像放大时才可能出现一个像素对应多个显示点的情况。

采样间隔越小，色彩越丰富，得到的图像样本就越细腻逼真，图像的质量越高，但所需的存储空间也就越大。

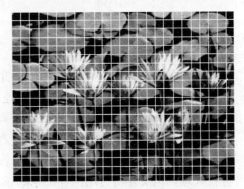

图 2-5　图像由像素构成

2）量化

图像的量化是对采样得到的灰度或颜色样本进行离散化的过程，其实质就是使用多大范围的数值来表示图像采样之后的每一个像素，量化的结果是图像能够容纳的颜色总数，它反映了采样的质量。

图像的每一个像素由若干个二进制位表示，称为颜色深度。二进制位数越多，则表示的颜色数越多，图像也就越细致逼真，当然也会占用更大的存储空间。一个像素若使用 8 位二进制位表示，则黑白图像可以表示出由白到黑的 256 种灰度（值为 0～255），彩色情况下可以表示 256 种颜色（值为 0～255）；若采用 24 位表示一个彩色像素，则可以得到的颜色数为 2^{24}，即 16 777 216 种颜色，称为"真彩色"。彩色图像像素通常是由红（R）、绿（G）、蓝（B）三种颜色搭配而成。在这里，24 位分成 3 组，每组 8 位，分别表示 R、G、B 三种颜色的色度，每种颜色分量可以有 256 个等级。当 R、G、B 三色以不同的值进行搭配时，就形成了 1600 多万种颜色。若 R、G、B 全部设置为 0，为黑色；全部设置为 255，则为白色。

3）编码

数字化后得到的图像数据量十分庞大，例如，一幅能在标准 VGA（分辨率为 640×480）显示屏上全屏显示的真彩色图像，其存储量接近一张软盘的存储容量，即 640（像素/行）×480（行）×24（b/像素）/8(b/B)＝921 600B＝900KB。而一张 3 英寸×5 英寸的彩色相片，经扫描仪扫描成为数字图像时，若扫描分辨率为 1200dpi（点/英寸），则该相片数字图像文件的存储量为 5（英寸）×1200（点/英寸）×3（英寸）×1200（点/英寸）×24（b/像素）/8(b/B)＝64 800 000B≈62MB，可见数字图像数据量之大。因此，必须采用编码技术来压缩信息，使它能以较小的存储量进行存储和传送。

目前，已有许多成熟的编码算法应用于静止图像的压缩。著名的 JPEG 标准是有损压缩算法中的经典，它由静态图像联合专家组（Joint Photographic Experts Group, JPEG）于 1986 年开始制定，1994 年以后成为国际标准。对于照片等连续变化的灰度或彩色图像，JPEG 在保证质量的前提下，一般可以将图像压缩到原大小的 1/10～1/20；若不考虑图像质量，JPEG 甚至可以将图像压缩到"无限小"。2000 年形成的 JPEG2000 标准克服了传统 JPEG 标准的缺点，既支持有损压缩，也支持无损压缩，压缩比比传统的 JPEG 提高了 30%～50%。

3. 常见图形/图像文件

1）BMP 文件

扩展名为 .BMP，是 Bitmap（位图）的缩写。BMP 格式是 Windows 中的标准图像文件格式，与设备无关，使用极为广泛。其文件由三部分组成：文件头、信息头和图像数据。文件头用来说明文件类型、实际图像数据长度和起始位置、分辨率等，信息头包含图像的宽、高、压缩方法，以及定义颜色等信息。BMP 格式有压缩和不压缩两种形式，在用非压缩格式存储图像数据时，解码速度快，常见的各种图形图像软件都能对其进行处理，但文件所占用的存储空间很大。该格式可表现从 2 位到 24 位的色彩，分辨率也可从 480×320 至 1024×768。BMP 格式在 Windows 环境下相当稳定，在文件大小没有限制的场合中运用极为广泛。

2）PCX 文件

扩展名为 .PCX，是 Zsoft 公司为其图像处理软件 PC Paint Brush（画笔）配套推出的一个图像格式，也是最早支持彩色图像的一种文件格式。由于其强大的图像处理能力，被越来越多的图形图像软件工具所支持，成为现在非常流行的图像文件格式。

PCX 图像文件由文件头和实际图像数据构成。文件头包含 128 个字节，描述版本信息和图像显示设备的横向、纵向分辨率，以及调色板等信息。在实际图像数据中，描述图像数据类型和彩色类型。

由于这种文件格式出现较早，不支持真彩色。PCX 文件采用 RLE 行程编码，文件体中存放的是压缩后的图像数据。因此，将采集到的图像数据写成 PCX 文件格式时，要对其进行 RLE 编码；而读取一个 PCX 文件时首先要对其进行 RLE 解码，才能进一步显示和处理。

3）TIFF 文件

扩展名为 .TIF 或 .TIFF，是 Tagged Image File Format（标记图像文件格式）的缩写。TIFF 图像文件由 Aldus 和 Microsoft 公司合作开发，用于扫描仪和桌面出版系统，是一种较为通用的图像文件格式。

TIFF 格式图像的颜色可以从单色到 RGB 真彩色，其文件分成压缩和非压缩两大类，非压缩的 TIFF 文件独立于软硬件，使用较广泛，压缩文件要复杂得多。

可以说，TIFF 格式是现存图像文件格式中最为复杂的一种，但因其存储的图像信息量大、细微层次的信息较多、图像质量高、格式灵活而受到青睐，适用于所有图像应用领域。

4）GIF 文件

扩展名为 .GIF，是 Graphics Interchange Format（图像交换格式）的缩写，由 CompuServe 公司于 1987 年开发成功，目的是便于在不同的平台上进行图像交流和传输。因为 CompuServe 公司开放了 GIF 格式的使用权，应用极为广泛，各种软件均支持这种格式。

GIF 格式的文件压缩比较高，可以将文件的大小压缩至原来的一半，磁盘空间占用较少，但存储色彩最多只能达到 256 种，存储容量不超过 64M，多用于网络传输。

最初的 GIF 只是简单地用来存储单幅静止图像（称为 GIF87a），随着技术的发展，在一个 GIF 文件中可以存储多幅彩色图像，如果把存于一个文件中的多幅图像数据逐幅读出并显示到屏幕上，就可构成一种最简单的动画（称为 GIF89a），这种小动画为 WWW 主页增色不少，也是 GIF 在网络上广为流行的原因之一。

5）JPEG 文件

扩展名为 .JPG 或 .JPEG，是一种广泛使用的静态图像格式，支持 24 位色彩数。JPEG 是一种高效率的有损压缩格式，压缩时将人眼难以分辨的图像信息进行删除，获得较小的图像文件。

JPEG 格式灵活，具有调节图像质量的功能，允许使用不同的压缩比例对文件进行压缩，压缩比通常为 10∶1 到 40∶1，当然，压缩比越大，解压后的图像品质就越低；反之，压缩比越小，图像品质就越好。

JPEG 格式的应用非常广泛，特别是在网络和光盘读物上，都能找到它的身影。目前各类浏览器均支持 JPEG 图像格式，因为 JPEG 格式的文件占用空间较小，下载速度较快。

4. 图形加速卡

Windows 是一个图形用户界面的操作系统，其同时运行的多个窗口图形，需要占用大量的 CPU 时间去处理，造成系统性能的下降。为了加快 Windows 图形的处理和显示速度，图形加速卡应运而生。如图 2-6 所示。

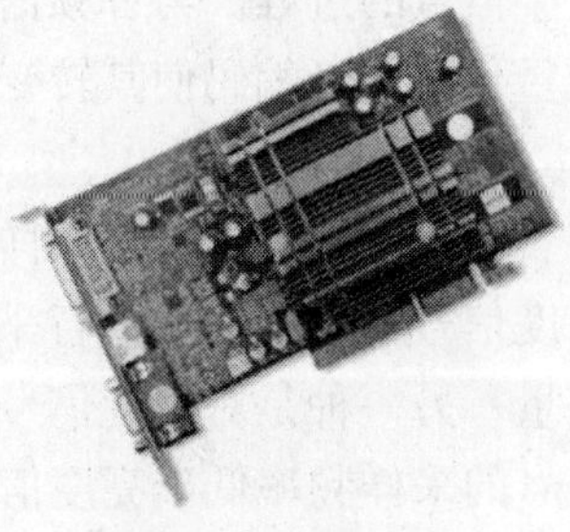

图形加速卡上配置了图形加速器（graphics accelera-

图 2-6　图形加速卡

tor) 芯片，该芯片上固化了一定数量的常用图形操作，如画线、多边形填充、位图块移动等，高档的图形加速器芯片还支持纹理图形映射、3D 图形绘制等高级功能。图形加速器芯片不仅大大减轻了 CPU 的负担，而且使这些图形操作的速度大大加快。

因为现在的图形显示卡与图形加速器基本上合二为一，所以如果无特殊说明，通常所说的显示卡、图形卡和加速卡等，均指带有图形加速功能的显示卡。

2.6.3　动画与视频

1. 什么是动画与视频

动画（animation）和视频（video）都是由一系列的静止画面按一定的顺序排列而成的，这些静止画面称为帧（frame），帧是构成视频信息的基本单元。每一帧与其相邻帧略有不同，当帧画面以一定的速度连续播放时，由于视觉的暂留现象造成了连续的动态效果。

计算机动画和视频的主要区别在于帧图像画面的产生方式有所不同，类似于图形与图像的区别。动画是将人工或计算机绘制出的不连续画面串接起来，一般画面无失真但没有同步声音；而数字视频主要指实时摄取的自然景象或活动对象经数字化后产生的图像和同步声音的混合体。在多媒体应用中有时将动画和数字视频混为一谈。

随着计算机技术的发展，专业软件不断被开发并加以应用，使得计算机动画的制作更加方便，典型的有 Micromedia Flash、Micromedia fireworks、3D MAX，它们采用关键帧（keyframe）技术设置场景和角色，然后自动生成中间动画，不仅极大地提高了制作效率，而且动画效果流畅自然。因此，计算机动画被大量用于电影电视特技、广告、教学、模拟训练、辅助设计和电子游戏等方面的设计与制作。

为了使动画/视频播放流畅而没有跳跃感，播放速度一般应达到每秒 20 帧以上，而要能表现丰富的色彩，则要求画面能显示 64K～16M 种颜色。由于性能的限制，基于 PC 机的动画/视频很难长时间以每秒 20 帧以上的速率显示全屏幕、全色彩的动画或视频，因此实际应用中经常采取一些折中的方法，如将显示范围限制在屏幕的一个小窗口内，减少颜色数，或者只让屏幕的一小部分运动等。

2. 视频的数字化

视频数字化是将模拟视频信号经模数转换和彩色空间变换，形成计算机可处理的数字信号的过程。与音频信号数字化类似，计算机也要对输入的模拟视频信息进行采样与量化，并经编码使其转变成数字化图像。

1）采样

对视频信号进行采样时，可以有两种方法，一种是使用相同的采样频率对图像的亮度信号和色度信号进行采样，这种采样将保持较高的图像质量，但会产生巨大的数据量；另一种是对亮度信号和色度信号分别采用不同的采样频率进行采样（通常是色度信号的采样频率低于亮度信号的采样频率），这种采样可减少采样数据量，是实现数字视频数据压缩的一种有效途径。

2）量化

与位图图像量化相似，视频量化也是进行图像幅度上的离散化处理。如果信号量化位数为 8 位二进制位，信号就有 $2^8=256$ 个量化等级；如果亮度信号用 8 位量化，则对应的灰度等级最多只有 256 级；如果 R、G、B 三个色度信号都用 8 位量化，就可以获得 $2^8 \times 2^8 \times 2^8 = 16\,777\,216$ 种色彩。

量化位数越多，量化层次就分得越细，但数据量也成倍上升。每增加一位，数据量就翻一番，如 DVD 播放机视频量化位数多为 10 位，灰度等级达到 $2^{10}=1024$ 级，而数据量则是 8 位量化的 4 倍。量化时位数选取过小则不足以反映图像的细节，位数选取过大则会产生庞大的数据量，给传输带来困难。量化位数的选择要根据应用需求而定。一般用途的视频信号均采用 8 位或 10 位量化，而信号质量要求较高的情况下可采用 12 位量化。

3）编码

视频经采样、量化后形成的数字信号，所产生的数据量十分庞大。例如，要在计算机上连续显示分辨率为 1280×1024 的真彩色、高品质的电视图像，按 30 帧/秒计算，显示 1 分钟，则需要：1280（像素/行）×1024（行）×24（b/像素）/8（b/B）×30（帧/秒）×60（秒）＝7 077 888 000（B）≈6.6（GB）。而一张 650MB 的光盘只能存放 6 秒左右的电视图像。因此，必须对视频进行压缩编码，以利于存储、传输。

为了使图像信息系统及设备具有普遍的互操作性，同时保证与未来系统的兼容性，国际标准化组织（ISO）、国际电报电话咨询委员会（CCITT）、国际电子学委员会（IEC）以及国际电信联盟（ITU）等组织先后审议制定了一系列有关图像编码的标准，其中 MPEG 标准由运动图像专家小组（moving picture experts group）制定。MPEG 系列标准包含 MPEG-1、MPEG-2、MPEG-4、MPEG-7 和 MPEG-21 5 个具体标准，形成了一个较为完整的以视频为主体的多媒体信息压缩、描述与使用体系。

此外，视频编码技术还有用于可视电话与视频会议的 H.261 标准以及用于在电话线路传输视频的 H.263 标准。

3. 常见视频与动画文件

1）AVI 文件

扩展名为 .AVI，是 Audio Video Interactive（音频视频交错格式）的缩写，很多游戏的片首动画都是 AVI 格式。1992 年 Microsoft 公式推出了 AVI 技术及其应用软件 VFW（video for Windows）。在 AVI 文件中，运动图像和伴音数据以交替的方式存储，并独立于硬件设备。这种交替组织音频和图像数据的方式，使得读取视频数据时能更有效地从存储介质得到连续的信息。它与传统的电影相似，在电影中包含图像信息的帧顺序显示，同时伴音声道也同步播放。AVI 文件一般用于保存电影、电视等各种影像信息，在因特网上主要用于影片的片段。Windows 系统的媒体播放器即可播放 AVI 文件。

AVI 文件结构不仅解决了音频和视频的同步问题，而且具有通用和开放的特点。AVI 一般采用帧内有损压缩，可以用一般的视频编辑软件（如 Adobe Premiere）重新进行编辑和处理。

2）MOV 文件

扩展名为 . MOV，即 Movie Digital Video，是 Apple 公司采用的面向最终用户桌面系统的低成本、全运动的视频文件格式。在很长的一段时间里，它只是在 Apple 公司的 MAC 机上存在，相应的视频应用软件为 Apple's QuickTime for Macintosh。随着大量多媒体软件向 Windows 环境的移植，导致了 QuickTime 视频文件的流行。同时 Apple 公司也推出了适用于 PC 机的视频应用软件 Apple's QuickTime for Windows，因此在 MPC 机上也可以播放 MOV 视频文件。

MOV 格式的视频文件可以采用非压缩或压缩的方式。它在最高为 30 帧/秒的速率下提供的视频分辨率是 320×240，其压缩比可以是 25∶1 到 200∶1。

QuickTime 目前已成为数字媒体软件技术领域的事实上的工业标准，国际标准化组织 ISO 选择 QuickTime 文件格式作为开发 MPEG-4 规范的统一数字媒体存储格式。

3）MPEG 文件

扩展名为 . MPEG、. MPG 或 . DAT，是 Motion Picture Experts Group（运动图像专家组）的缩写。MPEG 文件格式是运动图像压缩算法的国际标准，它采用有损压缩方法减少运动图像中的冗余信息，同时保证每秒 30 帧的图像动态刷新率，已被几乎所有的计算机平台共同支持。

MPEG 标准包括 MPEG 视频、MPEG 音频和 MPEG 系统（视频、音频同步）三个部分，前面介绍的 MP3 音频文件就是 MPEG 音频的一个典型应用，而 Video CD（VCD）、Super VCD（SVCD）、DVD（digital video disk）则是全面采用 MPEG 技术所产生出来的新型消费类电子产品。MPEG 压缩标准是在单位时间内采集并保存第一帧信息，然后只存储其余帧相对第一帧发生变化的部分，从而达到压缩的目的。其平均压缩比为 50∶1，最高可达 200∶1，MPEG 格式文件在图像分辨率为 1024×768 像素的格式下可以用 25 帧/秒或 30 帧/秒的速率同步播放全运动视频图像和 CD 音乐伴音，并且其文件大小仅为 AVI 文件的 1/6。MPEG 格式文件压缩效率非常高，同时图像和音响的质量也非常好，并且在微机上有统一的标准格式，兼容性相当好。

4）FLIC 文件

扩展名为 . FLI 或 . FLC，是 Autodesk 公司在其出品的 Autodesk Animator/Animator Pro/3D Studio 等 2D/3D 动画制作软件中采用的彩色动画文件格式。其中 . FLI 是基于 320×200 分辨率的动画文件格式，而 . FLC 则是 . FLI 的进一步扩展，采用了更高效的数据压缩技术，其分辨率也不再局限于 320×200。FLIC 文件采用无损数据压缩，首先压缩并保存整个动画序列中的第一幅图像，然后逐帧计算前后两幅相邻图像的差异或改变部分，并对这部分数据进行压缩，由于动画序列中前后相邻图像的差别通常不大，因此得到相当高的数据压缩比。它被广泛用于动画图形中的动画序列、计算机辅助设计和计算机游戏等应用程序。

5）FLASH 文件

扩展名为 . FLA 或 . SWF，是 Macromedia 公司推出的多媒体动画文件格式，近年比较流行。其交互式动画设计将音乐、声效和动画融合在一起，能够制作出高品质的动态效果。

Flash 文件采用矢量绘图技术，在无限放大的同时，图像质量不会损失，存储数据量比较小，大大节省了存储空间；传输过程中，不必等到文件全部下载才能观看，而是可以边下载边浏览，因此特别适合网络传输，尤其是在传输速率不佳的情况下，也能取得较好的效果。实际上，Flash 作品以其高清晰度的画质和小巧的体积，受到了越来越多网页设计者的青睐，也越来越成为网页动画和网页图片设计制作的主流，目前已成为网上动画的事实标准。

4. 视频采集卡

视频采集卡简称视频卡，是在 MPC 上实现视频处理的基本硬件，用来实现模拟视频信号或数字视频信号的接入以及模拟视频的采集、量化、压缩与解压缩等处理功能等。

视频采集卡按照用途可以分为广播级视频采集卡、专业级视频采集卡和民用级视频采集卡，它们的主要区别是采集的图像质量不同。广播级视频采集卡的最高采集分辨率一般为 $768 \times 576/720 \times 576$（PAL 制，25 帧/秒），或 $640 \times 480/720 \times 480$（NTSC 制，30 帧/秒），最小压缩比一般在 4：1 以内。这一类产品的特点是采集的图像分辨率和视频信噪比高，缺点是视频文件庞大，每分钟数据量至少为 200MB。广播级视频采集卡是视频采集卡中最高档的，主要用于电视台制作节目。专业级视频采集卡的性能比广播级视频采集卡略低，分辨率与前者相同，但压缩比稍大，适用于广告公司、多媒体公司制作节目及多媒体软件。民用级视频采集卡的动态分辨率一般较低，最大为 384×288（PAL 制，25 帧/秒）。此外，有一类视频采集卡是比较特殊的，即 VCD 制作卡，从用途上看应该属于专业级，而从图像指标上看只能算做民用级产品。

在 MPC 上通过视频采集卡可以接收来自视频输入端的模拟视频信号，并将该信号进行采集、量化成数字信号，然后经压缩编码形成数字视频。一般的 PC 视频采集卡采用帧内压缩的算法把数字化的视频存储成 AVI 文件，高档一些的视频采集卡还能直接把采集到的数字视频数据实时压缩成 MPEG-1 格式的文件。

由于模拟视频输入端可以提供不间断的信息源，视频采集卡要采集模拟视频序列中的每帧图像，并在采集下一帧图像之前把这些数据传入 PC 系统。因此，实现实时采集的关键是每一帧所需的处理时间。如果每帧视频图像的处理时间超过相邻两帧之间的相隔时间，则要出现数据的丢失，亦即丢帧现象。视频采集卡是把获取的视频序列先进行压缩处理，然后再存入硬盘，也就是说视频序列的获取和压缩是同时进行的，免除了再次进行压缩处理的不便。不同档次的采集卡具有不同质量的采集压缩性能。

2.7　常用多媒体设备

1. 扫描仪

扫描仪（scanner）是一种图像输入设备，利用光电转换原理，通过扫描仪光电的移动或原稿的移动，将照片、图纸、文字、胶片等原稿信息数字化后输入计算机。

　　根据扫描原理，扫描仪可分为反射式和透射式两大类。反射式扫描是指原稿经光线反射，通过反射镜片、透镜聚焦被电荷耦合器件（charge coupled device，CCD）接收，形成电信号，随后经译码处理生成图像数据，主要用于扫描不透明的图像资料，如照片等；透射式扫描是指光线透过原稿，经反射镜片、聚焦透镜被 CCD 接收，形成电信号，经译码生成图像数据，主要用于扫描透明的图像资料，如胶片等。

　　根据扫描介质和用途的不同，目前市面上的扫描仪大体上分为：平板式扫描仪（图2-7）、名片扫描仪（图 2-8）、底片扫描仪（图 2-9）、滚筒式扫描仪、文件扫描仪。除此之外还有手持式扫描仪、鼓式扫描仪、笔式扫描仪、实物扫描仪和 3D 扫描仪。

　　图 2-7　平板式扫描仪　　　　　图 2-8　名片扫描仪　　　　　图 2-9　底片扫描仪

　　扫描仪的性能指标主要包括扫描分辨率、扫描幅面、扫描速度、色彩位数等。

　　（1）扫描分辨率。表示扫描精度，通常用每英寸图像所含有的像素点的个数来表示，标记为 dpi（dot-per-inch），如 300dpi、600dpi、1200dpi 等。dpi 的数值越大，扫描的清晰度就越高。

　　（2）扫描幅面。扫描仪一次最大能扫描的图像大小，用长×宽的尺寸表示。滚筒式最大为 A0 幅面（841mm×1189mm），平板式可扫描 A3 幅面（297mm×420mm）和A4 幅面（210mm×297mm）。

　　（3）扫描速度。每扫描一行所需要的时间，单位为 ms/行或 ms/线。

　　（4）色彩位数。表示扫描仪对色彩的分辨能力。色彩位数越高，扫描出来的图像色彩越丰富。一般而言，24 位（即真彩色）已能满足大多数要求。

　　2. 数码相机

　　数码相机（digital camera）是一种能够进行拍摄，并以数字格式存放拍摄图像的特殊照相机，如图 2-10 所示。

　　图 2-10　索尼数码相机

数码相机在工作时，外部景物通过镜头将光线汇聚到感光器件 CCD 上，然后由模数（A/D）转换器将模拟信号转换成数字信号，接下来，微处理器 MPU 对数字信号进行压缩并转化为特定的图像格式，如 JPEG 格式。最后，图像文件被存储在内置存储器中。使用者可即刻通过液晶显示器 LCD 查看拍摄的照片，也可以使用计算机或电视显示，或用打印机输出，操作十分简便。

相比传统的光学照相机，数码相机有其独特的优点。

（1）数码相机配置了液晶显示器 LCD 作为取景器和显示器，能够立即显示拍摄的图像，也可以删除不理想图像，重新拍摄，直到满意为止。

（2）数码相机不需使用胶卷、暗盒，避免了冲洗胶卷的过程。

（3）图像文件可以用存储卡、存储盘或通过接口传送到计算机，从而利用计算机对所拍摄的图像文件进行各种各样的处理、加工。

（4）数码相机的照片可无限复制和永久保存。由于图像采用文件形式存储，因此，无论怎样复制都不会造成衰减和失真，保持品质一致。

数码相机的主要性能指标包括有效像素、光学变焦倍数、数码变焦倍数、最大图像分辨率、操作模式、数据接口类型以及其他拍摄参数。目前，普及型数码相机体积小，重量轻，有 300 万左右的像素，常见分辨率为 2048×1536，24 位颜色数，操作简便，价格较低。为了实现与 MPC 的方便连接，市场上比较流行的数码相机都采用具有热插拔功能的 USB 接口，有的数码相机可选配红外线发送装置与装有红外线接收装置的计算机进行无线传送。

3. 数码摄像机

数码摄像机（digital video，DV）是多媒体视频信号的主要来源，其图像数字化原理与数码相机的原理类似。数码摄像机将通过 CCD 转换光信号得到的图像电信号和通过话筒得到的音频电信号进行模数转换，并经压缩处理后送给磁头转换记录。

与传统的模拟摄像机相比，数码摄像机具有体积小、重量轻、操作简单、功能强、图像质量高等优点，如图 2-11 所示。此外，数码摄像机还可以与 MPC 连接，进行数字化编辑、剪辑、效果处理、字幕以及多音轨合成等处理，从而得到 DVD 视频、流式视频等，便于光盘存储和网络传输。

数码摄像机的主要性能指标包括传感器像素、静态有效像素、动态有效像素、水平解像度、静态图像分辨率、输入/输出接口、存储介质类型、防抖功能以及其他有关参数。

图 2-11　三星数码摄像机

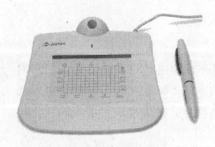

图 2-12　爱国者手写设备

4. 手写设备

手写设备包括手写笔和手写板，用户通过手写笔在手写板上书写的方式向计算机输入汉字，并通过汉字识别软件将其转变成为文本文件。它能够使计算机适应用户的书写习惯，识别用户在手写板上书写的字迹，省去了背记各种复杂的输入法和练习指法的烦琐过程，简化了输入，如图 2-12 所示。

从原理上手写板主要有电阻压力板、电容板以及电磁压感板三类，前两种也统称为机械式感应板。电阻压力板出现的时间最早，目前已趋于淘汰，电容板在一些低端产品中还有应用。相对于前两种手写板，电磁压感板技术要先进得多，是目前的主流产品。

手写识别是将在手写板上书写时产生的有序轨迹信息转化为汉字内码的过程，实际上是手写轨迹的坐标序列到汉字内码的一个映射过程。计算机将用户在手写板上书写的笔画剔除干扰信息后，以矢量图的形式存储下来，并映射到一个特定的坐标区间，再提取轨迹图中一些特征信息，如笔画的长短、角度，以及各笔画的交叉点和组成结构等。这些抽取出来的特征信息与系统内建立的一个识别字典相对照，便得到了识别的结果。

一个好的手写输入软件，对于连笔输入、连续输入、倒插笔具有较高的识别率，并且具备智能学习、联想输入、繁体字识别、语音校对、处理签名、定义词组、自定义笔迹、快捷键等功能。

5. 触摸屏

触摸屏（touch screen）作为一种特殊的计算机外设，是目前最简单、方便、自然的人机交互方式，如图 2-13 所示。

触摸屏由触摸检测装置和触摸屏控制器两部分组成。触摸检测装置安装在显示器的前端，主要用于检测用户的触摸位置，并传送给触摸屏控制器；触摸屏控制器接收到触摸信息后，将它转换成触点坐标，再传送给 CPU，同时能够接收 CPU 发来的命令并加以执行。

触摸屏按其安装方式分为外挂式、内置式、整体式和投影仪式；按其工作原理和传输信息的介质，分为电阻式、电容感应式、红外线式、表面声波式和压力矢量式。

触摸屏在我国的应用范围非常广泛，主要是公共信息的查询，如电信局、税务局、银行、电力等部门的业务查询；城市街头的信息查询；此外应用于领导办公、工业控制、军事指挥、电子游戏、

图 2-13　触摸屏

多媒体教学、房地产预售等。由于触摸屏具有界面直观、操作简单、"触手可得"等优点，为人们查阅和获取各种信息提供了极大便利。

2.8　流　媒　体

2.8.1　流媒体的产生

20 世纪 80 年代后期，Internet 的出现改变了人们一直利用纸张和电话传送信息的方式，而采用更加快捷、方便的网络途径。随着网络技术的不断提高，传输的信息形式也呈多样化，从单纯的文本到声、图、文并茂的多媒体信息，极大地满足了人们视觉与听觉感官的需要。

随着因特网的普及，上网人数不断增加，而网络硬件设备的局限，尤其是带宽的不

足，使得文件的大小成为网络传输一个不可忽视的参数。一方面，人们越来越欢迎网络带来的更加直观、丰富的新一代的媒体信息表现，希望能在网络上看到生动清晰的媒体演示，另一方面人们又不得不去面对视音频传输所需的大量时间。如果多媒体文件需要从服务器上下载后才能播放，一个时长仅 1 分钟的较小的视频文件，在 56kbps 的窄带网络上至少需要 30 分钟时间进行下载，采用 512kbps 的 ADSL 下载也需要 3 分钟，并且下载播放的方式无法满足人们对在线欣赏现场直播的需求，这就大大限制了人们在因特网上大量使用音频和视频信息进行交流。

1994 年，美国 Progressive Networks 公司成立之后，流媒体开始正式在因特网上应用。一年后，他们推出了音频接收系统 Real Audio，并在随后的几年内引领了网络流式技术的潮流。1997 年 9 月，该公司更名为 Real Networks，相继发布了多款应用非常广泛的流媒体播放器——Real Player 系列，并曾一度占据该领域 85% 以上的市场份额。之后，Microsoft 公司也推出了自己全新格式的流媒体产品 Windows Media。

早期的流媒体主要是在窄带因特网上应用，受带宽条件的制约，到 1999 年，人们在网上看到的也仅仅是一个很小的视频播放窗口。即便在具备一定带宽的局域网上，由于音视频编码压缩算法不够先进、客户端计算机解码速度不够快等原因，那时也很难欣赏到高品质的影音节目。2000 年下半年，随着全球范围内的因特网升温，越来越多的网络运营商投入到新一轮的宽带因特网的建设中。作为流媒体技术倡导者和发起者的美国 Real Networks、Microsoft、Apple 等公司几乎同时向世界宣布了他们最新的流媒体技术的宽带解决方案，流媒体技术有了飞跃性发展。

2.8.2　什么是流媒体

流媒体是从英语 Streaming Media 翻译而来，它是一种可以使音频、视频等多媒体文件在 Internet/Intranet 上以实时的、无需等待完成下载的流式传输方式进行播放的技术。

流式传输技术是一种基于时间的连续实时传输技术，以保障网络数据传输和客户端播放的并行。传统的网络传输音、视频等多媒体信息的方式是将文件完全下载到本地计算机再播放，而流式传输技术把连续的影像和声音等多媒体信息经过压缩处理后存放在流媒体服务器上，首先通过网络发送部分数据，在开始播放的同时，数据的其余部分源源不断地流出，送达客户端，用户利用相应的播放器或其他的硬件、软件对压缩的数据解压后进行播放和观看。因此，用户可以一边下载，一边欣赏高品质的音频和视频节目，不再需要经过长时间等待。

为了避免播放的中断，流式传输技术首先在客户端创建一个缓冲区，于开始播放前预先下载部分数据作为缓冲，当网络传输速度大于或等于播放速度时，流媒体播放器正常从缓冲区读取数据，并解码、播放。在客户端播放多媒体信息的同时，剩余数据继续在后台下载，从而使多媒体信息得以连续播放。当网络传输速度小于播放速度时，可能出现两种播放状态：若播放器读取数据的速度大于缓冲区从网上接收数据的速度，则缓冲区内的数据越来越少，直到没有数据，视频播放出现停顿；待缓冲区接收到足够多的数据时，播放器开始重新解码、播放。流式传输不仅使多媒体播放的启动时延大大缩短，而且不需要太多的缓存容量。

流媒体系统主要包括以下五个部分：

（1）编码工具：创建捕捉多媒体数据，形成流媒体格式。

（2）流媒体数据：包括音频、视频数据。

（3）服务器：存放和控制流媒体的数据。

（4）网络：实时传输流媒体数据。

（5）播放器：方便客户端浏览流媒体文件。

2.8.3　流媒体技术的应用

1. Internet 直播

Internet 直播是将摄像机拍摄的实时视频信息传输到专门的视频直播服务器上，视频直播服务器对活动现场的实时过程进行视频信息的采集和压缩，同时通过网络传输到用户的计算机上，实现现场实况的同步收看。

随着 Internet 技术的发展和普及，在 Internet 上直接收看体育赛事、重大庆典、商贸展览成为广大用户的愿望，这些需求促成了因特网直播的形成。网络的带宽问题一度困扰着 Internet 直播的发展，随着宽带网的不断普及和流媒体技术的不断改进，Internet 直播已经从实验阶段走向实用，并能够提供较满意的音、视频效果。

流媒体技术在 Internet 直播中充当着重要角色，实现了在低带宽环境下提供高质量的音、视频信息；保证不同连接速率下的用户能够得到不同质量的音、视频效果；大大减少了服务器端的负荷，同时最大限度地节省了带宽。

2. 视频点播

视频点播 VOD（video on demand）最初应用于卡拉 OK 点播，随着计算机技术的发展，VOD 技术逐渐应用于局域网及有线电视网，而流媒体技术的不断成熟和完善，使得 VOD 从局域网转向 Internet。

用户在客户端发出进入 VOD 系统的请求，通过网络传送给 VOD 服务器。VOD 服务器验证该视频点播申请后，将可访问的节目单传送给用户。用户再将所选的节目信息发给 VOD 服务器。VOD 服务器接收该申请，并与用户计算机建立一个稳定的音视频传输流，将用户点播的节目传送到用户计算机上进行播放。

目前，很多大型的新闻娱乐媒体，如中央电视台和一些地方电视台等，都在 Internet 上提供基于流媒体技术的节目。Internet 上使用较多的流媒体格式主要有 Real Networks 公司的 Real Media、Apple 公司的 Quick Time 和微软公司的 Windows Media Player。

3. 视频会议

视频会议系统是一种集计算机、通信、自动控制、视频、图像、音响等技术于一体的会务自动化管理系统。系统将会议报道、发言、表决、摄像、音响、显示、网络接入

等各自独立的子系统有机地连接成一体，由中
央控制计算机根据会议议程协调子系统工作，
可以为各种大型国际会议、学术报告会及远程
会议等提供最准确及时的信息和服务，如图
2-14 所示。

图 2-14　视频会议系统

视频会议系统由中央控制子系统、发言和
同声传译子系统、多媒体投影显示子系统、监
控报警子系统和网络接入子系统组成。

根据通信结点的数量，视频会议系统可以
分为点对点视频会议系统和多点视频会议系统
两类。点对点视频会议系统支持两个通信结点间视频会议通信功能，包括可视电话、桌
面视频会系统、会议室型视频会议系统等。多点视频会议系统允许三个或三个以上不同
地点的参与者同时参与会议。

市场上的视频会议系统有很多，流媒体技术并不是必须的选择，但为视频会议的发
展起到了重要的推动作用。采用流媒体格式传送音、视频文件，使用者不必等待整个影
片传送完毕就可以实时、连续地观看。虽然在画面质量上有一些损失，但就一般的视频
会议来讲，并不需要很高的图像质量。

4. 远程教育

计算机的普及、多媒体技术的发展以及 Internet 的广泛应用，给远程教育带来了新
的机遇。越来越多的远程教育网站开始采用流媒体作为主要的远程教学方式。

在远程教学过程中，需要将教师端信息传送到远程的学生端，而传送的信息可能是
多元的，如视频、音频、文本、图片等。为了将这些多媒体信息实时快速地传输，流式
媒体成为最佳选择，Real System、Flash、Shockwave 等流式技术经常被应用到远程教
学中。学生在家通过一台计算机、一条电话线、一个调制解调器就可以参与远程教学过
程。教师也无须刻意准备，只需面对摄像头和计算机，就可以正常进行授课。

远程教育是对传统教育模式的一次革命，它集教学和管理于一体，突破了传统面授
的局限，为学习者在空间和时间上都提供了便利。学生可以通过网络共享学习经验，大
型企业可以利用基于流媒体技术的远程教育对员工进行培训。

2.8.4　常用流媒体文件格式

1. Microsoft 公司的 .ASF 格式

ASF（advanced stream format）格式是 Microsoft 公司的 Windows Media 的核心，
也是网上流行的一种流媒体格式，在远程教育中更是大受欢迎。这种格式文件的使用与
Windows 操作系统是分不开的，使用的播放器是 Microsoft Windows Media Player。

ASF 最大优点就是体积小，因此适合网络传输。用户可以将图形、声音和动画数
据组合成一个 ASF 格式的文件，也可以将其他格式的视频和音频转换为 ASF 格式，而

且还可以通过声卡和视频采集卡将诸如麦克风、摄像机等外设的数据保存为 ASF 格式。另外，ASF 格式的视频中可以带有命令代码，用户指定在到达视频或音频的某个时间后触发某个事件或操作。

2. RealNetworks 公司的 .RM 视频影像格式和 .RA 的音频格式

RealNetworks 公司所制定的音频、视频压缩规范称为 Real Media，包括 Real Audio、Real Video 和 Real Flash 三类文件，其中 Real Audio 用来传输接近 CD 音质的音频数据，Real Video 用来传输不间断的视频数据，Real Flash 则是 RealNetworks 公司与 Macromedia 公司联合推出的一种高压缩比的动画格式。Real Audio 和 Real Video 中所采用的自适应流（sure stream）技术是 Real Networks 公司具有代表性的技术，可自动并持续地调整数据流的流量以适应实际应用中的各种不同网络带宽需求，轻松地在网上实现视、音频和三维动画的回放。

Real 格式具有极高的压缩比和很好的传输能力，其流式文件采用 Real Producer 软件进行制作，将源文件或实时输入数据转变为流式文件，再把流式文件传输到服务器上供用户点播。服务器端软件为 Real Server，具有网络管理功能，支持广泛的媒体格式与流媒体商业模式。客户端播放器是 Real Player。

3. Apple 公司的 .QT 和 .MOV 格式

Apple 公司开发的 QuickTime 是面向专业视频编辑、Web 网站创建和 CD-ROM 内容制作领域开发的多媒体技术平台，QuickTime 支持几乎所有主流的个人计算平台，是数字媒体领域事实上的工业标准，是创建 3D 动画、实时效果、虚拟现实和其他数字流媒体的重要基础。

QuickTime Movie 的 .QT 和 .MOV 格式是 Apple 公司开发的一种音频、视频文件格式，用于保存音频和视频信息，具有先进的音频和视频功能，Microsoft Windows 95/98/NT、Apple Mac OS 等主流计算机操作系统均支持这两种格式。QuickTime 文件格式支持 25 位彩色，支持 RLC、JPEG 等领先的集成压缩技术，提供 150 多种视频效果。它所使用的播放器是 QuickTime。

4. Macromedia 公司的 .AAM 多媒体教学课件格式

Macromedia 公司推出多媒体教学课件制作软件 Authorware，随着版本的不断更新，功能的不断增强，成为世界公认领先的开发因特网和教学应用的多媒体创作工具，被誉 "多媒体大师"。

Authorware 采用面向对象的设计思想，是一种基于图标（icon）和流线（line）的多媒体开发工具。它把众多的多媒体素材交给其他软件处理，本身则主要承担多媒体素材的集成和组织工作，使得不具有编程能力的用户也能创作出一些高水平的多媒体作品，对于非专业开发人员和专业开发人员都是一个很好的选择。

Authorware 操作简单，程序流程明晰，开发效率高，并且能够结合其他多种开发工具，共同实现多媒体的功能。利用 Shockwave 技术和 Web Package 软件可以把 Authorware 生成的文件压缩为 . AAM 和 . AAS 流式文件格式，也可以用 Director 生成后，利用 Shockwave 技术改造为网上传输的流式多媒体课件。

2.9 常用多媒体信息处理工具

1. Windows 录音机

Windows 录音机与日常生活中使用的录音机的功能基本相同，具有声音文件的播放、录制和编辑功能。

在麦克风、声卡等硬件的支持下，Windows 录音机可以帮助用户完成录音工作，并把录制结果存放在扩展名为 . WAV 的文件中，录音机是创建 . WAV 文件最简单的工具。

使用 Windows 录音机，能够播放扩展名为 . WAV 的文件。此外，它还可以把多个语音文件合并成一个声音文件，也可以把某个语音文件插入到另一个已经存在的声音文件中，使两个或多个声音文件能够连续地或同时地播放。

打开录音机，应选择"开始"→"所有程序"→"附件"→"娱乐"→"录音机"，如图 2-15 所示。

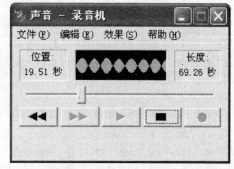

图 2-15 Windows 录音机

2. 媒体播放器 Windows Media Player

Windows Media Player 是 Windows XP 自带的媒体播放器，用于播放当前最流行格式制作的音频、视频多媒体文件，还可以播放和复制 CD、创建自己的 CD、播放 DVD 以及将音乐或视频文件复制到便携设备中。使用 Windows Media Player 提供的"媒体指南"功能，可以在 Internet 上查找数字媒体。该指南就像一份电子杂志，每天都在更新，不断添加最新的电影、音乐和视频的 Internet 链接。Windows Media Player 可以播放的文件类型包括 . MID、. RMI、. ASF、. WM、. JPG、. AVI、. WMV、. WAV、. AU、. MPEG、. MP3 等。

打开媒体播放器 Windows Media Player，应选择"开始"→"所有程序"→"附件"→"娱乐"→"Windows Media Player"，如图 2-16 所示。

3. 播放软件 RealPlayer

RealPlayer 是在线收听收看实时音频、视频的最佳工具。只要带宽允许，用户无须全部下载音频、视频内容，就可使用 RealPlayer 方便地在网上收听、收看感兴趣的广播与电视节目。如果传输速度过慢，也可以在下载完毕后通过 RealPlayer 播放，如图 2-17 所示。

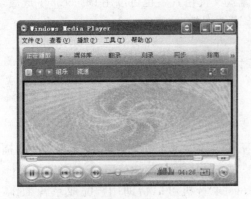

图 2-16　Windows Media Player

图 2-17　RealPlayer

RealPlayer 除支持网上常见的 . RA 格式外，还支持 . RM、. MP3、. AVI、. MID 等 20 多种媒体格式。RealPlayer 还允许用户快速方便地保存收藏位置，与朋友共享内容并且不断更新特别新闻和信息频道。RealPlayer 内置了许多频道，包括约 120 个网络广播电台，极大地方便了用户收听、收看各类节目。

4. 图片浏览器 ACDSee

图 2-18　ACDSee 图片浏览器

随着 Internet 的普及，用户会接触到越来越多的电子图片，使用图片浏览器 ACDSee 可以帮助用户提高浏览图片的效率，在最短的时间内找到需要的图片，同时使图片有一个最好的浏览效果。ACDSee 是目前最流行的电子图片浏览软件，使用 ACDSee 可以对图片进行便捷地查找、组织和浏览，此外还能对图片进行批量处理。ACDSee 支持的主要文件格式有 . BMP、. JPG、. GIF、. TIF、. PNG、. WMF、. ICO、. EPS、. PSD 等。如图 2-18 所示。

本 章 小 结

多媒体技术被称为是继纸张、印刷术、电报、电话、广播电视、计算机之后，人类处理信息手段的新的飞跃，是计算机技术的又一次革命。

在计算机领域中，多媒体是指表示信息的逻辑载体，包括文本、音频、视频、图形、图像、动画等。根据国际电信联盟电信标准局 ITU-T 的定义，媒体可分成感觉媒体、表示媒体、表现媒体、存储媒体和传输媒体五大类。

与传统的媒体技术相比，多媒体技术具有多样性、集成性、交互性、实时性、数字化等特征。

一个完整的多媒体计算机系统由多媒体硬件系统和多媒体软件系统组成。其中，多媒体硬件系统包括计算机基本硬件、音/视频处理设备、通信设备、多媒体信息输入设备、多媒体信息输出设备、多媒体信息存储设备等。多媒体软件系统由多媒体操作系统、多媒体处理系统、多媒体应用系统三部分组成。

多媒体元素主要包括文本、图形、图像、声音、视频、动画等元素。

声音是人们用来表达思想和情感的重要方式之一。频率范围为 20Hz～20kHz 声音的称为音频，音频越低，音调就越低，反之越高。模拟音频经数字化后，组成数字音频，才能被计算机存储和处理。此过程包括采样、量化和编码三个环节。音频文件可用不同格式保存，常见的有 .WAV、.MID、.MP3、.WMA 和 .CDA 等格式。音频卡将声音信号输入 MPC 或将 MPC 中的数字音频还原成声音信号播放出来。

图形和图像是两个不同的概念。图形是指从点、线、面到三维空间的黑白或彩色几何图形，也称为矢量图形。图形文件由一组指令构成，文件相对较小，而且图形颜色的多少与文件的大小无关。图形在放大、缩小和旋转时，不会产生失真。图像是指由输入设备捕捉的实际场景或以数字化形式存储的任意画面。图像文件保存的是组成图像的每个像素点的颜色信息，颜色的种类越多，图像文件所占用的存储空间越大，图像越自然、逼真。图像在放大、缩小和旋转时，会产生失真现象。现实中的图像经数字化后，使其空间和颜色离散化，以数字形式存储和处理。图像的数字化过程分成采样、量化与压缩编码三个步骤。常见的图形/图像文件有 .BMP、.PCX、.TIF/.TIFF、.GIF、.JPG/.JPEG 等格式。由于多媒体软件经常要播放真彩色图像和数字视频，图形加速卡成为目前替代普通显示卡的主流产品。

动画和视频的主要区别在于帧图像画面的产生方式有所不同，类似于图形与图像的区别。动画是将人工或计算机绘制出的不连续画面串接起来，一般画面无失真但没有同步声音；而数字视频主要指实时摄取的自然景象或活动对象经数字化后产生的图像和同步声音的混合体。在多媒体应用中有时将动画和数字视频混为一谈。视频数字化是将模拟视频信号经模数转化和彩色空间变换为计算机可处理的数字信号，与音频信号数字化类似，计算机也要对输入的模拟视频信息进行采样与量化，并经编码使其转变成数字化图像。常见视频与动画文件有 .AVI、.MOV、.MPEG/.MPG/.DAT、.FLI/.FLC、.FLA/.SWF 等格式。视频采集卡是在 MPC 上实现视频处理的基本硬件。

常用多媒体设备有扫描仪、数码相机、数码摄像机、手写设备、触摸屏等。

流媒体技术的出现解决了网络传输多媒体的实际问题，用户可以一边下载，一边欣赏高品质的音频和视频节目，不再需要经过长时间等待。主要应用在因特网直播、视频点播、视频会议、远程教育等领域。常用流媒体文件格式有 Microsoft 公司的 .ASF 格式、RealNetworks 公司的 .RM 视频影像格式和 .RA 的音频格式、Apple 公司的 .QT 和 .MOV 格式、Macromedia 公司的 .AAM 多媒体教学课件格式等。

习　题

1. 什么是多媒体？媒体分为哪几类？
2. 简述多媒体技术的应用？

3. 什么是多媒体计算机系统？

4. 多媒体元素有哪几种基本类型？每种类型试举出 1～3 种最常用的扩展名。

5. 请列举至少三种常用的图形图像文件格式。

6. 简述 .WAV 格式文件和 .MID 格式文件的区别。

7. 请列举五种常用的多媒体设备。

8. 下面文件扩展名属于声音文件的是（　　　）。

（1）.MID　　　　（2）.WAV　　　　（3）.AVI　　　　（4）.PCX

9. 下面文件扩展名属于图像文件的是（　　　）。

（1）.GIF　　　　（2）.MPG　　　　（3）.AVI　　　　（4）.PCX

10. 多媒体技术的主要特征有（　　　）。

（1）多样性　　（2）集成性　　（3）交互性　　（4）实时性　　（5）数字化

11. 利用 Windows 录音机录制一段声音文件。

第 3 章 Windows XP 操作系统中文版

3.1 操作系统概述

3.1.1 操作系统的概念

操作系统是管理和控制计算机软、硬件以及数据资源的程序集合。它负责协调计算机系统的各部分之间、系统与用户之间、用户与用户之间的关系，并提供用户与计算机之间的接口，为用户提供服务。

它是最底层的系统软件，是对硬件系统功能的首次扩充，也是其他系统软件和应用软件能够在计算机上运行的基础。

3.1.2 操作系统的功能

操作系统是计算机系统中的核心软件，从功能上来分，它具有处理器管理、存储管理、设备管理、文件管理、作业管理五大管理功能。

处理器管理的功能主要是为各类程序合理分配处理器时间，尽可能地使其经常处于忙碌状态，以提高处理器的工作效率。为了提高 CPU 的利用率，操作系统采用了多道程序技术。当一个程序因等待某一条件而不能运行下去时，就把处理器占用权转交给另一个可运行程序。或者，当出现了一个比当前运行的程序更重要的可运行的程序时，后者应能抢占 CPU。为了描述多道程序的并发执行，就要引入进程的概念。进程就是程序在内存里得到一次运行。通过进程管理协调多道程序之间的关系，解决对处理器实施分配调度策略、进行分配和进行回收等问题，以使 CPU 资源得到最充分的利用。

存储管理主要是实现对主存储器的管理，为用户程序分配主存空间，保护主存中的程序和数据不被破坏，为多个程序在内存的并行运行提供良好的环境。使用户存放在内存中的程序和数据既彼此隔离、互不侵扰，又能保证在一定条件下共享等问题，这些都是存储管理的范围。当内存不够用时，存储管理必须解决内存的扩充问题，即将内存和外存结合起来管理，为用户提供一个容量比实际内存大得多的虚拟存储器。

设备管理的主要任务是管理各类外围设备，为设备提供缓冲区以缓和 CPU 同各种设备的 I/O 速度不匹配的矛盾，并响应用户提出的 I/O 请求，发挥 I/O 设备的并行性，提高 I/O 设备的利用率。

文件管理通常把程序和数据以文件的形式存储在外存储器上供用户使用，需要时再把它们装入内存。文件管理的任务是有效地支持文件的存储、检索和修改等操作，解决文件的共享、保密和保护问题，使用户能够方便、安全地访问文件。操作系统一般都提供很强的文件系统。

　　作业管理也叫用户接口管理，操作系统提供了一组友好地使用其功能的手段，即用户接口，用户通过这些接口能方便地调用操作系统的功能，使整个系统能高效地运行。按照用户观点，操作系统是用户与计算机系统之间的接口。因此，作业管理的任务是为用户提供一个使用系统的良好环境，使用户能有效地组织自己的工作流程。

3.1.3　操作系统的分类

　　根据设计思想和应用的场合不同，操作系统的结构和内容存在很大差别，其分类方法有多种。

　　(1) 按操作系统运行的环境区分，有实时操作系统、分时操作系统和批处理操作系统。

　　实时操作系统是对外来的作用和信号，在限定时间范围内作出响应的系统。主要用于实时控制（如飞机飞行、导弹发射等自动控制）和实时信息处理（如在很短时间内对办理预订飞机票、查询航班的用户作出正确回答）。

　　分时操作系统是指一台计算机连接多个终端，CPU 按照优先级分配给各个终端时间片，轮流为各个终端服务。由于 CPU 运行速度极快，使每个用户感觉不到计算机工作停顿，就像自己单独占有计算机系统一样。

　　批处理操作系统以作业为处理对象，连续处理在计算机系统中运行的作业流。批处理有单道批处理和多道批处理之分。其中，前者是指逐个地顺序运行各个作业，而后者是指由操作系统调度和控制多个作业同时运行，高效、合理地利用系统资源，同时尽量满足各个用户对响应时间的请求。

　　(2) 按管理用户和作业数量分，有单用户单任务操作系统、单用户多任务操作系统、多用户多任务操作系统。

　　单用户单任务操作系统是指一台计算机在任一时刻只能由一个用户使用，该用户一次只能提交一个作业，并独自享用系统的全部硬件和软件资源。常用的单用户单任务操作系统有：MS-DOS、PC-DOS、CP/M 等，这类操作系统通常用在微型计算机系统中。

　　单用户多任务操作系统，也是为单个用户服务的，但允许用户一次提交多项任务。例如，用户可以在运行程序的同时开始另一文档的编辑工作。常用的单用户多任务操作系统有 OS/2、Windows 95/98/2000/XP 等，这类操作系统通常也用在微型计算机系统中。

　　多用户多任务分时操作系统允许多个用户共享同一台计算机的资源，即在一台计算机上联接几台甚至几十台终端，终端可以没有自己的 CPU 与内存，只有键盘与显示器，每个用户都通过各自的终端使用这台计算机的资源，计算机按固定的时间片轮流为各个终端服务。时间片就是操作系统分给每个用户能得到执行程序的时间。由于计算机的处理速度很快，用户感觉不到等待时间，似乎这台计算机专为自己服务一样。UNIX 就是典型的多用户多任务分时操作系统，这类操作系统通常用在大、中、小型计算机或工作站中。

　　(3) 按人机交互界面形式分，有字符命令界面操作系统和视窗图形界面操作系统。

　　字符命令界面操作系统由用户按照操作系统的语法和规则，通过键盘输入字符命令，系统解释指定命令并执行，然后通过显示器显示命令运行的结果；视窗图形界面操作系统则使用窗口、图标、菜单、按钮、对话框等构造交互界面，使用鼠标或键盘对界面内容进行选择，完成对系统功能的直接操纵。

（4）按使用范围来分，可分为个人计算机操作系统和网络操作系统。

个人计算机操作系统通常是联机交互单用户操作系统，它仅提供对单机软硬件资源的管理，规模小、功能简单。

网络操作系统适合多任务多用户环境，支持网间通信和网络管理，一般包括：通信协议软件、服务器操作系统、工作站操作系统和网络管理程序，可对网络上的多台计算机综合控制并帮助用户实现网络资源共享。

3.1.4　常见的微机操作系统及其发展

1. MS-DOS 操作系统

MS-DOS 是 Microsoft 公司为 IBM-PC 机研制的单用户单任务磁盘操作系统，是在 CP/M 基础上发展起来的。它是一种字符命令界面的操作系统，其内部结构和特性与 CP/M 基本相同，但处理能力更强，处理速度更快。

2. UNIX 操作系统

UNIX 操作系统是由美国 Bell 实验室为 PDP-11 计算机研制的。它是由 C 语言和汇编语言编制的多用户多任务操作系统。UNIX 集中了许多操作系统的特点，功能强大、适应性好，被广泛使用在企业的大、中、小型计算机或微机上，尤其是在 VAX 系列机上使用最广。

3. Linux 操作系统

Linux 的内核是由芬兰大学生 Linus Torvalds 创建，其最大特点是开放的源代码，使任何人都可以对它设计和修改，从而能够大大地增强它的功能及性能，被称为优秀的自由软件。Linux 是运行在个人计算机上的 UNIX 操作系统，具备了 UNIX 的特点和操作上的一致性，更由于它的系统配置灵活、适应性强、开发自由、可免费下载等优点，已逐渐成为备受软件开发商和个人用户青睐的新一代操作系统。

4. Windows 操作系统

1985 年 Microsoft 公司研制出"Microsoft Windows"视窗操作系统平台，接着在不到十年的时间里先后推出了 Windows 3.X 各版本、Windows 95、Windows 98，并于 2000 年 3 月正式出台了集 Windows NT 和 Windows 98 共同特点、具有强大的网络功能、面向商务管理的操作系统 Windows 2000。Windows 9.x 是一种视窗形式的单用户多任务操作系统。Windows XP 是一种视窗形式的单用户多任务操作系统，为用户提供了一种新颖的、更为直观的图形界面操作方法，是当今微机操作系统的主流。

3.2 Windows XP 的使用基础

3.2.1 Windows XP 概述

1. Windows XP 系统特色

Windows XP 是 Microsoft 公司与 2001 年 10 月 25 日发布的一款视窗操作系统，字母 XP 表示英文单词的"体验"（experience）。Windows XP 有家庭版（home）和专业版（professional）之分。家庭版的使用对象是家庭用户，只支持 1 个处理器；专业版则在家庭版的基础上添加了为面向商业而设计的网络认证、双处理器等特性。

1）界面更友好

在 Windows XP 中，桌面风格更具人性化，菜单和子菜单更易于使用。系统管理工具都集中在"控制面板"中，通过"设备管理器"使硬件配置更加容易，支持即插即用及更为广泛的硬件设备。Windows XP 集成了 IE 6.0，使上网更加轻松。Windows XP 具有自动更新功能，使系统更可靠，安全性更高。

2）相互兼容

如果有过安装硬件失败的经历，用户就会知道要想让一个操作系统识别硬件是何等的困难。和 Windows 95/98 一样，Windows XP 能够自动检测已安装的硬件。并且，Windows XP 能够识别出用户的机器上已经存在的 Windows 95/98 曾安装过的应用的设置。Windows XP 还允许用户创建与 Windows 95/98 或另一个操作系统兼容的双重启动设置。

3）文件分区表

Windows XP 能从 Windows 98 的 FAT32 文件系统中读、写文件，或从由 FAT32 文件分区的驱动器中启动。如果用户需要极高的安全性，Windows XP 自带的 NTFS 文件系统能够使用户限制对文件或整个文件夹的访问，并且还能够对它们进行加密，如果没有登录口令，谁都无法阅读它们。

2. Windows XP 的启动与退出

按下计算机电源开关，Windows XP 便开始自动启动系统。随着机箱上硬盘指示灯不停地闪烁，经过屏幕上一阵字符变换，Windows XP 加载完毕进入工作状态，显示如图 3-1 的登录提示界面。

用鼠标单击自己的用户名，在提示的密码框中输入自己的密码，按下 Enter 键，就进入到了 Windows XP 桌面。如果机器上只有系统管理员一个账户，则不会出现如图 3-1 所示的登陆画面，而是直接进入 Windows XP 的桌面。

用户想要退出 Windows XP，用鼠标左键单击"开始"按钮，打开"关闭 Windows"对话框。如图 3-2 所示，各项功能如下：注销用于注销当前用户的操作权，返回系统登录界面；关机将关闭 Windows XP 系统，并自动切断机器的电源；重新启动是系统的热启动功能，将会重新启动 Windows XP 系统，使用主机箱的"Reset"复位键也

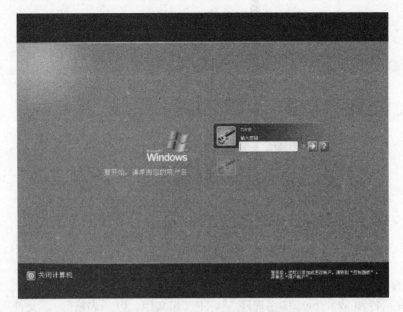

图 3-1　Windows XP 的登录提示界面

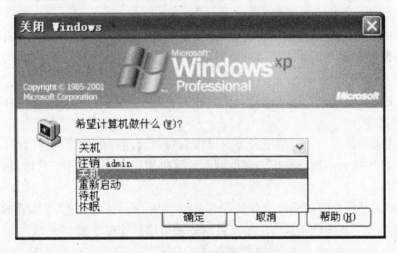

图 3-2　关闭 Windows 对话框

可以重新启动计算机；待机用于节电，使用户不需要重新启动计算机就可以返回到工作状态，通常关闭监视器和硬盘之类设备，将信息保存在内存中；休眠将内存内容保存到硬盘上，然后关闭计算机，重新启动计算机可以返回到原来的工作状态。

3.2.2　Windows XP 界面

1. Windows XP 的桌面

　　在 Windows XP 启动后，可以看到第一幅屏幕画面，它就像一张办公桌，其上的各应用项目好比桌面上可使用的办公工具，所以人们把它形象地比喻为桌面（desktop），它是 Windows XP 所有应用操作的出发点，如图 3-3 所示。

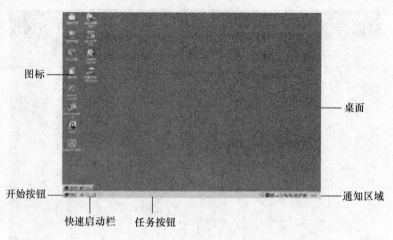

图 3-3　Windows XP 桌面

1）图标

用来表示各种 Windows 应用程序、文件（如文档、电子表格等）、文件夹、计算机网络设备和其他计算机信息等的图形标识符，我们通常使用它来快速打开相应的程序和查看相应的内容。

"我的电脑"是用户管理计算机软、硬件资源的一个应用程序和操作入口。在其中可以浏览计算机中各个应用程序内容以及软硬件配置情况，找到有关磁盘驱动器、控制面板和打印机的信息。

"我的文档"是用户管理文档的桌面文件夹，其中存放了人们经常要访问和编辑的文档和其他文件。

"网上邻居"是用户访问网络资源的操作入口。当用户的计算机联网后，双击此图标能够显示出连接到本地计算机的其他网上计算机用户的信息，用户可以借助它方便地共享网上资源。

"回收站"是用户管理删除文件的操作入口。Windows XP 把人们要删除的文件临时存放到这里。当需要恢复被删除的文件时，还可以从这里收回。

"Internet Explorer"是用户浏览网站的应用程序。用户通过它直接访问 Internet、浏览网页、下载音乐等等，尽情享受网上冲浪的乐趣。

2）任务栏

顾名思义，它是执行和显示 Windows XP 任务的控制区域，位于桌面的最底行，它包括四个部分，从左至右分别是："开始"按钮、快速启动栏、任务按钮、通知区域。

"开始"按钮：是 Windows XP 应用程序的主要入口，控制着进入所有应用程序的通路。单击此按钮打开一个含有多个选项的菜单，选择其中的选项，可以启动 Windows XP 提供的各层程序、打开文档、改变系统设置、获得帮助、查找指定信息以及关闭计算机等。

快速启动栏：它建立了用户快速方便启动应用程序的一种快捷方式，单击此区中的相应图标，可以启动 Internet Explorer 浏览器、Outlook Express 和显示桌面。

任务按钮：每当启动一个应用程序，任务栏上就会出现一个相应的任务按钮。当运行多个应用程序时，可以通过单击任务按钮在不同应用程序间切换。

通知区域：在桌面为你的计算机系统的某些程序和状态提供了快速操作和形象的图形按钮，用户可以方便地设置和取消其中各项。例如，输入法按钮可以显示 Windows XP 当前安装的输入方法菜单，从中选择任一选项输入英文或汉字；音量控制按钮对系统播放的各种声音进行控制；时钟/日期按钮显示系统的时间和日期，并可以进行调整。

2. 鼠标和键盘的使用

鼠标是 Windows XP 的操作过程中不可缺少的输入设备，它的主要作用是以鼠标指针来控制各种操作。鼠标操作大致有几种形式：单击、双击、右击、拖动。

单击：将鼠标指针移动到某一指定对象上，按一下鼠标左键，此操作主要用于选定或打开对象。

双击：将鼠标指针移动到某一指定对象上，快速地连击两次鼠标左键，此操作主要用于执行某一任务或应用程序。

右击：将鼠标指针指向某一对象，按一下鼠标右键，此操作主要用于打开快捷菜单。

拖动（又称拖曳或拖放）：将鼠标指针定位到某一对象上，按住左键不放，移动鼠标至目的位置后松开，此操作主要用于移动或复制对象。（上述是按照一般人使用右手操作鼠标而设定的，在本教材没有特别说明下，遵循上述约定。）

在使用计算机过程中会经常看到鼠标形状在有的时候是不一样的，在不同的操作环境中的鼠标操作，鼠标指针有不同的形状，代表的含义也不同。常见的几种鼠标形状及代表的含义如表 3-1 所示。

表 3-1　鼠标的几种形状

指　针	特定含义	指　针	特定含义
↖	常规操作	⃠	操作非法，不可用
↖?	帮助选择	🖑	超级链接选择
↖⌛	后台操作	↘ ↗	调整窗口对角线
⌛	忙，请等待	↔ ↕	调整窗口水平垂直大小
I	输入文字区域	✛	可以移动
＋	精度选择	↑	其他选择

键盘是计算机中基本的输入设备。利用键盘可以完成 Windows XP 中几乎所有的操作。使用频率最高的是 Ctrl、Alt 和 Shift 键，它们常与一些键进行组合，构成快捷键，如 Ctrl＋Esc 等。常见的键盘组合键如表 3-2 所示。

表 3-2　常见的键盘组合键

组 合 键	属　性	组 合 键	属　性
Alt＋空格键＋N	视窗最小化	Ctrl＋A	选择全部
Alt＋空格键＋R	恢复视窗正常大小	Ctrl＋Alt＋Del	打开任务管理器
Alt＋空格键＋X	视窗最大化	Ctrl＋End	跳至文件末端
Alt＋Tab	切换不同窗口	Ctrl＋Home	跳至文件开头
Alt＋F4	关闭窗口	Ctrl＋Esc	打开"开始"菜单

3. 窗口

　　窗口是 Windows XP 用于展现应用程序、实施应用操作的一块矩形区域。通常窗口与应用程序是一一对应的，一般来说，每运行一个应用程序，就会在桌面上打开一个窗口。在窗口中可以浏览文件、驱动器、图标等对象，并对它们进行各种操作，对窗口本身也可以实行打开、关闭、移动等操作。

　　尽管各窗口因被打开的对象不同而有所差异，但它们都含有相似的基本组件，如图 3-4 所示，表 3-3 给出了这些组件的基本功能。

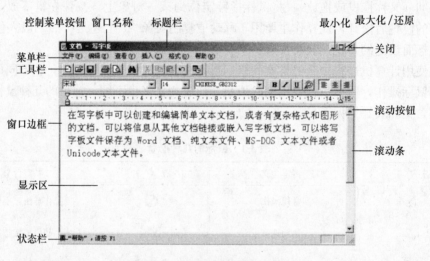

图 3-4　Windows XP 窗口组件

表 3-3　窗口组件的基本功能

组 件 名	功　　能
窗体	窗口的中间部分，其中显示当前正在打开或运行的应用程序内容，如文件和文件夹、各种图标、编辑的文档内容、绘制的图形等
窗口调整工具	调整窗口大小、滚动、移动、关闭窗口等操作，包括窗口控制菜单按钮、最小化按钮、最大化或还原按钮、关闭按钮、窗口边框、边角及滚动条等
标准工具栏	其中设置了能够快捷地访问该窗口中常用功能的按钮

续表

组 件 名	功　　能
地址栏	在一些对系统资源管理的程序窗口,如"我的电脑"、"资源管理器"中,用于显示当前窗口中文件所在的位置(磁盘和路径)以及 Web 页或 URL(统一资源定位器)地址
链接栏	其中放置了一些常用的和个人喜爱的网页站点,通过它可以直接链接到已设的 Internet 网页
状态栏	用于显示对用户的提示或响应信息。用户进行的操作不同,状态栏中所显示的内容也不尽相同,有时是说明窗口的内容,如文件数目、空闲空间等,有时则是对命令的解释

1)打开窗口

Windows XP 提供了多种打开窗口的方法,选择下述方法之一可以打开窗口:

· 双击桌面图标。例如,将鼠标指针定位到桌面上的"我的电脑"图标并双击,即打开了"我的电脑"窗口。

· 在"资源管理器"或"我的电脑"窗口,将鼠标指针定位到任意要打开的程序图标并右击,在出现的快捷菜单中选择"打开"。

· 在"开始"菜单的"程序"列表中,单击指定的应用程序。

· 在"资源管理器"或"我的电脑"窗口,单击选定待打开的应用程序后,在"文件"菜单中选择"打开"命令。

2)浏览窗口内容

打开窗口后,可以看到窗体中的具体内容,它们可能是应用程序清单,可能是一篇文稿,也许是系统资源配置信息,或者是某个磁盘中的文件及文件夹。通常,窗口只能显示有限的一屏信息,单击位于垂直滚动条两端向上、向下或水平滚动条两端向左、向右方向的三角形滚动按钮,使窗口中内容沿指定方向滚动;也可以沿上、下、左、右方向拖动滚动条中的矩形块,使窗口内容纵向、横向位移;还可单击滚动条的空白处向上、向下或向左、向右翻页查看当前窗口不可见的内容。

3)改变窗口大小

要改变窗口大小,可采用以下几种方法:

· 使用窗口控制按钮。"最小化"按钮:单击此处可将当前应用程序窗口缩小成一个小图标按钮,并放置于屏幕底部的任务栏中。"最大化"及"还原"按钮:当当前窗口处于正常状况下时,单击此按钮,可将窗口放大至全屏幕;而当窗口被最大化后,"最大化"按钮将变为"还原"按钮,其作用是将当前最大化的窗口还原成最大化之前的大小。"关闭"按钮:单击此按钮,将关闭窗口,其作用与双击"窗口控制菜单"按钮相同。

· 使用窗口控制菜单。单击窗口左上角的控制菜单按钮,在弹出的下拉菜单中单击相应命令选项即可进行缩小、放大、还原、移动、关闭窗口等操作。

· 拖动窗口边框和边角。若想将窗口调整为任意的尺寸,应该采用拖动窗口边框和边角的做法。具体方法是:若改变窗口横向大小,则将鼠标指针指向窗口的左边框或右边框,使指针变为双向箭头,沿水平方向拖动边框;纵向改变窗口大小的方法是将指针指向上边框或下边框,待指针变成双向箭头时,再沿垂直方向拖动,直到窗口变为理想尺寸。

将鼠标指针指向窗口的四个边角之一，使指针变成斜向双向箭头，拖动边角至理想位置松手，此时窗口会在水平和垂直方向同时扩展或缩小。

4）移动和重排窗口

在 Windows XP 环境中，可以使用以下方法将打开的窗口移动到桌面任意位置：

• 将鼠标指针定位到所需移动窗口的标题栏处，拖动窗口至期望位置，松开鼠标即可。

• 单击窗口左上角的"窗口控制菜单"按钮。在出现的下拉菜单中选取"移动"命令，当窗口边框变为虚框并且鼠标指针呈双箭头时，按住鼠标拖动窗口至指定的位置。

用户可以综合运用上述改变窗口大小及移动窗口的方式，按照自己的设想来排列窗口，也可以使用任务栏的快捷菜单上的命令排列窗口。此时，在任务栏的空白区右击，将会弹出快捷菜单，可选择"层叠"或"平铺"选项来重排窗口。

"层叠"：Windows XP 将所有打开的应用程序窗口摆放呈重叠层次，使得每个窗口的标题栏都可见；"平铺"：Windows XP 将所有打开的应用程序窗口按顺序以纵向平铺或横向平铺两种形式排放。

5）切换窗口

Windows XP 可以同时运行多个应用程序，我们把正在执行的程序称为"前台应用程序"，它所在的窗口称为"活动窗口"，Windows XP 默认其标题栏呈蓝色并排列在其他窗口的前面；任何时刻，活动窗口只有一个，任何操作也只能在活动窗口中进行。而其他已打开的应用程序称"后台应用程序"，它们所在的窗口为"非活动窗口"，非活动窗口的标题栏则为灰色。

用户可以根据实际情况使用下面的方法之一将非活动窗口改变为活动窗口，使其中的应用程序置为前台运行的程序。

• 标题栏切换。对于多个已打开的可见窗口，只需单击待设定为活动窗口的标题栏，它就被转换为活动窗口（前台运行）。

• 任务栏切换。单击任务栏的"后台运行程序显示区"中所需切换的应用程序窗口按钮，则该窗口被激活并还原为原来的大小。

• 快捷键切换。按下 Alt＋Tab 键，会在屏幕上显示一个矩形框，上面排列了所有打开的文件夹和应用程序图标，其中活动窗口的程序图标由方框突出标示。反复按 Alt＋Tab 键，可以轮流选择被激活的窗口，当选定某个程序图标后，松开按键，该程序所代表的窗口成为被激活的窗口。

6）关闭窗口

在结束某一应用程序的使用时，应关闭其所在窗口，这样可以节省内存，加速 Windows XP 的运行，并保持桌面整洁。

在关闭窗口之前，应保存已修改过的数据。若未保存，Windows XP 会在关闭窗口之前，弹出对话框，提问是否存盘。关闭窗口可采用以下方式之一：

• 单击"关闭"按钮。

• 单击控制菜单图标，选择"关闭"命令；或双击控制菜单图标。

• 使用快捷键 Alt＋F4。

• 右击任务栏上相应图标，选择"关闭"。

4. 菜单

菜单是用于执行 Windows XP 系统任务和应用程序的多组相关命令的列表，一般按照系统的逻辑功能分组放置在窗口的菜单栏中，如：对文件的操作基本都包含在"文件"组中，系统的在线帮助则存放在"帮助"组里。

由于在窗口中打开的应用程序不同，菜单中所体现的功能命令也有许多差异，但大部分应用程序中都有"文件"、"编辑"、"帮助"等菜单组。

对于经常使用的命令，如打开、复制、粘贴、删除等，Windows XP 还将其设置在标准工具栏和快捷菜单中，以便用户快速地进行选择和操作。

1）菜单操作

• 打开菜单。将鼠标指针定位到菜单栏中某一菜单选项后单击，即可出现该选项的下拉菜单。菜单选项后面有带下划线的字母，也可直接使用 Alt＋字母键打开菜单。例如，Alt＋F 可打开"文件菜单"。

• 关闭菜单。将鼠标指针指到菜单以外的区域后单击。

• 选择菜单命令。在打开的下拉菜单中，将鼠标指针定位到指定的命令选项，单击鼠标；或直接键入菜单命令右边括号中标记的字母。例如，在"查看"下拉菜单中将鼠标定位到"浏览栏"选项后单击，或者直接按字母"E"，都可以进入"浏览栏"的各项功能。

如下拉菜单中有些命令显示为浅灰色，则表示目前暂不能使用这些命令，它们只能在特定环境下使用。例如，待删除的对象尚未选定时，不能使用删除命令，所以此命令选项呈灰色；有些命令带有扩展符号（▶或 ...），表示含有后续项，当执行带有"▶"选项的命令时，将会打开下一级菜单（称级联菜单）；当执行带有"..."选项的命令时，将会打开一个需要用户输入信息的对话框；若在菜单选项左侧出现"●"或"√"，表示该选项处于被激活状态；下拉菜单中的横向分隔线是对命令选项的进一步分组。

在 Windows XP 中，大部分窗口都有文件和编辑菜单，它们的菜单命令及含义见表 3-4 所示。

表 3-4　"文件"和"编辑"菜单中的主要命令及含义

命　令	含　义
新建	用于建立一个新的文件夹或文件的快捷方式
删除	删除选定的文件，并将硬盘上被删除的文件放入回收站
重命名	将选定的文件重新命名
属性	显示选定存储设备及文件的属性
关闭	用于关闭当前已经打开的窗口
撤销	撤销前一次操作
剪切	将选定的对象移动到剪贴板
复制	将选定的对象复制到剪贴板
粘贴	将剪贴板中的内容粘贴到指定位置
全部选定	将待操作对象全部选定

2）灵活、方便的快捷键和快捷菜单

其实，除了在菜单栏中使用选单方式输入命令外，Windows XP 还提供了许多通用快捷键和快捷菜单来帮助用户输入命令。表 3-5 列出了 Windows XP 一些通用快捷键。另外，在各组下拉菜单选项的右侧给出了部分命令的快捷键（一般为 Ctrl 打头的字母），表 3-6 列出了"编辑"菜单常用命令快捷键。使用快捷键，可以节省操作菜单所耗费的时间。

表 3-5　Windows XP 通用快捷键

按　键	功　能	按　键	功　能
F1	查看联机帮助信息	Ctrl+Esc	显示"开始"菜单
Alt+F4	退出当前程序	Alt+Tab	切换窗口
Shift+F10	进入所选项的快捷菜单	Ctrl+Alt+Del	打开任务管理器

表 3-6　"编辑"菜单常用命令快捷键

按　键	功　能	按　键	功　能
Ctrl+Z	撤销上一次操作	Ctrl+V	粘贴
Ctrl+X	剪切	Ctrl+A	全部选定
Ctrl+C	复制	Del	删除

Windows XP 还设置了一些对象（如桌面、窗口、驱动器、文件夹等）的快捷菜单（也称为弹出菜单），要使用这些快捷菜单，只要把鼠标定位到指定对象处，单击鼠标右键，该对象的快捷菜单就会弹出，单击需要的选项执行相应的命令。

5. 对话框

WindowsXP 主要使用"对话框"与用户交流信息，它是一种视窗图形界面的人机会话环境。当在下拉菜单中选定某个带有省略号（...）的命令，或者系统需要用户回答问题和输入数据时，就会弹出一个对话窗口，需要使用者根据窗口中的提示，逐项选择或输入一些系统需要设置的命令参数，这个窗口就是对话框。

Windows XP 提供了多种多样的对话框，例如，要安装新的程序或设备时会出现"安装向导"对话框，在第一次建立文件后关闭应用程序窗口时，会出现"是否保存文档"的提示对话框等。倘若涉及的问题比较复杂，还会出现多级对话框要求输入并回答进一步的提示。

由于执行的应用程序不同，系统弹出的对话框也不同，有些只是要求简单地确认操作，而有些则要求多形式、多层次回答。对话框的常见组件有以下几种，如图 3-5 所示。

（1）下拉列表框是一个单行列表框，右边有一个向下箭头按钮，常用于搜索查询所需的地址、设备名称等。要从下拉列表框中选定一个项目，应单击向下箭头按钮打开列表框，然后在项目列表中单击所需的项目，则该项被选中。

（2）列表框中列出多个可供选择的项目，一般为下拉列表框某个选项的下级目录和

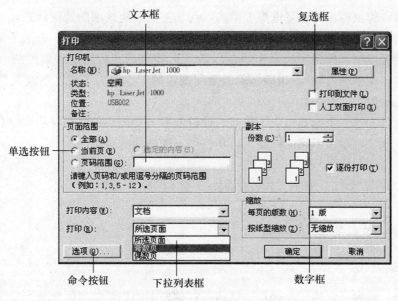

图 3-5　对话框组件

内容，通常列表框中带有滚动条，使用滚动条或单击滚动按钮，可以滚动翻阅列表，单击某一项进行选择。通常选定的项目自动以反色显示。

（3）文本框要求用户在此输入 Windows XP 执行任务所需的文字信息，如路径、文件名、样式、计量值等。用鼠标在文本框中单击，即出现插入点（闪动的竖线），此时用户可以在插入点处输入和编辑信息。文本框里常用的编辑键如表 3-7 所示。

表 3-7　文本框常用的编辑键

按　键	功　能
删除（Del）键	删除插入点右边的字符
退格（Back Space）键	删除插入点左边的字符
End 键	将插入点移至本行最后
Home 键	将插入点移至本行开始
箭头键（←、↑、→、↓）	沿箭头方向将插入点移动一个字符

（4）命令按钮：用于执行操作，包括"确定"、"取消"、"应用"等。"确定"表示确认输入的信息或接受当前的设置操作，并关闭对话框；"取消"表示不执行对话框中提供的选项或取消当前的操作，并关闭对话框；"应用"则表示接受当前所进行的更改，但不关闭对话框。用鼠标单击各命令按钮执行各项命令。需要注意的是在选择对话框中的"确定"按钮时要小心，意味着在对话框中输入的命令将被执行。

（5）单选按钮：对话框中的圆形按钮，它要求在一组命令选项中进行唯一选择，要选定单选按钮所代表的功能，单击该选项的圆圈（如果不能定位到该圆圈，单击相应的文字），当圆圈中出现圆点时表示其中的内容被选中。

（6）复选框：对于可以选择多项或取消选定的项目，Windows 系统提供复选框

（方形按钮）。将鼠标指针在复选框上单击，可切换其对应选项的选中状态，如当一个复选框中的内容被选定时，方框中出现"√"，再一次单击取消"√"，表示不选此项。

（7）微调按钮：按钮左边框中通常以数字形式表示某种功能的属性值（如时间的分、秒，打印文档的份数）。用鼠标单击微调按钮的"上箭头"或"下箭头"可以上下调整框中的数值。

（8）标签：每一个标签对应了当前对话框的一类功能。每次在对话框中只显示一个标签的相关选项，单击不同的标签则可切换到不同的功能项中。

3.3　文件与文件夹管理

3.3.1　文件与文件夹

1. 概念

文件是一组按一定格式存储在计算机外存储器中的相关信息的集合。一个程序、一幅画、一篇文章、一份通知等都可以是文件的内容。文件夹是集中存放计算机相关资源的场所。文件夹中既可以存放文件也可以存放下级子文件夹。

2. 树形结构

系统按树型结构组织文件和文件夹。处于顶层（树根）的文件夹是桌面，计算机上所有资源都组织在桌面上，"我的电脑"、"网上邻居"、"回收站"都是它的下级子文件夹（树枝），其中存放的文件则是树叶，这种组织形式像一棵倒挂的树。

就每张磁盘而言，有可看做是一棵倒挂的树，树根表示为"\"，在磁盘格式化时由系统自动建立。用户可在根下建立子文件夹或文件。

3. 命名

文件全名由文件名与扩展名组成，中间用符号"."分隔，一般文件名的格式为：文件名．扩展名。文件的命名规定如下：

（1）文件名可以使用汉字、西文字符、数字和部分符号，最多不超过 255 个字符；

（2）文件名中不能包含以下符号：\ / " " ? * ＜＞ : | ；

（3）文件名字符可以使用大小写，同一字母的大小写视为相同。例如"ABC. TXT"与"Abc. txt"被认为是同名文件，同一文件夹内不能有同名的文件或文件夹。

（4）文件夹与文件的命名规则相同，但文件夹一般不使用扩展名。

（5）在查找文件时，可以使用通配符"＊"和"?"。通配符是一种键盘字符，"＊"号代表任意多个字符；"?"号代表任意一个字符。

4. 分类

文件扩展名代表文件的性质和类型，表 3-8 是常用文件扩展名和含义。

表 3-8　常用文件扩展名

扩展名	含　义	扩展名	含　义
. EXE	可执行文件	. DLL	动态连接库文件
. COM	命令文件	. DAT	应用程序创建的数据文件
. BMP	位图文件	. WAV	声音文件
. ICO	图标文件	. TXT	文本文件
. SYS	系统文件	. TMP	临时文件
. HLP	帮助文件		

5. 属性

属性表示文件或文件夹的基本信息和操作性质，如图 3-6 所示。在 Windows XP 中，允许用户将文件或文件夹设置为只读、隐藏和存档属性。具有只读属性的文件不可修改，但能够显示、复制、运行。隐藏属性表示该文件或文件夹是否在文件目录列表中隐藏，隐藏后如果不知道其名称就无法查看或使用此文件或文件夹。存档属性指定是否应该存档该文件或文件夹，一些程序用此选项来控制要备份哪些文件。

3.3.2 "资源管理器"与"我的电脑"

Windows XP 提供了两个管理资源的应用程序，即"我的电脑"和"资源管理器"。用户通过这两个应用程序都可以达到管理本地资源和网络资源的目的。

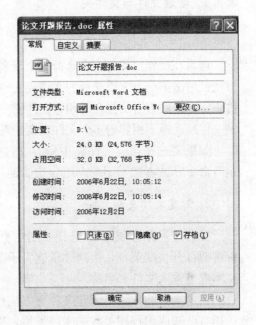

图 3-6　文件属性

"我的电脑"是一个系统文件夹。通过"我的电脑"可以快速访问计算机资源，查看磁盘和文件信息，可以按照以下步骤：

（1）双击桌面上"我的电脑"图标，打开"我的电脑"窗口。

（2）指向某驱动器图标，会显示该驱动器的容量大小，已用的存储空间和可用的存储空间。

（3）双击驱动器的图标，可以打开驱动器窗口。

（4）选定了某个文件，显示该文件的相关信息。

使用资源管理器也可以方便地查看和访问磁盘信息。右击"我的电脑"等系统图标，在快捷菜单中选择"资源管理器"命令，可以打开"资源管理器"窗口。此外，在"我的电脑"窗口中，也可以单击工具栏上的"文件夹"按钮切换到"资源管理器"窗口。

资源管理器窗口分为左、右两个窗格。左边的是"文件夹"窗格，以树型结构形式显示计算机中的驱动器、文件夹和网上邻居等。在"文件夹"窗格中，有些文件夹左边有"＋"号或"－"号，"＋"号表示该文件夹中还有子文件夹没有显示出来，"－"号表示该文件夹中的所有子文件夹都已经显示出来。单击"＋"号可以展开文件夹，单击"－"号可以折叠文件夹。既无"＋"号，也无"－"号，表示没有下级子文件夹。

"资源管理器"的工具栏中有"文件夹"、"历史"、"搜索"等按钮。右击工具栏的空白处，在弹出的菜单中选择"自定义"，在"自定义工具栏"对话框中可以对工具栏按需要重新定义。单击"查看"菜单，选择"图标"、"列表"、"详细资料"等命令之一，右窗格中的内容就按选定的方式显示。单击"查看"菜单，指向"排列图标"子菜单，选择"大小"、"日期"等命令之一，右窗格内容就按选定的命令重新排列。

3.3.3　管理文件与文件夹

1. 选择文件和文件夹

通常在操作过程中，会选择一个或多个文件，连续选择多个文件或文件夹可以有两种方法：单击第一个需要选择的文件或文件夹，再按住 Shift 键，并单击选择某一文件或文件夹，则两次单击所包含的相邻文件或文件夹被选中；也可以使用鼠标拖动选择多个连续的文件。选择不相邻的多个文件或文件夹的方式需要按住 Ctrl 键，用鼠标左键来选择。

如果要选择当前文件夹中所有文件夹和文件，单击"编辑"菜单，选择"全部选定"命令，或者按 Ctrl＋A 组合快捷键。

2. 创建文件夹和文件

打开"资源管理器"，选择要创建子文件夹的文件夹，单击"文件"菜单，或者鼠标右键打开快捷菜单，指向"新建"子菜单，打开级联菜单，选择"文件夹"命令，在文本框里输入文件夹名称。

创建文件的方法与创建文件夹方法相似，打开"新建"菜单命令项，在级联菜单中选择与已知应用程序关联的文件类型，例如，选择新建文本文件，在文本框里输入文件名。此时，默认的文件扩展名为 .TXT，如图 3-7 所示。

图 3-7　新建文件

若文件扩展名没有显示，选择"工具"菜单，单击"文件夹选项"，选择"查看"标签，找到复选框"隐藏已知文件类型的扩展名"，去掉对勾，然后点"确定"，文件的扩展名都显示出来。

3. 打开文件和文件夹

打开文件夹非常容易，可以有以下几种方法：

(1) 如果已经为文件夹建立了快捷访问方式，可以双击快捷方式来打开文件夹。

(2) 如果没有为文件夹建立快捷方式，在"我的电脑"打开"资源管理器"，双击文件夹所在的驱动器，或者鼠标右键打开快捷菜单，选择"打开"命令项，打开文件或者文件夹所在的磁盘。选择要打开的文件夹，双击打开选中文件夹。

打开文件与文件夹稍微有点区别。打开文件夹可以看成是资源管理器应用程序打开文件夹的树型目录结构，而打开文件需要与之关联的应用程序在内存中运行，处理要打开的数据文件。如果类型文件已与处理此类数据文件的应用程序建立了关联，直接双击该文件。如果文件没有与应用程序建立关联，鼠标右击要打开的文件，弹出快捷菜单，选择"打开方式"命令项，选择并单击一个处理此类文件的应用程序。

4. 复制、移动文件或文件夹

选择要复制文件或文件夹，右键打开快捷菜单，选择"复制"命令项，或者按 Ctrl＋C 组合键，打开目标文件夹，右键窗格的空白区域，弹出快捷菜单，单击"粘贴"命令项，或者按 Ctrl＋V 组合键。

选择要移动文件或文件夹，右键打开快捷菜单，选择"剪切"命令项，或者按 Ctrl＋X 组合键，打开目标文件夹，右键窗格的空白区域，弹出快捷菜单，单击"粘贴"命令项，或者按 Ctrl＋V 组合键。

5. 删除文件和文件夹

选择要删除的文件或文件夹，鼠标右键打开快捷菜单，单击"删除"菜单命令项，或者按下键盘 Del 键，将要删除的文件放到回收站中，是一个不完全的删除，如果下次需要使用该删除文件时，可以从回收站将其恢复到原来位置。要将文件或文件夹彻底的删除，需要在删除时按下键盘组合键 Shift＋Delete 或不完全删除后清空回收站。

6. 查找文件和文件夹

要快速找到用户所需要的某个文件或文件夹，可使用"开始"菜单上的"搜索"命令进行查找，或者按下 F3。如果记不清完整的文件名，可以使用问号"?"通配符代替文件名中的一个任意字符，使用星号"＊"通配符代替文件名中的任意个字符。也可以在"包含文字"文本框中输入待搜索文件中存在的部分内容、关键词进行搜索。例如，查找名为 Notepad. exe 的文件，如图 3-8 所示。

7. 查看文件和文件夹属性

右击要查看和设置文件对象，在快捷菜单中单击"属性"命令，如图 3-9 所示。在

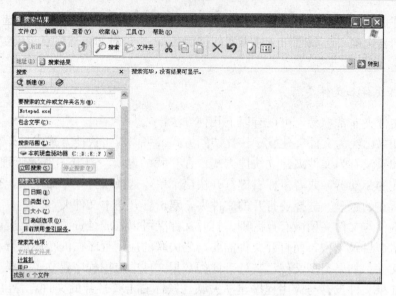

图 3-8　搜索文件

属性对话框"常规"标签中，有文件类型、打开方式、位置、大小、占用空间、创建时间、修改时间、只读、隐藏等参数。也可以在属性对话框中设置文件和文件夹属性。

在 Windows XP 系统默认情况下，查看不到系统文件和隐藏文件，使用"工具"菜单中的"文件夹选项"命令，在"文件夹选项"对话框，选择"查看"标签。取消复选框"隐藏受保护的操作系统文件"前面的对勾，选中单选按钮"显示所有文件和文件夹"和"显示系统文件夹的内容"，之后才能查看到所有的文件和文件夹，如图 3-10 所示。

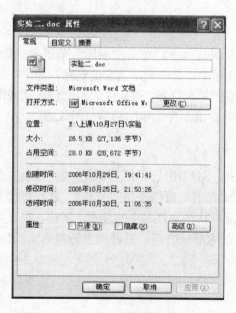

图 3-9　查看文件属性

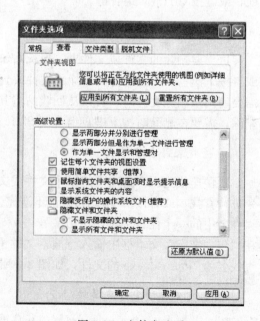

图 3-10　文件夹选项

3.4　磁盘管理

3.4.1　文件系统

在"我的电脑"窗口右侧单击任何一个硬盘的盘符图标，在左侧的"详细信息"栏中会看到该盘使用的文件系统，如图 3-11 所示。

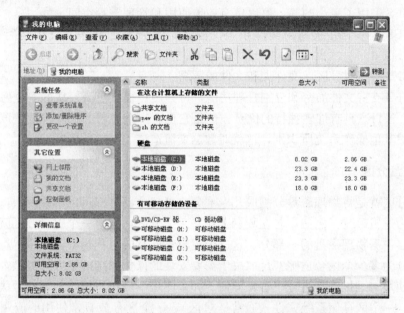

图 3-11　在"我的电脑"窗口中查看文件系统类型

文件系统就是在硬盘上存储信息的格式，不同文件系统适用于不同的操作系统。文件系统的选择在某种程度上决定了操作系统性能的发挥。常用的文件系统有 FAT32 和 NTFS 两种。

1. FAT32 文件系统

数据是以文件为单位存储在磁盘上的，文件在磁盘中的物理存储是以簇（cluster）为最小单位顺序存放的，一个簇中不能同时存放分别属于两个文件的数据。这样，当文件的最后一部分不满一簇时，就会在硬盘上产生一段无法被其他文件使用的空闲空间。簇的大小便成为硬盘利用率的一个重要因素。一个簇所占磁盘空间是由磁盘类型和操作系统版本号来决定的，磁盘空间和分配情况存放在一张叫 FAT 的表中。

FAT（file allocation table，文件分配表）是硬盘对其上文件分配管理的一种系统，由 FORMAT 格式化命令建立。它记录了磁盘容量、磁盘上的文件和它们在磁盘上的物理位置。当计算机存储文件时，操作系统在 FAT 中记录存放该文件的起始簇号码。在个人计算机上常用的操作系统中，MS-DOS、Windows 早期版本使用 FAT16，从 Windows 98 开始主要使用 FAT32。

FAT32 使用 32 位的空间来表示每个扇区配置文件的情形，故称之为 FAT32。FAT32 系统允许将大于 2GB 的硬盘格式化为单个驱动器，与原来的 FAT16 相比，它的一个簇的大小要比 FAT16 小很多，因而能增强磁盘性能并节省可用磁盘空间。

2. NTFS 文件系统

NTFS 文件系统原来主要用于 Windows NT，它除了具有 FAT32 文件系统的所有优点之外，还提供了一些 FAT32 文件系统所没有的特性。

• NTFS 采用了更小的簇，可以更有效地使用和管理磁盘空间。

• NTFS 是一个可恢复的文件系统，在 NTFS 分区上几乎不需要运行磁盘修复程序。

• NTFS 支持对分区、文件夹和文件的压缩。

• NTFS 支持文件加密和分别管理功能，可为用户提供更高层次的安全保证。

可见，NTFS 具有许多独特的优点，但是它也有一个显著的缺点，就是该磁盘文件格式不能被其他操作系统所识别，这就对数据交流造成了一定的影响。

3.4.2　磁盘分区

磁盘分区就是将物理磁盘分割成几个部分，每一个部分都可以单独使用，这些单独的部分称为逻辑磁盘。例如，若在硬盘上建立三个分区，这每一个磁盘分区就是一个逻辑盘，各自占据物理磁盘的一部分。这三个逻辑盘通常的名称为 C、D、E 盘。

硬盘分为多少个区合适呢？这取决于需要安装的操作系统的个数与类型，同时还应让用户在使用与维护磁盘过程中感觉方便。如果使用单操作系统，较好的做法是至少分为三个区，一个区存储系统文件（通常是 C 区），一个区存放日常使用的应用程序与个人文档，一个存储备份数据。

磁盘分区需要专门的程序，一般是在对一个全新的磁盘安装操作系统之前进行。对一个正在使用的磁盘进行分区将破坏原有的所有数据。

3.4.3　格式化磁盘

通常在格式化磁盘时，需要用户选择 FAT32 或 NTFS 两者其中之一。格式化把磁盘划分成磁道和扇区，建立文件系统。通常对于新的磁盘和文件被严重破坏或被病毒浸染的磁盘，应该进行格式化。格式化的机理是先清除磁盘上的所有文件，然后再划分磁道和扇区，所以在格式化磁盘之前一定要先将磁盘中的有用文件复制或备份出来。

执行对磁盘的格式化按照以下步骤进行：

（1）打开“我的电脑”或“Windows 资源管理器”，关闭所有其他已打开的窗口。

（2）选定磁盘驱动器（在当前系统，不能格式化系统盘）。

（3）右击驱动器图标，并从弹出菜单选择“格式化”命令项，打开“格式化”对话框。

（4）选择文件系统，FAT32 或者 NTFS。

（5）选定格式化类型。

（6）可以输入卷标，用以表识磁盘，卷标最多可使用 11 个字符。

（7）单击开始，如图 3-12 所示。

在上述第五步中，要选择一种格式化类型。格式化类型有快速格式化、启用压缩、创建一个 MS-DOS 启动盘。

3.4.4　复制软盘

复制磁盘与复制文件不同，复制磁盘是将原始磁盘完整地复制到另一磁盘上，包括隐藏文件、压缩文件和系统文件。

执行以下步骤复制软盘：

（1）把待复制的软盘（源盘）插入软盘驱动器。

（2）在"我的电脑"或"Windows 资源管理器"窗口中，选定待复制的软盘驱动器图标。

图 3-12　"格式化"对话框

（3）右击该图标，并从弹出菜单中选定"复制软盘"选项；或单击"文件"菜单，选择"复制磁盘"选项，显示"复制磁盘"对话框。

（4）分别在"从"框中和"到"框中，选定源驱动器和目标驱动器（也可以对这两个磁盘指定相同的驱动器）。

（5）单击"开始"后进行复制。

（6）操作系统将源盘中数据读入内存。此过程完成后，根据提示取出源盘，然后把目标软盘插入驱动器时，单击"确定"。

（7）Windows XP 将存放在内存中的源数据写入目标盘。在写完成时，回到"复制磁盘"对话框。如果需要复制另一张软盘，在软盘驱动器中插入新的源盘，并重复上两步；如果不再复制另一张磁盘，单击"关闭"。

3.4.5　磁盘清理

硬盘在使用一段时间后，可能出现以下情况：由于硬件的故障、用户的误操作或者计算机病毒的侵害而造成的系统程序和数据文件丢失；由于长期执行写入、删除操作而产生的文件"碎片"和"空穴"，导致文件的不完整和磁盘空间的浪费；由于被损坏的文件以及删除、下载后无用的数据堆积使得磁盘无法合理正常使用，系统速度降低，磁盘可用空间越来越少，这时候需要对磁盘进行清理。

使用磁盘清理程序，可以把硬盘上无用的文件，如临时文件、硬盘上遗留的许多从 Internet 下载的文件以及"回收站"中的废物，并在用户允许的情况下删除它们，以便释放存储空间。

执行以下步骤对磁盘清理：

方法一：从"开始"菜单中依次选择"程序"→"附件"→"系统工具"，然后选择"磁盘清理程序"进入相应的对话框。

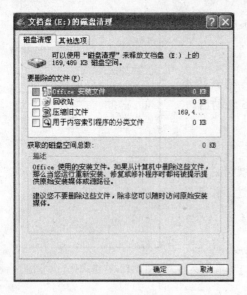

图 3-13　"磁盘清理"对话框

方法二：

（1）鼠标右击硬盘驱动器图标，从弹出菜单选定"属性"，进入"属性"对话框，选择"常规"标签操作。

（2）点击"磁盘清理"命令按钮。

（3）打开"磁盘清理"对话框，如图 3-13 所示。

3.4.6　磁盘碎片整理

频繁地建立、删除文件，会使文件的存放位置不再连续，从而产生碎片文件。磁盘碎片整理程序能够重新组织磁盘上的文件，把文件在磁盘上连续存放，同时安排好磁盘上的剩余空间，使其形成连续的块。进行磁盘碎片整理能够加速文件读取的速度，并腾出更多的存储空间来存放文件。通过磁盘分析，可以检查出系统运行过程中或非正常关闭计算机时磁盘上的逻辑错误和物理错误，查找出磁盘上的坏扇区，并将其中的数据移到磁盘的其他位置。

执行以下步骤整理磁盘碎片：

方法一：从"开始"菜单中依次选择"程序"→"附件"→"系统工具"，然后选择"磁盘碎片整理程序"进入相应的对话框，如图 3-14 所示。

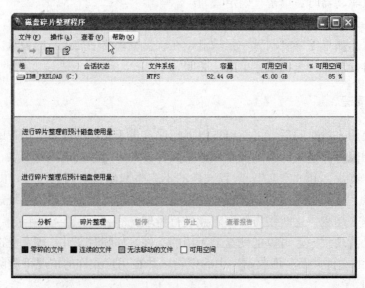

图 3-14　磁盘碎片整理程序

方法二：①右击驱动器图标，从弹出菜单选定"属性"，进入"属性"对话框，选择"工具"标签操作。②点击"开始整理"命令按钮。③打开"磁盘碎片整理程序"

窗口。

3.4.7　备份与还原文件

为安全起见，磁盘上重要的数据需要经常备份。若文件数量较少，可以使用文件复制命令将它们保存到其他介质中，如果文件数量很大，可以使用备份程序创建数据副本存储到其他设备中。文件备份时，程序会对文件进行压缩，因此备份文件不能直接使用。通过"系统还原"可将各种数据恢复到原状。

1. 备份数据

（1）选择"开始"→"所有程序"→"附件"→"系统工具"→"备份"命令，启动备份程序。

（2）单击"备份或还原向导"对话框中的"下一步"按钮，在其后的对话框中选择"备份文件和设置"单选项，单击"下一步"按钮。

（3）在"要备份的内容"对话框中选择要备份的信息，这里选择"让我选择要备份内容"单选项，单击"下一步"按钮。

（4）屏幕显示"要备份的项目"对话框供我们选择。选中相映的复选框，单击"下一步"按钮。

（5）在"备份类型、目标和名称"对话框中选择保存备份的位置与备份文件的名称，单击"下一步"按钮。

（6）系统在"正在完成备份和还原向导"对话框中列出刚才进行的设置，如图3-15所示。如果需要进一步设置参数，可以单击"高级"按钮；否则，单击"完成"按钮开始执行备份操作。

（7）备份完成后，屏幕会显示一份工作报告。

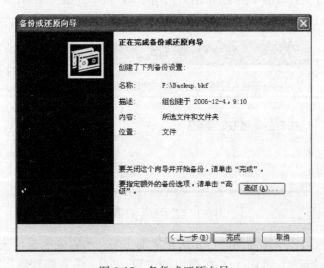

图 3-15　备份或还原向导

2. 还原数据

（1）启动"备份"程序后，在"备份或还原向导"询问是"备份文件"还是"还原文件"时选择"还原文件和设置"单选项，然后单击"下一步"按钮。

（2）在其后显示的"还原项目"对话框中，选择要还原的项目，然后，单击"下一步"按钮。

（3）在"正在完成备份和还原向导"对话框中列出刚才用户所进行的选择，如果确认，单击"完成"按钮。

在还原操作过程中，屏幕会显示还原进度和相应信息。

3.5　程序管理

3.5.1　运行程序

Windows XP 是一个多任务操作系统，用户可以同时启动多个应用程序，打开多个窗口，但这些窗口中只有一个是活动窗口，它在前台运行，而其他应用程序都在后台运行。

主要有以下四种方式启动应用程序：

（1）双击桌面应用程序图标。例如，双击桌面 IE 图标，运行 IEXPLORE. EXE 程序。

（2）从"开始"菜单中启动应用程序。例如，展开"开始"级联菜单，在"程序"菜单下，单击"Internet Explore"，运行 IEXPLORE. EXE 程序。

（3）从"我的电脑"启动应用程序。例如，打开"C:\Program Files\Internet Explorer"文件夹，双击 IE 浏览器文件，运行 IEXPLORE. EXE 程序。

（4）从"运行"对话框中启动应用程序。例如，从"开始"菜单，打开"运行"对话框，输入"IEXPLORE. EXE"，单击确定，运行 IEXPLORE. EXE 程序，如图 3-16 所示。

图 3-16　"运行"对话框

当程序在运行过程中出现问题，无法正常退出时，可以强制退出这个程序，其方法是：按组合键 Ctrl＋Alt＋Delete，在弹出的"Windows 任务管理器"对话框中，选中欲结束任务的应用程序名，再单击"结束任务"按钮，如图 3-17 所示。

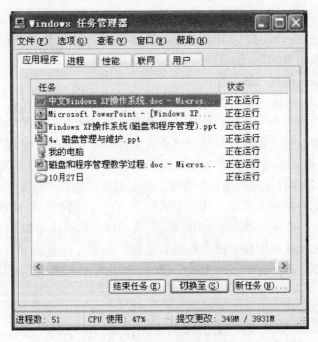

图 3-17　任务管理器

3.5.2　创建和使用快捷方式

桌面上有些图标的左下角有一个非常小的箭头，表明该图标是一个快捷方式。快捷方式是 Windows 提供的一种快速启动程序、打开文件或文件夹的方法。它记录了目标文件的路径，运行的时候，实际是打开路径所指向的文件或者文件夹。

在桌面上创建快捷方式操作步骤如下：

（1）在"我的电脑"或者"资源管理器"中，选取要创建快捷方式的对象，如文件、文件夹、打印机等。

（2）右击鼠标，弹出快捷菜单，选择"创建快捷方式"命令。

（3）将快捷方式拖到桌面上即可。如果在上一步中，鼠标指向"发送到"菜单命令项，弹出级联菜单，选择"桌面快捷方式"命令。就可以在桌面上为应用程序、文件和文件夹设置快捷方式。

要改变快捷方式的设置，用鼠标右击该快捷方式，在弹出的快捷菜单中选择"属性"命令，打开"快捷方式属性"对话框，选择"快捷方式"标签，在目标文本框里输入要更改的路径。

使用快捷方式，只需要鼠标双击快捷方式图标，或者鼠标右键快捷方式图标，弹出菜单，选择"打开"命令。快捷方式可以在任何一个磁盘、任何一个文件夹中创建，通常情况下，用户可以在桌面上创建一个快捷方式来快速访问程序、文件或文件夹。

3.5.3　文件和应用程序间关联

文件可以分为程序文件和数据文件，双击程序文件可以直接在内存中运行，程序的一次运行也就是进程。数据文件是应用程序要处理的对象。程序关联就是指某一种文件默认用什么程序来打开。如 .MP3 文件，是用 Winamp 打开还是用 Windows Media Player 打开，或者用 RealPlayer 打开。

　　设置程序关联一般有三种方法。

　　方法一：用鼠标右击文件，打开快捷菜单，鼠标指向"打开方式"菜单项，弹出级联菜单，选择"选择程序"命令，打开"打开方式"对话框。在窗口中选择要建立关联的程序；如果在窗口列表里没有找到要建立的关联程序，单击"浏览"命令按钮，打开"打开方式"对话框，为关联程序选择路径。选择了要关联的应用程序后，在复选框"始终使用选择的程序打开这种文件"前面打钩。最后，单击"确定"按钮。

　　方法二：鼠标右键单击文件，选中"属性"，打开"属性"对话框，在"常规"标签中，单击"更改"按钮，弹出"打开方式"对话框，后续操作如方法一。

　　方法三：选择"控制面板"→"外观和主题"→"文件夹选项"，在列表框里找到要关联的文件类型，选中后单击"更改"按钮，弹出"打开方式"对话框，后续操作如方法一。

3.6　应用程序间的数据交换

　　应用程序间的数据交换是 Windows XP 多任务操作系统环境的重要特性。Windows XP 支持如下四种数据交换方式：剪贴板、动态数据交换（DDE）、对象联接与嵌入（OLE）和动态连接库（DLL）。其中，剪贴板使用最为方便。

　　剪贴板是 Windows XP 实现信息传送和信息共享的工具，是内存中一块用于存放临时信息的区域。复制、剪切和粘贴操作等都是通过剪贴板来实现的。复制操作是把当前对象拷贝到剪贴板；剪切操作是把当前对象移动到剪贴板；粘贴操作是把剪贴板的内容拷贝到当前位置。

　　剪贴板还有一个很有用的操作，可以把整个屏幕或当前活动窗口作为图像复制到剪贴板，然后可将剪贴板中的图像粘贴到"画图"等程序窗口中。具体方法是：按 Print Screen 键，复制整个屏幕到剪贴板；按 Alt＋Print Screen 组合键，复制当前窗口图像到剪贴板。

　　动态数据交换（dynamic data exchange），是微软操作系统家族中实现的一种进程间通讯方式。支持动态数据交换的两个或多个程序之间可以交换信息和命令。

　　对象联接与嵌入（object linking and embedding）是 Microsoft 的复合文档技术，把应用程序的数据交换提高到"对象交换"，程序间不但获得数据也同样获得彼此的应用程序对象。

　　动态链接库（DLL）是作为共享函数库的可执行文件。动态链接提供了一种方法，使进程可以调用不属于其本身的函数。DLL 有助于共享数据和资源，多个应用程序可同时访问内存中单个 DLL 副本的内容。

　　剪贴板传递的是静态数据，应用程序开发者得自行编写、解析数据格式的代码，于是动态数据交换技术应运而生，它可以让应用程序之间自动获取彼此的最新数据，但是，解决彼此之间的"数据格式"转换仍然是程序开发者的沉重的负担。对象的链接与嵌入可以直接使用彼此的数据内容。而动态链接库不仅可以共享数据资源，还可以共享可执行代码，提高了程序的效率。

3.7　系统资源与环境设置

3.7.1　控制面板

控制面板是一个工具集，可以对相应的硬件和软件进行配置，从而设置更具个性化的计算机。通过设置相应的选项，可以更改显示器显示方式、键盘、鼠标、打印机等硬件；可以对桌面、时钟、日期、声音、多媒体及网络进行设置；也可以添加/删除程序、添加/删除硬件等。

1. 启动控制面板

启动控制面板的方法很简单，主要有三种方法：
（1）在"我的电脑"窗口中双击"控制面板"图标。
（2）在"开始"菜单的中，选择"控制面板"命令。
（3）单击"资源管理器"左窗格中的"控制面板"图标。
以下设置是在"控制面板"的默认显示方式下进行。

2. 设置日期和时间

有些应用程序是根据时间来确定是否执行，如计划任务、变更日志等，需要用户对时间进行准确设置。设置系统的时间和日期有两种方法：
（1）选择"控制面板"→"日期、时间、语言和区域设置"→"更改日期和时间"，打开"日期和时间属性"对话框。如图 3-18 所示，在"时间和日期"标签中，设置年、

图 3-18　日期和时间属性

月、日以及时间，在"时区"标签中，选择所在的时区。

（2）双击"任务栏"右端的"时钟"按钮，也可以弹出"日期和时间属性"对话框。

3. 设置显示属性

用户可以通过设置显示属性来调整屏幕显示效果、屏幕的分辨率、颜色质量、刷新频率、屏幕保护程序、墙纸、桌面风格等。

分辨率是计算机屏幕上显示的像素的个数，像素指一幅点阵图像里的最小组成单位。在 Windows XP 环境下，屏幕分辨率通常为 800×600，即水平方向上能显示 800 个像素，垂直方向上能显示 600 个像素，现在的计算机一般都支持 800×600、1024×768，甚至 1600×1200 的分辨率。

当分辨率设置得很高时，在同样大小的屏幕上就显示了更多的像素，由于我们的显示器大小是不会变的，所以每个像素都变小了，整个图形也随之变小，但是同一屏幕上显示的内容却大大增多了。分辨率是 1600×1200 的屏幕，它虽然字体变得比较小，但屏幕上可以显示更多的东西。

颜色质量越高，支持的图像色彩越多，也就越清晰。现代计算机一般支持的颜色质量有 256 增强色、24 位真彩色等。显示器支持的颜色质量一般与显卡有关。

选择"控制面板"→"外观和主题"→"显示"，打开"显示属性"对话框，选择"设置"标签，更改屏幕分辨率，如图 3-19 所示。

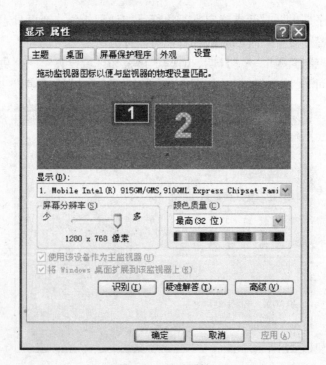

图 3-19　显示属性

刷新率就是指显示屏幕刷新的速度，它的单位是 Hz（赫兹）。刷新频率越低，图像闪烁和抖动的就越厉害，眼睛疲劳得就越快。刷新频率越高，图像显示就越清晰稳定。

打开"显示属性"对话框，选择"设置"选项卡。单击"高级"命令按钮，弹出高级属性设置对话框，如图 3-20 所示，选择"监视器"标签，单击屏幕刷新频率下拉列表框，选择刷新频率较高的选项，降低眼睛的疲劳程度。

如果屏幕长时间显示同一个画面，会缩短显示器的使用寿命。利用屏幕保护程序的功能，可以在暂停使用计算机达到指定时间时自动启动屏幕保护程序，让屏幕上显示动画，从而延长屏幕的使用寿命。

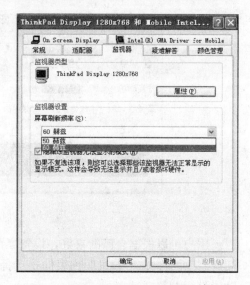

图 3-20　刷新频率设置

在"显示属性"对话框中，选择"屏幕保护程序"标签，如图 3-21 所示。在"屏幕保护程序"下拉列表框中，选择一个屏幕保护程序，单击"设置"按钮，打开"设置"对话框，对其进行进一步设置。例如选择"字幕"屏幕保护程序，可以设置其滚动字幕的背景颜色，显示文字和显示位置、显示速度等，如图 3-22 所示。

图 3-21　屏幕保护程序的设置

图 3-22　屏幕保护程序的字幕设置

　　用户可以根据自己的喜好，设置桌面显示墙纸和外观风格。选择"桌面"标签，如图 3-23 所示。在"背景"列表框中选择自己喜欢的墙纸，还可以对墙纸的显示方法和背景进行调整。

　　一般 Windows XP 在系统默认情况下，桌面图标只有回收站，用户通过添加桌面图标来个性化自己的桌面。单击"自定义桌面"按钮，弹出"桌面项目"设置对话框，如图 3-24 所示。根据自己的需要来决定桌面显示的图标，同时，也可以更改系统默认的桌面图标。选择一个桌面图标，单击"更改图标"按钮，打开"更改图标"对话框，即可设置。

图 3-23　显示桌面

图 3-24　自定义桌面

4. 添加和删除程序

　　对于已经安装的应用软件和程序，用户若直接删除应用程序所在的文件夹，不一定能够将该程序的各种信息全部删除，还会在 Windows XP 的注册表等其他地方留下文件垃圾。通过"添加/删除程序"，可以在系统中安装有关的 Windows 系统组件、删除没有卸载命令的用户程序等。

打开"控制面板"，双击"添加或删除程序"图标，打开"添加或删除程序"窗口。该窗口中有"更改或删除程序"、"添加新程序"、"添加/删除 Windows 组件"和"设置程序访问和默认值"四个按钮。

单击"更改或删除程序"按钮，右边窗格显示的是系统当前已经安装的程序，选择其中一个应用程序，其下方出现"更改/删除"按钮或者是"删除"按钮，鼠标单击该按钮可以删除以安装的应用程序，或者更改安装程序的组件，如图 3-25 所示。

图 3-25　添加和删除程序

单击"更改/删除 Windows 组件"按钮，弹出 Windows 组件向导，在"组件"列表框中显示了 Windows XP 提供的应用程序，称之为组件，包括 Internet Explore、Internet 信息服务（IIS）、Outlook Express 等，前面的复选框选中表示当前已经安装，如果没有选中，可以在 Windows 组件向导帮助下通过 Windows XP 安装盘进行安装，如图 3-26 所示。

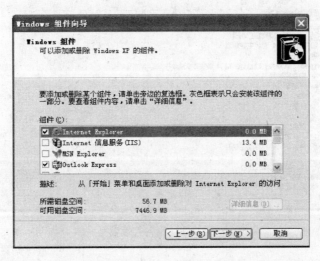

图 3-26　添加 Windows 组件

5. 查看及设置系统属性

选择"控制面板"→"性能与维护"→"系统",打开"系统属性"对话框。共有"常规"、"计算机名"、"硬件"、"高级"、"系统还原"、"自动更新"、"远程"六个标签。

(1) 在"常规"标签中,显示计算机制造商、操作系统软件图标。可以查看到计算机安装的操作系统及版本信息、注册信息、CPU 的型号和主频、内存容量等系统信息,如图 3-27 所示。

(2) 在"计算机名"标签中,可以查看到本地计算机的名称等信息。在文本框中可以输入计算机标识,在网络工作组中显示的名称。

(3) 在"硬件"标签中,单击命令按钮"设备管理器",打开"设备管理器"窗口,如图 3-28 所示。在"设备管理器"窗口中列出了当前系统所安装的硬件设备,例如磁盘驱动器、光驱、声卡、显示卡、网卡、调制解调器、红外线设备、蓝牙设备、通用串行总线设备(USB)、1394 总线(火线)等。选择一个设备可以进行硬件设备驱动程序的更新。若设备名前面出现黄色问号,则表示该设备驱动程序没有安装。

图 3-27　系统属性

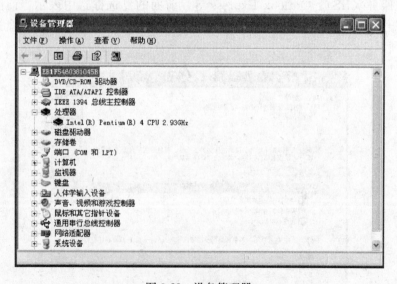

图 3-28　设备管理器

选择"高级"标签,可以设置系统的虚拟内存、用户配置文件、启动和故障恢复以及环境变量，见图 3-29 所示。

　　在"性能"选项中，单击"设置"按钮，打开"性能"对话框，选择"高级"选项卡，可以设置虚拟内存，见图 3-30 所示。

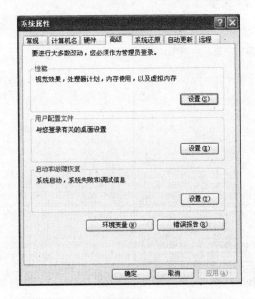

图 3-29　系统属性"高级"标签

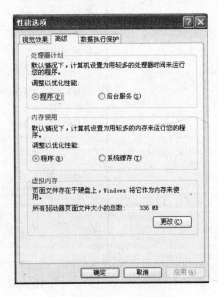

图 3-30　虚拟内存的设置

　　虚拟内存是用硬盘空间做内存来弥补计算机内存空间的缺乏。当物理内存用完后，虚拟内存管理器选择内存中最近没有用过的，低优先级的部分写到交换文件上，交换文件就是在硬盘上创建的虚拟内存，这个过程对应用程序是透明的，用户可以把虚拟内存和实际内存看作是一样的。

　　在"用户配置文件"选项中，单击"设置"按钮，可以设置用户配置文件，如图 3-31 所示。用户配置文件就是在用户登陆时定义系统加载所需环境的设置和文件的集合。它包括所有用户专用的配置设置，如程序项目、屏幕颜色、网络连接、打印机连接、鼠标设置及窗口的大小和位置。当用户第一次登录到一台 Windows XP 计算机上时，系统会创建一个专用的配置文件。

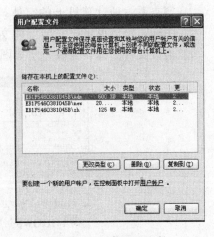

图 3-31　用户配置文件

　　在"启动和故障恢复"选项中，单击"设置"按钮，如图 3-32 所示。在多操作系统环境下，使用"启动和故障恢复"可以设置启动顺序、默认启动的操作系统以及等待的时间。在系统崩溃时，利用把内存内容转储到硬盘上，即内存转储可以恢复系统。当系统出现故障时，可以设置重新启动操作系统。

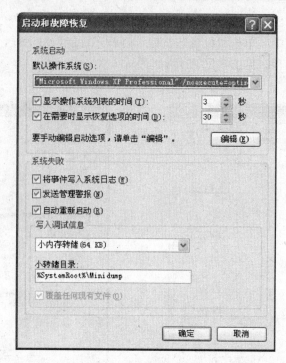

图 3-32 启动和故障恢复

6. 字体设置

要查看本地计算机上的字体，打开"控制面板"窗口，在经典视图下，双击"字体"图标，窗体显示已安装字体文件列表，若要查看某一字体，如"楷体_GB2312"，则双击该文件图标，窗口显示如图 3-33 所示。

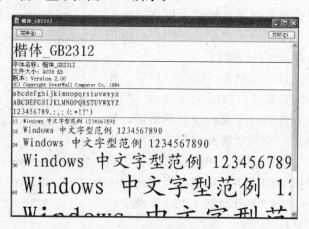

图 3-33 查看字体

若要将新字体添加到计算机，可执行以下操作：

（1）在"控制面板"中打开"字体"窗口。

（2）在"文件"菜单上，单击"安装新字体"，弹出"添加字体"对话框，如图

3-34 所示。

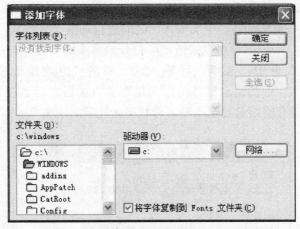

图 3-34　添加字体

（3）在"驱动器"中，单击字体所在的驱动器。

（4）在"文件夹"中，双击包含要添加的字体所在的文件夹。

（5）在"字体列表"中，单击要添加的字体，然后单击"确定"。要添加所有列出的字体，单击"全选"，然后单击"确定"。

7. 输入法的设置

选择"日期、时间、语言和区域设置"→"区域和语言选项"，再单击"语言"标签中的"详细信息"按钮，打开"文字服务和输入语言"对话框，如图 3-35 所示。在

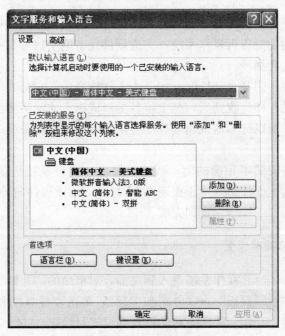

图 3-35　文字服务和输入语言

该对话框可以进行中文输入法的添加、删除和属性等操作。

选择汉字输入法，可用鼠标单击"任务栏"上的"输入法指示器"按钮，或同时按住 Ctrl＋Shift 键，在英文和各种中文输入法之间进行切换。

在图 3-35 中，单击"键设置"按钮，可打开"高级键设置"对话框，如图 3-36 所示。在"操作"列表框中，选择一种输入法，单击"更改按键顺序"按钮，设置 CTRL、SHIFT 和数字键的组合键，可以为每个输入法指定键盘快捷键。不管选择了哪种中文输入法，只有使键盘处于小写字母状态才能输入中文。

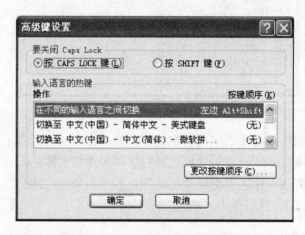

图 3-36　输入法的快捷键的设置

8. 添加硬件

操作系统管理硬件设备是通过驱动程序进行的。驱动程序是一种特殊的程序，它的作用是将硬件本身的功能告诉操作系统，完成硬件设备电子信号与操作系统及软件的高级编程语言之间的互相翻译。

当操作系统需要使用某个硬件时，如让声卡播放音乐，它会先发送相应指令到声卡驱动程序，声卡驱动程序接收到后，马上将其翻译成声卡才能听懂的电子信号命令，从而让声卡播放音乐。所以简单地说驱动程序提供了硬件到操作系统的一个接口以及协调二者之间的关系。

只有为硬件设备安装了正确的驱动程序，硬件才能被系统所认识。选择"控制面板"→"打印机和其他硬件"→"添加硬件"，打开"添加硬件向导"，如图 3-37 所示，按照系统提示，单击"下一步"直到完成。

9. 任务栏和开始菜单设置

用户登录 Windows XP 操作系统进入到桌面，对桌面的"开始"菜单和任务栏都可以进行设置。选择"控制面板"→"外观和主题"，单击"任务栏和［开始］菜单"图标，打开"任务栏和［开始］菜单"对话框，即可进行设置，如图 3-38 所示。

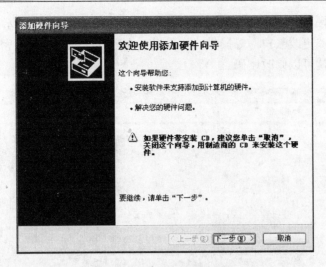

图 3-37　添加硬件向导

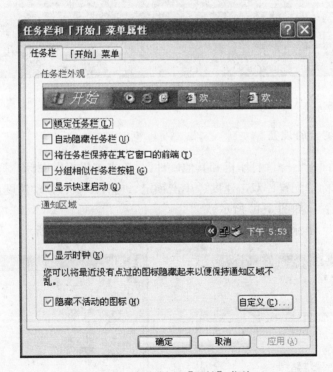

图 3-38　任务栏和［开始］菜单

10. 用户帐户设置

Windows XP 可以创建多个用户帐户，各帐户有自己使用的权限。管理员具有系统最高权限，可以创建新用户，对系统进行设置，安装软硬件资源，修改系统参数等等。受限帐户只能做权限范围内的操作，不能修改系统参数。还有一类用户帐户是分配给应用程序使用的，每个应用程序获得运行权限相应地也需要一定权限的帐号。

　　单击"用户帐户"图标，打开"用户帐户"窗口，如图 3-39 所示。根据需要，选择"创建帐户"、"更改帐户"等操作。如果对一个已存在的帐户修改密码，只需单击下方的帐户图标，就可以修改密码。

图 3-39　用户帐户

11. 鼠标和键盘的设置

　　选择"控制面板"→"打印机和其他硬件"，单击"鼠标"图标，打开"鼠标属性"对话框，可对鼠标键配置、双击速度、单击锁定、指针形状、移动速度、移动踪迹和滚动滑轮等进行设置，如图 3-40 所示。

　　单击"键盘"图标，打开"键盘属性"对话框，如图 3-41 所示。对键盘字符重复

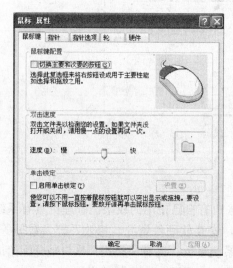

图 3-40　鼠标属性　　　　　　　　　　图 3-41　键盘属性

率、光标闪动频率进行设置。

12. 管理工具

Windows XP 的"管理工具"是系统自带的一种很有实用价值的系统工具，它能对硬盘分区、密码、进程、数据及一系列系统运行的重要参数进行修改和管理。

单击"控制面板"→"性能和维护"→"管理工具"→"计算机管理"，在弹出的窗口内，单击左边窗格的"存储"→"磁盘管理"，右边窗格中显示的硬盘、光驱的参数一目了然，如图 3-42 所示。

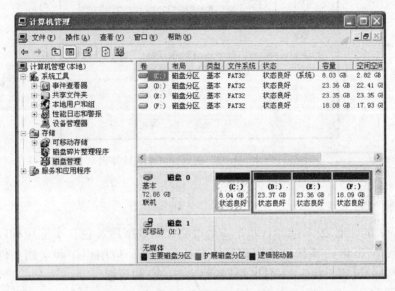

图 3-42　计算机管理

如果要删除逻辑驱动器。右击欲删除的驱动器，在弹出的快捷菜单中选择"删除逻辑驱动器"即可。删除后这个逻辑驱动器就变为可用空间了。如果要再创建逻辑驱动器，可在可用空间上用鼠标右击，选择"创建逻辑驱动器"，在弹出的磁盘分区向导中，选择下一步就可以了。如果新增加了硬盘，也可右击新建磁盘分区，然后在弹出的对话框中按主、扩展磁盘分区一步步地进行分区。

Windows XP 操作系统中有很多程序在系统加载时就在后台运行了，它们没有窗口，称之为系统服务。有些系统服务对用户来说，不是必需的，而它们的运行则会降低系统的速度，占用系统空间。用户可以使用"管理工具"来关闭这些不必要的服务。

选择"控制面板"→"性能和维护"→"管理工具"→"服务"，弹出"服务"窗口，在右边窗格中，显示了系统注册的服务。例如，用户在上网时受到过信使服务的骚扰（"信使"通常是一些广告等无用信息，计算机会弹出一个名为"信使服务"的对话框），要想使这些"骚扰"信息不再出现，在右边窗格中找到"Messenger"项，右键打开快捷菜单，选择"属性"命令，打开"Messenger 的属性（本地计算机）"对话框，在启动类型中，选择"禁用"，停止信使服务，如图 3-43 所示。

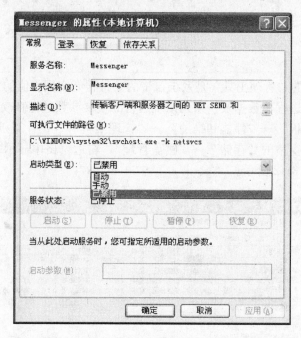

图 3-43　Messenger 的属性（本地计算机）

3.7.2　注册表简介

Windows 的注册表（registry）是一个很庞大的数据库，包含了应用程序和计算机系统的配置、Windows 系统和应用程序的初始化信息、应用程序和文档文件的关联关系、硬件设备的说明、状态和属性以及各种状态信息和数据。

Windows 9x 注册表包含在 Windows 目录下两个文件 System. dat 和 User. dat 里，还有它们的备份文件 System. da0 和 User. da0，通过 Windows 目录下的 regedit. exe 程序可以存取注册表数据库。在 Windows 的更早版本（在 Win95 以前），这些功能是靠 Win. INI、System. INI 以及其他与应用程序有关联的 . INI 文件来实现的。

在 Windows 操作系统家族中，System. INI 和 Win. INI 这两个文件包含了操作系统所有的控制功能和应用程序的信息，System. INI 管理计算机硬件而 Win. INI 管理桌面和应用程序。所有驱动、字体、设置和参数会保存在 . INI 文件中，任何新程序都会被记录在 . INI 文件中。

随着应用程序的数量和复杂性越来越大，则需要在 . INI 文件中添加更多的参数项。这样下来，在一个变化的环境中，在应用程序安装到系统中后，每个应用程序都会更改 . INI 文件。

然而，用户在删除应用程序后一般很少去删除 . INI 文件中的相关设置，所以 System. INI 和 Win. INI 这个两个文件会变得越来越大。增加的内容导致系统性能越来越慢。

注册表利用一个功能强大的注册表数据库来集中管理系统硬件设施、软件配置等信息，从而增强了系统的稳定性，也便于管理。最直观的一个实例就是，为什么 Windows 下的不同用户可以拥有各自的个性化设置？如不同的墙纸，不同的桌面。这就是通过注册表来实现的。

由此可见，注册表是 Windows9x/Me/NT/2000/XP 操作系统、硬件设备以及客户应用程序得以正常运行和保存设置的核心"数据库"；是一个巨大的树状分层的数据库。它记录了用户安装在机器上的软件和每个程序的相互关联关系，包含了计算机的硬件配置，包括自动配置的即插即用的设备和已有的各种设备说明、状态属性以及各种状态信息和数据等。

注册表系统由两个部分组成：注册表数据库和注册表编辑器。打开"开始"按钮，单击"运行"按钮，在文本框中输入 regedit 打开注册表编辑器，如图 3-44 所示。

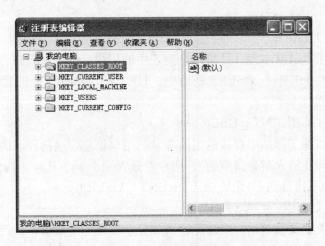

图 3-44　注册表编辑器

1. 注册表的结构划分及相互关系

Windows XP 的注册表有五大根键，相当于一个硬盘被分成了几个分区。这些根键都是大写的，并以 HKEY_ 为前缀。

虽然在注册表中，几个根键看上去处于一种并列的地位，彼此毫无关系。但事实上，HKEY_CLASSES_ROOT 和 HKEY_CURRENT_CONFIG 中存放的信息都是 HKEY_LOCAL_MACHINE 中存放的信息的一部分，而 HKEY_CURRENT_USER 中存放的信息只是 HKEY_USERS 存放的信息的一部分。

HKEY_LOCAL_MACHINE 包括 HKEY_CLASSES_ROOT 和 HKEY_CURRENT_USER 中所有的信息。在每次系统启动后，系统就映射出 HKEY_CURRENT_USER 中的信息，使得用户可以查看和编辑其中的信息。

实际上，HKEY_LOCAL_MACHINE \ SOFTWARE \ Classes 就是 HKEY_CLASSES_ROOT，为了用户便于查看和编辑，系统专门把它作为一个根键。同理，HKEY_CURRENT_CONFIG \ SYSTEM \ Current Control 就是 HKEY_LOCAL_MACHINE \ SYSTEM \ Current Control，系统把有关控制信息在此键值下设置。

HKEY_USERS 中保存了默认用户和当前登录用户的用户信息。

KEY_CURRENT_USER 中保存了当前登录用户的用户信息。

根据上面的分析,注册表中的信息可以分为 HKEY_LOCAL_MACHINE 和 KEY_USERS 两大类。

2. 根键的作用

在注册表中,所有的数据都是通过一种树状结构以键和子键的方式组织起来,十分类似于目录结构。每个键都包含了一组特定的信息,每个键的键名都是和它所包含的信息相关的。如果这个键包含子键,则在注册表编辑器窗口中代表这个键的文件夹的左边将有"+"符号,以表示在这个文件夹中有更多的内容。如果这个文件夹被用户打开了,那么这个"+"就会变成"−"。

1) HKEY_USERS

该根键保存了存放在本地计算机口令列表中的用户标识和密码列表。每个用户的预配置信息都存储在 HKEY_USERS 根键中。HKEY_USERS 是远程计算机中访问的根键之一。

2) HKEY_CURRENT_USER

该根键包含本地工作站中存放的当前登录的用户信息,包括登录的用户名和暂存的密码(注:此密码在输入时是隐藏的)。用户登录 Windows XP 时,其信息从 HKEY_USERS 中相应的项拷贝到 HKEY_CURRENT_USER 中。

3) HKEY_CURRENT_CONFIG

该根键存放着定义当前用户桌面配置(如显示器等)的数据,最后使用的文档列表(MRU)和其他有关当前用户的 Windows XP 中文版的安装的信息。

4) HKEY_CLASSES_ROOT

根据在 Windows XP 中安装的应用程序的扩展名,该根键指明其文件类型的名称。即建立应用程序与文件的关联,当鼠标双击文件图标时,自动打开相关应用程序来处理该文件。例如,在第一次安装 Windows XP 时,RTF(rich text format)文件与写字板程序(WordPad)联系起来,但在以后安装了中文 Word 2003 以后,双击一个 RTF 文件时,将自动激活 Word2003,把应用程序与文件扩展名联系起来。

5) HKEY_LOCAL_MACHINE

该根键存放本地计算机硬件数据和软件数据,此根键下的子关键字包括在 SYSTEM. DAT 文件中,用来提供 HKEY_LOCAL_MACHINE 所需的信息,包含了对计算机的软硬件配置等。

3.8　汉字输入法

3.8.1　汉字输入方法概述

在计算机中利用汉字输入方法采集中文信息是一项重要的输入信息处理技术。目前,计算机汉字信息的采集主要有三种途径:汉字语音识别输入、汉字字型识别输入

（optical character recognition，OCR）、键盘编码识别输入。

汉字语音识别输入法的好处是不再用手去输入汉字，把双手解放出来。凡是能正确地读出汉字发音的人都可以通过这一途径把汉字信息输入到计算机中。但是，此种汉字输入方法由于受每个人发音的限制，不可能都满足语音识别软件的要求，因此在实际应用中错误率较键盘输入高。特别是一些专业技术方面的语言，识别系统几乎不能确认，错误率较高。

汉字字型识别输入，首先可以通过扫描仪对汉字文本进行阅读来实现汉字输入，目前，此方法对印刷体汉字的识别率可达 99.9％；另外，使用联机手写板汉字识别系统也可以收到较好的汉字输入效果，但应注意书写规范，否则识别效果很差。

键盘编码识别输入是指利用计算机键盘上的字母、数字键的组合实现汉字输入。目前，按编码类型划分，常用的汉字输入法有：以汉字发音编码的音码（如"全拼"、"双拼双音"和"智能 ABC"）；以汉字的笔画字形编码的形码（如"五笔字型"、"郑码"等）；以及根据汉字在 GB 码表中的位置，查表输入相应区位号的"区位码"。

3.8.2　添加和删除汉字输入法

在中文 Windows XP 系统内预装有"微软拼音输入法 3.0 版"、"全拼"、"郑码"、"智能 ABC 输入法 5.0 版"、"增强区位输入法 5.1 版"等输入方式。如果在计算机中找不到你需要的输入法，或者想去掉某些不常用的输入法，可以用如下的方法添加或删除：

1）添加汉字输入法

（1）添加汉字输入法从 Windows XP"开始"菜单中选择"控制面板"，在"控制面板"窗口中双击"区域和语言选项"图标，打开"语言"标签下的"详细信息"对话框。

（2）在当前"设置"标签下，打开"默认语言"下拉列表框，则该列表框中显示出 Windows XP 已预装的输入法。选择一种输入法，则此输入法会在计算机启动后自动加载到输入法状态栏，并成为操作计算机时的首选输入方式。

（3）在"已安装的服务"选项单击"添加"按钮，此时出现"添加输入语言"对话框，如图 3-45 所示。再对"键盘布局/输入法"前的复选框钩选"√"。则可以在打开的下拉列表框中选择 Windows XP 提供的未安装的项目，按"确定"按钮将所选项目添加到服务项目中。

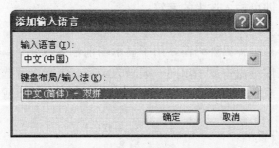

图 3-45　"添加输入语言"对话框

2）删除汉字输入法

在"已安装的服务"列表框中选中要删除的项目，单击"删除"和"确定"按钮，则可将某一服务项目删除。

3.8.3　使用输入法

1）汉字输入法的进入与切换

在操作过程中经常要进行中、英文输入法之间的切换，使用户既可以输入英文，又可以输入中文。进入或切换输入法可以采用下列方法之一：

（1）在任务栏上单击输入法按钮，弹出输入法菜单，从中选择一种输入法并单击。

（2）按 Ctrl＋空格键，可在中、英文输入法之间切换，继续按 Ctrl＋Shift 键可以在不同输入法中切换。

2）输入法的状态及属性

当启动中文输入法后，屏幕上即出现指定输入法的状态框。以智能 ABC 为例，其输入法状态框有五个按钮组成，如图 3-46 所示。它们的功能自左向右分别为："中/英文切换"、"输入方式切换"、"全角/半角切换"、"中/英文标点切换"及"软键盘"。

图 3-46　智能 ABC 输入状态框

（1）"中/英文切换"按钮：单击此按钮，显示字母"A"，表示切换到英文输入方式。

（2）"输入方式切换"按钮：智能 ABC 输入法有"标准"与"双打"两种输入方式。

（3）"全角/半角切换"按钮：单击该按钮，在全角与半角字符之间切换。按钮呈 ● 图形显示时，输入为全角方式，所有字符占两个字节；按钮呈 ☽ 图形显示时，输入为半角方式，字符占一个字节。全角与半角字符的切换也可使用快捷键 Shift＋空格。

（4）"中/英文标点切换"按钮：单击该按钮，在相应键位上输入的标点符号会自动在中西文标点符号间切换。按钮显示为 时，输入的标点符为中文标点符号；按钮显示为  时，输入的标点符为英文标点符号。另外，在中/英文标点间切换的快捷键是：Ctrl＋. 。

（5）"软键盘"按钮："软键盘"是指用于输入特殊字符及外文字母的模拟实物键盘。鼠标右击该按钮，显示"软键盘菜单"，从中可以选择某种类型的符号。单击"软键盘"上相应按钮，即可输入选中的字符。

3）输入法提示窗口

输入汉字时，屏幕会弹出外码窗，用于显示当前输入汉字的编码（外码），输入完按空格或回车键，在候选窗中显示出同一编码的汉字，供操作者选择使用，可以利用候选窗下部的"滚动"或"翻页"按钮进行查找，当选中待查词组或汉字时，按相应的数码键。

4）输入法属性设置

为了方便地输入某些汉字，可以根据操作者的需要，对输入法的属性进行设置。右击输入法状态框（软键盘除外），就会弹出"输入法设置"菜单。

（1）单击"帮助"选项，显示"智能 ABC 帮助"对话框，此处可查询相关帮助信息。

（2）单击"版本信息"选项，屏幕弹出输入法的版权说明。

（3）单击"定义新词"选项，屏幕弹出"定义新词"对话框，可以定义常用词语的外码。

（4）单击"属性设置"选项，屏幕弹出"输入法设置"对话框。

其中，"光标跟随"表示输入过程中，外码窗及候选窗跟随光标移动。"固定格式"表示输入过程中，外码窗及候选窗不随光标移动；选择"词频调整"，系统将在输入过程中动态调整词频，即将高频词放在前面以便快速选择；如果选择"笔形输入"，操作者可以将系统提供的笔形输入法与拼音输入法混合使用。

3.8.4 "智能 ABC"输入法简介

1）"智能 ABC"的基本输入方法

（1）全拼输入："全拼"要求按字词的拼音把全部字母都输入进去，如大学（daxue）。

（2）简拼输入："简拼"是指按汉字的声母或第一个拼音字母输入，如计算机（jsj）、长城（cc、cch、chc、chch）。

（3）混拼输入："混拼"是全拼和简拼的混合使用方式，如计算机（jsuanj、jisj、jsji）、输入（shur、shr、sr、shru）。

当"候选窗"显示同音（重码），按"候选窗"中的"滚动"键或"翻页"键进行选择，也可按"］"或"＋"键正向翻页，按"［"或"－"键则反向翻页；按空格键结束输入。

2）零声母字的输入和特殊符号的使用

（1）零声母字的输入：零声母字是指没有声母只有韵母的字，如"安"、"儿"等。倘若该字是在开头输入，可直接键入其拼音；如果它作为词的后部分或跟在其他字后输入，必须在它的前面键入一个隔音符号"'"，以区别同音单字，如"奇案（qi'an）"区别"前（qian）"、"恩人（e'r）"区别"而（er）"等。

（2）字母"v"的使用如下：

・对某些韵母 ü 的字，如："率"、"女"，输入时字母 ü 要使用 v 键代替，如"率（lv）"、"女（nv）"。

・通常输入汉字必须用小写字母。如果在"小写"状态下同时又要输入小写的英文字母，应该在待输入的英文字母前加一个前缀符"v"。如，要输入 word，应键入 vword。

（3）其他特殊键的使用如下：

・大/小写锁定键 Caps Lock：当 Caps Lock 键处于大写锁定状态时不能输入汉字。

・空格键 Space：结束一次输入过程，同时具有按字或词语实现由拼音到汉字变换的功能。

・取消键 Esc：在各种输入方式下，取消输入过程。

• 退格键 Back Space：由右向左逐个删除输入信息。

• 重复键 Ctrl＋"－"：如果要重复输入刚刚已键入的字符，可以按 Ctrl 键同时按下"－"键，则刚刚键入的拼音字符会在"外码"窗中出现。

3）词组和单字的输入方法

在"智能 ABC"中应尽可能采用汉字词语输入方式，如双字词组、多字词组和短语，这样就能够大大降低输入的重码率。

（1）常用词输入。汉字中普遍使用的是词组，其中又有许多是最常用的双字词和多字词，它们可以用"简拼"输入，如热爱（r'a），奥林匹克运动会（alpkydh）。

（2）专有名词输入

输入某些地名和人名时，若将第一个字母大写，可降低重码率。例如，欲快速输入"陕西"，可键入 Sx；若要输入"哥伦布"，则键入 Glb。注意：这些大写字母的选择应使用 Shift 键同时按该字母，进行"小写"至"大写"的转换，而不是用 Caps Lock 键转换。

4）单字输入技巧

（1）高频字的输入。"智能 ABC"中有 23 个使用频率很高的字，可以直接键入它们的声母或相应的键位得到，如表 3-9 所示。

表 3-9　高频字对应的字母

字　母	汉　字	字　母	汉　字	字　母	汉　字
q	去	j	就	h	和
w	我	k	可	sh	上
r	日	l	了	g	个
t	他	z	在	zh	这
y	有	x	小	ch	出
i	一	c	才	e	饿
s	是	b	不	o	哦
d	的	n	年	p	批
f	发	m	没	a	啊

（2）"以词定字"输入单字。"以词定字"的方法是在输入的词组后使用"〔"和"〕"两个键来选择词中的一个字，以减少挑选重码的麻烦。在输入词语拼音后键入"〔"取词的前一个字，在输入词语拼音后键入"〕"取词的后一个字。例如，要得到"键盘"的"键"字，输入"jianpan〔"，即可得"键"字；要得到"盘"字，输入"jianpan〕"，即可得到"盘"字。

5）外码构词

使用鼠标右击状态框，在快捷菜单选择"定义新词"，进入"定义新词"对话框，在"新词"文本框中输入待构造的新词（通常指词库没有的词），然后在外码框中为该新词指定一个外码，单击"添加"按钮，此时在"浏览新词"窗口便显示该新词及其对应的外码，然后，单击"关闭"按钮。尽管这时已经构造了一个新词，但它尚未添到系统的词库中，只需再重新输入一遍所构新词的原码，把新词添加到词库中，以后就可以直接键入该词的外码输入。

6）中文数量词及计量单位的简化输入

在"智能 ABC"中可以很方便地实现西文阿拉伯数字、年、月、日以及常用计量单位与中文大、小写字符的转换。系统规定：小写字母"i"为输入小写中文数字的前缀标记，大写字母"I"为输入大写中文数字标记；系统还规定了某些字符键位所代表的常用计量单位，如表 3-10 所示。

表 3-10　字符键所代表的计量单位

字　母	含　义	字　母	含　义	字　母	含　义
g	个	w	万	n	年
s	十，拾	e	亿	y	月
b	百，佰	z	兆	h	时
q	千，仟	d	第	a	秒
t	吨	j	斤	p	磅
k	克	f	分	c	厘
l	里	m	米	i	毫
u	微	o	度	$	元

例如：il999n6ys9r　→　一九九九年六月十九日

　　　i5b7s2k　→　五百七十二克

　　　I8q6b2s$　→　捌仟陆佰贰拾元

　　　i3s2o　→　三十二度

3.9　联机帮助系统

在学习与使用 Windows XP 的过程中遇到难题怎么办？Windows XP 提供了丰富的在线信息和交互式帮助功能，告诉用户解决问题的详细操作步骤，帮助用户解决疑问。

1）从"开始"按钮获取帮助

单击任务栏左侧的"开始"按钮，在"开始"菜单中选择"帮助和支持"命令，出现如图 3-47 所示的 Windows XP 的"帮助与支持中心"窗口。

2）漫游帮助系统

（1）使用目录浏览帮助主题。单击一个需要帮助的主题，如单击"Windows 基础知识"，进入帮助主题窗口。此窗口按纲目结构排列信息。窗口左边是目录列表框，列出多个帮助主题的标题，当单击标题前面显示加号时，可以展开下一级目录。当目录显示为点时，表示该目录已经展开，单击可以折叠目录。窗口右边框内显示选定目录的内容。此时，可分类浏览需要的帮助主题。如图 3-47 所示。

（2）使用索引查找帮助主题。单击工具栏中的"索引"按钮。在"键入要查找的关键字"文本框中输入请求帮助的关键字，系统立即将相关的信息按顺序显示在下方列表框中。在列表框中单击所需的选项，再单击下方"显示"按钮，相应的内容在右边的窗口中。例如，输入关键字"文件系统"，如图 3-48 所示。

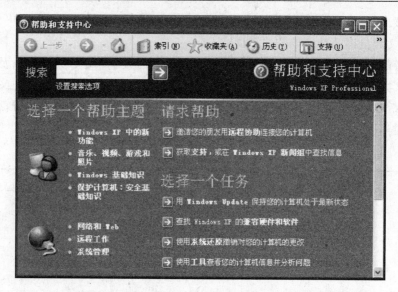

图 3-47 Windows XP 的"帮助与支持中心"窗口

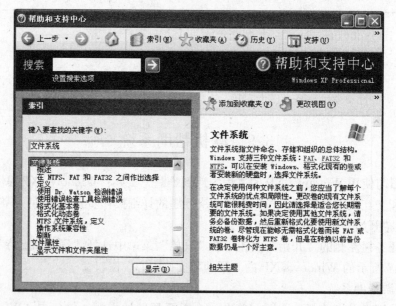

图 3-48 获取帮助主题窗口

（3）使用搜索浏览帮助主题。在搜索文本框中输入要查找的关键字，再单击右侧的向右箭按钮或者 Enter 键，窗口中会显示找到的相关主题。

3）获得特定程序的帮助信息

多数应用程序菜单栏中都有一个"帮助"菜单，使用它可以帮助用户查阅到与该应用程序有关的帮助信息。

4）使用功能键 F1

如果在进行某项操作的过程中遇到难题，可以试着按下 F1 键，打开与当前正在进行的操作相关的帮助窗口，但是，并不是所有的程序都将 F1 设置成提供帮助。

　　5）使用对话框中的"帮助"按钮

　　对话框是一类特殊的窗口，Windows XP 提供了对话框设置功能，并允许用户设置命令执行时的参数，如果不清楚某些参数如何设定，可以单击对话框右上角的帮助按钮，当鼠标光标变成带有问号的空心箭头状时，再单击有疑问的按钮，屏幕上就会出现相应选项的简单说明。

本 章 小 结

　　操作系统是管理计算机硬件与软件资源、协调组织计算机高效工作的大型软件。Windows XP 是基于图形界面的操作系统。本章详细地介绍了 Windows XP 的基础知识和一般操作。

　　首先介绍了操作系统的基本概念、功能、分类、常见的操作系统及其发展，操作系统是计算机系统中的核心软件，从功能上来分，它提供处理器管理、存储管理、设备管理、文件管理、作业管理五大管理功能。根据设计思想和应用的场合不同，操作系统的结构和内容存在很大差别，其分类方法有多种。常见的操作系统有 MS-DOS 操作系统、UNIX 操作系统、Linux 操作系统、Windows 操作系统等。

　　Windows XP 是 Microsoft 公司发布的一款视窗操作系统，在了解操作系统的基本概念之后，介绍 Windows XP 的使用基础，包括 Windows XP 的启动与退出、Windows XP 的桌面、鼠标和键盘的使用、窗口、菜单、对话框等。

　　文件是一组按一定格式存储在计算机外存储器中的相关信息的集合。在了解 Windows XP 界面元素之后，介绍了文件与文件夹的管理。首先介绍了文件与文件夹的基本概念，包括树形结构、文件命名方法、文件的分类以及文件属性。Windows XP 提供了两个管理文件和其他资源的应用程序"我的电脑"和"资源管理器"，用户通过这两个应用程序可以管理文件和文件夹。其后，介绍了管理文件与文件夹，包括选择文件和文件夹、创建文件夹和文件、打开文件和文件夹、复制文件或文件夹、移动文件或文件夹、删除文件和文件夹、查找文件和文件夹以及查看文件和文件夹属性等。

　　文件是通过文件系统来访问的，文件系统就是在硬盘上存储信息的格式。在了解文件与文件夹管理之后，介绍了与文件系统相关的磁盘管理，包括磁盘分区、磁盘格式化、复制软盘、磁盘清理、磁盘碎片整理以及备份还原文件。

　　可执行文件在内存的一次运行称为进程，在了解磁盘管理之后，介绍程序管理，包括运行程序、创建和使用快捷方式、文件和应用程序间关联等。

　　介绍了应用程序间的数据交换。Windows XP 支持四种数据交换方式：剪贴板、动态数据交换（DDE）、对象联接与嵌入（OLE）和动态连接库（DLL）。

　　在介绍完应用程序间的数据交换，详细讲述了使用控制面板对系统资源进行设置，包括启动控制面板、设置日期和时间、设置显示属性、添加和删除程序、查看及设置系统属性、字体设置、输入法的设置、添加硬件、任务栏和开始菜单设置、用户帐户设置、鼠标和键盘的设置、网络设置、管理工具等。同时简单介绍了注册表的作用与结构。

接下来，介绍了汉字输入法。包括汉字输入方法概述、添加和删除汉字输入法、使用输入法、"智能 ABC"输入法简介等。

最后介绍了联机帮助系统。

习　题

一、简答题

1. 什么是操作系统？操作系统的功能有哪些？举例说明常用操作系统的用途和特点。

2. 简述 Windows XP 的特点。

3. 一些外部设备在连接具有 Windows XP 操作系统的计算机时还用安装与此设备相关的驱动程序吗？为什么？

4. 请叙述剪贴板的作用。

5. 从控制面板的"系统"选项可以了解计算机的哪些信息，举例说明。

6. 什么是关联与注册文件类型？关联的作用是什么？

7. 磁盘清理的作用是什么？

8. 请叙述 Windows XP 中建立各类"用户账户"的方法。

9. 有哪些方法可以运行应用程序？

10. 控制面板中的"性能和维护"主要任务是什么？

二、单项选择题

1. 在 Windows XP 资源管理器中，文件夹左边带有"－"号表示该文件夹（　　）。

A. 可以展开　　　　B. 包含文件　　　　C. 可以收缩　　　　D. 包含子文件

2. Windows 菜单项后出现"…"选项时表示该菜单（　　）。

A. 含有下一级菜单　　　　　　　　B. 含有正运行的应用程序

C. 含有子文件夹　　　　　　　　　D. 含有提示对话框

3. 在 Windows XP 中，当多个窗口被打开，而屏幕上只显示当前窗口时，其他窗口的程序则（　　）。

A. 在后台运行　　　B. 终止执行　　　C. 在 C 盘运行　　　D. 退出系统

4. 在 Windows 的回收站中，可以恢复（　　）。

A. 从移动硬盘中删除的文件或文件夹　B. 从软盘中删除的文件或文件夹

C. 剪切掉的文件　　　　　　　　　　D. 从光盘中删除的文件或文件夹

5. 打开开始"菜单"可以使用组合键（　　）。

A. Ctrl＋Esc　　　B. Ctrl＋Tab　　　C. Ctrl＋O　　　D. Ctrl＋Alt

6. 在 Windows XP 中，进行全角/半角切换的组合键是（　　）。

A. Alt＋Ctrl　　　B. Shift＋空格　　　C. Alt＋空格　　　D. Ctrl＋空格

7. 在同一时刻，Windows XP 的活动窗口可以有（　　）。

A. 前台窗口和后台窗口各一个　　　　B. 255 个

C. 任意多个，只要内存足够大　　　D. 一个

8. 在"资源管理器"各级文件夹窗口中，如果需要选择多个不连续排列的文件，正确的操作是（　　）。

A. 按 ALt 键＋单击要选定的文件对象

B. 按 Ctrl 键＋单击要选定的文件对象

C. 按 Shift 键＋单击要选定的文件对象

D. 按 Ctrl 键＋双击要选定的文件对象

9. 下列操作中，能直接删除文件而不把被删除文件放入回收站的操作是（　　）。

A. 选定文件后，按 Delete 键

B. 选定文件后，先按 Shift 键，再按 Delete 键

C. 选定文件后，按下 Shift＋Delete 键

D. 选定文件后，按下 Ctrl＋Delete 键

10. 在 Windows XP 中，不同驱动器之间进行文件移动，应使用的鼠标操作是（　　）。

A. 拖动

B. Ctrl＋拖动

C. 选定后按下 Ctrl＋C 键再按下 Ctrl＋V 键

D. Shift＋拖动

三、多项选择题

1. 在下列关于 Windows XP 文件名的说法中，正确的是（　　）。

A. 文件名可以用汉字　　　　　　　B. 文件名可以用空格

C. 文件名最长可达 256 个字符　　　D. 文件名最长可达 255 个字符

2. 回收站是硬盘中的一块区域，如果此硬盘划分了几个逻辑盘，那么以下有关回收站的叙述正确的是（　　）。

A. 回收站可以在每一个逻辑盘上为被删除文件开辟不同容量的存储空间

B. 回收站只建立在 C 盘上

C. 要想使被删除的文件不进入回收站的方法是：在回收站图标上单击鼠标右键，在弹出的快捷菜单中选"属性"项进行有关选项的设置

D. 删除文件时可以不要任何对话框提醒确认

3. 快捷方式图标是一个小文件，它在外存的占用空间是（　　）。

A. 同一个快捷方式文件在不同的盘符下占用磁盘空间的大小是一样的

B. 同一个快捷方式文件在不同的盘符下占用磁盘空间的大小不一定相同

C. 一个快捷方式文件在硬盘中的占用空间都是 1Kb

D. 一个快捷方式文件在软盘或硬盘中的占用空间都是 1Kb

4. 为了节省磁盘空间，在磁盘上建立文件时最好采用以下方法（　　）。

A. 将文件大小和其占用空间相差的字节数太多的相同类型的小文件合并成一个较大的文件存储在磁盘上

B. 将若干个占用空间相同且文件类型也相同的文件合并成一个文件存储在磁盘上

C. 尽量减少在磁盘上建立文件的快捷方式

D. 不要向磁盘安装不常用的软件

5. 下列关于"开始"菜单的说法正确的是（　　）。

A. "开始"菜单中区域显示了一些频繁使用程序的快捷方式

B. "开始"菜单中的"频繁使用程序"区域里的快捷方式图标数量是可以增加和减少的

C. "开始"菜单中"我最近的文档"里的文件名可以清除

D. "开始"菜单中显示的项目不能更改

四、填空题

1. 在 Windows XP 中按下 Ctrl＋Alt＋Delete 键，将打开＿＿＿＿＿＿。

2. "我的电脑"和＿＿＿＿＿＿是用于文件和文件夹管理的两个应用程序，利用他们可以显示文件夹的结构和文件的详细信息。

3. 在 Windows XP 中，关闭窗口可以使用组合键＿＿＿＿＿＿。

4. 用"记事本"程序所保存的文件的默认扩展名为＿＿＿＿＿＿。

5. Windows XP 的"备份"工具会帮助您创建电脑＿＿＿＿＿＿信息的副本。万一硬盘上的原始数据被意外删除或覆盖，它可以帮助你进行数据恢复。

五、判断题

1. Windows XP 中可以利用删除快捷方式来删除应用程序。

2. Windows XP 中桌面上，"我的文档"图标可以被换成其他图案。

3. Windows XP 操作系统是一个多用户、多任务的操作系统。

4. Windows XP 运行过程中，将 C 盘上一定比例的空间设置为剪贴板。

5. Windows XP 的任务栏只能位于桌面的底部。

6. 窗口和对话框中的"?"按钮是为了方便用户输入标点符号中的问号设置的。

7. 在 Windows XP 中，对文件夹也有类似于文件一样的复制、移动、重新命名以及删除等操作，但其操作方法与对文件的操作方法是不相同的。

8. Windows XP 中的"安全中心"可以设置"防火墙"功能，但不能防止病毒侵害电脑。

9. 电脑死机时可以用打开 Windows XP 的"任务管理器"选择"结束进程"来终止某些程序进程的办法解决。

10. Windows XP 下的"用户帐户"密码一旦忘记，就无法再进入该"用户帐户"下的系统了。

六、上机题

1. 请找出最近 10 天创建的所有扩展名为 .DOC 的文件。

2. 设置 Alt＋Shift＋5 为切换到智能 ABC 输入法的热键。

3. 请在自己的计算机上创建名为"USER1"新用户，密码为"20061030"。

4. 选择"磁盘碎片整理"程序，并设置其两分钟后自动运行。

5. 设置电脑 10 分钟不操作即进入"屏幕保护"状态，并具有输入"密码"后才能恢复使用的功能。

第 4 章　Word 2003 文字处理软件

Office 是微软公司的办公集成软件，包括内容如下：

- Word——文字处理，如书信、公文、简报、报告、论文、简历、合同等。
- Excel——数据计算，如统计报表、财务预算等。
- PowerPoint——幻灯片制作，常用于产品展示、教学演讲等。
- Outlook——桌面信息管理。
- FrontPage——网页的制作、编辑和发布。
- PhotoDraw——图片的处理。
- Access——数据库管理。

其中，Word 是 Office 中最重要的组件，也是使用频率最高的字处理软件。其基本功能包括文字处理、图文表混合排版、邮件合并等。

虽然 Office 中各个应用软件分工不同，但它们在操作、外观、命令、工具栏等都具有基本相同的"风格"，通过对 Word 的学习，可为其他 Office 组件的学习，提供示范的作用。

4.1　基 本 操 作

4.1.1　进入与退出 Word 2003

1. 启动和退出 Word 2003

1）启动 Word 2003

依次单击任务栏上的"开始"→"所有程序"→"Microsoft Office"→"Microsoft Office Word 2003"命令，或双击桌面上 Word 快捷方式图标，即可启动 Word 2003，窗口如图 4-1 所示。

2）退出 Word 2003

退出 Word 2003 的常用方法有三种，如下：

- 单击图 4-1 窗口右上角的"关闭"按钮。
- 用鼠标选择"文件"→"退出"命令。
- 按快捷键"Alt＋F4"。

2. Word 2003 窗口介绍

窗口是用户使用计算机最重要的元素，因为任何程序都是以窗口的形式出现，Word 2003 的窗口由标题栏、菜单栏、工具栏、标尺、滚动条、文档窗口、任务窗格、状态栏八部分组成，各个组成部分的作用如下：

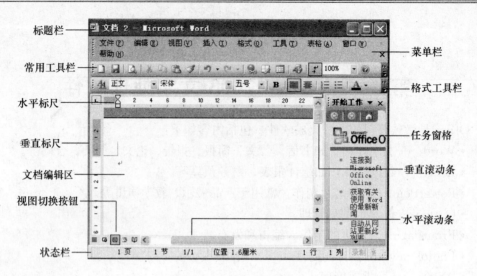

图 4-1　Word 2003 窗口

1）标题栏

位于窗口的最上方，用来表示当前所使用的程序名和所编辑的文件名，最右边有三个按钮，分别是"最小化"、"最大化/还原"、"关闭"。

2）菜单栏

位于标题栏的下面，共有九个选项，它们是"文件"、"编辑"、"视图"、"插入"、"格式"、"工具"、"表格"、"窗口"和"帮助"。菜单栏中每个选项都有一个下拉式菜单，几乎包括了对文件操作和设置的全部命令，若要使用某个菜单，只需将鼠标左键单击该菜单，从下拉式菜单中选取所需的命令。

3）工具栏

在菜单栏的下面是"常用工具栏"和"格式工具栏"。"常用工具栏"包含 Word 2003 最常用的功能；"格式工具栏"主要用于调整文字和段落格式的设置。

Word 2003 的功能可以用菜单实现，为了使操作简便，把一些常用的功能做成按钮放在工具栏上，用鼠标单击这些按钮，即可实现原来需要几步完成的工作，使编辑工作变得更容易，当鼠标指针指向工具栏按钮上时，屏幕上会显示该按钮的名字。

Word 2003 提供了二十多个工具栏，用户还可以根据自己的需要制作工具栏。由于"常用工具栏"和"格式工具栏"使用频率最高，所以 Word 2003 启动时，默认打开这两个工具栏，而别的工具栏需要用户手动打开。

4）标尺

标尺除了显示文字所在的实际位置、页边距的尺寸以外，还可以用来设置制表位、段落、边界、栏宽、页边距尺寸、左右缩进、首行缩进等。如果不想使用标尺，可以将其隐藏起来，只需取消"视图"→"标尺"前的对勾号"√"。

5）滚动条

Word 2003 的窗口提供了"水平滚动条"和"垂直滚动条"，滚动条的两端有滚动箭头，鼠标左键单击该箭头，可以上下左右移动文本，滚动条中间有滚动块，鼠标左键拖动该滚动块时，文本将快速移动。移动垂直滚动块时，屏幕会显示当前页码。

6）文档窗口

位于 Word 2003 窗口的中心，是输入文件内容的区域。好比书写的稿纸，笔是计算机键盘或鼠标，笔尖是闪烁在窗口中的竖线，称为"插入光标"，简称"光标"。

7）任务窗格

在屏幕的右边，提供了常用任务指示，用户可以根据自己的需要，单击打开该窗格的下拉列表框，选择不同的任务窗格。若任务窗格没有显示在屏幕上，可选择"视图"→"任务窗格"命令，则"任务窗格"就会出现在屏幕的右边。

8）状态栏

位于 Word 2003 窗口的底部，它提供文档当前插入点的信息，如文档的总页数、插入点所在的当前页码及行号和列号。在状态栏的右侧，有四个按钮，它们是"录制"、"修订"、"扩展"和"改写"，每一个按钮表示一种 Word 工作方式，如"改写"方式对应的是"插入"方式。"改写"状态下，输入的字符覆盖光标左侧字符，"插入"状态时，输入的字符插在光标前。Word 输入时，默认是"插入"方式，要想变成"改写"方式，双击"改写"按钮，使其呈黑色。

3. 几种视图方式

1）什么叫视图

"视图"就是指 Word 在编辑文档时窗口的显示方式。为了适应文字编辑、格式设置、组织和出版工作的需要，Word 提供了六种不同类型的文档视图。不管采用什么视图，文档的内容是不会改变的，改变的只是文档的显示形式。

2）普通视图

"普通视图"可以显示页面编辑符号，如分页与分节符等，但不显示实际页边距、页眉、页脚信息，版面较简化，占用计算机系统资源少，反应速度快，适用于页面控制一类编辑活动。

3）页面视图

"页面视图"所显示文档的每一个页面都与打印后的页面相同，即所谓"所见即所得"。可以查看到在页面上实际位置的多栏版面、页眉和页脚以及脚注和尾注，也可以查看在精确位置的文本框中的项目。所以，该视图是最常用的，被设置为默认状态。

4）Web 版式视图

"Web 版式视图"为图形状态，便于处理有颜色背景、声音、视频剪辑和其他与 Web 页内容相关的编辑和修饰（包括文字和图形）。

5）大纲视图

"大纲视图"可以直观地显示文档的纲目结构，适用于长文档的组织、结构化编排操作。如建立或修改大纲，审阅和处理文档的结构、只显示标题、调整标题及其从属文本的层次，当移动标题时，所有子标题和从属正文也将自动随之移动。可以十分方便地组织或重新安排整个文章。

6）阅读版式视图

"阅读版式视图"用于阅读，一般不用来编辑文档。因为它会隐藏所有工具栏，只剩下"阅读版式"工具栏和"审阅"工具栏。如果用户打开文档只是为了进行阅读，这是一种不错的选择。

7）文档结构图

"文档结构图"是在屏幕上显示和阅读文章的最佳方式。进入"文档结构图"的方法是：选择"视图"→"文档结构图"。

"文档结构图"将在一个单独的窗格中显示文档标题。可以通过"文档结构图"在整个文档中快速漫游并追踪特定位置。例如，在"文档结构图"中单击某个标题可立即跳转至文档中相应位置。

普通视图　Web版式视图　页面视图　大纲视图　阅读版式

图 4-2　"视图"按钮

8）视图间的切换

几种视图之间可以非常方便的切换。通过执行"视图"菜单栏中的"普通"、"页面"、"Web版式"、"大纲"和"阅读版式"命令转换到其他的视图方式或单击屏幕"水平滚动条"左侧的相应的"视图"按钮，如图4-2所示。

4．控制显示的工具

Word为用户提供了一些控制页面显示的工具，用于控制文档在当前屏幕下的显示状态和效果。主要包括三类："显示比例"、"全屏显示"和"隐藏空白区域"。

1）显示比例

按显示要求改变文稿在屏幕上的显示比例，包括：百分比、页宽、文字宽度、整页和双页等。方法有两种：一是"常用工具栏"按钮；二是"菜单栏"命令。

•单击"常用工具栏"上"显示比例"按钮的下拉箭头，从显示的列表中，选择一种合适的比例值即可。

•选择"视图"→"显示比例"命令，在打开的对话框中，选取百分比和其他选项，单击"确定"按钮。

2）全屏显示

全屏显示文稿内容，隐藏所有工具栏，经常用于阅读。进入全屏显示的方法是：选择"视图"→"全屏显示"，则进入全屏显示状态。默认是不显示菜单栏，如果需要，可将鼠标指针移到屏幕的顶部或按下Alt键，菜单栏即可显示出来，要退出全屏显示恢复页面视图状态，可单击"全屏显示"工具栏上的"关闭全屏显示"按钮或按Esc键。

3）隐藏空白区域

"隐藏空白区域"是指在页面视图状态，隐藏上下页之间的间隔（版边）区域，以便阅读更多内容。要想隐藏空白区域，只需将鼠标停留于上下页之间的间隔区域，鼠标指针变形双箭头，在两页交界处显示"隐藏空白"标记，单击鼠标，即可隐藏页边空白区域。如果要恢复原状，再次鼠标单击两页交界处显示"显示空白"标记即可。

5. 定制 Word 2003 窗口

Word 的窗口是可以根据用户的需要调整的。

1) 显示或隐藏"工具栏"

"工具栏"是 Word 中最重要的元素，它里面包含了众多的功能按钮，使用起来比"菜单栏"更简便。按操作对象的不同，Word 分门别类地为用户设置了二十多个"工具栏"，如"常用工具栏"、"格式工具栏"、"绘图工具栏"、"表格和边框工具栏"、"大纲工具栏"、"邮件合并工具栏"、"审阅工具栏"等，若要使用某个工具栏，可将其调入窗口，方法是：在"菜单栏"或"工具栏"的任意位置单击鼠标右键，在弹出的快捷菜单中，单击要使用的工具栏，设置对勾号，而后，这个工具栏就出现在窗口中了；不用时，再次调出快捷菜单，单击使其对勾去掉，此时，这个工具栏就窗口中消失了。

2) 改变"工具栏"的位置

Word 的工具栏一般是在屏幕的顶部或底部，用户可以利用鼠标把工具栏移到屏幕的任意位置。方法是：将鼠标指针移至工具栏左侧的"移动控点"位置，指针变形为四向十字箭头形状，按住鼠标左键拖动即可。

3) 向"工具栏"添加按钮

"工具栏"中的按钮是"菜单栏"中最常用的命令，如果某个命令用户经常用到，而 Word 又没有把它放在"工具栏"中，用户可以自己动手，将这个命令添加到"工具栏"中。方法是：选择"工具"→"自定义"，打开"自定义"对话框，单击"命令"标签，在左边的"类别"中，选取所需命令的类别，此时，在右边列出该类别的所有命令，选中需要的命令，按住鼠标左键拖动到"工具栏"中即可，如图 4-3 所示。

图 4-3　"自定义"对话框

4) 删除"工具栏"中的按钮

方法有二，一是按住 Alt 键，用鼠标左键将"工具栏"上的按钮拖至文档窗口，松开鼠标左键后，该按钮被删除。另一种方法是，打开"自定义"对话框，用鼠标左键将"工具栏"上的按钮拖至文档窗口，松开鼠标左键后，该按钮被删除。

5) 改变"工具栏"按钮位置

方法与上述相似，按住 Alt 键或打开"自定义"对话框，用鼠标左键将"工具栏"上的按钮左右拖动（同一"工具栏"）或上下拖动（不同"工具栏"）。

6) 改变"工具栏"按钮图标

改变"工具栏"按钮图形，以便使自己更容易识别，方法是：打开"自定义"对话框，在希望更改的"工具栏"按钮图标上，单击鼠标右键，弹出快捷菜单，选择"更改按钮图像"命令，显示"按钮图标面板"，单击选择一种图标，则新的图标就取代了原来的按钮图标。如果想恢复原来的按钮图标，可从快捷菜单中，单击"复位按钮图像"命令，如图 4-4 所示。

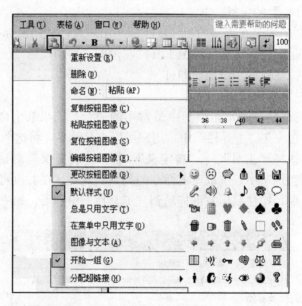

图 4-4　改变"工具栏"按钮图标

7) 自定义"工具栏"

用户可以自己创建"工具栏"，方法是：在"工具栏"上，单击鼠标右键→从弹出的快捷菜单中选择"自定义"命令→打开"自定义"对话框→单击"工具栏"标签→单击"新建"按钮→打开"新建工具栏"对话框→键入新工具栏的名称→选择当前文档或当前模板为新工具栏的保存位置→单击"确定"则一个空白工具栏生成→用（3）向"工具栏"添加按钮的方法为空白工具栏加入命令按钮。

8) 删除或重命名"自定义工具栏"

在 Word 中，用户不能删除或重命名 Word 内置的"工具栏"，但可以按照需要添加和删除工具栏中的按钮；可以删除或重命名自定义的工具栏，方法是：在"工具栏"上，单击鼠标右键→从弹出的快捷菜单中选择"自定义"命令→打开"自定义"对话框→单击"工具栏"标签页→从"工具栏"列表中选择"自定义工具栏"→单击"删除"或"重命名"按钮，如是"重命名"，则在工具栏中输入新名称→单击"确定"→单击"关闭"。

9）设置默认的标尺单位

Word 的标尺在默认的情况下是以字符为单位，用户也可以把它设置成以"厘米"、"毫米"或"英寸"为单位，方法是：选择"工具"→"选项"，打开"选项"对话框→单击"常规"标签→在"度量单位"下拉菜单中选择一种度量单位→在"使用字符单位"中取消对勾→"确定"。

一般，绘图的时候采用"毫米"为单位，编辑文字时采用字符为单位。

4.1.2　文件操作

1．建立新的文件

1）启动 Word 时新建文件

Word 启动时，会自动新建一个空文件，并为其暂时命名为文档 1，用户在书写完文本内容后，保存时，可重新命名。除了这种建立新的文件的方法外，还可以根据当时的环境，用其他的方法建立新的文件。

2）Windows 下的"快捷菜单"

在 Word 还没有启动的情况下，用户可以在 Windows 的"资源管理器"或"我的电脑"中用"快捷菜单"建立 Word 文件，方法是：在任意子目录的窗口中（不可以是任何类型的文件窗口中），用鼠标右键对着窗口空白处单击，在弹出的"快捷菜单"中，选择"新建"→"Microsoft Word 文档"，则在当前目录下就新建了一个 Word 文档，如图 4-5 所示。

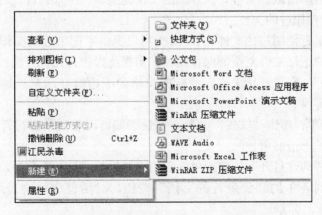

图 4-5　用"快捷菜单"新建 Word 文件

3）"常用工具"栏上的"新建"按钮

在 Word 窗口中，单击"常用工具"栏上最左边的"新建空白文档"按钮，则就建立并打开了一个 Word 空白文档。

4）"文件"菜单的"新建"命令

在 Word 窗口中，选择"文件"→"新建"命令，则在 Word 窗口的右边出现"新建文档"的任务窗格，在其中提供了三大类："新建"、"模板"、"最近所用模板"。每一类下面又分了若干小类，如"新建"下，除了"空白文档"外，还有"网页"、"电子邮件"等；"模板"大类下有 Office 给用户提供的各种各样的模板，因此使用"文件"菜单的"新建"命令，用户可以建立更丰富板式的 Word 文档。

2. 文件的打开

1）文件打开的内在机理

文件通常是存放在磁盘的文件夹中，打开文件的实质是将文件从磁盘上调入计算机内存。

2）打开文件的几种方式

·双击要打开的文件。

·右击要打开的文件，从弹出的"快捷菜单"中，选择"打开"命令。

·在"常用工具"栏上，单击"打开"按钮，在"打开"对话框输入或选择要打开的文件名，单击"确定"。

·用"文件"菜单的"打开"命令。

3）同时打开多个文件

用户可以一次同时打开多个文件，如下所述：

·若要打开的多个文件是连续的，则先选第一个（或最后一个），然后按住 Shift 键，再选取最后一个（或第一个），单击鼠标右键，从弹出的"快捷菜单"中，选择"打开"命令。

·若要打开的多个文件是不连续的，则先选择其中一个，然后按住 Ctrl 键，再逐个单击选择，最后单击鼠标右键，从弹出的"快捷菜单"中，选择"打开"命令。

4）打开最近使用过的文件

如果要打开最近使用过的文件，Word 为用户提供了记录近期操作过文件的保存位置功能，避免用户记忆文件复杂的保存路径。实现此操作有几种方法：

·"任务窗格"：在"开始工作"的任务窗格的下边会显示最近编辑的 Word 文件名，单击文件名即可。

·"文件"菜单：单击"文件"菜单，在最下端可以看到最近打开的文件列表，直接选择需要的文件单击即可。

·常用工具栏的"打开"按钮：单击常用工具栏的"打开"按钮，出现"打开"对话框，单击左边列表中的"我最近的文档"按钮，对话框中就会显示最近打开过的文件。

几点注意事项：

·Word 默认记忆是四个文件，可通过"工具"菜单→"选项"命令→"常规"标签→"列出最近所用文件"复选框前的对勾，来决定是否启用这个功能，如果启用，可在"个"前的框中输入 1 到 9 之间的数字，决定保存近期操作过文件的个数。

·如果编辑的文件时间太长而记不清位置，可使用 Word 的"文件"→"打开"→在"打开"对话框中→选择"工具"按钮→在下拉菜单中单击"查找"→在"文件搜索"对话框中→输入要打开文件的内容、搜索范围和类型→单击"搜索"按钮，或 Windows 的"搜索"功能。

5）打开出错的文件

在编辑文件的过程中，碰到死机或不正常关机，Word 会自动进行文件恢复工作。下次启动 Word 时，先前出错的文件首先弹出，工作窗口左边会出现"文档恢复"任务窗格，直接单击即可打开。

6）以"只读"方式打开文件

如果以"只读"方式打开文件，可以避免用户不小心修改了重要的文件。要让文件以"只读"方式打开，单击"打开"按钮→在"打开"对话框中选择要打开的文件→单击"打开"按钮旁边的下拉菜单→单击"以只读方式打开"选项。文件打开后，在标题栏上的文件名有"只读"两字，此时，只能浏览，不能编辑。

7）打开文件的"副本"

如果既要保留原文件，又希望修改原文件后的文件也能保留，可以采用打开文件的"副本"的方法，单击"打开"按钮→在"打开"对话框中选择要打开的文件→单击"打开"按钮旁边的下拉菜单→单击"以副本方式打开"选项。文件打开后，在标题栏上的文件名前有"副本（1）属于"的字样。

3. 文件保存

1）文件保存的内在机理

文件的保存是文件打开的逆操作，它是将用户编辑的文本由计算机的内存写到外存，以便长期保存。

2）保存新建的文件

保存新建的文件，也就是第一次保存此文档，单击常用工具栏"保存"按钮（或菜单栏的"文件"→"保存"）→在弹出来的"另存为"对话框中，输入保存此文件的位置及名字→单击"保存"。

3）保存已经保存过的文件

用户对已保存过的文件进行修改后，需要再次保存，修改的内容才会被计算机保存。保存的方法和保存新建的文件一样，只是不会再弹出对话框，系统会直接覆盖旧的文件。

4）自动保存文件

Word 为用户提供了自动保存文件的功能，尽量减少文件损失。

依次选择菜单栏的"工具"→"选项"→在"选项"对话框中选择"保存"标签→选中"保存自动保存时间间隔"选项→在后面的方框中设定间隔的时间→单击"确定"按钮。

在继续编辑文件时，每隔设定的时间，Word 就会自动保存文件，并生成一个自动恢复文件，当计算机遇到死机或突然断电等问题，Word 就会打开这个自动恢复文件。

一般，如果计算机不太稳定，可将时间间隔设短一点；如果编辑的文件较大，最好设定时间间隔长一些，以免反复储存文件而干扰工作。

5）一次保存多个文件

如果同时进行多个文件的编辑，要一个一个地保存，非常麻烦，Word 提供了一次保存所有文件的功能，方法是：按住 Shift 键→单击"文件"菜单→此时"保存"命令会变成"全部保存"命令→单击"全部保存"命令，则所有打开的文件就被保存了。如果只是保存部分文件，就不能用这种方法，而只能一个一个地保存。

6）快速保存文件

如果想加快保存文件的速度，可以设定"快速保存"方式，这种保存方式只保存和原来文件不同的部分，所以保存的速度较快。方法是：单击"工具"菜单→"选项"命令→在"选项"对话框中→选择"保存"标签页→选中"允许快速保存"前的对勾→单击"确定"。当完成编辑操作后，应取消"允许快速保存"选项，并用一般保存文件的方式来保存，因为一般保存的文件比较小。

7）文件的"另存为"

文件的"另存为"是一个很重要的功能，当用户第一次保存文件时它会自动弹出，另外如果用户需要将文件更名保存、换位保存及改变类型保存，都要用到"另存为"命令。"另存为"的实质是原文件的内容、位置、类型均没有改变，而通过"另存为"又生成了一个新文件，它至少在内容或位置或类型与原文件不同，打开"另存为"对话框的方法是："文件"菜单→"另存为"命令，如图 4-6 所示。

图 4-6　"另存为"对话框

• 更名保存：对文件进行修改，若希望原文件和修改后的文件都能保存，则在打开的"另存为"对话框中的"文件名"框内输入新的名字，单击"保存"。

• 定位保存：对已打开的文件，想换个地方保存，则在"另存为"对话框中的"保存位置"框内输入新的地址或在下拉列表中选择新的地址，单击"保存"。

• 类型保存：对已打开的文件，要换类型保存，则在"另存为"对话框中的"保存类型"框下拉列表中选择新的类型，单击"保存"。

4. 文件的保护

保存文件的时候，用户可以为文件设定密码，这样，就可以防止别的用户阅读或修改此文件，要设定文件密码，方法有两种：

（1）使用"工具"菜单栏："工具"菜单栏→"选项"命令→"安全性"标签页→打开"安全性"对话框。

（2）使用"另存为"对话框："文件"菜单栏→"另存为"命令→在"另存为"对话框中→单击"工具"命令下拉箭头→选择"安全措施选项"命令→打开"安全性"对话框。

在"安全性"对话框中，若不想让别的用户阅读，则在"打开文件时的密码"文本框中输入密码；若只是不想让别的用户修改而可以阅读，则在"修改文件时的密码"文本框中输入密码。最后，根据提示，完成操作。以后阅读或修改文件时，系统将要求用户先输入密码，才能操作。

5. 文件的关闭

文件编辑完毕，除了要及时存盘外，还应关闭文件，以释放占用的内存空间。关闭文件常用的四种方法如下：

（1）单击"文件"菜单的"关闭"命令。

（2）单击文档窗口的"关闭"按钮。

（3）按 Ctrl＋F4。

（4）在任务栏上，右击要关闭的文件名，在弹出的菜单中选择"关闭"命令。

若同时关闭所有的文件，可按住 Shift 键→单击"文件"菜单→此时"关闭"命令会变成"全部关闭"命令→单击"全部关闭"命令，则所有的文件就被关闭了。如果只是关闭部分文件，就不能用这种方法，而只能一个一个的关闭。

一般在关闭文件前，应先保存文件，若没有保存，Word 会提示，用户可根据提示进行选择操作。

注意区分退出 Word、保存 Word 文件及关闭 Word 文件的差异。

6. 文件的属性

文件的"属性"可以帮助用户方便地查找文件的有关信息，如标题、作者、摘要等。单击"文件"菜单→"属性"命令→调出"属性"对话框，如图 4-7 所示。它包括了五个标签：常规、摘要、统计、内容和自定义，各标签页的作用如下：

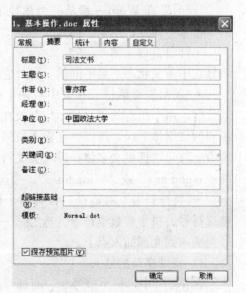

图 4-7　文件"属性"对话框

（1）常规：可以设置文件的类型、保存位置、大小、创建与修改的时间、文件的只读或隐藏属性。

（2）摘要：可以输入和更改当前文件的标题、主题、作者、单位等，若在"保存预览图片"前设置对勾，则在 Windows 下的"查看"→"缩略图"时，以图片的形式显示第一页。

（3）统计：文件的创建与修改时间、页数、段落数、行数和字数等信息。

（4）内容：列出文件的组成部分。

（5）自定义：允许用户自定义文件的部分属性。

4.2　文　本　编　辑

4.2.1　文本的输入

1. 输入文本内容

在 Word 中，输入文本内容只需将原稿逐字逐句输入即可，但要注意输入的位置。在 Word 窗口中，只有在插入光标处，才能进行文字内容的输入。

1）英文的输入

输入英文的方法十分简单，只需要通过键盘进行，大小写字母转换可以使用 Caps Lock 键和 Shift 键。

2）中文的输入

要输入中文，需切换到中文输入法状态，通常 Windows 为用户提供的中文输入法有"微软拼音"、"智能 ABC"、"全拼"和"双拼"等多种输入法。

3）符号的输入

"符号"在 Word 一般从三个途径中获取，一是键盘上自带的；二是"插入"菜单的"符号"命令；三是"插入"菜单的"特殊符号"命令。

• 键盘自带：如＋、@、&、$、＝等，用起来方便、直观，但要注意，这些键盘符号在中英文状态下是不同的，另外它的种类较少，样式也不够丰富。

• "符号"对话框：在其中有两个标签，选择"符号"标签，在其下有一"字体"下拉框，由于所有的"符号"均存放在 Word 的"字符集"中，而"字符集"又化分为不同的"字体"区，所以，在输入符号时，通常需要选择一种特定的"字体"，一般输入中文符号选择中文字体；输入英文符号选择"Times New Roman"；输入图形符号选择"Webdings"或"Wingdings"。当选择所需符号后，单击"插入"按钮。

• "特殊符号"对话框：含有六个标签，分别是单位符号、标点符号、数字序号、特殊符号、拼音和数学符号。选定某一标签→单击某一符号→单击"确定"按钮，则符号便插入到光标插入点上。

4）特殊字符的输入

在 Word 中，把小节号§、商标号™、已注册号®、版权所有号©等称为"特殊字符"。输入"特殊字符"的方法与输入"符号"的方法一样，单击"插入"菜单→"符号"命令→打开"符号"对话框→选择"特殊字符"标签→选择所需"特殊字符"→单击"插入"按钮。

5）日期和时间的输入

日期和时间一般用手工输入，但是如果希望以后显示和打印时都自动调整为当时的日期和时间，应该用以下方法：单击"插入"菜单→"日期和时间"命令→打开"日期和时间"对话框→选择日期和时间的格式→选择"自动更新"复选框→单击"确定"按钮。

2．文本内容的选择

若要对文本内容进行删除、移动、复制以及格式设置，首先要选择文本内容，内容可以是一行、一段、一个矩阵块、几部分或全部文本。选择文本内容时，可以用鼠标，也可以用键盘。选择的文本呈反白显示。Word 不仅能够选择文字，还能选则其他的对象，如图片、图表等。

1）选择部分文本

首先将鼠标指针移动到所要选择文本区的开始处，然后按下鼠标左键，拖动到要选择文本的末端，然后松开鼠标左键。

2）选择一行文本

用拖动鼠标左键的方法可以选择一行文本，但不是最理想的方法。将鼠标指针移到该行的最左边，直到其变为一个指向右的箭头，然后单击鼠标左键，就可选择一整行。

3）选择连续多行文本

将鼠标指针移到起始行的最左边，直到其变为一个指向右的箭头，然后按下鼠标左键，向上或向下拖动。

4）选择一段文本

将鼠标指针移动到段内的任意位置，然后连续三次单击鼠标左键。也可以将鼠标指针移到该段的最左边，直到其变为一个指向右的箭头，然后双击鼠标左键。

5）选择某一矩阵块文本

将鼠标指针移动到所选区域的一角，按住 Alt 键向所选区域的对角拖动鼠标即可。

6）选择某几部分文本

先选择某一部分，再按住 Ctrl 键，选其他部分。

7）选择长文本

首先鼠标左键单击选择区域的开始位置，然后按住 Shift 键单击选择区域的结束位置，这样两次单击范围内的所有文字全被选择。此方法特别适用于所选区域的文字跨页的情况。

8）选择全文

将鼠标指针移到文档的最左边任意位置，直到其变为一个指向右边的箭头，然后连续 3 次单击鼠标左键。也可以按快捷键"Ctrl＋A"。

9）选择一句文本

按住 Ctrl 键，将鼠标指针移动到要选的句子的任意处单击左键。

10）取消选择

用鼠标左键单击文本的任意位置即可。

3. 文本的基本编辑

在计算机术语中所谓"编辑"就是修改。当完成录入文本的任务后，难免会出现各种各样的错误，这时需要对已录入的文本进行修改，录入文本出现的错误一般有多字、少字和写错字，针对以上情况，需要对文本进行删除、插入、改写、文字移动和复制等操作。

在编辑文本时，Word 有两种方式：插入方式和改写方式。插入方式下插入点右边的字符随着新文字的插入逐一向右移动；改写方式下插入点右边的字符将被新输入的字符所代替，Word 的默认状态是插入方式。

1）文本的删除

删除字符最简单的方法就是将光标置于该字符的左侧，然后按 Delete 键删除，也可以将光标置于该字符的右侧，按 Backspace 键删除。

另一方法是选择要删除的文本，按 Delete 键或工具栏的"剪切"按钮。

2）文本的移动

若要移动文字，鼠标指向选定的文字，当鼠标指针变成指向左的箭头时，按住鼠标左键拖动选定的文字，此时光标的左侧出现一条垂直虚线，下方出现虚线方框，将垂直虚线移至目标位置松开鼠标，则选定的文字移动到了目标位置。

另一方法是选择要移动文本，单击"常用"工具栏上的"剪切"按钮；鼠标左键定位要移动到的目标位置，单击"常用"工具栏上的"粘贴"按钮，即可实现将文本从源位置移动到目标位置。

3）文本的复制

若要复制文本，先按住 Ctrl 键再按住鼠标左键拖动选定的文字，此时光标的左侧出现一条垂直虚线，下方出现虚线方框和含加号的实线方框，将垂直虚线移至目标位置松开鼠标（注意：要先松开鼠标再松开键盘），则选定的文字复制到了目标位置。

另一方法是选择要复制文本，单击"常用"工具栏上的"剪切"按钮；鼠标左键定位要复制到的目标位置，单击"常用"工具栏上的"复制"按钮，即可实现文本的复制。

4）剪贴板

剪贴板是 Windows 在内存中开辟的一块区域，用于临时保存公用数据。"剪切"、"复制"和"粘贴"是与剪贴板密切相关的 3 个命令，它们具有不同的含义：

• "剪切"是把选定的文字从文档中删除，并把它保存到剪贴板上。

• "复制"是把选定的文字从文档中复制到剪贴板上。

• "粘贴"是把保存在剪贴板上的文字插入到文档中的插入点处。

在 Windows 中剪贴板只能保存最近一次剪切或复制的内容。

Office 2003 提供了一个可同时保存多次剪切、复制内容的剪贴板，可以将用户最近 24 次剪切或复制的内容全部保存下来。一般情况下，"粘贴"时是粘贴剪贴板中最后一次剪切或复制的内容，如果需要选择其他内容进行粘贴，可选择"编辑"→"Office 剪贴板"菜单，打开"剪贴板"任务窗格，此时被剪切或复制的各个内容以列表的形式显示在任务窗格中，用户可以选择其中的一个粘贴在指定位置。这个多重剪贴板只对 Office 组件起作用，对于其他应用程序无效。

如果源位置与目标位置相距较近，可采用鼠标拖动的方法来移动或复制文字；如果源位置与目标位置相距较远，可使用命令的方法。

4. 撤销错误操作

Word 具有自动记录用户所做操作的功能，这种存储功能，便于撤销由于误操作而造成的后果。单击"常用"工具栏的"撤销"按钮，或依次单击"编辑"→"撤销"命令，可取消对文档的最后一次操作；多次单击"撤销"按钮，可依次从后向前取消对文档的多次操作，也可以单击"撤销"按钮右边的下拉箭头，弹出一个列表，其中列出了以前完成的若干次操作，鼠标在列表中下拉，直接选择所要撤销的若干次操作，然后单击鼠标左键，就可以一次将前面选择的操作全部撤销。

在撤销某个操作后，如果想恢复已被撤销的操作，只需单击"常用"工具栏的"恢复"按钮即可。

5. 查找与替换

在文本编辑过程中，有时需要成批替换某些字符，例如，在写一篇论文时，将一个人的名字引用错了，此时如果一个一个的去用正确的名字替换错误的名字，显然是很麻烦的，而且还容易遗漏。Word 提供的查找和替换功能，高效准确地成批替换相同的字符。

1）查找

默认情况下，Word 将从光标所在位置开始向下查找，到达文档的尾部后，再返回文档的头部向下查找至光标所在位置结束。因此，只需将光标置于文档中的任意位置，依次单击"编辑"→"查找"命令菜单→弹出"查找和替换"对话框→在"查找"选项卡的"查找内容"下拉列表框中键入要查找的文本，单击"查找下一处"按钮，当在文档中找到第一个要查找的文本时，Word 将以反白方式显示被查找的词，如果反白显示的部分不是想查找的位置，可以再次单击该按钮，直到整个文档查找完毕为止。"查找和替换"对话框如图 4-8 所示。

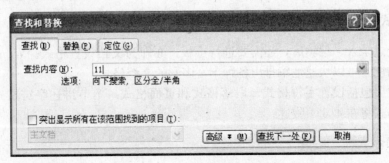

图 4-8　"查找和替换"对话框

找到所需的位置后，单击"取消"按钮，关闭"查找和替换"对话框，光标定位于当前查找到的文本处。

2）查找并替换

若用新的文本替换查找到的文本，方法是：将光标置于文档中的任意位置，依次单击"编辑"→"替换"命令→弹出"查找和替换"对话框→在"替换"选项卡下的"查找内容"下拉列表框中键人要查找的文本，在"替换为"下拉列表框中键人将要替换的新文本→单击"查找下一处"按钮，当在文档中找到第一个要查找的文本时，Word 将以反白方式显示被查找的词→如果要替换第一个找到的内容→则单击"替换"按钮→反复进行边审查边替换；如果要全部替换，可单击"全部替换"按钮，则可一次全部替换完毕。

注意：单击"全部替换"按钮，有可能因考虑不周而出现错误替换，一定要慎重使用。

6. 字数统计

若要了解文档中包含的字数，可用 Word 进行统计。Word 也可统计文档中的页数、段落数和行数，以及包含或不包含空格的字符数。

也可同时选择文本的多个部分进行统计，且所选部分不需要相邻。

若统计全文，只需选择"工具"→"字数统计"命令即可。

若统计文章中的部分文本字数，则需要选择要统计的文本，再需单击"工具"菜单→"字数统计"命令。

7. 中文简繁体的转换

• 把简体中文转换成繁体中文：选择要转换的简体中文→单击工具栏"中文简繁体的转换"下拉菜单→"简体中文转换为繁体中文"按钮，即完成转换。另一种方法是用菜单：选择要转换的简体中文，单击"工具"→"语言"→"中文简繁转换"菜单命令，打开"中文简繁转换"对话框。选择"简体中文转换为繁体中文"单选按钮，再单击"确定"按钮，完成转换。

• 把繁体中文转换成简体中文：选择要转换的繁体中文→单击工具栏"中文简繁体的转换"下拉菜单→"繁体中文转换成简体中文"按钮，即完成转换。另一种方法是用菜单：选择要转换的繁体中文，单击"工具"→"语言"→"中文简繁转换"菜单命令，打开"中文简繁转换"对话框。选择"繁体中文转换为简体中文"单选按钮，再单击"确定"按钮，完成转换。

4.2.2 格式设置

文档经过录入、编辑后，还需要进行排版，亦即为文档设置格式。Word 提供了丰富的排版功能，可以快速地编排出各种丰富多彩的文档格式。

排版主要包括设置字符格式、段落格式和页面格式，本节讲述字符格式和段落格式，页面格式将在 4.6.1 叙述。

1. 字符格式

在操作前一定要将字符选定，使其以反白的形式显示。最快捷常用的操作方法是使用"格式"工具栏上的按钮。

1）设置文字的字体、字号、字型和颜色

· 字体是指字符的形体，如黑体、宋体等。Word 默认是宋体，若要改变字体，单击"格式"工具栏上的"字体"框右侧向下箭头，弹出字体列表，列表中既有中文字体又有英文字体，从列表中选择所需字体。

· 字形是附加于字符的一些属性，如加粗、倾斜和字符缩放。若要设置字形，单击"格式"工具栏上的"加粗"和"倾斜"按钮，即可将选定的字符设置成加粗或倾斜格式。这两个按钮属于开关按钮，再次单击后可取消该格式的设置。

· 字号就是字符的大小，Word 默认情况下采用的是五号字。若要设置字号，单击"格式"工具栏上的"字号"框右侧向下箭头，弹出字号列表，从列表中选择所需字号。Word 字号列表中，最大的字号为"初号"如果要打印出比初号字还要大的字符，用户可以在列表框中键入需要的数值，然后按 Enter 键。数值的单位是磅，"磅"是一种长度度量单位而不是质量单位，2.83 磅等于 1 毫米。

· 若要设置字符的颜色，单击"格式"工具栏上的"字体颜色"框右侧的向下箭头，在弹出的颜色列表中共有 40 种颜色，单击选择所需的颜色。如果没有满意的颜色，可单击该列表框中的"其他颜色"，调出"颜色"对话框，对话框中提供了"标准"和"自定义"两个调色板，用户可自己调配所需的颜色。

2）文字的其他修饰——"字体"对话框

简单的文字修饰用单击"格式"工具栏就行了，但更丰富的文字修饰及设置特殊字符效果，就要用"字体"对话框，打开"字体"对话框的方法是：选择"格式"→"字体"命令→弹出"字体"对话框。如图 4-9 所示，含有三个标签，分别是"字体"、"字

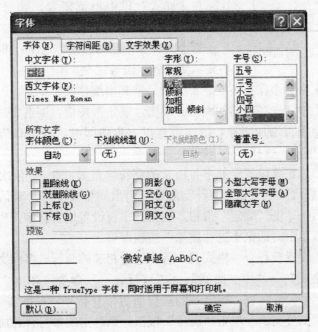

图 4-9　"字体"对话框

符间距"和"文字效果"。它们为用户提供的主要功能有：为字符加着重号、设置上标和下标、为字符添加阴影和空心效果以及设置字符的间距和动态效果等操作。

· 上标是指将选定的字符缩小后再升高，下标就是将选定的字符缩小后再降低。"阳文"是指文字具有高出纸面的浮雕效果，"阴文"是指文字具有刻入纸面的效果。

· 字符的间距设置与字符的缩放是不同的，缩放指设置字符的横向宽窄；字符间距是调整字符之间的疏密程度。

· 动态效果是无法打印显示出来的，但会在屏幕上显示出来，经常在屏幕上演示文档时使用，以增加文档的吸引力。

3）字符的边框和底纹

为字符添加边框和底纹可以用工具栏上的相应按钮，但样式单一，使用"边框和底纹"对话框，可以获得更丰富的字符边框和底纹色彩和样式。

打开"边框和底纹"对话框的方法是：选择"格式"→"边框和底纹"命令。

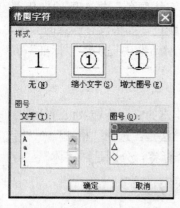

图 4-10 "带圈字符"对话框

4）制作中文版式

Word 提供的特殊排版格式，主要内容有带圈字符的设置、合并字符、双行合一。

· 带圈字符：首先选定要设置成带圈号的字符（一次操作只能选定一个字符，多选无效），依次单击菜单栏上"格式"→"中文版式"→"带圈字符"命令，或单击"格式"工具栏上的"带圈字符"按钮，弹出"带圈字符"对话框，如图 4-10 所示。

在"样式"栏中根据需要，选择"缩小文字"或"增大圈号"选项。各项含义如下：

缩小文字：使用与当前字号大小相同的圈号，并缩小文字使其置于圈号之中。

增大圈号：文字大小保持不变，扩大圈号使其围绕住文字。

在"圈号"栏中，选择所需的圈号。单击"确定"按钮，则选定的字符就置于圈号之中，若要给多个字符添加圈号，依次重复以上步骤即可，若要取消文字的圈号，在"带圈字符"对话框中，选择"无"即可。

· 合并字符：选定要设置合并字符格式的字符（最多 6 个），依次单击菜单栏上的"格式"→"中文版式"→"合并字符"命令→弹出"合并字符"对话框→在对话框中选定字体和字号后→单击"确定"按钮，则所选字符设置成合并字符格式，若要取消合并字符格式，只需单击对话框中的"删除"按钮即可。

· 双行合一：设置双行合一格式前，首先选定相邻的两行或多行文本，然后依次单击菜单栏上的"格式"→"中文版式"→"双行合一"命令→弹出"双行合一"对话框→若选择"带括号"复选框，则合一的双行前后带有括号，根据需要在"括号类型"列框中选择所需的括号类型→单击"确定"按钮，则选定的多行合并成一行。若要取消双行合一格式，只需单击对话框中的"删除"按钮即可。

5）复制、清除字符格式

复制字符的格式是指将某一部分的字符格式复制到另一部分字符上，使它们具有相同的格式。复制字符格式的工具是"常用"工具栏上的"格式刷"按钮。

方法：选定已设置好格式的字符→单击"常用"工具栏上的"格式刷"按钮，此时鼠标指针变为刷子形→将鼠标指针移动到要复制格式的字符开始处，拖动鼠标直到要复制格式的字符结束处，松开鼠标左键即可。

以上操作"格式刷"只能使用一次，要想多次使用"格式刷"，应双击"常用"工具栏上的"格式刷"按钮，这时"格式刷"可多次使用。

如要取消"格式刷"功能，只需再单击"格式刷"按钮。

要清除字符格式，方法有二，一是使用组合键：Ctrl＋Shift＋Z；二是依次单击"格式"菜单→"样式和格式"命令→在"样式和格式"窗口中单击"清除格式"命令，即将所选择的字符格式清除，回到 Word 默认状态。

6）查找与替换带有格式的文字

Word 的查找和替换功能十分强大，它不仅可以对纯文本进行查找和替换，也可以对特殊字符、段落标记、制表符和文本的格式进行查找和替换。此时应在"查找与替换"对话框单击"高级"按钮，在弹出来对话框中有"格式"和"特殊字符"两个下拉按钮，利用这两个下拉按钮，用户就可以很容易的找到所指定的格式和特殊字符，还可以替换成新的格式和特殊字符。

2. 段落格式

如果说字符是组成文件的基本因素，那么段落则是构成文件的基础，一篇漂亮的文章离不开好的段落格式。段落格式的设置在操作前不一定要将字符选定，只需将光标插入到段内的任何位置即可；设置简单的段落格式可以使用工具栏的"格式"按钮，复杂的可以使用"格式"菜单下的"段落"命令。

1）段落的对齐方式

Word 中对齐方式主要有以下 5 种：

· 两端对齐：将所选段落的每一行（末行除外）两端同时对齐。

· 居中对齐：将所选段落的每一行文本都居中排列。

· 左对齐：将所选段落的每一行左端对齐。

· 右对齐：将所选段落的每一行右端对齐。

· 分散对齐：如果段落中的某行字符不满一行时，将拉开字符间距，使该行字符在一行中均匀分布，达到左右两端均对齐的效果。

设置段落对齐方式最快捷的操作方法就是单击"格式"工具栏上相应的对齐按钮，也可以使用"格式"→"段落"命令。

2）段落的缩进

设置段落缩进就是改变正文与页边距之间的距离，通俗地讲，就是改变段落的宽度。段落缩进的目的，是使文档的段落更加清晰，以便于阅读。段落缩进主要有以下 4 种方式：

· 左缩进：段落的左端与页面左边距的距离。

· 右缩进：段落的右端与页面右边距的距离。

· 首行缩进：段落第一行的第一个字符与段落左端的距离，常用来设置段落首行缩进两个汉字的宽度。

· 悬挂缩进：段落中除首行外的各行进行缩进。

有 3 种设置段落缩进的操作工具，它们是：Word 窗口中的标尺、"段落"对话框和"格式"工具栏。

· 标尺：在页面视图中，Word 窗口将显示垂直标尺和水平标尺，在水平标尺上有四个缩进标记，分别代表"左缩进"、"右缩进"、"首行缩进"和"悬挂缩进"，将鼠标在要设置缩进的段落内任意处单击，用鼠标拖动相应的标记即可对所选段落设置缩进格式。如果在拖动标记的同时按住"Alt"键，那么标尺上会显示出具体的缩进数值。使用标尺设置缩进简单方便，但是难以做到精确，如果需要精确设置缩进时，要所有"段落"对话框。

· "段落"对话框：将鼠标在要设置缩进的段落内任意处单击→单击菜单栏上的"格式"→"段落"命令→弹出"段落"对话框→单击"缩进和间距"标签→在"缩进"栏中选择左缩进和右缩进的值（以字符为单位），单击"特殊格式"栏右侧的向下箭头，在列表中选择"首行缩进"或"悬挂缩进"，同时在"度量值"框中选择首行缩进或悬挂缩进的值（以字符为单位）。若取消首行缩进或悬挂缩进，"特殊格式"下拉列表中选择"无"即可→单击"确定"按钮，关闭"段落"对话框。"段落"对话框如图 4-11 所示。

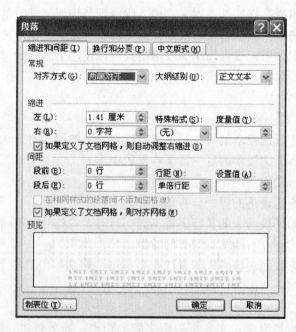

图 4-11　"段落"对话框

· "格式"工具栏：将鼠标在要设置缩进的段落内任意处单击→单击"格式"工具

栏上的"增加缩进量"或"减少缩进量"按钮，可以增加或减少所选段落的左缩进量。默认情况下，每单击一次上述按钮，可以增加或减少一个汉字宽度的缩进量。这种方法虽然简单，但是只能设置左缩进，而且缩进量是固定不变的，因此灵活性较差。

3）行间距

为了使文档的段落显得条理清晰，Word 提供了设置行间距的功能。"行间距"是指一个段落内行与行之间的距离，Word 文档的默认行间距为单倍行距。

要重新设置行间距，方法是：将鼠标在要设置格式的段落内任意处单击→依次单击菜单栏上的"格式"→"段落"命令→在弹出"段落"对话框中→单击选择"缩进和间距"选项卡→单击"行距"下拉列框右侧的向下箭头，在下拉列表中选择所需的行距值。单击"确定"按钮，关闭"段落"对话框。

下拉列表中共有 6 种选项，其含义如下：

• 单倍行距：是 Word 默认的行距，表示行距为行中最大字符的高度，并留有适当的空隙。

• 1.5 倍行距：表示行距为行中最大字符高度的 1.5 倍。

• 2 倍行距：表示行距为行中最大字符高度的 2 倍。

• 最小值：表示行距为仅能容纳最大字符的高度。

• 固定值：表示行距固定不变，即使字符大小发生变化 Word 也不会自动调整。

• 多倍行距：可按单倍行距的倍数，增加或减少行距。

在后三种选项中，需要在"设置值"框中键入数值。除"固定值"选项外，其余各选项都可根据字符的大小变化，自动调整行距；行间距设置为"固定值"，当字符变大后行距不会自动调整。

4）段落的间距

段落间距是指相邻段落之间的距离，它分为段前间距和段后间距两种。

将鼠标在要设置格式的段落内任意处单击，依次单击菜单栏上的"格式"→"段落"命令→弹出"段落"对话框→单击"缩进和间距"标签→在"间距"栏的"段前"和"段后"框中键入相应的数值（单位为行），即可设置该段的段间距。

5）换行和分页

分页符是上一页结束以及下一页开始的设置。当文字或图形添满一页时，Word 会自动插入一个分页符，又称为软分页符。用户可以手动在指定位置插入分页符，强制分页，又称为硬分页符。例如，可以手动插入分页符以确认章节标题总在新的一页开始。按"Ctrl＋Enter"组合键可以在光标当前位置插入分页符。

如果处理的文档有多页，并且用户插入了手动分页符，在编辑文档时，则经常需要重新分页，非常麻烦，此时，用户可以通过"段落"对话框设置分页选项，以控制Word 插入自动分页符位置。"段落"对话框如图 4-12 所示。

• 设置段中不分页：若希望某段能完整在一页中，即段中不分页，方法是：用鼠标选定文档中的自然段→打开"段落"对话框→单击"换行和分页"标签→在"分页"项中选择"段中不分页"复选框，此时从"预览"窗口中可以看到设置的段落效果→设置完成后单击"确定"按钮。

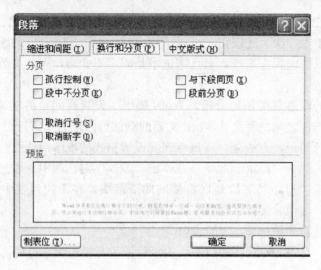

图 4-12 "段落"对话框

换行和分页的其他设置：

• 选择"孤行控制"复选框时，可以防止段落的最后一行出现在页面的顶部或者段落的第一行出现在页面的底部。

• 选择"与下段同页"复选框时，则所选的段落与下一段落之间不会出现分页符。

• 选择"段前分页"复选框时，可以使所选段落之前出现分页符。

• 选择"取消行号"复选框时，则将取消所选定的段落设置的行号。

• 选择"取消断字"复选框时，则可以取消断字。

6）设置制表位

所谓制表位就是按 Tab 键后，插入点光标所停留的位置。在制作列表过程中，最大的困难就是如何使列表中的各列对齐。当然，可以通过增加空格的方法使文本中的各列对齐，但这不是一个好的办法。此时最好的办法是通过设置制表位，使各列对齐。Word 中共提供了以下 5 种制表符对齐方式：

• 左对齐：使文本左对齐。

• 居中：使文本居中对齐。

• 右对齐：使文本右对齐。

• 小数点对齐：使数字中的小数点对齐。

• 竖线对齐：为使制表位之间的界限显示出来，在两个制表位之间画一条竖直线。

通过 Word 窗口的标尺，可以快速方便地设置制表位，但是这种方法难以做到精确定位；通过命令可以精确地设置制表位。

标尺方法：通过 Word 窗口的标尺，可以快速方便地设置制表位。在水平标尺的最左端，有一个"制表符"按钮，单击该按钮，5 种制表位形式依次出现。当出现所需要的制表符时，单击标尺上的指定位置，此时就会在该位置出现对应的制表符标记。按照此方法，可将制作列表所需的制表符依次设置好。这种方法虽然快速方便，但难以做到精确定位。

命令方法：依次单击菜单栏上的"格式"→"制表位"命令→在弹出"制表位"对话框中→在"制表位位置"文本框中键入数值（单位为字符），在"对齐方式"栏中单击选择某一对齐方式单选按钮→单击"设置"按钮。重复以上过程，将制作列表所需的制表位全部设置完毕。如果要删除某个制表位，可以在"制表位位置"框中单击选定该制表位，然后单击"清除"按钮，单击"全部清除"则将设置的制表位全部删除。单击"确定"按钮，关闭"制表位"对话框。

此时在标尺上出现了制表符标记，制表位设置完毕后，就可以方便地制作列表了。按一下 Tab 键，光标停留到了设置的第一个制表位位置，键入文本后，再按一下 Tab 键，光标跳至下一个制表位位置，按 Enter 键开始新的一行。重复以上过程，直至完成列表。

7）设置项目符号和编号

为段落设置项目符号和编号，可以提高文档的条理性和完整性。除此之外，创建编号后，如果插入或删除某一段落时，其余的段落编号会自动调整，不用人工修改，在编辑文档时非常方便。

为段落添加项目符号和编号的操作可以分为两种类型：一是为已存在的段落添加项目符号和编号，二是在键入文本的同时自动创建项目符号和编号。

为已存在的段落添加项目符号和编号，方法有两种：工具按钮和菜单命令。

•工具按钮：如果仅有一段文本，将光标放置其中任何位置即可；如果是多个段落，需要将它们全部选择，若要添加编号，单击"格式"工具栏上的"编号"按钮；若要添加项目符号，单击"格式"工具栏上的"项目符号"按钮，以上两个按钮都是开关按钮，再一次单击后将取消项目符号和编号的设置，这种操作方法，只能添加 Word 默认的项目符号和编号，不能选择其他形式。

•菜单命令：如果仅有一段文本，将光标放置其中任何位置即可；如果是多个段落，需要将它们全部选择，依次单击菜单栏上的"格式"→"项目符号和编号"命令→弹出"项目符号和编号"对话框，如图 4-13 所示。

图 4-13 "项目符号和编号"对话框

　　若要添加项目编号，单击选定"编号"标签，该选项卡下提供了 7 种编号形式，从中选择一种编号形式，选择"无"表示取消项目编号，若提供的 7 种编号形式不能满足需要，用户可单击"自定义"按钮，在弹出的"自定义编号列表"对话框中自定义编号的格式、字体及起始编号等内容，单击该对话框中的"确定"按钮，返回"项目符号和编号"对话框。"项目符号和编号"对话框中"确定"按钮，完成添加项目编号的操作。

　　若要添加项目符号，在"项目符号和编号"对话框中单击"项目符号"标签，该选项卡下提供了 7 种符号形式，从中选择一种符号形式，选择"无"表示取消项目符号。若提供的 7 种符号形式不能满足需要，用户可单击"自定义"按钮，在弹出的"自定义项目符号列表"对话框中，单击"字符"按钮，在弹出的"符号"对话框中，在"字体"下拉列表框中选定某个符号集，在下面的符号框中选定需要的符号，单击"确定"按钮，返回"自定义项目符号列表"对话框。单击"自定义项目符号列表"对话框中的"确定"按钮，返回到"项目符号和编号"对话框，单击该对话框的"确定"按钮，完成添加项目符号的操作。

　　在键入文本的同时自动创建项目符号和编号，操作如下：

　　•如果想自动创建编号，在键入文本时，先键入起始编号，如"1."或"（1）"或"第一、"等，然后键入文本，当一段结束后按 Enter 键时，在下一段开始处，就会自动创建与上一段相同格式的编号。重复以上步骤，在键入文本的同时为文档的各段自动创建了编号。如果要结束自动创建编号，只需按 Backspace 键删除最后一个编号即可。

　　•如果要自动创建项目符号，在键入文本时，先键入起始符号，如星号"＊"或减号"—"，然后按一下空格键，键入文本，当一段结束后按 Enter 键时，在下一段开始处，就会自动创建与上一段相同格式的符号，此时"＊"会自动变成"•"作为文档的项目符号。如果要结束自动创建项目符号，只需按 Backspace 键删除最后一个项目符号即可。

　　如果为多个段落添加项目符号和编号，也可以将光标插入某一段内的任意位置，为此段设置好项目符号或编号后，双击"常用"工具栏上的"格式刷"按钮，然后依次在其余各段内单击鼠标左键即可实现格式的复制。由于要复制的是段落的格式，所以无需在其余的各段内拖动鼠标，这也是用"格式刷"复制字符格式与复制段落格式的重要区别。

　　8）首字下沉

　　要设置首字下沉，首先将插入点置于要设置首字下沉的段落中的任意位置，然后依次单击菜单栏上的"格式"→"首字下沉"命令→弹出"首字下沉"对话框。

　　•在"位置"栏中根据需要选择首字下沉的方式，有"无"、"下沉"和"悬挂"。

　　•在"选项"栏中从"字体"框选择首字的字体。

　　•"下沉行数"框中键入首字下沉的行数。

　　•"距正文"框中设置下沉字距段落的距离。

　　单击"确定"按钮，选定段落的首字就下沉了。

　　9）分栏操作

　　分栏排版是报纸、杂志中常用的排版方式，分栏可以使文档生动、便于阅读，具有吸引力。为文档设置分栏效果，可以使用命令，也可以使用"其他格式"工具栏。只有在"页面视图"下才能显示分栏效果，如果只对文档中的某些段落进行分栏，应选定这些段落使其反白显示；如果对整篇文档进行分栏，将插入点移动到文档的任意处即可为文档设置分栏格式。

• 使用"分栏"命令：依次单击菜单栏上的"格式"→"分栏"命令→弹出"分栏"对话框→在"预设"栏中选定栏格式；在"栏数"框中键入分栏数；选定"分隔线"复选框，可以在各栏之间添加一条分隔线：选定"栏宽相等"复选框，则各栏的宽度相等，否则可以自己设置各栏的宽度。在设置栏宽时要注意应保证各栏宽度与栏间距之和等于页面宽度。单击"确定"按钮，关闭"分栏"对话框，完成文档分栏的设置。"分栏"对话框如图 4-14 所示。

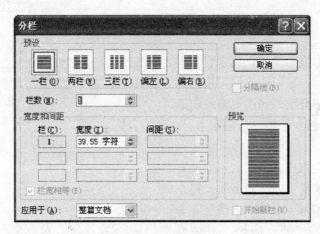

图 4-14　"分栏"对话框

• 使用"其他格式"工具栏：依次单击菜单栏上的"视图"→"工具栏"→"其他格式"命令→为 Word 窗口添加"其他格式"工具栏。单击"其他格式"工具栏上的"分栏"按钮，然后拖动鼠标选择分栏数。

4.3　表 格 制 作

表格具有结构严谨、层次清晰、效果直观的特点，广泛应用于各种文档之中。在 Word 2003 中，表格仍然是文本形式，表格中相邻两行与列所形成的长方格称为单元格，其中可以存放文字、数字和图形。由于 Word 2003 表格的计算功能不是很强大，因此涉及大量和较复杂的计算问题，应该使用电子表格组件 Excel 2003。

4.3.1　创建表格三种方法

要在文档中创建表格，可用以下三种方法。

1) 利用"插入表格"按钮——创建简单表格

步骤如下：

(1) 将光标定位在要创建表格的地方。

（2）单击"常用工具"栏上的"插入表格"按钮，下拉出一个网格，如图 4-15 所示。

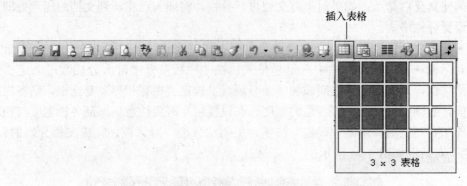

图 4-15 "插入表格"按钮

（3）在网格中拖动鼠标，选定要创建表格的行数与列数。

（4）松开鼠标，即可在光标定位的地方插入一个每一列宽度都是相同，且整个表格自动占满文本区域宽度的简单规整的表格。

2）利用"表格"菜单——创建指定宽度的表格

步骤如下：

（1）将光标定位在要创建表格的地方。

（2）单击菜单栏上的"表格"按钮。

（3）选择"插入"下的"表格"命令。

（4）在弹出的"插入表格"对话框中指定行数、列数及列宽（列宽为 $0.42\sim11.13cm$），"插入表格"对话框如图 4-16 所示。

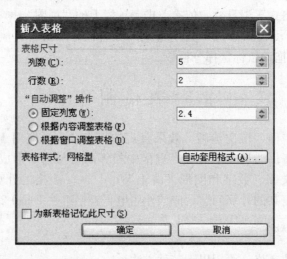

图 4-16 "插入表格"对话框

3）利用"表格和边框"工具栏——创建不太规则的表格

步骤如下：

（1）单击"常用"工具栏上的"表格和边框"按钮，调出"表格和边框"工具栏，如图 4-17 所示。也可单击菜单栏上的"视图"按钮→"工具栏"→"表格和边框"工具栏。

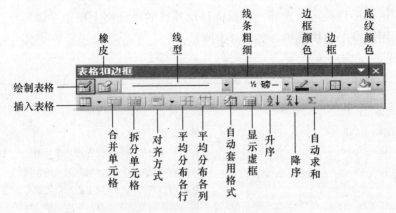

图 4-17　"表格和边框"工具栏

（2）此时，鼠标指针变为笔形→将笔形光标移到要绘制表格的左上角位置→按住鼠标左键→拖动鼠标→到要绘制表格的右下角位置释放鼠标，表格外边框就绘制好了。

（3）再用笔形光标绘制表格内的横、竖、斜线。Word 能将横、竖线自动水平和垂直。

（4）按"Esc"键或再单击"表格和边框"工具栏上的"绘制表格"按钮，鼠标指针则由笔形光标恢复为Ⅰ型光标。

（5）如果画错了某条线，可以单击"表格和边框"工具栏上的"橡皮"按钮，将其擦除。

（6）按"Esc"键或再单击"表格和边框"工具栏上的"橡皮"按钮，光标恢复为Ⅰ型光标。

图 4-18 为规则表格与不规则表格示意图。

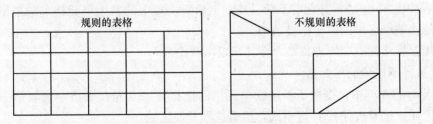

图 4-18　规则表格与不规则表格

4）几点说明

（1）上述各种创建表格的方法可视情况分别选用或互用。

（2）一般情况下，对表格精确度要求不很高时，用"插入表格"按钮创一个表格的大体轮廓，再利用"表格和边框"工具栏对表格的具体部位进行必要的增、删、绘制斜线等操作。

4.3.2　表格的基本操作

1. 表格内光标的移动

（1）利用鼠标直接定位光标：将鼠标移动到目的单元格上单击左键即可。

（2）利用键盘上的快捷键，如表 4-1 所示。

表 4-1　表格中光标移动快捷键

快 捷 键	作　　用
Tab	移动到下一个单元格
Shift+Tab	移动到前一个单元格
Alt+Home	移动到该行第一个（最左边）单元格
Alt+End	移动到该行最后一个（最右边）单元格
Alt+PageUp	移动到该列第一个（最上边）单元格
Alt+PageDown	移动到该列最后一个（最下边）单元格
↑或↓	移至上一行或下一行
←或→	移至左一列或右一列
Enter	在当前单元格开始一个新的段落

2. 表格的选择

1）选择一个单元格

方法有以下两种：

• 鼠标移到单元格选定栏，当指针变为向右的箭头时单击，使其呈反白状态。

• 将鼠标移到要选择的单元格中，选择的"表格"→"选择"→"单元格"命令。

2）选择连续的单元格

有以下两种方法：

• 在选取区域的左上角（或右下角）单元格单击鼠标，使文字插入点出现在单元格中，然后按住 Shift 键，并在右下角（或左上角）位置上的某个单元格上单击鼠标，则起点到终点整个区域的单元格被选中。

• 用鼠标从起点到终点拖动，使其呈反白状态。

3）选择不连续的单元格

在 Word 2003 中，提供了不连续单元格的选择方法。先在表格中选取第一块想要选择的区域，接着按住 Ctrl 键不放，然后选取其他区域。

4）选择一行

方法有以下 4 种：

• 表格每一行的左侧空白区域，有一个行选定栏，将鼠标移到该选定栏上时，鼠标指针变为向右箭头，单击鼠标左键，使其呈反白状态。

• 在该行中任一单元格选定栏上双击鼠标，使其呈反白状态。

• 用鼠标左键拖动的方法来选择表格的行，使其呈反白状态。

　　• 将鼠标移到要选择行的某个单元格中，选择"表格"→"选择"→"行"命令。

　　5）选择连续的多行

　　将鼠标移动到要选择行的左侧，此时鼠标变为向右箭头，单击鼠标左键，这一整行被选中，按住鼠标左键，向下（向上）拖动鼠标到要选取行的最后一行（第一行）。

　　6）选择不连续的多行

　　先选取某一行，接着按住 Ctrl 键不放，选取其他各行。

　　7）选择一列

　　方法有以下三种：

　　• 表格每列的顶部，有一个列选定栏，将鼠标移到列选定栏上时，鼠标指针会变为黑色的向下箭头，此时单击鼠标左键，使其呈反白状态。

　　• 鼠标左键拖动的方法选择列。

　　• 将鼠标移到要选中列的某个单元格中，选择"表格"→"选择"→"列"命令。

　　8）选择连续的多列

　　先选取要选中列的最左（右）的那一列，按住鼠标左键，向右（左）拖动鼠标，直到要选取的所有列呈反白状态。

　　9）选择不连续的多列

　　先选取某一列，接着按住 Ctrl 键不放，选取其他各列。

　　10）选择整个表格

　　有以下 4 种方法：

　　• 鼠标左键拖动的方法。

　　• 把鼠标置于表格中，当左上角出现移动符时，单击移动符。

　　• 将鼠标移动到表格的最左侧，此时鼠标变为向右箭头，三击鼠标左键，整个表格被选中。

　　• 将光标定位于表格任一位置，选择"表格"→"选择"→"表格"命令。

3. 表格中文本的输入

　　1）文本的输入

　　表格中的文本输入及文本修饰与普通文本类似，先把光标定位在要输入文字的单元格中，输入文本，可以改变文本的字体、字号、颜色和位置等。

　　在默认为"固定列宽"状态下，当所输入的文字超出单元格的宽度时，文本会自动换行，单元格会自动调整高度，以容纳输入的内容。

　　每个单元格中输入文本的行数有可能不同，但同一行的单元格保持同一高度。

　　2）文本的清除

　　选中要清除内容的行（列）或单元格，用"Del"键或单击鼠标右键快捷菜单的"剪切"命令或常用工具栏的"剪切"按钮。

　　3）文本的对齐方式

　　要设置单元格中文字的对齐方式，步骤如下：

　　（1）选中要进行对齐操作的单元格。

（2）如是要求不高，可用"常用工具"栏上的文字对齐按钮，它们分别是："靠上左对齐"、"靠上居中对齐"、"靠上右对齐"、"靠上分散左对齐"，如图4-19所示。

（3）否则可以通过"表格和边框"工具栏上的"文字对齐方式"按钮，或单击鼠标右键，也可以从"快捷菜单"中把它调出，"文字对齐方式"选项按钮，共有9种选择，其中有3个和上面的相同，它们分别是："靠上左对齐"、"靠上居中对齐"、"靠上右对齐"、"中部左对齐"、"中部对齐"、"中部右对齐"、"靠下左对齐"、"靠下居中对齐"、"靠下右对齐"。如图4-20所示。

图4-19　表格文本对齐按钮之一　　　　　图4-20　表格文本对齐按钮之一

4）文本的移动和复制

文本的移动和复制分为以下两种情况：

• 选择文本，单击"剪切"或"复制"，定位光标到目标单元格，单击"粘贴"，则目标单元格中原来的文本被粘贴过来的文本覆盖。

• 选择文本，单击"剪切"或"复制"，定位光标到目标单元格，单击鼠标右键，弹出快捷菜单，若选择"粘贴单元格"命令，功能同"粘贴"命令，目标单元格中原来的文本被粘贴过来的文本覆盖；若选择"粘贴为嵌套表格"命令，目标单元格中原来的文本仍然保留；同时，粘贴过来的文本作为一个整体表格嵌套到目标单元格中。

5）文本的边距

在默认的状况下，表格中单元格的文本与单元格边框之间有一定的距离，利用"表格属性"对话框，可以设置文字与四周的边框之间的距离，也可设置单元格之间的间距，步骤如下：

（1）选择要调整文本边距的区域。

（2）单击菜单栏的"表格"或单击鼠标右键，打开"表格属性"对话框。

（3）选择"表格属性"→"单元格"→"选项"，打开"单元格选项"对话框，如图4-21所示。

（4）去掉"与整张表格相同"复选框的选项。

（5）去掉"适应文字"复选框的选项。

（6）选择"自动换行"复选框的选项。

（7）在"上"、"下"、"左"、"右"文本框中输入要调整的数值。

（8）单击两次"确定"即可。

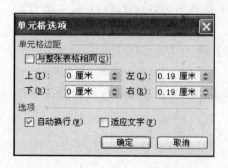

图4-21　"单元格选项"对话框

若是要对整张表格的文字边距进行重新设置或是设置单元格之间的间距，则需执行以下步骤：

（1）"表格属性"对话框中单击"表格"→"选项"，打开"表格选项"对话框，如图 4-22 所示。

（2）在"上"、"下"、"左"、"右"文本框中输入要调整的数值。

（3）选中"允许调整单元格间距"复选框的选项，在后面的方框中设置间距。

（4）单击两次"确定"即可。图 4-23 所示为设置样图。

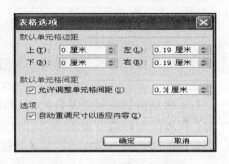

图 4-22 "表格选项"对话框

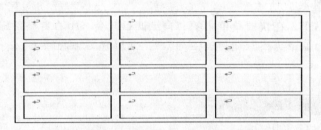

图 4-23 有单元格间距和边距的表格

4. 表格的调整

1）移动表格的位置

• 利用鼠标调整表格的位置

在 Word 2003 中，要调整表格的位置就像移动图片一样方便。只需将鼠标放到表格的左上角，使鼠标指针成十字箭头状，按住鼠标左键拖动，整个表格会以虚线方框显示，将表格移动到适当位置，放开鼠标左键即可。在拖动的同时按下"Alt"键，可以很精确地移动表格。

• 利用"表格属性"对话框调整表格的位置

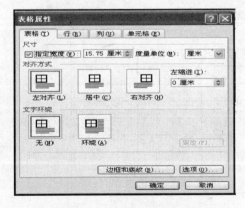

图 4-24 "表格属性"对话框

利用"表格属性"对话框不仅可以调整表格在页面的位置，还可以设定表格与周围文字的环绕关系，如图 4-24 所示。

2）调整表格的大小

在 Word 2003 中，要调整表格的大小就像改变图片的大小一样方便。方法是：将鼠标放到表格的右下角，鼠标变成双向箭头，拖动鼠标，此时表格会以虚线方框显示，待调整到适当大小，放开鼠标左键，这样整个表格的大小就会改变，而每个单元格的大小也会按比例调整。在拖动的过程中，按住 Shift 键，可以等比例的改变表格的大小。

　　3）调整表格的列宽

　　当原先设定的列宽不能符合我们输入文本的容量要求时，需要进行重新设置，方法如下：

　　•将鼠标移动到要调整的列边界上，使鼠标指针变成双竖线状，按住鼠标左键拖动，可以改变列边界相邻两侧的列宽；若按住 Ctrl 键不放，再按住鼠标左键拖动，整个表格的列宽都会等比例调整，若按住 Shift 键不放，只改变列边界左的列宽。

　　•利用"表格属性"调整列宽，选定要调整的列（可以是多列，一列时，可将光标定位在此列中的某一单元格），单击鼠标右键，从快捷菜单中的"表格属性"选择"列"标签，输入要调整列宽数据，单击"确定"。还可以通过"前一列"、"后一列"调整左、右列的宽度，如图 4-25 所示。

　　•单击鼠标右键，在快捷菜单中的"自动调整"命令中有三个选项"根据内容调整表格"、"根据窗口调整表格"和"固定列宽"，选择其一来调整表格的列宽，如图 4-26 所示。

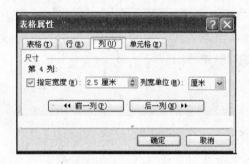

图 4-25　"表格属性"调整列宽

图 4-26　"自动调整"菜单

图 4-27　"平均分布列宽"按钮

　　•"表格和边框"工具栏中"平均分布列宽"按钮，如图 4-27 所示。

　　•"标尺"调整，如图 4-28 所示。

图 4-28　"标尺"调整列宽

4）调整表格的行高

方法有以下几种：

• 将鼠标移动到要调整的行边界上，当鼠标指针变为上下双箭头的形状时，按下并拖动鼠标，拖动时会显示一条虚线表示行的新位置，拖动到所需要高度时，释放鼠标即可。

• 利用"表格属性"调整行高，选定要调整的行（可以是多行，一行时，可将光标定位在此行的某一单元格），单击鼠标右键，从快捷菜单中的"表格属性"选择"行"标签，选择"指定高度"复选框的选项，在后面的方框中输入设置要调整行高数据，单击"确定"。还可以通过"上一行"、"下一行"调整上、下行的高度，如图 4-29 所示。

• "表格和边框"工具栏中"平均分布行高"按钮，如图 4-30 所示。

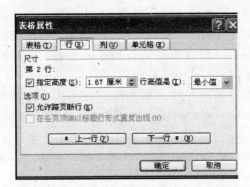

图 4-29　"表格属性"调整行高

图 4-30　"平均分布行高"按钮

• 标尺调整。

除非有特殊要求，一般行高不需调整。当在单元格输入字符超过列宽时，Word 会自动调整行高，若屏幕没有出现垂直标尺，通过"视图"→"标尺"调出。

5）调整单元格的列宽

选择要调整列宽的单元格，将鼠标移动到其列边界上，使鼠标指针变成双竖线状，按住鼠标左键拖动，可以改变选中单元格的列宽。注意：要先选则需要调整的单元格，否则会调整整列的宽度，而无法只更改部分单元格的列宽。

5. 增、删表格的行、列及单元格

1）插入单元格

将光标定位到要插入单元格的位置，单击菜单栏的"表格"命令，选择"插入"→"单元格"，打开"插入单元格"对话框，选择"活动单元格右移"或"活动单元格下移"命令，如图 4-31 所示。在插入的过程中单元格的左右、上下移动，表格相应部分的边界同时移动，但会导致表格右边界的不齐。

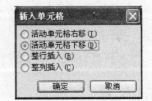

2）插入行

插入行是使用频率极高的功能，几种方法如下：

• 选择行，单击鼠标右键，从快捷菜单中选择"插入　　图 4-31　"插入单元格"对话框行"命令。

·选择行，单击"常用工具"栏"插入行"命令。

在 Word 2003 中，选择多行，则可插入多行。

·也可以使用"插入单元格"的"整行插入"命令。

以上三种都是在选中行或单元格的上方插入行，更全面的可用菜单命令，方法是：将光标定位到要插入行的某一单元格上，选择"表格"→"插入"→"行（在上方）"或"行（在下方）"命令。

3）插入列

插入列与插入行的方法相似，把"行"换成"列"即可。

4）删除单元格

删除单元格是插入单元格的逆操作，与插入单元格一样，操作后，会导致表格右边界的不齐；另外删除单元格比插入单元格使用得更频繁，所以"删除单元格"命令在快捷菜单中有。注意：删除单元格与删除单元格中文本的区别及操作的不同。

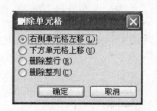

图 4-32 "删除单元格"对话框

·选定要删除的单元格，单击鼠标右键，从快捷菜单中选择"删除单元格"命令。其对话框如图 4-32 所示。

·将光标定位到要删除的单元格中，单击菜单栏的"表格"命令，选择"删除"下的"单元格"命令，则光标所在的单元格被删除。

5）删除行

·选择要删除行（包括行尾的回车符），单击鼠标右键快捷菜单的"剪切"命令。

·选择要删除行（包括行尾的回车符），单击鼠标右键快捷菜单的"删除行"命令。

·选择要删除行（包括行尾的回车符），单击常用工具栏的"剪切"按钮。

·将光标定位到要删除行的任一单元格中，选择"表格"→"删除"→"行"命令。

6）删除列

·选择要删除列，单击鼠标右键快捷菜单的"剪切"命令。

·选择要删除行，单击鼠标右键快捷菜单的"删除列"命令。

·选择要删除列，单击常用工具栏的"剪切"按钮。

·将光标定位到要删除列的任一单元格中，选择"表格"→"删除"→"列"命令。

7）删除整个表格

·选择整个表格，单击鼠标右键，在快捷菜单的"剪切"命令或常用工具栏的"剪切"按钮。

·将光标定位到表格任一位置，选择"表格"→"删除"→"表格"命令。

6. 拆分与合并

在编辑表格的过程中，有时需要将两个以上的连续单元格合并成一个单元格，如表格标题，有时又需要将一个单元格拆分成几个单元格。通过对单元格的拆分和合并，我们可以随心所欲地做出较为复杂的表格。

1）单元格的合并

合并单元格的方法作如下几种：

• 用鼠标拖动选择要合并的单元格，单击鼠标右键，从快捷菜单中选择"合并单元格"命令，则选择的所有连续单元格合并成一个单元格。

• 用鼠标拖动选择要合并的单元格，单击"表格和边框"工具栏的"合并单元格"命令，则选择的所有连续单元格合并成一个单元格。

• 用鼠标拖动选择要合并的单元格，单击菜单栏"表格"命令中的"合并单元格"命令，则选中的所有连续单元格合并成一个单元格。

2）单元格的拆分

要拆分单元格，执行如下操作：

• 将光标定位到要拆分的单元格中，单击鼠标右键，在快捷菜单选择"拆分单元格"命令，其对话框如图4-33 所示。

• 将光标定位到要拆分的单元格中，在"表格和边框"工具栏选择"拆分单元格"按钮。

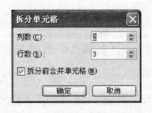

图 4-33 "拆分单元格"对话框

• 将光标定位到要拆分的单元格中，单击菜单栏的"表格"命令，单击"拆分单元格"命令。

上述的几种方法都可以调出"拆分单元格"对话框，在"列数"和"行数"空白框中分别输入要拆分的列数和行数，单击"确定"。

3）表格的拆分

拆分表格指的是在指定行的位置上，将表格分解为上、下两个表格，Word 2003 不能把表格分解成左、右两个表格。

要将表格拆分为上、下两个表格，首先将光标定位于要拆分表格的位置（拆分后第二个表格第一行中的任意单元格中），然后单击菜单栏的命令中的"拆分表格"命令或者用快捷键 Ctrl＋Shift＋Enter，则可以将表格一分为二。

4.3.3 表格外观的修饰

1. 表格的边框和底纹

给表格添加边框和底纹的方法与给段落添加边框和底纹的方法相同，步骤如下：

（1）将插入点置于要添加边框和底纹的表格中任意位置，选定该表格。选择"格式"→"边框和底纹"命令→打开"边框和底纹"对话框→单击"边框"标签。

（2）在"设置"项下，选择边框类型"全部"→拖动"线型"标签下文本框右侧的垂直滑动条，选择一种线型。

（3）在"颜色"项下选中某种颜色，"宽度"项下选择某磅值。在"应用于"项下的文本框中选择"表格"。此时，可以在"预览"下的文本框中看到设置后的边框效果。

（4）在"边框和底纹"对话框中→单击"底纹"标签。在"填充"项下，选择某种颜色；"图案"项下的"样式"中选中某种样式，在"应用于"中选择"表格"，设置完成后单击"确定"按钮。

另外，用"表格和边框"工具栏，也可以为表格设置简单的边框和底纹。

2. 单元格的边框和底纹

在 Word 中，还可以给一个或多个单元格添加边框和底纹。

最简单的方法就是用"表格和边框"工具栏，选定要设置边框和底纹的一个或多个单元格，用"表格和边框"工具栏中的"线型"、"粗细"、"边框颜色"、"边框"和"底纹颜色"等按钮即可完成设置。

若要边框和底纹更多彩一些，可用"边框和底纹"对话框，方法与设置表格的边框和底纹相似，只是设置的对象是单元格。

4.3.4　表格的排序与计算

1. 表格内的数据自动求和

Word 可以做一些简单的数学计算，只要利用"表格和边框"工具栏上的"自动求和"按钮，Word 就会自动计算出数据的总和。

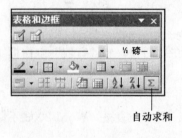

自动求和

图 4-34　"自动求和"按钮

将光标定位到将要存放求和数据的单元格中，单击"表格和边框"工具栏上的"自动求和"按钮，如图 4-34 所示，则此单元格上方的所有数据相加，所求之和插入到这个单元格中，若上方没有数据，会计算单元格左边的所有数据的和。

计算时，数据所在的单元格要连续，若中间有空格或文字，Word 只计算空格或文字之下或之右的数据之和。

若被计算的数据有所改变，则需选择结果单元格，单击键盘上的"F9"键，结果单元格中的和就会重新计算。

若有多行的数据要分别求和，可先求最上一行，然后把结果复制到下面几行的结果单元格中，再按"F9"键即可。

2. 表格中内容排序

Word 2003 的表格排序是针对列，而不是针对行。排序对象可以是数值或文字，排序方式可以是升序或降序。文字既可以是字母，也可以是汉字。汉字默认是按汉语拼音的第一个字母在字母表中的顺序排序，但也可以按姓氏笔画排序。

排序既可以单一的，也可以是多重的。单一数值和按字母的排序，可用"表格和边框"工具栏上的"排序"按钮，方法是：选中要排序的列，单击"升序"或"降序"按钮，如图4-35 所示；若是多重排序或按姓氏笔画排序，可用菜单

图 4-35　"排序"按钮

栏"表格"中的"排序"命令,在"排序"对话框中进行必要的设置。

3. 在表格中使用公式进行计算

对于表格,经常要用到统计数据的情况,在 Word 中,可以进行一些常用的简单的统计和函数用算,包括加、减、乘、除、求和、求平均值、最大值、最小值、求绝对值、计数函数、条件函数共 18 种函数。

将光标定位到计算单元格中,选择"表格"→"公式"命令,打开"公式"对话框,如图 4-36 所示。在"公式"对话框中的等号后面输入运算公式,如"=(A3+B6)/C5",即表示第一列的第三行加第二列的第六行后除第三列的第五行;如果要使用函数,可直接从下面的"粘贴函数"下拉列表中选择相应的函数,如"=SUM(A3∶B6)",即表示求出从第一列第三行到第二列第六行之间共八个单元格中数值的总和。

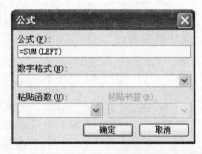

图 4-36　"公式"对话框

4. 给单元格设定自动编号

逐个手工输入编号效率很低,Word 给我们提供了自动输入编号的办法,首先选择要编号的单元格,可以是一行、一列、多行、多列或整个表格,然后单击"格式"工具栏的"编号"按钮,选择的单元格就会自动添加上编号,如图 4-37 所示。

- 若添加编号的单元格内有文字,则编号在文字之前。
- 要取消编号可再次单击"格式"工具栏的"编号"按钮或按 Backspace 键。

要更改编号的样式,选择"格式"→"项目符号和编号"命令,在"编号"选项卡中选择一种编号,单击"确定",如图 4-38 所示。

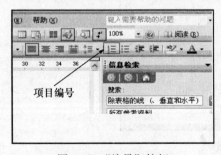

图 4-37　"编号"按钮

图 4-38　"编号"选项卡

- 要想让某些单元格的编号从头开始,可在"编号"选项卡中选择"重新开始编号"选项,单击"确定"。

4.3.5　表格的高级使用

1. 绘制表格斜线

绘制斜表格线,就是在表格的单元格中画斜线,方法有 4 种,即"表格和边框"工具栏上的"外侧框线"按钮、"绘制表格"按钮、"边框和底纹"对话框中的"边框"选项卡和"表格"→"绘制斜线表头"命令。前3种方法可以在表格的任何单元格中画斜线，且斜线均为对角线，第4种方法不一定必须是对角斜线，但只能在表格的最左上角的单元格中画，斜线共有5种样式。

1）"外侧框线"按钮

将光标定位在要画斜线的单元格中，若有多个连续的单元格要画一样的斜线，可将它们一起选中，单击"表格和边框"工具栏上的"外侧框线"按钮，选择"斜上框线"或"斜下框线"，如图4-39所示。

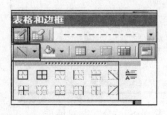

图4-39 "外侧框线"按钮

2）"绘制表格"按钮

将光标定位在任意单元格中，单击"表格和边框"工具栏上的"绘制表格"按钮，此时，鼠标指针变为笔形，将笔形光标移到要绘制斜线的单元格中，在对角线的位置，按住鼠标左键，拖动到另一对角线，释放鼠标，斜线就绘制好了。同理再绘制其他单元格的斜线。按Esc键或再单击"表格和边框"工具栏上的"绘制表格"按钮，鼠标指针则由笔形光标恢复为Ⅰ型光标。

3）"边框"选项卡

将光标定位在要画斜线的单元格中，若有多个连续的单元格要画一样的斜线，可将它们一起选中，选择"格式"→"边框和底纹"命令，在"边框"选项卡中选择"斜上框线"或"斜下框线"，在"应用于"项下选择单元格或表格，如图4-40所示。

图4-40 "边框"选项卡

4）"绘制斜线表头"

对于复杂的表格斜线要用这种方法，将光标定位在任意单元格中，选择"表格"→"绘制斜线表头"命令，打开"插入斜线表头"对话框，在"表头样式"中，有5种斜线样式供选择，此外，可以在此设置字的大小、行列的标题，如图4-41所示。单击"确定"按钮，则斜表头线就自动插入到表格的左上角的单元格中，实际上它是一个图形对象，若与单元格的大小不完全匹配，再略为调整即可。

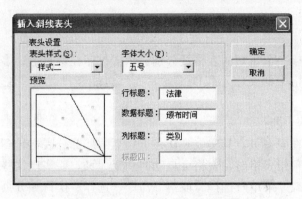

图 4-41　"插入斜线表头"对话框

2. 文字与表格互换

1) 文字转换成表格

将文本转换成表格，需执行如下操作：

(1) 将需要转换为表格的文本通过插入分隔符来指明在何处将文本分成行、列，分隔符可以是制表符、逗号、段落标记、空格等。

(2) 选定要转换成表格的文本。

(3) 选择"表格"→"转换"→"将文字转换成表格"命令，打开"将文字转换成表格"对话框，如图 4-42 所示。输入列数、行数和表格每列的宽度。并选择用以分隔表格列的分隔符（默认值为文字间的空格）。

(4) 最后单击"确定"按钮即完成文本转成表格的工作。

2) 表格转换成文字

表格转换成文本是文本转换成表格的逆操作，要将表格转换成文本，执行的操作是：

用鼠标选定要转换成文本的表格→选择"表格"→"转换"→"表格转换成文本"命令→打开"表格转换成文本"对话框→选择表格内容转换成文字后的分隔符→单击"确定"按钮即可。"表格转换成文本"对话框如图 4-43 所示。

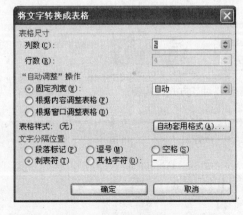

图 4-42　"将文字转换成表格"对话框　　　　图 4-43　"表格转换成文本"对话框

3. 表格的进一步操作

一般我们不希望一个短短的表格被分别显示或打印在两页上；多页的表格在每页上都能重复表头；表格中的文字不仅能横排，而且也能竖排，这些在 Word 中是可以做到的。

1）禁止表格跨页断行

要使整张表格在同一页，其实就是让在上一页的那部分表格转到下一页，当上一页有足够的空间容纳整张表格时，表格会自动回到上一页，要实现这些，方法是：选定整个表格→单击"格式"菜单→选择"段落"命令→选择"换行和分页"选项卡中的"与下段同页"。

2）多页表格每页都有表头

将光标放入表格的第一行（若表头有多行，则选定表头），选择"表格"菜单的"标题行重复"命令，则 Word 就会自动在每一页开始显示标题行。

如果要更改标题行的内容，只需在表格的第一页标题行修改，其他页的标题行的内容会自动随之更改。

要取消每页都有表头，可再次单击"表格"菜单的"标题行重复"命令。

3）表格中文字的竖排

所谓表格文字竖排，实际上就是指输入文字时遵循先由上至下，再由右至左的方式。

• 在表格中竖排文字：选择要设置竖排文字的单元格→单击"格式"菜单的"文字方向"命令→打开"文字方向"对话框→选择竖排方式→单击"确定"。

• 要恢复原来的样子，则按照相同的步骤，在"文字方向"对话框→选择横排方式→单击"确定"，如图 4-44 所示。

图 4-44　"文字方向"对话框及"对齐方式"按钮

• 设置单元格竖排文字的对齐方式：将光标置于竖排文字单元格中→单击"格式"工具栏的"分散对齐"、"两端对齐"、"底端对齐"、"居中"之一即可。

4.4　图形对象的处理

Word 为用户提供了图文混排的功能，可以在文档中插入各种图形，使文档具有生动有趣、图文并茂的效果。

在 Word 中，图形对象包括：剪贴画、图像、艺术字、自选图形、文本框、公式、组织结构图等。

Word 2003 中的图片有两种格式，一种具有非文本的格式，另一种具有文本的格式，称为嵌入型。二者的区别如下：

（1）非文本的格式：选定状态显示尺寸控点是空心的；当鼠标指向被选定的图片时，鼠标指针变成十字箭头形状；右键单击图片后，快捷菜单在"叠放次序"的下级菜单中，有"浮于文字"和"衬于文字下方"选项，说明它可以覆盖文字也可以被文字覆盖。一般，我们希望图片具有这种格式。

（2）文本的格式：选定状态显示尺寸控点是实心的；当鼠标指向被选定的图片时，鼠标指针变成向左指向的箭头，从这点可以看出其操作和文本非常近似；右键单击图片后，快捷菜单中没有"叠放次序"菜单，说明它是和文字处于同一层中。此种图片适合插入在表格中。

要使文本的格式转化成非文本的格式，首先选定文本格式的图片，然后依次单击菜单栏上的"格式"→"图片"命令→弹出"设置图片格式"对话框→在"版式"选项卡下→"环绕方式"栏中→将"嵌入型"改为其他形式即可。

反之，要使非文本的格式的图片转化成文本的格式的图片，只要在上述的"环绕方式"栏中→将其他形式改为"嵌入型"即可。

4.4.1　图片

1. 插入图片

插入图片的操作是一切图形操作的基础，通过 Word 提供的命令，可以选用多种图片来源将其插入到文档中，如剪辑库中的剪贴画、其他软件制作的图片以及来自于扫描仪或照相机的图片。除了这三种常用方法，还有其他的方法，如借助于剪贴板也可以实现图片的插入。插入剪贴画和插入图片文件的操作在本质上没有区别，只不过剪贴画是以图片的形式出现在用户面前，而图片文件是以文件的形式出现在用户面前。

不论插入的图片是何种类型，在 Word 文档中都是以对象的形式出现，就像一张照片粘贴在文档中一样。

1）Office 的剪辑库

剪辑库为用户提供了大量的图片，如果要插入剪辑库中的图片，首先将插入点移至文档中要插入图片的位置，然后选择"插入"→"图片"→"剪贴画"命令→打开"剪贴画"任务窗格→在"剪贴画"任务窗格中单击"搜索范围"下拉列表框→下拉菜单中选择"Office 收藏集"→单击"结果类型"下拉列表框→下拉菜单中选择"剪贴画"，单击"搜索"按钮，系统将自动搜索 Office 剪辑库中所有的剪贴画，并将搜索到的剪贴画排列在图片列表区中，单击所要插入的剪贴画即可将该图片插入到文档中。

注意：如果在"搜索文字"文本框中输入描述所需剪贴画的词组，或输入剪贴画的全部或部分文件名，如"自然"、"动物"和"汽车"等，可以将同一类型的剪贴画快速显示在图片列表区中，从而节省在图片列表区中查找所需图片的时间。

2）图片文件

要插入其他来自文件的图片，首先将插入点移至文档中要插入图片的位置，然后选择"插入"→"图片"→"来自文件"命令→弹出"插入图片"对话框→在"查找范围"下拉列表框中选择图片文件所在的驱动器→双击图片文件所在的文件夹→选定要插入的图片文件后→单击"插入"按钮即可。

3）扫描仪或照相机的图片

若计算机连接了扫描仪或数码相机，可依次选择"插入"→"图片"→"来自扫描仪或照相机"命令，即可在文档中插入来自于扫描仪或相机的图片。

2. 修改图片

1）图片的选定

要想选定图片，只需用鼠标在图片的任意处单击即可。此时在图片的周围会出现矩形的尺寸控点，表示此图片处于选定状态。选定状态的显示有两种形式，一种尺寸控点是实心的状态，另一种尺寸控点是空心的状态。前者是 Word 的默认状态，表示此时图片为文本格式，和文本处于同一层；后者表示图片为非文本格式，可以浮于文字的上方也可以衬于文字的下方。

2）图片的移动

如要移动非文本格式的图片，首先单击选定它，此时当鼠标指向图片时，鼠标指针会变成十字箭头形状，按下鼠标左键拖动鼠标即可将图片移动到其他位置。

如要移动具有文本格式的图片时，首先单击选定它，由于图片具有文本格式，所以当鼠标指向图片时，指针会变为向左指向的箭头（就像指向被选定的文本一样），另外只能将图片从一个段落标记处移动到另一个段落标记处。

3）图片的复制

如果要复制图片，只需在拖动鼠标的同时按住 Ctrl 键即可，或选定图片→单击工具栏"复制"按钮→定位目的位→"粘贴"按钮。

4）图片的删除

要删除图片，有多种方法，但都要先选定图片，按 Delete 键或 Backspace 键或工具栏"剪切"按钮或单击右键→在快捷菜单中选择"剪切"命令。

3. 设置图片格式

1）改变图片的大小

图片的尺寸如果不合适，可以改变它的大小，当图片处于选定状态时，将鼠标指向图片的尺寸控点，此时鼠标指针会变成双箭头形状，按下左键拖动鼠标即可改变图片的大小。拖动 4 个角上的尺寸控点可以按图片原比例缩放；拖动上下两边中间的尺寸控点可以改变图片的高度，拖动左右两边中间的尺寸控点可以改变图片的宽度。

鼠标拖动的方法不能精确地设置图片的大小，若要精确地设置图片的大小，首先选定图片→然后依次单击菜单栏上的"格式"→"图片"命令→弹出"设置图片格式"对话框，也可以双击图片或右击图片后从快捷菜单中选择"设置图片格式"选项，都可以弹出该对话框，如图 4-45 所示。选定"大小"选项卡和"尺寸和旋转"栏，分别在"高度"和"宽度"框中键入数值（单位为厘米），若选定"锁定纵横比"复选框，则图片大小保持原始比例，当"高度"或"宽度"框中的一个值发生变化，另一个框的值也会按原始比例自动变化。单击"确定"按钮，关闭"设置图片格式"对话框，图片的大小被精确地设置。

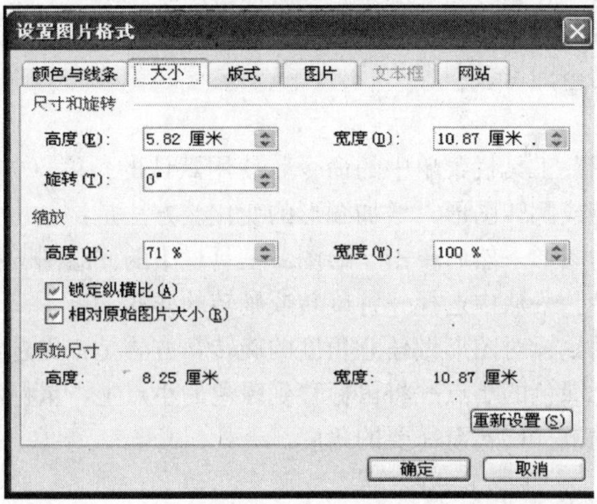

图 4-45　"设置图片格式"对话框

2）图片的裁剪

如果只想使用图片的一部分，可以对图片进行裁剪。当选定图片后，Word 默认会弹出"图片"工具栏，若没有弹出工具栏，可选择"视图"→"工具栏"→"图片"命令，为 Word 窗口添加"图片"工具栏→单击工具栏上的"裁剪"按钮，此时鼠标指针变成"裁剪"按钮的形状→将鼠标指针置于图片的尺寸控点上→按住左键拖动鼠标，即可对图片进行裁剪。

要想准确地设置图片的裁剪尺寸，可在"设置图片格式"对话框中选定"图片"选项卡，依次在"裁剪"栏的"上"、"下"、"左"、"右"框中键入裁剪的数值（单位为厘米），单击"确定"按钮即可。

3）图片的边框和底色

设置图片格式时，还可以为其添加边框和底纹，但对于文本格式的图片只能添加底纹，无法添加边框。为图片添加边框和底纹最简单的方法是使用"绘图"工具栏上的按钮。选定图片后→单击"绘图"工具栏上的"填充颜色"按钮右侧的向下箭头→在列表中选择底纹的颜色→单击"线型"按钮选择边框的线型→单击"线条颜色"按钮右侧的向下箭头→在列表中选择边框的颜色。

为图片添加边框和底纹，也可以在"设置图片格式"对话框中进行设置→单击"线条和颜色"标签→在"填充"栏中，选定底纹的颜色；"线条"栏中，依次选定边框的线型、粗细、虚实和颜色→单击"确定"按钮，即可完成为图片添加边框和底纹的操作。

4）设置图片的阴影

Word 中的图形可以轻而易举地添加阴影效果，以突出其立体感，也有利于强调重点。给图片设置阴影的方法是：先选定要加上阴影效果的图形→然后单击"绘图"工具栏中的"阴影样式"按钮→从菜单中选择一种阴影样式。

如果对设置的阴影效果不满意，可以单击"阴影设置"来进行更加复杂的阴影效果设置。如果是彩色打印，还可以在其中设置不同的阴影颜色。

如果要取消设置的阴影，也是先选定图形→然后单击"绘图"工具栏中的"阴影样式"→"无阴影"命令即可。

5）图片的旋转

可以利用"绘图"工具栏菜单中的命令，使用默认的角度（如左右 90 度、垂直和水平翻转等）来旋转或翻转图形，增加图形的变化。方法是：

先选定要旋转的图形→然后单击"绘图"工具栏中的"绘图"按钮→再从弹出菜单中选择"旋转或翻转"→从中选择一种旋转或翻转的样式。

另外，也可以用鼠标对图形做任意角度的旋转，方法是：先选定要旋转的图形→图形的周围会出现一个绿色的小点→将鼠标移到绿色的小点上，鼠标游标会变成旋转样→按住鼠标左键并拖动鼠标旋转至需要的角度。

4. 图片与文字的位置关系

图文混排是 Word 的特色之一，实现图文混排的关键在于正确设置图片的环绕方式，即图片与文字之间的位置关系，在文档中插入图片后，首先设置图片的环绕方式。在"设置图片格式"对话框话框中选择"版式"选项卡→单击"高级"按钮，如图 4-46 所示。在 Word 2003 中图片的环绕方式共有 7 种，设置不同的环绕方式可产生不同的图文混排效果。

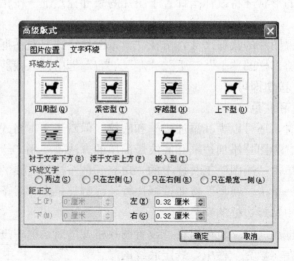

图 4-46　"高级版式"对话框

• 嵌入型：将图片置于文字中的插入点处，图片与文字在同一层，具有文本的格式。

• 四周型：将文字环绕在图片的边界框周围。

• 紧密型：将文字环绕在图片自身的边缘周围，而不是边界框周围。

• 浮于文字上方：将图片置于文档中文字的前面，此时文字会被遮挡。

• 衬于文字下方：将图片置于文档中文字的后面。

• 上下型：将文字置于图片的上或下方。

单击"确定"按钮→关闭"设置图片格式"对话框，完成图片环绕方式的设置。

5. 多张图片的关系

1）组合

如果多个独立的图形组成了一个较复杂的图形，在移动这个复杂的图形时如何保持各个独立图形之间的相对位置保持不变，是一个很麻烦的操作。解决此问题最好的方法，是将各个独立的图形组合成一个整体后，再进行移动。

图形组合的方法是：首先按住 Shift 键，依次单击各个图形，将各个独立的图形全部选定，然后单击鼠标右键，从快捷菜单中选择"组合"即将各个独立的图形组合成了一个整体。

若要取消图形的组合，可选定组合图形后→单击鼠标右键，从快捷菜单中→选择"组合"→在弹出的下级菜单中选择"取消组合"选项。

2）叠放

当多个图形重叠在一起时，就涉及他们之间的叠放次序问题，此时用户可设置它们之间的叠放次序。右击要设置叠放次序的图形→弹出的快捷菜单中选择"叠放次序"选项→在下一级菜单中根据需要选择不同的选项。

4.4.2　艺术字

1. 插入艺术字的方法

要想在文档中插入艺术字，首先是要打开"艺术字库"对话框。方法如下：

• "绘图"工具栏：单击"绘图"工具栏的"插入艺术字"按钮。

• "艺术字"工具栏：单击"艺术字"工具栏的"插入艺术字"按钮。

• 菜单栏上的"插入"命令：选择"插入"→"图片"→"艺术字"命令→将弹出"艺术字库"对话框，如图 4-47 所示。

在"艺术字"对话框中选定所需要的艺术字式样→单击"确定"→进入"编辑'艺术字'文字"对话框中→键入艺术字的内容→依次在"字体"框和"字号"框设置艺术字的字体和字号，也可设置"加粗"和"倾斜"→设置完毕后单击"确定"按钮，如图 4-48 所示。

2. 艺术字的编辑

当艺术字已经以对象的形式插入到文档中，单击选定后，在其周围会出现尺寸控

图 4-47 "艺术字库"对话框

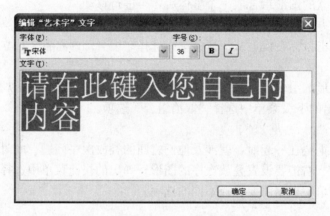

图 4-48 "编辑'艺术字'文字"对话框

点，如果需要对艺术字进行编辑，如改变尺寸、移动、复制、删除等，可仿照图片的操作方法。

3. 设置艺术字的格式

艺术字的格式的设置，一般要用"艺术字"工具栏，也可以使用"绘图"工具栏。

1）"艺术字"工具栏

单击插入的艺术字后，Word 窗口中会自动添加"艺术字"工具栏，如图 4-49 所示。用户通过此工具栏可以设置艺术字的格式，工具栏上共有 10 个按钮，功能如下：

图 4-49 "艺术字"工具栏

· 插入艺术字：单击此按钮后，打开"艺术字库"对话框。

· 编辑文字：单击此按钮，打开"编辑'艺术字'文字"对话框。

· 艺术字库：单击此按钮后，也可以打开"艺术字库"对话框，用户可以重新选择艺术字的式样。

· 设置艺术字格式：单击此按钮后，将弹出"设置艺术字格式"对话框。

· 艺术字形状：单击此按钮后会出现一个"艺术字形状列表"从列表中可以选择艺术字的不同形状。

· 文字环绕：单击此按钮后，在"环绕方式"列表中可以设置艺术字的不同环绕方式。

· 艺术字字母高度相同：如果艺术字是由字母组成的，可以将它们设置为字母等高。

· 艺术字竖排文字：单击此按钮后，可以实现艺术字在横排与竖排之间的转换。

· 艺术字字符间距：单击此按钮后，在"字符间距"列表中可以设置艺术字的不同字符间距。

2）"绘图"工具栏

通过"绘图"工具栏也可以为艺术字设置格式。选定艺术字后，单击工具栏上的"自由旋转"、"填充颜色"、"线条颜色"、"线型"、"阴影"和"三维效果"等按钮，即可以为艺术字进行相应设置。

4.4.3　自选图形

在文档中不但可以插入图片，还可以插入自己绘制的图形。"绘图"工具栏具有十分强大的绘图功能，它为用户提供了丰富的自选图形，借助该工具栏用户不但可以轻松地绘制常见的基本图形和图形符号，还可以对绘制的图形进行格式设置。

1. 插入自选图形

要插入自己绘制的图形，首先要调出"自选图形"工具栏，有两种途径，一是"绘图"工具栏的"自选图形"按钮，二是选择"插入"菜单→"图片"→"自选图形"，如图 4-50 所示。

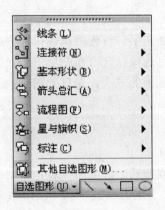

图 4-50　"自选图形"按钮

2. 常用的自选图形介绍

自选图形是一组现成的形状，包括如矩形和圆这样的基本形状，以及各种线条和连接符、箭头总汇、流程图符号、星与旗帜和标注等。

单击"自选图形"工具栏上的"直线"、"箭头"、"矩形"和"椭圆"按钮后，鼠标在文档中左键拖动即可绘制出相应的图形。

· 如果要绘制正方形，单击"矩形"按钮，按住 Shift 键后拖动鼠标。

· 如果要绘制圆，单击"椭圆"按钮，按住 Shift 键后拖动鼠标。

如要绘制其他的图形，可单击"自选图形"按钮，在下拉列表中找到相应的类型，左键单击后，鼠标在文档中拖动即可绘制出相应的图形。

在绘制自选图形时，如果单击"绘图"工具栏上的按钮后，文档中出现了绘图画布，它像一个容器，用户可将创建的图形对象置于其中，这样有助于排列图形对象。如果不想要绘图画布，可依次选择"工具"→"选项"命令→弹出"选项"对话框→选定"常规"选项卡→将"插入自选图形时自动创建绘图画布"前的复选框选中标记去除，如图 4-51 所示。

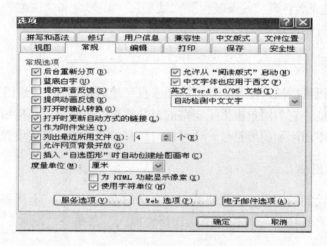

图 4-51　"选项"对话框

对于封闭的自选图形，用户可以在图形中添加文字。首先将鼠标指向要添加文字的图形，单击右键弹出快捷菜单，选择"添加文字"选项，此时在图形中出现插入点，在插入点之后键入文字即可。可以采用文档中文字排版的方法，对自选图形中添加的文字进行格式设置。

3. 设置自选图形的格式

通过"绘图"工具栏，还可以为自选图形设置格式。选定图形后，单击工具栏上的"填充颜色"、"线条颜色"、"线型"、"虚线线型"、"阴影样式"和"三维效果样式"等按钮，即可以为自选图形进行相应设置。

4. 自选图形的编辑

插入的自选图形，都是以对象的形式出现的，单击选定后，在其周围会出现尺寸控点，如果需要对自选图形进行编辑，如改变尺寸、移动、复制、删除、组合、叠放等，操作方法与图片完全一样。但唯一与其他图形对象不同的是，自选图形有顶点编辑。

•顶点编辑：主要是指对任意多边形的顶点编辑。

•任意多边形：是通过使用曲线、任意多边形和自由曲线工具绘制的任何形状。任意多边形形状可包括直线和徒手绘制曲线。可将它们绘制为开放或闭合的。

•顶点：曲线的最高点或终点，或者是多边形或任意多边形中两条线段交会的地方。

•进入编辑顶点状态：选定自选图形→右键单击→在弹出的快捷菜单中→选择"顶点编辑"命令编辑顶点或在"绘图"工具栏→单击"绘图"按钮→再单击"编辑顶点"。此时鼠标光标将发生变化。

•编辑顶点：

若要重调任意多边形的形状，拖动组成该图形轮廓的一个顶点。

若要将顶点添加到任意多边形，单击要添加顶点的位置，然后进行拖动。

若要删除顶点，按 Ctrl 键并单击要删除的顶点。

若要添加顶点，按 Ctrl 键并单击要添加顶点的边线。

•退出编辑顶点：在编辑顶点的自选图形外任意单击或对其右键单击→在弹出的快捷菜单中→选择"退出顶点编辑"命令即可。

4.4.4　文本框

图形之间可以组合在一起，图形和艺术字也可以组合在一起，但是图形和文字，图形和表格，表格和文字，图形、文字和表格是无法组合在一起的，为了让它们也能组合在一起，Word 为用户提供了一个工具——文本框。

1. 文本框的概念

文本框其实就是一个盛文字的框，把文字放在里面，就成为图形对象了。当然除了放文字，还可以放表格；由于是图形对象了，它就可以和别的图形对象组合，可以自由、方便地移动到页面的任意位置。它具有以下特点：

•文本框中可以输入文字，插入图形、表格等对象。其自身属图形对象。

•当输入文字或表格时，文本框不会自动扩展，需手动调整使遮掩的部分得以重现。

•文本框内对文字、图形、表格等对象的编辑和正文操作一样。

•文本框可以拖拉到页面任一位置。

•对文本框内的排版独立于文本框外的正文。

•文本框中的文字分"横排"、"竖排"两种。

•表格不能插入在"竖排"文本框中。

2. 文本框的插入

1）文本框命令的调出

要使用文本框，首先要调出文本框命令，有两种方法，可以调出文本框命令：一是："插入"菜单→"文本框"命令；二是："绘图"工具栏→"文本框"按钮。调出文本框命令的标记的是：鼠标指针变为十字架形。

2）插入文本框

· 为已有的内容添加文本框为：选定要插入到文本框中的文字、表格或图形→单击"文本框"命令（"横排"或"竖排"）。

· 插入空白文本框操作为：单击"文本框"命令（"横排"或"竖排"）→将鼠标指针移到要插入文本框的地方，鼠标指针变为十字架形→按下鼠标左键并拖动鼠标直到形成一个所需大小的矩形框，释放鼠标。

3. 文本框的选定和删除

1）文本框的选定

单击文本框内→文本框外围出现斜线和 8 个控制点（此时选定的是文本框内容）→再次单击文本框边缘，其边框成网状，即文本框被选定，如图 4-52 所示。

图 4-52　两次单击文本框的不同显示

图 4-52 左，可以在文本框内输入文字；图 4-52 右，是选定文本框，此时可以对其移动、复制等操作。它们的外观区别一个边框是斜线，一个边框是网状。

2）文本框的删除

要删除文本框，首先是选定文本框，然后按 Delete 键或 Backspace 键或工具栏"剪切"按钮或单击右键→在快捷菜单中选择"剪切"命令。

4. 文本框的应用

（1）为用户的文字编辑提供方便。

（2）为插图、报表添加文字说明。

（3）文本框中的内容可以被上层文字覆盖，这在广告制作中应用很广。

（4）实现文档的纵横混排。

（5）利用两个文本框的链接，为刊物排版提供了便利。

5. 文本框的格式设置

仿照对其他图形对象的操作方法，可以对文本框进行改变尺寸、移动、复制、删除以及填充颜色、环绕方式、叠放层次及组合等格式设；与别的图形对象略有差异的是文本框的文字方向和无边框的设置。

1）文本框的文字方向

以前用户编辑文件，由于局限性，只能对整篇文档进行或纵或横操作，不能实现文档的纵横混排。而在实际工作中，有时需要文档具有纵横混排的格式（如对文档进行标题纵排正文横排），文本框可以很好地解决此问题。实现文档的纵横混排主要有两种方法：使用"竖排文本框"和利用 Word 提供的"文字方向"。

要使文字竖排的方法：

方法一：单击"插入"菜单→"竖排文本框"命令或"插入"菜单→"文本框"命令→竖排。

方法二：选定文本框→单击"格式"菜单→"文字方向"命令→选择一种→"确定"，如图 4-53 所示。

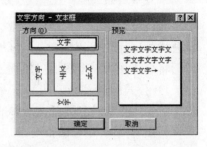

图 4-53　"文字方向-文本框"对话框

2）删除文本框的边框

很多时候用户不希望有文本框的边框，解决它的方法是将文本框的框线颜色设置成无色。具体操作是：选定文本框后→单击"绘图"工具栏上的"线条颜色"按钮右侧的向下箭头，在下拉列表中选择"无线条颜色"即可。

6. 文本框的链接

利用文本框的链接，可以使第一个文本框装不下的内容直接写到第二个文本框中，第一个文本框删除一部分文字时，第二个文本框的文字会自动上移，这为我们刊物排版提供了便利。我们常常会看到因版面所限需要将文章的部分内容转到其他页上。如在第 10 页阅读文章时，会见到"下转第 16 页"字样，利用文本框，分别给前后两部分各建立一个并将其链接，我们就不必为此花费过多的工夫。在文档中，可围绕一个对象或正文插入文本框，也可插入空白的文本框，并在空白文本框内加入各种对象和正文。插入文本框后，可重新设置文本框的尺寸和位置。

两个以上的文本框链接起来，称之文本框的链接。文档中可以有多个链接的文本框组，每个组中可以包含多个链接的文本框，文本框链接起来的效果是一个文本框装不下的文字将出现在下一个文本框的顶部。文本框可以按任意顺序链接，而不必按其页面或插入顺序。

创建链接文本框按以下操作进行：

先在文档中需要的位置分别插入独立的文本框→再选定第一个文本框→单击鼠标右键，打开一个快捷菜单→选择"创建文本框链接"命令，如图 4-54 所示。鼠标变成一个带有向下箭头的直立杯状→移到链接顺序的第二个文本框（该文本框必须未键入任何文本）→此时鼠标从箭头向下直立的杯状变为倾斜杯状→然后单击鼠标左键，这样第一个文本框与第二个文本框就链接起

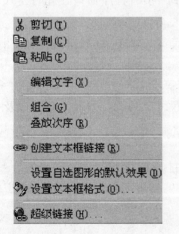

图 4-54　"创建文本框链接"菜单

来了。

　　用同样的方法，可在多个文本框之间建立链接关系。

　　如果鼠标已变成一个带有向下箭头的直立杯状而又不想链接下一个文本框，可按 Esc 取消这次操作。

4.4.5　公式编辑器

　　在科技文档的录入中，经常会遇到带有特殊符号的公式，显然通过键盘是无法录入该公式的，用户可以通过提供 Office 提供的 Microsoft 公式 3.0 程序建立并编辑公式，然后将公式作为一个图形对象插入到文档中。

　　1）公式的插入

　　将插入点移动到要插入公式的位置→依次单击菜单栏上的"插入"→"对象"命令→弹出"对象"对话框→在"新建"选项卡的"对象类型"栏中→单击选定 Microsoft 公式 3.0，然后单击"确定"按钮。

　　此时启动 Microsoft 公式 3.0 程序，其程序窗口已经跳出了 Word 程序，进入了 Microsoft 公式 3.0 程序窗口，窗口的菜单栏已发生了变化。

　　2）公式编辑器

　　窗口中出现了"公式"工具栏，如图 4-55 所示。该工具栏分为两行，上一行为"特殊符号"按钮，共有 150 多个数学符号，如关系符号、逻辑符号等；下一行为"公式模板"按钮，有众多的样板或框架，包含分式、积分和求和等。用户可以从"公式"工具栏上选择符号，键入变量和数字，以构造公式。

图 4-55　"公式"工具栏

　　公式创建完毕后，单击窗口的任何区域，则自动返回到 Word 程序窗口，此时公式已经以对象的形式插入到文档中。

　　若要修改公式，可双击该公式重新进入 Microsoft 公式 3.0 程序窗口进行修改，然后单击窗口的任何区域，返回到 Word 程序窗口即可。

　　3）设置公式的格式

　　仿照对其他对象的操作方法，可以对该公式进行改变尺寸、移动、复制、删除以及裁剪、填充颜色、环绕方式等格式设置。

4.5　模板与样式的使用

4.5.1　模板

　　模板是指在 Word 中预先设置好的文档的模型，使用模板创建文档，可以省去烦琐的排版和设置过程，快速生成与所选模板格式一样的文档。Word 中提供了多种可供用户选择的模板文件，另外它也允许用户自己制作模板和修改已有模板。

1. 模板的定义和要素

"模板"文件定义如下：凡可以通过填空方式制作的文稿，统称"模板"。

模板文件的两个基本特征：一是文件中包含某类文体的固定内容（包括抬头和落款部分）；二是包含此类文体中必须使用的样式列表。

用模板文件制作的文档特点：文体风格一致，文章内容各异。

"模板"最终是以一个"文件"的形式保存于硬盘中。每一类公文，原则上应该保存为一个独立的"模板"文件，其文件名称通常使用此类公文的名称（如命令、通知、合同等），文件的类型（即扩展名）一般为".dot"（自动生成）。模板文件的保存位置，默认情况下保存于软件组内，具体位置为 C:\Program Files \ Microsoft Office \ Templates \

2. 使用 Word 2003 提供的模板

1）直接使用 Word 模板

Word 中提供了许多预先设计好的模板，要使用它们，方法是：选择"文件"下拉菜单→"新建"命令→打开"新建文档"窗口→在"新建文档"窗口中→单击"本机上的模板"→打开"模板"对话框→选择一种需要的模板，如图 4-56 所示。

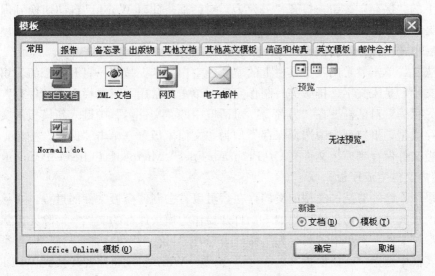

图 4-56 "模板"对话框

2）修改 Word 模板后使用

在 Word 中除了可以直接使用 Word 模板外，还可以对已有的 Word 模板进行修改。然后换一个名字，在保存在原来的地方。

方法：选择"文件"→"新建"命令→打开"新建文档"窗口→在打开的"新建文档"窗口中单击"模板"下的"本机上的模板"→打开"模板"对话框→在"模板"对

话框中→继续单击某一选项卡→选择其中的模板，作为一个修改的基础单击"确定"按钮→打开模板文档的编辑窗口→对模板文档进行修改→修改完毕后→再次单击菜单"文件"→从弹出的菜单中选择"另存为"→打开"另存为"对话框→在"另存为"对话框中的"文件名"中键入新模板的文件名→在"保存类型"下拉列表中选择保存类型为"文档模板"→单击"保存"按钮，即可将新模板文件保存到模板文件夹 C:\Program Files \ Microsoft Office \ Templates \ 中。在以后当我们需要使用它时，只需单击"模板"对话框中的"常用"标签，即可找到用户新建的模板文件。

3. 自己制作所需要的模板

如果用户所需的模板与 Word 提供的模板差异太大，不妨自己做一个，自己做模板不外乎两种途径，一是直接制作一个模板，二是由文件生成模板。

1）直接制作模板

直接制作模板的方法有两种：

方法一：在菜单栏中单击"文件"→"新建"命令→在打开的"新建文档"任务窗格中→单击"模板"下的"本机上的模板"→打开"模板"对话框→在"模板"对话框中→单击"常用"标签→选择"空白文档"模板→在右边的"新建"命令下选择"模板"选项→单击"确定"按钮→这时，便打开模板文档窗口→开始编辑模板，这与编辑文档没有任何区别，录入文字、排版等→制作完后→便是保存模板文件→单击"常用"工具栏上的"保存"按钮→打开"另存为"对话框→此时 Word 已自动切换到保存模板的文件夹下，并且文件类型也自动设置为 ∗.dot→在"文件名"框中，键入新模板的名称→然后单击"保存"按钮。

方法二：单击"常用"工具栏上的"新建空白文档"按钮→打开文档编辑窗口→开始编辑文档，录入文字、排版等→制作完后→单击"常用"工具栏上的"保存"按钮→打开"另存为"对话框→在"另存为"对话框中的"文件名"中键入新模板的文件名→在"保存类型"下拉列表中选择保存类型为"文档模板"→单击"保存"按钮，即可将新建模板文件保存到模板文件夹 C:\Program Files \ Microsoft Office \ Templates \ 中。

2）由文件生成模板

如果用户已经有某一类型的文档存在，可以省去制作模板文件的过程，直接将文件另存为模板文件即可，具体过程如下：打开要作为模板保存的文档→清除无需保留的内容→单击"文件"菜单中"另存为"命令→打开"另存为"对话框→在"保存类型"下拉式列表框中选择"文档模板（∗.dot）"选项→Word 自动将路径转换到 Word 预定义模板所在的 Templates 文件夹下→选择保存模板文件的位置，一般 Word2000 默认是文件夹"Templates"，用户也可以将其改为所需的文件夹→在"文件名"编辑框中输入模板的文件名→再单击"保存"按钮。

4.5.2 样式

利用"格式"工具栏修饰文章，如字体的大小、段落的对齐方式、缩进以及间距等等，用户可以轻松地应付一些较短的文章。但对于一个很长篇幅的文档，可能会出现许

多重复性的排版操作，例如，用户需要设置

一级标题 —— 第一章、第二章……；

二级标题 —— 第一节、第二节……；

三级标题 —— §1.1，§1.2……；

四级标题 ——1.1.1，1.1.2……。

假定我们规定二级标题排版格式为：黑体、加粗、四号、段前、段后间距均为 14 磅。当遇到二级标题时，都需要重复这一连串的排版操作，当把整本书排版完毕之后，若又想将二级标题的四号字体改为三号字体时，将不得不重新改变所有二级标题的字体大小，这就涉及行文的速度和格式的标准问题。

由于一个段落的格式通常包括对齐、缩排、字体、字体大小等格式化信息，因此段落格式化比较烦琐，而且很难达到标准化。

操作中凡遇到有规律且重复性动作，均可以通过命名的方法进行简化处理。解决方法称为"命名"。一旦将有规律的过程加以命名，便将一组规律过程组合形成一个独立的对象，对独立对象的操作就可以简化为"是"或"否"两种选择，于是此规律又满足计算机的计算机制。当有规律的工作成为计算机可以处理的计算问题后，快速操作的目标将得以实现。可将这一原理落实到行文过程的修饰环节。

假设，一篇普通文书的一级标题，通常修饰为"二号、黑体、居中"格式，如果将该组参数组合后，通过样式为其命名为"标题 1"。于是，"标题 1"就代表一级标题的修饰内容，从而形成了一类段落的"样式名"。

在同一篇文章中，通常会使用不同的段落格式，修饰不同的段落内容，以形成文章的整体风格（如一至三级标题、正文及落款等）。如果为每一类风格的段落都赋予相应名称（如"标题 1"至"标题 3""正文"和"落款"等），整篇文章的修饰就可以用点名的方式快速完成，避免了修饰相同内容的重复过程，文章的修饰效率便由此产生。

所以，Word 中提供"样式"功能，是实现快速、规范化处理文稿的重要手段，使作者能够集中精力于行文思考之中，避免行文过程中烦琐的修饰操作。

1. 什么是样式

"样式"是 Word 本身所固有的或用户在使用过程中自己设定并保存的一组可以重复使用的格式。它不仅可以快速地编排出具有统一格式的段落，还可以快速生成与所选格式一样的文档，从而大大减轻了设置文档格式的工作量。

1）样式的定义

将修饰某一类段落的参数（包括字体、字号、对齐方式等）组合，赋予一个特定的段落格式名称，就称为"样式"。所以，"样式"其实就是"段落"样式，按行文规则也可称为"段落格式"。"样式"是由一组修饰段落的参数组合而成（包括字体、字号、对齐方式等）。

2）样式的扩展功能

样式除了可以使用户快速、规范化处理文稿，还有三大扩展功能：

· 用样式编排出的文稿，可以自动生成文章目录。

- 用样式编排出的文稿，可以自动生成纲目结构。
- 用样式编排出的文稿，可以直接生成 PowerPoint 大纲。

2. 样式的使用

1）使用 Word 2003 基本（内部）样式

Word 中提供了一些标准的样式，可以快速生成段落和字符的格式。通常有两种方法：一是用"样式"下拉列表框设置的文档；二是用"格式和样式"窗格设置文档。

- 用"样式"下拉列表框设置文档。

将鼠标选定要设置样式的段落→单击常用工具栏"样式"下拉列表框右边的下拉箭头，显示"样式"列表框→单击选择一种样式→则此段设置为选择的样式。

- 用"格式和样式"窗格设置。

使用"格式和样式"窗格除原有"样式"下拉列表框区的功能（通过样式名称达到快速修饰段落格式的目的）外，在"样式和格式"任务窗格中还可以直接对段落样式进行编辑（包括创建样式名称、修改段落样式、更新样式等）。在样式管理方面，该任务窗格还提供了样式列表的显示状态。通过"样式和格式"任务窗格大大方便了文书修饰过程中对段落修饰的操作。

打开"格式和样式"窗格的方法是："格式"菜单中的"样式和格式"命令或"格式"工具栏上的"格式窗格"按钮，如图 4-57 所示。

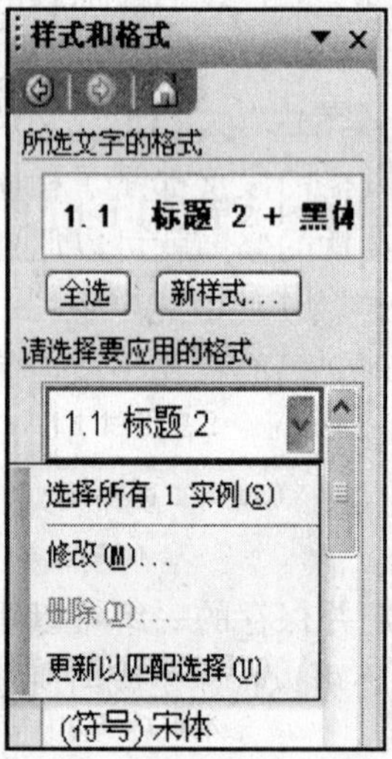

选定要设置样式的段落→在"请选择要应用的格式"列表框中选择一个样式→则此段落具有这个样式。同样的方法，可以继续设置。

如果需要查看所选择的样式的属性，可以将鼠标移到该样式上，此时将在窗格中显示所选样式的属性，包括字体、字号和行数等。

2）修改原有的样式

在格式化文档页面过程中，如果对已有的样式不满意，可以修改样式，修改后的样式一般是指改变样式内容，但样式的名称不变，还叫"标题 1"、"标题 2"……。

修改原有样式有两种方法。在"格式和样式"窗格下的"请选择要应用的格式"列表框中选择一个样式，其右边的下拉列表中列出了修改方式。一个是"修改"命令，另一个是"更新以匹配选择"命令。

图 4-57　"格式和样式"窗格

具体修改原有的样式的操作方法如下：

- "修改"命令：用鼠标单击某一样式的"修改"→打开"修改样式"对话框→在"修改样式"对话框进行各种设置，若选择"添加到模板"复选框，则把"修改后的样式"添加到文档所用的模板中，以供我们后来使用，若不选择"添加到模板"复选框，则只是在此文档中使用→设置完成后单击"确定"按钮，即可得到一个修改后的样式。"修改样式"对话框如图 4-58 所示。

图 4-58　修改样式对话框

•"更新以匹配选择"命令：选择某一段落→对此段落进行设置→单击想使其段落对应的样式名下的"更新以匹配选择"命令，则此样式中的设置就更改为选择段落的设置了。

3）创建自己需要的样式

Word 中虽然提供了 9 种基本样式，但并不一定能完全满足我们的需求，由于文档的类型不同、作者的兴趣爱好不同，所要求的样式也不尽相同。Word 可以创建不同的新的样式，使文档或段落的设计独具个人魅力。所谓"新样式"，最关键的是样式名字不再叫"标题 1"、"标题 2"……，可以起一些用户容易记的样式名字，如章标题、节标题……。

创建新样式要用到"样式和格式"窗格下的"新样式"命令。

方法：单击"新样式"命令→打开"新建样式"对话框→输入新样式的要设置的格式并给新样式起名，若选择"添加到模板"复选框，则把"新样式"添加到文档所用的模板中，以供我们后来使用，若不选择"添加到模板"复选框，则只是在此文档中使用→设置完成后单击"确定"按钮，即可得到一个新的样式。"新建样式"对话框如图 4-59 所示。

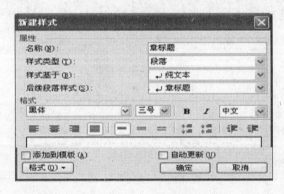

图 4-59　"新建样式"对话框

还有一种方法更为简单些，方法是：选择某一段落→对此段落进行设置→单击"新样式"命令→打开"新建样式"对话框→在"新建样式"对话框中，输入新建样式的名字，若选择"添加到模板"复选框，则把"新样式"添加到文档所用的模板中，以供我们后来使用，若不选择"添加到模板"复选框，则只是在此文档中使用→设置完成后单击"确定"按钮，即可得到一个新的样式。

4）使用 Word 2003 样式库中的样式

在 Word 中，提供了很多设计好的样式，被称为"样式库"，如同图片库一样，可以使用这些样式自动编辑文章，像传真、信函、论文等，方法是：单击"格式"菜单→"主题"命令→在打开的"主题"对话框中→单击"样式库"按钮→在打开的"样式库"对话框中→选择某一种样式→"确定"，如图 4-60 所示。

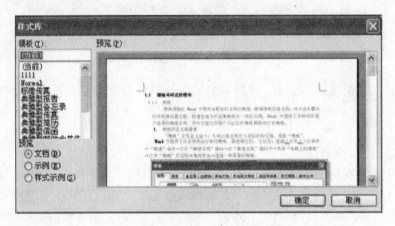

图 4-60　"样式库"对话框

3. 样式的管理

在格式化文档的过程中，不可避免地会新建、修改许多样式，这就存在着一个样式管理的问题。Word 中提供了一个叫"管理器"的工具，它可以在文档和模板之间复制样式，也可以删除和重新命名样式，如图 4-61 所示。

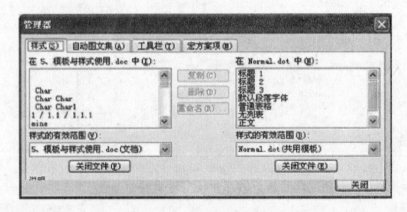

图 4-61　"管理器"对话框

打开"管理器"的方法有两种，都在"显示格式"窗格下。

· 一个是"所选文字的格式"下拉列表→"显示格式"命令→单击"段落"标签下

的"段落样式"→得到"样式"对话框→单击"样式"对话框中的"管理器"按钮→打开"管理器"对话框。

　　·另一个是"显示格式"窗格最下角的"显示"右边下拉列表→单击"自定义"命令→打开"格式"对话框→单击"格式"对话框中的"样式"按钮→得到"样式"对话框→单击"样式"对话框中的"管理器"按钮→打开"管理器"对话框。

　　1）样式的删除

有些样式，用户不喜欢，是可以把它们删除的。但基本样式只能对其样式的内容进行修改，而不可以删除，即基本样式的名称是不可以改变和删除的；因为"大纲视图"中的纲目是以"标题 1"、"标题 2"……来划分的。而自定义样式可以被删除，若自定义样式没有放在样式模版中，可以在"样式和格式"任务窗格直接删除，若已存放在样式模版中，则需要在"管理器"中删除。

　　·在"样式和格式"任务窗格直接删除：在"请选择要应用的格式"区中→单击"要删除样式"旁边的选择箭头→在下拉列表中选择"删除"命令→屏幕显示确认删除对话框→单击"是"按钮即可。另外在"样式"对话框中也可以删除没有放在样式模版中样式。

　　·在样式"管理器"对话框中删除：打开"管理器"对话框→在"管理器"对话框中：左边是当前文档中的样式，右边是普通模板中的样式，此方法既可以从当前文档中删除样式，也可以从模板中删除。

一般 Word 对被删除样式的段落，自动替换成"正文"样式。

　　2）样式的更名和复制

样式的更名和复制，要在"管理器"对话框中进行。在"管理器"对话框的"样式"选项卡中，选择一个自定义样式→单击"重命名"按钮→即可得到"重命名"对话框。在"新名称"标签下的文本框中→输入"新名字"→单击"确定"按钮，即可将自定义样式重新命名。

在"管理器"对话框的"样式"选项卡中，选择一个自定义样式→单击"复制"按钮→即可将当前文档的自定义样式复制到样式模版中。

　　3）快捷键

当用样式对文章进行修饰时，每次都要用鼠标在"格式"工具栏上的"样式"列表中进行或在"样式和格式"任务窗格中选择，很不方便。为此，Word 提供了一种将几步操作用一个键就能完成的方法——快捷键方式。不过，这需要用户首先指定各个样式所对应的快捷键。

用快捷键快速修饰文章段落。实现一边写作，一边修饰。通常快捷键设置原则为：标题 1（F2）、标题 2（F3）、标题 3（F4）、落款（F9）。

定义快捷键，一般通过"修改样式"对话框进行处理。

方法是：在当前文档中选择一个一级标题段落（显示反白状态）→单击"格式"菜单中的"样式和格式"命令→显示"样式和格式"任务窗格→在"样式和格式"任务窗格中单击"标题"样式名称右侧的选择按钮→再单击"修改"命令→显示"修改样式"对话框→单击"格式"按钮后→从命令列表中选择"快捷键"命令→显示"自定义键盘"对话

框→当"｜"形光标显示于"请按新快捷键"框中时→按下键盘上的功能键"F2",该键名显示其中。同时激活了"指定"按钮→单击"指定"按钮→将快捷键键名导入"当前快捷键"框中→单击"关闭"按钮→返回"修改样式"对话框→再单击"确定"按钮→即可完成对"标题1"快捷键的设置工作。"自定义键盘"对话框如图4-62所示。

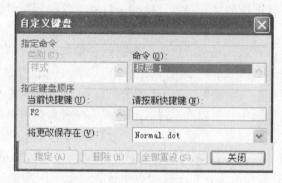

图 4-62 "自定义键盘"对话框

4）使用技巧和几点注意事项

• 用"点名法"快速修饰段落格式

适用范围：完成文章输入后,集中修饰文章格式的工作环境。

工具：通过"格式"工具栏的"样式"框或者"样式和格式"任务窗格均可进行处理。

• 用"弹琴法"快速修饰段落格式

适用范围：完成文章输入后,集中修饰文章格式的工作环境。

工具：通过快捷功能键和方向键进行处理

• 用"格式刷"复制段落格式

目的：快速修饰相同格式的段落,适用于临时性的小批量重复修饰。

定位光标某段落——双击"常用"工具栏上的"格式刷"按钮——再单击别的段落,此时,别的段落与原段落具有相同的样式。单击任意位置,取消格式刷。

几点注意事项：

• 每新建一个文件,默认的是基本样式。

• 对于每个文件来说,既可以使用基本样式,也可以使用自定义样式。

• 自定义样式只对当前文件起作用,而不对其他文件起作用。

• 要想让自定义样式对以后的文件起作用,必须把它们存放在"共用模板"中。

• Word的内部样式和用户自己制作的样式都可以生成目录,但自己制作的样式不可以生成大纲,原因是Word的大纲是靠识别内部样式名而形成大纲级别的。所以要想将自己制作的样式生成大纲,办法是使用内部样式名,而对其内容进行修改并对修改后的样式,最好不要存入模板。

4.5.3　目录

针对内容较长且结构复杂的文章,为方便阅读,大都需要设置目录和索引等内容。

目录，原则上设置于文章扉页之后，以文章的标题为检索对象。索引，原则上设置于封底页之前，以关键词为检索对象。

由于 Word 提供了一系列标题"样式"，制作目录的工作将十分简单。

另外，科技或专业类图书中常常存在大量图片、表格及公式，为解决此内容的快速查询，Word 通过"样式"功能，可以为"题注"类段落创建目录（包括插图、表格、公式等），本教材称为"图表目录"。

在电子文稿中创建目录和索引的优势不仅在于其快速、简单，更重要的是，当文稿内容修改后，通过更新即可免除目录和索引的重新制作过程。

1. 建立目录

目录其实就是文档中各级标题的列表，通过文章各级"标题"查看其结构及相关内容所在页号。样式自动生成目录，可列出文档中各章节的标题、子标题以及所需的其他内容。在指定了要包含的标题之后，可以选择一种设计好的目录格式并生成最终的目录。为文章添加目录页，一般目录页设置于文章内容之前。

创建目录的方法是：将"｜"形光标定位于文首位置→通过"插入"菜单选择"分隔符"命令→在相应对话框中单击"确定"按钮→即可在当前文稿前添加新页→检查该文档标题段落已经运用了标题"样式"→在新页首行输入"目录"并按下"回车"键→单击"插入"菜单中的"引用"命令→在子菜单中再单击"索引和目录"命令→弹出"索引和目录"对话框→单击"索引和目录"对话框中的"目录"标签→显示"目录"选项卡选项内容→单击"格式"区右侧的选择按钮，显示 Word 预设置的若干种目录格式，通过"预览"区可以查看设置效果→单击对话框中"显示级别"框右侧的选择按钮，可以设置生成目录的标题级数（默认使用三级标题生成目录，如果需要调整，即在此设置）→单击对话框"制表符前导符"区的相应选项，可以确定目录内容与页号之间的连接符号（默认为点线）格式等→完成与目录格式相关的选项设置后→单击"索引和目录"对话框中的"确定"按钮→即可自动生成目录内容。"索引和目录"对话框如图 4-63 所示。

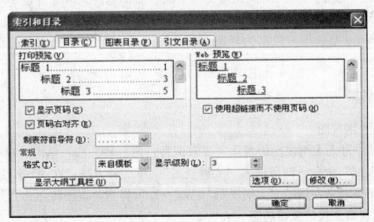

图 4-63　"索引和目录"对话框

2. 目录的更新

更新目录，是为了保证目录与正文内容的一致性。当一篇长文章进行修改后，不但目录的页号会发生变化，甚至结构上也可能存在增删现象。其结果是，已经生成的目录就需要重新制作。使用 Word 并运用"样式"后，这一过程简单到一个"更新"命令即可完成。大大改善了目录制作和调整的工作状态。

通过在目录区运用鼠标右键的方法进行处理。

操作方法：进入目录页→移动鼠标至目录区位置→单击鼠标右键显示快捷菜单→单击"更新域"命令→显示"更新目录"对话框→在"更新目录"对话框中若选择"只更新页码"单选框，则对所选定目录发生改变的页码进行更新；若选择"更新整个目录"单选框，则对所选定的目录，重新进行编制→单击"确定"按钮→即可使更新生效。"更新目录"对话框如图 4-64 所示。

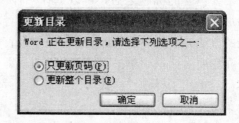

图 4-64 "更新目录"对话框

4.5.4 文章结构与大纲编辑

文章的纲目结构是通过不同级别的标题段落加以控制的，即"样式"。由于纲目结构的编辑工作环境不同于普通环境，如标题级别的升或降，内容的展开或收缩等，所以 Word 纲目结构的编辑提供了另一个工作区，即"大纲"视图。

在"大纲"视图中，Word 能识别文稿中的各级标题样式（如标题 1、标题 2 等）。因此在使用大纲视图处理现有文档时，必须先为标题段落加以命名，如果段落没有命名标题样式，Word 默认每一段落为普通"正文"样式，"大纲"视图将无法显示标题级别。

1. 大纲视图

1）进入大纲视图

在 Word 中进入大纲视图的方法主要有两种：第一种方法：单击下拉菜单"视图"下拉菜单"大纲"命令→即可进入"大纲视图"；第二种方法：在 Word 窗口下→单击屏幕下方水平滚动条左侧的"大纲视图"按钮→即可将当前视图转化成"大纲视图"。

2）大纲视图工具栏按钮功能

当打开"大纲视图"时，在大纲视图窗口下就会出现一个"大纲"工具栏，如图

4-65 所示。在这个工具栏中提供了操作大纲时可能用到的几乎所有的功能按钮。

图 4-65　"大纲"工具栏

工具栏上的按钮功能如下：

·提升到标题 1：其功能作用是可将光标所在的段落标题提升到一级标题，使光标所在段落由小标题升为一级标题。

·提升：可将光标所在的段落标题提升一级，使光标所在段落由小标题升为大标题。

·降低：可将光标所在段落的标题降低一级，使光标所在段落由较大的标题降低为小标题。

·降为正文文本：可将选定标题变成正文文字，并应用正文样式。

·上移：将光标所在段落移到上一段落之前。

·下移：是将光标所在段落移到上一段落之后。

·展开：显示所选定标题已经折叠了的子标题和正文文字，每单击一次展开一次。

·折叠：隐藏所选定标题的正文文字和子标题，每单击一次折叠一级。

·只显示首行：是只显示正文各段落的首行而隐藏其他行。

·显示格式：在大纲视图中显示或隐藏字符格式。

3）大纲视图简介

大纲视图最大的优点如下：

·便捷地选定文本方式：在大纲视图下可以很便捷地选定文档，方法是将光标移到要选定的文档标题的图标相对应的文本标号上，单击该文本标号就可选定该标题及其所有下属子标题的内容。若要选定光标处的段落，则只需在当前标题左侧空白处单击，则可选定当前光标处的段落，而不会选定其下属子标题的内容。

·快速查看文档结构：在大纲视图中可以快速的查看文档结构，修改标题内容和格式的设置，也可以折叠文档，只查看主标题：或者通过拖动标题来移动、复制或重新组织正文等。

2．纲目结构的编辑

纲目结构的编辑主要包括三方面内容：段落级别的升或降、段落的位移、段落级别的展开或收缩，下面分别介绍。

1）纲目结构的升级与降级

通过提升或降低标题段落级别，控制文章的层次结构。操作步骤：

单击选择文件中某段落→单击"大纲"工具栏上的"提升"按钮（或按组合键

Shift＋Tab），可提升标题段落一个级别→单击"大纲"工具栏上的"降低"按钮，或按 Alt＋Shift＋右箭头组合键（或 Tab 键）一次，则降低一级→单击"降为'正文文本'"按钮，则降到正文级。

2）调整纲目结构的位置

在大纲视图中进行文字编辑，通常可以包括三种位移：一是常规移动（针对被选择对象）；二是段落平移（针对整段内容的上、下移动）；三是结构性位移（针对标题及所属子标题及正文段落）。

（1）常规位移。

目的：移动字、词、句、段等操作对象，使其显示于文章的正确位置。

通过菜单命令、工具栏按钮及鼠标拖拉即可处理。

操作：这种方法与常用文字编辑相同，主要用于文章内容的修改。所以，在"大纲"视图中的控制方法与之相同。

（2）段落平移。

目的：在文稿中将整段文字上下平移，以改变内容的叙述位置。这种位移方式可以避免拖拉选择整个段落时容易出现的误操作。在大纲编辑中经常需要使用。

工具：通过"大纲"工具栏的"上移"或"下移"按钮进行处理。

（3）结构性位移。

目的：将标题段落及所属内容（包括子标题及内容）一并移动。

工具：通过大纲视图中标题段落左侧的控制按钮进行处理。

3）展开或折叠文档结构

目的：展开或隐藏标题段落的从属内容，以便在有限的屏幕空间内，控制文章的宏观和微观编辑状态。

工具："大纲"工具栏的"展开"和"折叠"按钮进行处理。

4）用文档结构图显示文档纲目结构

目的：通过"文档结构图"显示文档的所有标题，并实现在编辑过程中纲与目之间进行随时切换。

单此功能可以快速定位到文档的相应位置。特别是处理长文档的结构性编排。使用"文档结构图"进行定位将比使用滚动条更为快速。

掌握结构符号的使用方法，有效使用"文档结构图"控制结构的显示。

工具："视图"菜单中的"文档结构图"命令或"常用"工具栏上的按钮。

操作步骤：单击"常用"工具栏上的"文档结构图"按钮，或单击"视图"菜单中的"文档结构图"命令→Word 将把文档窗口拆分为左右两部分，左侧"文档结构图"窗格中提供独立的垂直滚动条以便查看结构→单击"文档结构图"窗格中标题左侧的减号"－"按钮，可折叠该标题所属子结构内容→单击该标题段落左侧的加号"＋"按钮，可展开标题段落的从属子标题→单击其中一个标题，窗口右侧将显示相关内容。此时，可按标题快速确定待修改内容的位置，并进行相应编辑操作→再次单击"文档结构图"按钮，或单击"视图"菜单中的"文档结构图"命令，可关闭"文档结构图"，恢复普通"页面"视图。

4.6　页面排版和打印

4.6.1　页面排版

1. 页面设置

在创建文档时，Word 预设了一个以 A4 型号纸张为基准的 Normal 模板，对于其他型号的纸张用户需要重新进行页面设置。页面设置的目的是根据实际情况确定打印纸张的大小；通过设置页边距确定文本区域的大小；通过设置每页的行数和每行的字符数确定文档字符的疏密程度。

通过"文件"菜单中的"页面设置"选项，可以准确地进行文档的页面设置。

依次单击菜单栏上的"文件"→"页面设置"命令→弹出"页面设置"对话框，如图 4-66 所示。

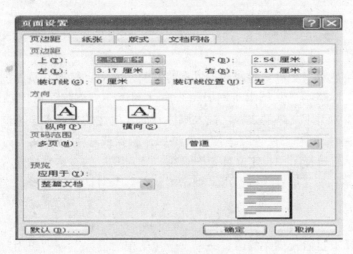

图 4-66　"页面设置"对话框

"页面设置"对话框中，有 4 个选项卡，分别为："页边距"、"纸张"、"版式"和"文档网格"选项卡。

它们的各自功能如下：

1）页边距

若要设置文档的页边距，选定"页面设置"对话框的"页边距"选项卡。在"上"、"下"、"左"、"右"框中键入一个数值，它们分别代表页面的上边距、下边距、左边距和右边距。

若要将文档装订成册，需要在"装订线位置"栏中确定装订线的位置，在"装订线"框中键入装订线的量值。

如果一页纸的正反面都有文字，由于正反面的装订线位置正好是相反的，所以需要交换奇偶页的左右页边距。此时可单击"多页"下拉列表框右侧的下拉箭头，在下拉列表中选择"对称页边距"选项。

在"方向"栏中确定页面的打印方向。此时在"预览"框中可以看到打印的效果。

2）纸张

单击"纸张大小"下拉列表框右侧的向下箭头，在列表中选择所需的纸张型号，若所需纸张型号在列表中没有出现，选择列表中的"自定义"选项，然后在"宽度"和"高度"框中键入所需纸张的宽度和高度。

如果经常使用某一种型号的纸张，在对纸型设置完毕后，可单击"默认"按钮，则该纸型就被设置成默认值，以后就不用再进行纸型的设置了。

3）版式

多用于确定"页眉"、"页脚"的设置，如"页眉和页脚"与正文边距关系，要建立奇偶页不同的页眉和页脚或首页不同的页眉和页脚时，都可以在此选项卡中设置。

4）文档网格

设置文档每页的行数及每行的字符数。选定"指定行和字符网格"单选按钮，依次在"每行"和"每页"框中键入数值，它们分别代表文档中每页的行数和每行中的字符数。

2. 脚注和尾注

脚注和尾注是对正文进行解释或提供参考资料，脚注一般放在页面的下边，尾注放在文档的末尾。在同一个文档中可同时包含脚注和尾注。例如，可用脚注作为详细说明，而用尾注作为引用文献的来源。插入脚注和插入尾注的方法完全相同。

Word一般会给所有脚注连续编号，使添加、删除或移动脚注文本时，自动对脚注引用重新编号。若选择了"自定义标记"选项，则对其后的文本框中输入作为脚注引用的符号或字符，单击"符号"按钮可从弹击的"符号"对话框中选择一个特殊符号作为脚注引用。

1）插入脚注

将插入点置于要插入脚注的位置→单击下拉菜单"插入"→"引用"→"脚注和尾注"命令→打开"脚注和尾注"对话框→在"位置"标签下选定"脚注"单选框→单击其右侧文本框中的下拉箭头，从其弹出的下拉列表中，选择"文字下方"或"页面底端"中一种→单击"格式"标签下的"编号格式"右侧文本框中的下拉箭头，从其弹出的格式编号中选择一种→在"起始编号"文本框中输入起始编号的值→在"编号方式"中选择一种编号方式→在"应用更改"标签下的"将更改应用于"文本框中选中"整篇文档"→设置完成后单击"插入"按钮，转入输入脚注文本的方式→输入脚注文本→单击文档中任意位置便可继续处理正文→单击脚注或文档窗口的任意位置，可切换脚注窗口和文档窗口。"脚注和尾注"对话框如图4-67所示。

图4-67　"脚注和尾注"对话框

用同样的方法，可以编辑所有的脚注。

要从脚注文本编辑处切换到相应的正文处，可选中脚注文本，单击右键，从快捷菜单中的选择"定位至脚注"命令或对着脚注引用标记"双击"鼠标左键。

2）插入尾注

用同样的方法，也可以给文档添加"尾注"。

3）脚注和尾注的转换

通过"脚注和尾注"对话框中的"转换"按钮，可以很容易的实现脚注和尾注的转换。也可以选中脚注或尾注，单击右键，从快捷菜单中的选择"转换至尾注（脚注）"命令。

4）脚注和尾注的删除

删除脚注，则必须删除脚注的引用标记，而不能通过删除脚注窗口中的文本来删除脚注，具体方法是：在文档窗口中→选定要删除的脚注引用标记→使用键盘上的 Delete 键或工具栏的"剪切"按钮或右键快捷菜单中的"剪切"命令将其删除，Word 会自动删除对应的脚注文本，并对其文档后面的脚注重新编号。

3．页眉和页脚

页眉是指在文档顶部的文字或图形；页脚是指在文档底部的文字或图形。对于一篇较长的文档，为了方便阅读，通常为文档添加页眉和页脚，它们一般包含文档名、章节名、页码、日期等信息。文档中可以使用同一个页眉和页脚，也可以在不同的部分使用不同的页眉和页脚，即奇偶页不同的页眉页脚以及首页不设置页眉或页脚。

1）"页眉和页脚"工具栏

要输入页眉和页脚，方法是：首先打开"页眉和页脚"工具栏，方法有二，一是：可以通过菜单栏上的"视图"→"页眉和页脚"命令→弹出"页眉和页脚"工具栏；二是，如果页眉或页脚中存在内容，也可以双击页眉或页脚区，直接打开"页眉和页脚"工具栏，如图 4-68 所示。

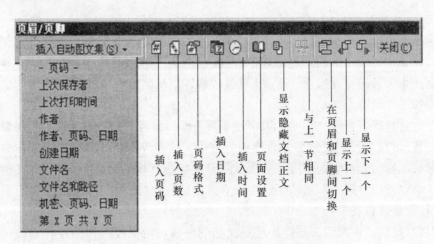

图 4-68　"页眉和页脚"工具栏

2）添加页眉和页脚的方法

当打开了"页眉和页脚"工具栏后，文档窗口中出现了由虚线包围的页眉编辑区，插入点光标位于编辑区的正中间，文档中的文字呈灰色显示，可在光标处输入页眉内容，若要添加页脚，单击"页眉和页脚"工具栏上的"在页眉和页脚间切换"按钮，窗口中即显示出页脚编辑区，然后在编辑区输入页脚内容，单击"页眉和页脚"工具栏上的"关闭"按钮，关闭"页眉和页脚"工具栏，返回文档工作区。此时，添加的页眉和页脚呈灰色显示。这时的页眉和页脚除页码外，每页都是相同的。

3）奇偶页不同的页眉和页脚

若要输入奇偶页不相同的页眉和页脚，方法是：首先打开"页眉和页脚"工具栏，在"页眉和页脚"工具栏中→单击"页面设置"按钮→弹出"页面设置"对话框→选中"版式"选项卡→单击选定"奇偶页不同"复选框→单击"确定"按钮→返回到页眉编辑区。此时编辑区左上方出现"奇数页页眉"字样→在奇数页页眉区输入完页眉内容后→单击"页眉和页脚"工具栏上的"显示下一项"按钮→此时编辑区左上方出现"偶数页页眉"字样→在偶数页页眉区输入偶数页的页眉内容→单击"页眉和页脚"工具栏上的"关闭"按钮，返回文档工作区。这样就完成了为奇偶页设置不同页眉或页脚的操作。

4）首页设置不同的页眉或页脚

若要为首页设置不同的页眉或页脚，可在"版式"选项卡→单击选中"首页不同"复选框即可，后面的操作基本相同。

5）页眉页脚的删除

删除页眉页脚可按以下方法：在页眉（页脚）上双击，或从"视图"菜单中→选择"页眉页脚"菜单项→选择要删除的页眉页脚→然后按下键盘上的Delete键或工具栏的"剪切"按钮或右键快捷菜单中的"剪切"命令。

4.6.2　批注与审写

1. 文本修订

对于编辑工作，通常需要多人对同一篇文稿添加修改意见，传统编辑方式是编审人员通过打印稿进行手工圈改，返回原作者后进行实际更改并誊写。此过程既容易出现错误，又会产生大量的重复操作。Word通过"修订"功能可以解决这一类型问题，实现电子化编辑工作状态。

用户在计算机上修改文章时，大都是不留下修改痕迹，但有时我们需要保留这些修改痕迹，Word给我们提供保留修改痕迹的方法。这在Word中称为修订。在电子文稿中进行修订工作时，可以通过屏幕直接显示修改状态（模拟传统方式）。在文稿的整合过程中，可以使用"接受"或"拒绝"的方式快速处理修改内容。

1）什么是修订文本

"修订"是指"审阅者"根据自己对文档的理解，给文档所作的各种修改；它可以把审阅者对文档的各种修改意图以各种不同的标记准确的表现出来，以供文档的作者进行修改和确认。

2）进入修订状态

进入文稿修订工作状态实质上就是：打开"审阅"工具栏，并选择"修订"命令，即可启动修订状态。

具体方法是：单击下拉菜单"视图"→"工具栏"→"审阅"命令，打开"审阅"工具栏→在其中单击"修订"按钮，这样，文档已处于了修订状态，也可以在工具栏上单击右键→从快捷菜单中选择"审阅"→"修订"按钮。此时，所有的文档操作都会以"修订"的形式在"文档窗口"和"审阅窗口"中显现出来。"审阅"工具栏如图 4-69 所示。

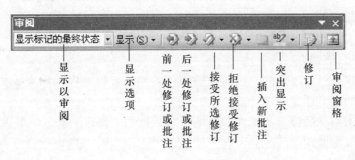

图 4-69　"审阅"工具栏

3）进行修订操作

修订文章无非是增、删、改操作，改可以看成增和删的组合，所以修订就是增和删的操作以及一些格式的设置。

• 插入操作：插入操作和平时一样，插入的内容以其他的颜色显示，并带有下划线，插入行的左侧有一垂直线。

• 删除操作：删除操作和平时一样，删除的内容显示在屏幕右侧出现一个窗口，称之为"批注窗口"中，删除行的左侧有一垂直线。

• 格式设置：格式设置操作和平时一样，设置的格式显示在屏幕右侧出现的"批注窗口"中，格式设置行的左侧有一垂直线，如图 4-70 所示。

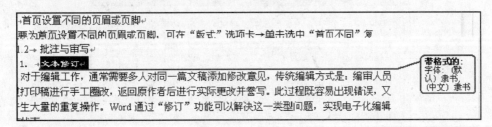

图 4-70　批注窗口

4）接受或拒绝修订

文稿的整合过程中，可以使用"接受"或"拒绝"的方式快速处理修改内容。

单击"审阅者"所作的"修订"，如果同意该项"修订"，则单击"审阅"工具栏上的"接受所选修订"按钮，此时"审阅者"所作的修订将会自动添加到文档中，"修订"

标记消失。如果不同意该项"修订"，则单击"审阅"工具"拒绝所选修订"按钮，此时"审阅者"所作的修订将不会添加到文档中，文档将自动返回到未修改时的状态。同样地，"修订"标记消失。另一种方法是：选定修订内容→单击鼠标右键→快捷菜单"接受修订"或"拒绝修订"按钮。

当单击"审阅"工具栏上"前一处修订或批注"钮时，光标将会回到前一处"修订"或"批注"的位置。单击"审阅"工具栏上"后一处修订或批注"按钮时，光标将会回到后一处"修订"或"批注"的位置。如果愿意接受"审阅者"的所有"修订"，可以单击"接受所选修订"按钮右侧的下拉箭头，从弹出的下拉列表菜单中选择"接受对文档所作的所有修订"。如果不愿意接受"审阅者"的所有"修订"，可以单击"拒绝所选修订"按钮右侧的下拉箭头，从其弹出的下拉列表菜单中选择"拒绝对文档所作的所有修订"。

5）设置修订的状态

修订的格式是可以改变的，格式包括修订的颜色、框宽度、用虚线相连、"批注窗口"是在屏幕的左侧还是右侧等。

修订的状态格式的设置，要在"选项"对话框的"修订"标签页下进行。

打开"修订"选项卡的方法：在下拉菜单"工具"→"选项"命令→打开"选项"对话框→选择"修订"标签→在"标记"标签下，可以分别通过"插入内容"、"删除内容"、"格式"和"修订行"框右侧的向下箭头，在下拉列表中选择设置修订时的显示格式。如可分别选择为"单下划线"、"双下划线"、"加粗"和"左侧框线"→单击"颜色"框右侧的向下箭头，在下拉列表中选择修订的颜色。可以选择固定的单一颜色，也可以按修订自动显示相应颜色→在"批注框"区域选择相应选项，可设置相应格式。如选择宽度和单位时，指定显示其与所修订文字之间的连线，并设置其在文档中是"靠右"还是"靠左"显示→单击"修订行"区域中的"颜色"框右侧的向下箭头，可在下拉列表中选择修订行框线的颜色。设置完修订行格式后，可在该区域内预览效果。如果需要，可在"打印"区域中设置打印时的纸张版式。"修订"选项卡如图4-71所示。

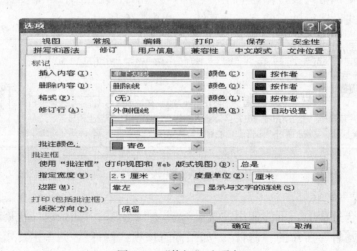

图4-71　"修订"选项卡

另外在"选项"对话框→选择"用户信息"标签页，可在其中输入用户信息。例如，姓名"张三"等。在修订时，修订人的信息将显示为所设置的用户信息。

2. 如何批注文本

"批注"是指审阅者根据自己对文档的理解，给文档添加上的注解和说明文字。文档的作者可以根据审阅者的"批注"对文档进行修改和更正。

"批注"与"修订"的不同在于："修订"是添加或删除文本，而"批注"添加的是说明性内容，而不是实际批改内容。

对"批注"的操作，也应该先打开"审阅"工具栏。

1）插入批注

在"审阅"工具栏中，单击最左边"显示以审阅"按钮，选择"显示标记的最终状态"或"显示标记的原始状态"→将插入点置于要插入"批注"的文档后面，或者选择要在其后插入"批注"的文档内容→然后在"审阅"工具栏中，单击"插入批注"按钮→在屏幕右侧出现一个窗口，称之为"批注窗口"，在"批注窗口"或"审阅窗口"中的"主文档修订和批注"中，输入所需注解或说明文字（此时"批注窗口"和"审阅窗口"同时显示输入的内容）→在文档窗口中的其他区域单击鼠标左键，即可完成当前"批注"的创建。

要在文章的另外位置插入批注，方法同上，先定位插入点→然后在"审阅"工具栏中，单击"插入批注"按钮→输入批注内容。

如此反复，可在文章中插入多个批注。

2）隐藏批注

若要隐藏批注，单击"审阅"工具栏中"显示以审阅"按钮，选择"最终状态"或"原始状态"即可。

3）修改批注

写好的批注，若要修改，可在"显示标记的最终状态"或"显示标记的原始状态"下，将光标移置"批注窗口"中，就可以直接修改，修改完后，在文档窗口中的其他区域单击鼠标左键，就可输入、编辑正文。

4）设置批注

批注的格式是可以改变的，格式包括批注的颜色、批注框宽度、插入的批注与正文是否用虚线相连、"批注窗口"是在屏幕的左侧还是右侧等。

批注格式的设置与修订格式的设置一样，是在"选项"对话框的"修订"选项卡中进行。

在"修订"选项卡的"标记"栏中，设置批注颜色→在"批注框"下，单击"使用'批注框'（打印视图和 Web 版式视图）"文本框右侧的下拉箭头，选择其中一种→单击"指定宽度"文本框右侧的上、下箭头，选择批注窗口的宽度→在"度量单位"文本框中，选择一种长度单位→设置"边距"为"靠右"或"靠左"→如果选定"显示与文字的连线"复选框，则插入的"批注"将会用虚线与文字相连。在"打印"栏中设置"纸张方向"为"保留"或"强制横向"→单击"确定"按钮，即可使设置的"批注"选项生效。

5）删除批注

删除批注，可用鼠标右键在"批注窗口"单击→从弹出的快捷菜单中→选择"删除批注"命令；也可以用"审阅"工具栏中的"拒绝所选修订"按钮，方法是：使光标定位在要被删除的"批注窗口"→单击"审阅"工具栏中的"拒绝所选修订"按钮，则此批注就被删除了。

4.6.3 打印

1. 打印预览

如果打印出来的文档与预期的效果之间存在一定的差别，还需要重新修改，然后再打印，这样做势必会造成时间和纸张的浪费。为了避免以上情况的发生，Word 提供了"打印预览"功能，使用户在打印前能观察到实际的打印效果，从而提高了打印效率。

使用打印预览功能的目的是在打印之前看到打印的效果，以便于修改不甚满意之处，避免不必要的打印浪费。如果文档中包括了页眉、页脚、行号、图形和图表等，也可以在打印预览中看到，并还可在预览时对文档进行调整。

可以认为"打印预览"是 Word 提供给用户的除普通视图、Web 版式视图、页面视图、大纲视图和阅读版式视图之外的另一种视图方式。它的最大特点就是"所见即所得"，可以使用户在打印前观察到实际的打印效果，从而提高了打印效率，是打印前必要的准备工作。

打印预览的主要功能：在打印预览视图中调整显示比例；在打印预览视图中调整页边距；在打印预览视图中编辑文本。

1）启用"打印预览"功能

进入"打印预览"的方法有两种：一是单击"常用"工具栏上的"打印预览"按钮；二是依次单击菜单栏上的"文件"→"打印预览"命令，Word 进入文档预览窗口。

2）"打印预览"工具栏

当进入了"打印预览"后，自动弹出"打印预览"工具栏，如图 4-72 所示。其上有许多工具按钮，要想快速有效地进行打印预览，就要熟悉"打印预览"工具栏。"打印预览"工具栏各按钮的功能如下：

图 4-72 "打印预览"工具栏

•"放大镜"：该按钮被选定后，鼠标指针变为放大镜形状，此时用户可以观察到文档当前页的整体打印效果。单击当前页的任意处，则当前页自动以 100％的比例在窗口中显示，此时用户可以观察到文档当前页的局部细节。该按钮为开关按钮，再次单击后，鼠标指针由放大镜形状变为 I 字形，此时可以对文档进行编辑修改。

• "单页"：该按钮被选定后，窗口内只显示一页文档，可以拖动预览窗口右侧的垂直滚动条来显示上一页和下一页。

• "多页"：单击此按钮后，可下拉出一个网格，可在此网格中拖动鼠标，选定多页显示的数量。

• "显示比例"：可在其下拉列表中选择显示比例，显示比例的大小不会改变打印时的大小。

• "查看标尺"：该按钮被选定后，会出现水平标尺和垂直标尺，通过标尺可以在打印预览窗口中调整页面的页边距。

• "缩至整页"：如果文档的最后一页只有少量的文字，单击此按钮后 Word 会将最后一页的内容挤到前面的页中。

• "全屏显示"：该按钮被选定后，文档以全屏方式显示。此时窗口的标题栏、菜单栏和状态栏全部被隐藏，以便显示更多的内容。再次单击此按钮或按 "Esc" 键可返回默认的打印预览窗口。

• "关闭预览" 按钮：结束打印预览显示，返回原文档窗口。

在预览窗口中反复观察和调整文档，达到满意的效果后，就可以正式打印文档了。

2. 设置打印机

在 Windows 中，用户可以同时安装许多不同的打印机，例如，可以拥有一台打印初稿的针式打印机，还有一台打印终稿的激光打印机。当要打印文档时，必须告诉 Windows 哪一台打印机为默认打印机，操作方法是：单击 "文件" 菜单→ "打印" 命令→在 "打印" 对话框的 "名称" 列表框的下，列出全部系统已安装的打印机类型，从中选择现用的打印机即可。

一般设置好打印机后，下次就不必再设置，直到更换另一种型号的打印机时再重新设置。

3. 打印控制

打印文档最简单的方法如下：

单击 "常用" 工具栏上 "打印" 按钮。但在这种情况下，只能打印一份，而且是打印当前文档的全部内容。要想对打印操作进行控制，比如想对同一文档打印多份，或某一文档的其中一部分，或多个文档，则需使用 "打印" 对话框来进行打印。依次单击菜单栏上的 "文件" → "打印" 命令→弹出 "打印" 对话框，如图 4-73 所示。

1）设置打印范围

"页面范围" 用来设计打印的范围，共有 4 个选项，它们分别是 "全部"、"当前页"、"选定的内容" 和 "页码范围"。

• "全部"：默认情况是全部，即打印整个文档。

• "当前页"：仅想打印当前光标所在的页。

• "选定内容"：仅想打印文档中的部分内容，可以先选择这些文本，然后选择 "文件" 菜单 "打印" 命令，选择 "选定内容"，若在打开对话框前没有选择文本，则 "选

图 4-73 "打印"对话框

定内容"呈灰色。

•"页码范围"：如果想打印指定的页，可以是"页码范围"文本框中指定要打印的页，连续的页码之间用连字符"-"进行连接，不连续的页码之间用"，"分隔，如在文本框中输入"2-5"表示打印第二页至第五页，"2，5"表示打印第二页和第五页。

2）设置打印份数

"副本"区用来设置打印的份数，如果要设置打印的份数，只需在"份数"文本框中输入一个数值，当设置多份打印之后，"逐份打印"复选框才有意义，如一个文件有三页，用户需打印两份，如不选中"逐份打印"，则它打印的顺序是把第一页打印两份，第二页两份，第三页两份，这需要人工核定页序，若选中"逐份打印"则将第一页到第三页全部打印完后，再从开始第一页到第三页。这样免去了人工校页序的麻烦。

3）双面打印设置

先打印奇数页，人工翻面，再打印偶数页。

4）打印单个信封

打印信封是日常工作中经常遇到的问题，信封与常见的文档有一些区别，首先它具有固定的格式，其次所用的纸张较小。在打印信封时，无需用一般文档的操作方法进行页面设置，使用 Word 2003 提供的"中文信封向导"，可以非常方便地完成设置和打印信封的工作。

利用 Word 2003 提供的"中文信封向导"，用户可以非常方便地生成单个或多个各种规格的信封。现只介绍打印单个信封的操作。方法如下：

依次单击菜单栏上的"工具"→"信函与邮件"→"中文信封向导"命令→弹出"信封制作向导"→单击"下一步"按钮→在"信封制作向导"对话框中→单击"信封样式"下拉列表框右侧的下拉箭头，在下拉列表中选择一种信封的样式→单击"下一步"按钮→在"信封制作向导"对话框中→选择"生成单个信封"单选按钮，若要打印邮政编码边框的话，将"打印邮政编码边框"复选框选定，单击"下一步"按钮→对话框中依次输入收信人的基本信息，如姓名、地址、邮编等。若要校正邮政编码的位置，则分别在"水平方向右移"、"垂直方向下移"文本框中键入校正值（默认单位是毫米）→单击"下一步"按钮→对话框中分别在"姓名"、"地址"、"邮编"框中输入寄信人的信息。单击"下一步"按钮→单击"完成"按钮。"信封制作向导"如图 4-74 所示。

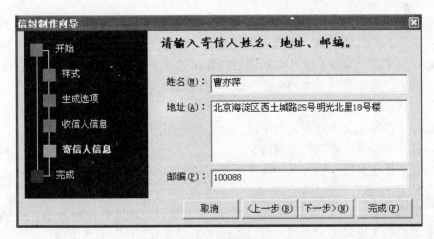

图 4-74　"信封制作向导"

此时，Word 会自动生成信封文档，单击"常用"工具栏上的"打印"按钮，即可将创建的信封打印输出。

4.6.4　邮件合并打印

在办公操作中经常会遇到需要同时给多人发信的情况，如会议通知、生日邀请、节日问候，或者单位写给客户的信件。虽然这些信件中的许多内容是相同的，但也不能"统一书写、统一发信"了事，必需使用特定的称呼和问候语，使得信件就像单独写出来一样。此时如果分别给每个人写信，工作量会很大，同时有许多重复的工作。利用Word 的邮件合并功能，可以大大地简化这类工作。

邮件合并分为三个基本过程：建立主文档、建立数据源以及将主文档与数据源文件合并。

•"主文档"：含有每封信中相同的部分。

•"数据源"：包含每封信中特定的内容，它既可以在邮件合并时创建，也可以事先由 Word 建立好的，甚至还可以从其他程序得到，如 Outlook 的联系人列表、Excel 工作表和文本文件等。

•"合并"：在执行邮件合并操作之前首先要创建上述两个文档，并把它们关联起来，也就是标识出数据源中的各部分信息在主文档的什么地方出现。然后就可以"合并"这两个文档，为每个收件人创建邮件。

邮件合并功能应用最多的领域是信函和信封。

要实现邮件合并，首先要打开"邮件合并"任务窗格，在窗格中，由向导带领用户一步一步完成。

打开向导的方法是：选择菜单栏上的"工具"→"信函与邮件"→"邮件合并"菜单命令→打开"邮件合并"任务窗格。

1. 制作套用信函

套用信函包含两部分内容，一部分为可变动内容，如信函中的抬头部分：另一部分为对所有信件都相同的内容，如信函中的正文。因此套用信函要先建立两个文档，一个是主文档，用来存放对所有文件都相同的内容；另一个是数据源文档，用来存放信函中变动文本内容。最后将两个文档合并生成套用信函。

具体方法如下：

（1）首先创建主文档，在文档中输入每封信中相同部分的文本。

（2）打开"邮件合并"任务窗格。

（3）在"任务窗格"中看到"邮件合并向导"的第一步：选择文档类型，这里采用默认的选择："信函"。

（4）单击"下一步"，进入"邮件合并向导"第二步：选择开始文档，即选择主文档，由于当前的文档就是主文档，所以选择"使用当前文档"单选按钮。

（5）单击"下一步"，进入"邮件合并向导"第三步：选择"使用现有列表"单选按钮，单击"浏览"超链接。

（6）在"选择数据源"对话框中，在"查找范围"下拉列表框中选择保存数据源的驱动器及文件夹，单击选中数据源文件，最后单击"打开"按钮。

·若选中数据源文件是 Word 文件→弹出"邮件合并收件人"对话框。

·若选中数据源文件是 Excel 工作表→弹出"选择表格"对话框→选中所需的某张 Excel 工作表→弹出"邮件合并收件人"对话框。

（7）在"邮件合并收件人"对话框中，选择哪些记录要合并到主文档，默认状态是全选。单击"确定"按钮，返回到主文档窗口。

（8）单击"任务窗格"下方的"下一步"，进入"邮件合并向导"的第四步：撰写信函。将插入点置于主文档要插入的"数据"的位置，单击任务窗格中的"其他项目"链接。

（9）打开"插入合并域"对话框，在对话框中列出了数据源表格中的字段（即要插入主文档中的域名）。选中某域名，单击"插入"按钮后，数据源中该字段就合并到了主文档中。

（10）重复上步，直至在主文档中加入所需要的域，可以看到从数据源中插入的域都用"《 》"符号括起来，以便和文档中的普通内容相区别。

（11）单击"任务窗格"下方的"下一步"，进入"邮件合并向导"第五步：预览信函。此时主文档中的域，已变成数据源表中的第一条记录中信息的具体内容，如果要查看合并后的效果，单击任务窗格中的"≪"或"≫"按钮就可以查看合并后的每个信函。

（12）单击"任务窗格"的"下一步"，完成合并链接，进入"邮件合并向导"第六步：完成合并。

·如果要打印合并后的信函，单击任务窗格中的"打印"超链接。

·如果要将合并后的信函放入新的文档，单击"编辑个人信函"超链接，单击该链接后弹出"合并到新文档"对话框，选定"全部"单选按钮，单击"确定"按钮，即可在新建的文档中生成给多人写的信函。

2. 制作成组信封

通常某单位在成批发送信件制作信封时，虽然收件人不同，但寄件人却是固定的，此时正好可利用 Word 中的"邮件合并"功能，显然，信封的制作与信函的制作非常类似，也要经历"邮件合并向导"的 6 个步骤，在此已经将数据源（Word 表格或 Excel 工作表）创建完毕，并保存在计算机的存储器中。且已打开"邮件合并"任务窗格。

具体方法如下：

（1）在邮件合并"任务窗格"中看到"邮件合并向导"的第一步：选择文档类型，单击选定："信封"单选按钮。

（2）单击任务窗格下方的"下一步：正在启动文档"链接，进入"邮件合并向导"第二步：选择开始文档，单击任务窗格"更改文档版式"栏中的"信封选项"链接，弹出"信封选项"对话框，在此对话框中设定所需信封的类型和尺寸，单击"确定"按钮，返回主文档。

（3）在主文档中输入信封中的固定内容，即发信人的信息。将插入点定位于信封下方的文本框中，输入发信人的信息。为了让这些信息看起来更加美观，可以采用文档中对文字排版的方法对它们进行格式设置，最后拖动文本框到信封右下角恰当位置，以符合信封的布局规定。

（4）单击"任务窗格"下方的"下一步：选择收件人"链接，进入邮件合并向导第三步：选择收件人。单击选定"使用现有列表"单选按钮，单击"浏览"链接打开"选择数据源"对话框。

（5）在"数据源"对话框中，单击"查找范围"下拉列表框中选择保存数据源的驱动器及文件夹，单击选中已经保存的数据源文件，单击"打开"按钮。弹出"邮件合并收件人"对话框，（若是 Excel 文件，多一步：弹出"选择表格"对话框→选中所需的某张 Excel 工作表，弹出"邮件合并收件人"对话框）在"邮件合并收件人"对话框中，选择所需记录，单击"确定"按钮，返回到主文档窗口。

（6）单击"任务窗格"下方的"下一步：选择信封"链接，进入"邮件合并向导"第四步：选择信封。把插入点定位于信封左上角邮编出现的位置，单击"其他项目"链接，打开"插入合并域"对话框，选中"邮编"，单击"插入"按钮后，数据源中该字段就合并到了主文档中，用同样的方法把"地址"字段插入到"邮编"的下方，"姓名"插入到位于信封正中的文本框中。

（7）单击"任务窗格"下方的"下一步：预览信封"链接，进入"邮件合并向导"第五步：预览信封。此时主文档中的域，已变成数据源表中的第一条记录中信息的具体内容，如果要查看合并后的效果，单击任务窗格中的"≪"或"≫"按钮就可以查看合并后的每个信封。

（8）预览后，若对生成的信封不满意。此时可以采用文档中对文字排版的方法对它们进行格式设置。

（9）单击"任务窗格"下方的"下一步：完成合并"链接，进入"邮件合并向导"第六步：完成合并。单击"编辑个人信封"链接，将合并后的信封放入新的文档，弹出的"合并到新文档"对话框中，选择"全部"单选按钮，单击"确定"按钮，即可在新建的文档中生成批量信封。若选择了"打印机"，则可直接打印出成批信封。

本 章 小 结

本章共分为六节：

第一节　基本操作：主要是熟悉和掌握 Word 的使用环境，进一步根据自己的使用习惯和工作需要设置好使用环境，例如，自己动手建立工具栏、把自己经常使用的工具按钮调出来等，"工欲善其事，必先利其器。"花点时间调整好 Word 使用环境，用起来才会更顺手。另外要掌握有关 Word 文件的操作，如文件的打开、文件的保存、文件的另存、文件的保护、文件的关闭和文件的属性。并对每类文件操作下的子操作能熟悉，会区分，巧利用。

第二节　文本编辑：编辑文本是使用 Word 时要做的最重要的操作。编辑文本的重点，一是输入文本，二是设置浮在文字上方文本格式，设置文本格式主要包括字符格式、段落格式。字符格式主要包括字体、字号、字符间距等，其中在字体设置中还包括了下划线、字符颜色、着重号、上下标等一些特殊的字符效果。段落格式主要包括段落缩进、间距、换行、分页等设置。设置字符格式和段落格式，主要的工具就是字体和段落这两个对话框，熟悉这两个对话框的各种功能，进一步了解每种设置的效果，是用好Word 的基础。设置字符格式，要将字符选中；设置段落格式，要将光标置于段落之中。

第三节　表格制作：先制作一个与框架最接近的一个表，然后在此基础上不断修改和调整，很快会完成所要的表格。要特别注意边框与底纹的设置，各种特殊效果都体现在这里。另外，表格中的文字对齐。只要在绘制表格的时候有这种意识，处理起来倒是很容易的。表格存在和周围文字的配合问题。通常只是在表格的上下方有文本，这时要注意段落间距。一些特殊的情况下，我们可能需要表格周围环绕文字，这也是可以设置的，同样要注意它与周围文字的距离。

第四节　图形对象的处理：Word 的图形对象包括：图形、图像、剪贴画、艺术字、自选图形、文本框和公式等。Word 本身也支持多种格式的图形，可以把其他软件绘制和处理过的图形插入到 Word 中。在 Word 中，图形对象要随时注意与周围文字的关系。图形对象与周围文字的关系有四周形、紧密型、浮于文字上方、上下形环绕等。多个图形对象的关系有：组合和叠放次序还有一种特殊的处理图的方式：嵌入式。这时把图形当作一个字符来处理，在修改文字时，图会随着周围的文字一起移动。

第五节　模板与样式的使用：若要建立的文档有很多内容都是相同的，格式也是固定的，如书信、公文、教师上课用的教案、多媒体脚本等，我们可以分别建立模板文件，以后用模板文件来建立新文档，它不仅节省时间，还可以保持格式的统一。掌握模板的 4 种来源：Office 提供的模板、修改 Office 样式库中的模板、利用已有文档制作模板和自做模板。"样式"是 Word 本身所固有的或用户在使用过程中自己设定并保存的一组可以重复使用的格式。用户可以使用 Office 提供的称之为（内部）样式、修改内部样式和新键样式。在用于管理样式的管理器中，可以方便的样式进行删除、移动和改名等操作。

"样式"不仅可以编辑文件的标题，而且还有三大扩展功能：一是文章结构的纲目编辑，二是自动制作目录，三是可以直接生成 Power Point 大纲。

第六节　页面排版和打印：使用 Word 的最终目的往往都指向打印，打印中首先要注意的是页面的设置，文档的页面设置要尽量和打印用的纸张大小一致。打印之前，先使用"打印预览"功能，查看一下打印效果，调整一些不合适的地方，再开始打印，会减少很多打印错误，避免纸张的浪费。其次要注意打印的页面选择。如果是全部打印，通常不需要选择页面，Word 默认的就是按顺序打印全部页面。如果要打印其中的部分页面，就需要选择打印范围，最简单的方法是直接输入页码，中间用逗号隔开。邮件合并打印，应用最多的领域是信函和信封。邮件合并分为三个基本过程：一、建立主文档；二、建立数据源；三、将主文档与数据源文件合并。

习　　题

上机操作题

1. 进入 Word 2003，写一篇有关大学生活及学习的感想，约 500 字，要求：

① 有标题、三个段落和最后的落款。

② 标题：黑体、小三号、紫色、居中、加粗、下划线、有底纹，段前间距 6 磅、段后间距 6 磅。

③ 段落 1——楷体、五号、字间距为加宽 4 磅、深黄色。

④ 最后落款——居右、小五号、鲜绿色、斜体。

⑤ 将"段落 1"复制到"段落 2"下面。

⑥ 将"段落 1"的复本行距设置为 1.5 倍。

2. 加入艺术字"感想"，具有三维效果，并使用"自由旋转"按钮调整角度。

3. 在文章中插入两幅图片，将后插入的图片放在下层，并将二者组合在一起，且图片四周环绕文字。

4. 页面设计，要求：

① 上、下、左、右的页边距分别为 2cm、2cm、3cm、3cm。

② 纸张为横向，纸张大小是 B5。

③ 为第二个段落设置边框和底纹。

④ 设置页面花边。

5. 制作一张如下课程表，要求所有的文字均垂直居中和水平居中。

课程表						
节次 ＼ 星期		星期一	星期二	星期三	星期四	星期五
上午	一					
	二					
	三					
	四					
下午	五		班会		一班开会	二班卫生
	六					
晚上	七					
	八					

6. 用公式编辑器写出下边的算式

$$\frac{\sqrt[3]{x_1 x_2} + \dfrac{x_2}{x_1}}{x_1^2 + x_2^2} = \cos\beta$$

7. 利用"日历"模板制作一份本月个人学习计划的文档。

8. 写一篇较长的文章并含有表格及图形，练习在文章中插入页码，在图、表前插入分页符。

9. 用自选图形作一如下图所示的流程图。

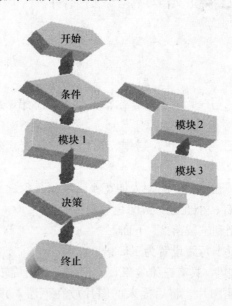

10. 练习首字下沉。

11. 创建文本框的链接。

12. 使用 Word 2003 三级基本（内部）样式编辑文章的标题，生成三级目录。

13. 创建一组自己的样式，要求：

① 单元标题——三号、黑体、红色、居中、有动态效果。

② 章标题——小三号、楷体、蓝色、左对齐。

③ 节标题——四号、宋体、居中，并为节标题建立快捷方式。

14. 对纲目结构进行展开与收缩、一级标题降为三级、三级升为二级，两个二级标题前后互换位置。

15. 为文章添加三个脚注或尾注。

16. 为文章添加页眉和页脚，其中，页眉为"计算机作业"、页脚为页码。

17. 为文件设置打开密码及修改密码。

18. 对文件进行修订。

19. 制作如下图所示的文档：

第 5 章　Excel 2003 电子表格软件

Excel 是一种用于组织、管理、计算和分析数据的电子表格应用程序，它是微软 Office 套件的一部分。

Excel 是一个通用性很强的应用程序，其优势是进行数值计算，但对于非数值计算的应用也有出色表现。以下是 Excel 应用的几个方面：

- 数值处理：对表中的数据进行运算、分析。
- 创建图表：可创建多种图表，如柱形图、饼图、折线图等，使得数据形象化。
- 组织列表：可以二维表的形式组织、存储数据。
- 访问其他数据：可以从多种数据源导入数据。
- 创建多媒体文件：可以在 Excel 工作表中插入图片、自选图形、声音、视频等。
- 自动化复杂的任务：通过使用 Excel 的宏功能可以自动完成一个复杂的任务。

5.1　Excel 2003 基础知识

5.1.1　启动 Excel 工作簿

启动 Excel 同启动其他 Microsoft Office 软件一样，方法是：单击任务栏上的"开始"按钮，然后选择"程序"→"Microsoft Excel"。打开如图 5-1 所示的界面。

默认情况下，启动 Excel 后，自动打开一个名为 Book1 的空白工作簿，这个工作簿是一个可以包含多个工作表的文件，默认为 3 个工作表。

5.1.2　窗口组件

图 5-1　Excel 界面

5.1.3 关闭工作簿和退出 Excel 应用程序

通过关闭工作簿或退出 Excel 的方法可从窗口中清除工作簿文件。

关闭工作簿的方法是：选择"文件"→"关闭"命令或单击菜单栏上的"关闭窗口"按钮。

退出 Excel 应用程序的方法是：选择"文件"→"退出"命令或单击标题栏上的"关闭"按钮。

如果在关闭工作簿文件或退出 Excel 应用程序时，工作簿文件没有被保存，在关闭窗口之前，Excel 会提示用户保存工作簿文件。

5.1.4 理解工作簿和工作表

1. 工作簿

在 Excel 中创建的文件叫做工作簿，是保存表格内容的文件，其后缀名为 xls。在工作簿文件中可以包含一个或多个工作表，最初建立时最多可包含 255 个工作表。在默认情况下，启动 Excel 后系统会自动创建一个名为 Book1 的工作簿，其中包含名称分别为 Sheet1、Sheet2、Sheet3 的三个工作表。可以同时打开多个工作簿，每个工作簿对应一个窗口。

2. 工作表

工作表由一些横向和纵向的网格组成，横向的称为行，纵向的称为列。一个工作表最多有 65 536 行、256 列。每个工作表有一个名字，体现在工作表标签上，只有一个工作表是当前工作表。如图 5-1 中，Sheet1 为当前工作表。

3. 单元格

每个工作表由独立的单元格组成，单元格是输入数据、处理数据及显示数据的基本单位，也就是说，在 Excel 中输入数据或计算数据都是在单元格中进行的。每个单元格可以包含数值、公式或文本，最多可包含 32 000 个字符。单元格由它所在的行、列所确定的坐标来标识和引用，在表示或引用单元格时，列标符号在前面，行号在后面，如 B5 表示第 2 列、第 5 行所代表的单元格，V6 表示第 22 列、第 6 行所代表的单元格。

4. Excel 所使用的数据类型

每一个工作表是由大量的单元格所组成的。一个单元格可以保存三种基本类型的数据：

1）数值

数值代表一些数据类型的数量，如人员数量、考试分数、统计数据等。数值也可以是日期或时间。

大多数工作表在它的一些单元格中还包括一些非数值文本。

以数字开头的文本仍会被看作是文本。例如，用户在单元格中输入"12 刑法"，Excel 会把它看作是文本而不是数值。因此，不能使用这个单元格进行数值计算。

2）文本

文本包括字母 A～Z、中文文字或其他没有数值意义的字符，有时还包含数字。

3）公式

Excel 可以让用户输入功能强大的公式，这些公式通过使用单元格中的数值（甚至文本）来计算出所需要的结果。

除了数据，工作表还能够存储图表、自选图形、图片和其他的对象。这些对象并不包含在单元格中，而是驻留在工作表的绘图层（它是一个位于每个工作表上面的不可见的图层）中。

5.2　基　本　操　作

5.2.1　向工作表中输入内容

1. 向工作表中输入文本和数值

在单元格中输入文本和数值非常简单。把单元格指针移到要输入内容的单元格，使它成为当前活动单元格，输入数值或文本后按 Enter 键即可。

当输入的文本长度长于当前的列宽时，如果右边的单元格为空白，Excel 将完全显示出文本；如果邻近的单元格不为空，单元格将尽可能地显示文本（单元格包括了整个文本，只是没有完全显示出来）。如果需要显示出完整的文本，而邻近的单元格又不为空，可以采取以下方法进行调整：

方法一：重新编辑文本，使其尽可能完全显示。

方法二：增加列宽，以使文本完全显示。

方法三：调整字体。

方法四：设置文本自动换行使其限制在单元格宽度以内。

方法五：使用 Excel 的"缩小字体填充"功能。

2. 向工作表中输入日期和时间

Excel 把日期和时间当作特殊的数值。Excel 为日期和时间规定了严格的输入格式，Excel 会自动辨认输入的数据是否是日期和时间。当输入的是日期或者时间时，单元格的格式就会由"常规"数字格式变成相应的内部日期和时间格式。如果没有辨认出日期或时间格式，Excel 就会将其当作文本格式处理。

如果要在工作表单元格中存储日期和时间，应使用 Excel 预定义的一些日期和时间格式来输入这些值，图 5-2 列出了 Excel 支持的常用日期和时间格式。

当输入完日期和时间后，用户还可以更改单元格中的日期和时间格式，操作方法如下：

	A	B	C
1			
2		输入格式	显示格式
3		d-mmm-yy	12-Dec-06
4	日期	d-mmm	12-Dec
5		d-mmm-yyyy	12-Dec-06
6		12/21	12月21日
7		h:mm AM/PM	11:22 AM
8	时间	h:mm:ss AM/PM	3:30:40 PM
9		mm:ss.0	22:33.3

图 5-2　Excel 支持的常用日期和时间格式

（1）选择需要改变格式的单元格。

（2）选择"格式"→"单元格"命令，单击"数字"标签。

（3）在"分类"列表中选择"日期"或"时间"，然后在"类型"列表中选择一种格式即可。

5.2.2　编辑工作表中的内容

编辑工作表中的内容时，可以使用以下方法：

方法一：双击单元格。可以直接对单元格内容进行编辑。

方法二：激活需要编辑的单元格，然后按 F2 键。

方法三：激活需要编辑的单元格，然后单击"编辑栏"内部。这样可以在"编辑栏"中对单元格内容进行编辑。

1. 删除单元格中的内容

要想删除单元格中的内容，先单击该单元格，然后按 Delete 键即可删除其中的数值、文本或公式，但不会删除应用于单元格的格式。

如果还想更全面地控制删除的内容，用户可以选择"编辑"→"清除"命令。这个菜单选项有一个子菜单，其中有如下 4 个附加选项：

- 全部：清除单元格中的所有内容（包括格式）。
- 格式：只清除格式，保留数值、文本和公式。
- 内容：只清除内容，保留格式。
- 批注：删除单元格附加的批注（如果有的话）。

2. 使用"自动填充"功能输入一系列数值

使用 Excel 的自动填充功能，用户可以方便地在工作表中输入一组连续的数据或文本。Excel 使用自动填充手柄来实现这一功能，填充手柄是被激活单元格右下角的小方块。可以拖动填充手柄来复制单元格内容，或者自动完成一系列数据的输入。

如果在按下鼠标右键时拖动自动填充手柄，Excel 将显示带有额外填充选项的快捷菜单。

1）使用"自动填充"

要创建一系列连续的数据或日期等，或在一个区域中输入相同的数据先选择一个或更多个单元格，这些单元格中已输入了用来填充数据的样式。然后单击填充柄，再将它拖动到你想填充信息的单元格上。松开鼠标时，就会发现在经过的单元格上已填充上了数据。例如想在单元格中输入一等差数列 2，4，6…，先在相邻的两个单元格中分别输入 2 和 4，然后选中这两个单元格，再拖动填充柄到适当的单元格即可。

2）使用"填充命令"

如果要把一个单元格中的数据复制到邻近的单元格中，可以使用"编辑"→"填充"命令，在出现的下级菜单中可分别选择"向下填充"、"向右填充"、"向上填充"、"向左填充"命令。

3）使用"填充序列"对话框

如果想填充一个自定义序列，先在某个单元格中输入起始数据，选择填充区域，再选择"编辑"→"填充"命令，从子菜单中选择"序列"命令。打开"序列"对话框，通过该对话框可以指定数值和日期的类型。

3. 几种数据输入技巧

通过使用一些输入技巧，用户可以将信息输入到 Excel 工作表的过程简化，同时还可以更快地完成所需工作。

1）输入数据以后自动移动单元格指针

在默认状态下，输入了数据以后按 Enter 键，Excel 会自动地把单元格指针向下移到下一个单元格。要改变这一设置，选择"工具"→"选项"命令，然后单击"编辑"标签，选中标有"按 Enter 键后移动"的复选框。用户可以设置单元格指针的移动方向（下、左、上或右）。

当用户在单元格中完成输入以后，除了使用 Enter 键以外，还可以使用方向键来结束输入，并控制指针的移动方向。

2）使用记忆或键入功能自动输入数据

Excel 的记忆式键入功能可以方便地在多个单元格中输入相同的文本。使用记忆式键入功能，用户只需在单元格中输入一个文本的前几个字母，Excel 就会以本列中其他已输入的文本为基础，自动显示出所有文字，按 Enter 键即可完成整个条目的输入。除了减少输入以外，这项特性还能保证用户输入的正确性和一致性。

如果觉得记忆式键入有干扰，可以取消。选择"工具"→"选项"命令，选择"编辑"选项卡，取消"记忆式键入"复选框的选中状态。

3）输入有分数的数字

当输入一个分数，则需要在整数和分数之间留有一个空格。例如，要输入一个分数一又五分之一，只需键入"1 空格 1/5"，然后按 Enter 键。当用户选择这个单元格时，在编辑栏中显示的是 1.2，而在单元格中显示的是分数。如果只有分数部分（如 1/2），在分数前必须先输入 0 和空格，否则 Excel 会认为用户输入的是一个日期。当单击这个单元格时，在编辑栏中可以看到 0.5，在单元格中显示的则是 1/2。

4）在单元格中输入当前日期或时间

如果需要在工作表中加上当前日期或时间，Excel 提供了两个快捷键方式：

- 输入当前日期：Ctrl+；
- 输入当前时间：Ctrl+Shift+；

5.2.3　设置数字格式

1. 使用"格式"工具栏格式化数据

格式工具栏中包括了一些按钮，可帮助用户快速设置一些常用的数字格式。当用户单击其中的一个按钮时，被激活的单元格或单元格区域将会采用其中相应的数字格式。

2. 使用"单元格格式"对话框对数字进行格式设置

如果用户需要对数值显示进行更多的控制，可通过"单元格格式"对话框对数字格式进行更多的设置。

打开"单元格格式"对话框，可以使用以下 3 种方法：

方法一：选择菜单"格式"→"单元格"命令。

方法二：单击右键，从弹出的快捷菜单中选择"设置单元格格式"命令。

方法三：按 Ctrl+1 快捷键。

然后在"单元格格式"对话框中选择"数字"标签，其中显示了 12 类数字格式。表 5-1 显示了各类数字格式及其注解。

表 5-1　数字格式分类及其注解

类别	含义
常规	默认格式。数字显示为整数、小数，或者数字太大单元格无法显示时用科学记数法
数值	可以设置小数位数，选择每三位是否用逗号隔开，以及如何显示负数（负号、红色、括号或者同时使用红色和括号）
货币	可以设置小数位数，选择货币符号，以及如何显示负数（用负号、红色、括号或者同时使用红色和括号）。这个格式每三位用逗号隔开
会计专用	货币格式的主要区别在于货币符号一般垂直排列
日期	可以选择不同的日期显示模式
时间	可以选择不同的时间显示
百分比	可以选择小数位数并显示百分号
分数	可以从 9 种分数格式中选择一种格式
科学记数	用指数符号（E）显示数字，如 $2.22E+05=200000$ 或 $2.05E+05=205000$。可以选择 E 左边的小数位数
文本	当运用于数值时，Excel 会把数值当作文本
特殊	包括三种附加的数字格式（邮政编码、中文小写数字和中文大写数字）
自定义	用户可以自己定义前面没有包括的数字格式类型

5.2.4　工作簿的操作

1. 创建一个新工作簿

创建新工作簿，可以使用以下方法：

图 5-3　任务窗格

方法一：使用"文件"→"新建"命令，打开"新建工作簿"任务窗格，然后单击"新建工作簿"任务窗格中的一个选项，如图 5-3 所示。

方法二：单击常用工具栏上的"新建"按钮，将新建一个空白工作簿。

方法三：按 Ctrl＋N 快捷键。新建一个空白工作簿。

新建工作簿时，还可以使用模板。模板有几个来源：Microsoft 的 Web 站点、用户的计算机或是用户自己的 Web 站点。如果从"新建工作簿"任务窗格中选择"本机上的模板"选项，Excel 将显示一个"模板"对话框，如图 5-4 所示。这是一个含有选项卡的对话框，可以选择新工作簿的模板。Excel 包括的模板列在"电子方案表格"选项卡中，如图5-5所示。如果选择那些模板中的一个，新工作簿将基于所选择的模板文件创建。

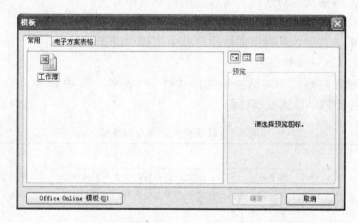

图 5-4　"本机上的模板"选项中的"模板"对话框

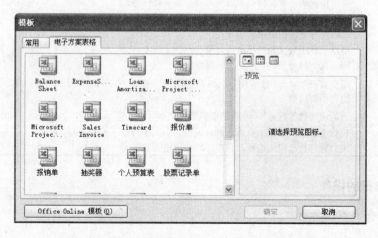

图 5-5　"模板"对话框中的"电子方案表格"标签

2. 打开存在的工作簿

可通过下列方式打开保存在硬盘上的工作簿：

方法一：从"开始工作"任务窗格的"打开"列表中选择所需的文件。只有最近使用的文件会列在其中。

方法二：从"文件"菜单的底部列表中选择所需文件。同样，只有最近使用的文件会列在其中。

方法三：使用"文件"→"打开"命令。

方法四：单击常用工具栏上的"打开"按钮。

方法五：按 Ctrl＋0 快捷键。

图 5-6 显示了"打开"对话框。

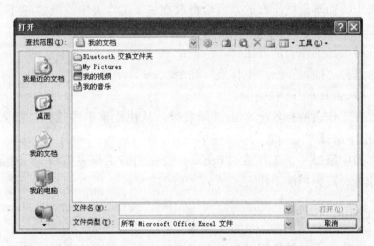

图 5-6　打开"对话框"

要从"打开"对话框中打开一个工作簿，必须提供两部分信息：工作簿文件的名字（在"文件名"框设定）和它所在的文件夹（在"查找范围"中设定）。单击"打开"按钮，文件将被打开，也可以通过双击文件名来打开文件。

3. 保存工作簿

保存工作簿有如下 4 种方法：

方法一：使用"文件"→"保存"命令。

方法二：单击常用工具栏上的"保存"按钮。

方法三：按 Ctrl＋S 快捷键。

方法四：Shift＋F12 快捷键。

如果工作簿已经保存过了，它将以相同的文件名称再次保存。如果需要把工作簿保存到其他文件夹或其他盘上，可以使用"文件"→"另存为"命令。

默认情况下，文件被保存为标准的 Excel 格式，它使用 xls 为文件扩展名。

5.2.5　工作表的操作

1. 使一个工作表成为当前工作表

在任何时候，当前工作簿只有一个。在当前工作簿中，当前工作表也只有一个。如果要激活另一个工作表，只需单击位于工作簿窗口底部的工作表的标签。

如果工作簿中有多个工作表，所有的标签不会全都显示出来。可以使用"标签滚动"按钮来滚动显示工作表的标签。

2. 插入工作表

工作表可以成为一个非常好的组织工具。用户可以根据需要把不同种类的数据放在不同的工作表中，而不是把所有的东西全都放在一个工作表中。例如，可以把 3 年的数据分别放在 3 个工作表中。

下面是 3 种增加工作表的方法：

方法一：选择"插入"→"工作表"命令。

方法二：按 Shift＋F11 快捷键。

方法三：在工作表的标签上单击鼠标右键，从快捷菜单中选择"插入"命令，从"插入"对话框中选择"工作表"。

当在工作簿中添加一个工作表时，Excel 会在当前工作表前添加一个新的工作表，新插入的工作表会成为当前工作表。

3. 删除工作表

如果一个工作表不再被使用，那么可以通过以下两种方法来删除它：

方法一：选择"编辑"→"删除"命令。

方法二：在表的标签上单击右键，从快捷菜单中选择"删除"命令。

如果工作表中包含有数据，Excel 会提示用户是否确实要删除此表。如果这个表从来没有被使用过，Excel 会立即删除它，而不进行确认。

4. 改变工作表的名字

Excel 工作表的默认名称为 Sheet1，Sheet2 等，它们没有很好的描述性。如果在一个工作簿中有多张工作表不改变工作表的名称，将很难记住工作表中存放的有关内容。

可以使用以下方法更改工作表名称：

方法一：选择"格式"→"重命名"命令。

方法二：双击工作表标签。

方法三：在工作表标签上单击右键，从快捷菜中选择"重命名"命令。

在进行了上述操作以后，Excel 就会高亮显示标签上的名称，这样就可编辑或替换名称了。

5. 改变工作表标签的颜色

Excel 允许改变工作表标签的颜色。用户可以对工作表标签使用不同的颜色来标识工作表。

要改变工作表标签的颜色，右键单击工作表标签，然后选择"工作表标签颜色"选项，然后在"设置工作表标签颜色"对话框中选择颜色。

6. 移动和复制工作表

1）使用对话框移动或复制工作表

使用"移动或复制工作表"对话框的方法，操作步骤如下：

（1）选择要移动的工作表。

（2）选择"编辑"→"移动或复制工作表"命令，或在工作表标签上单击右键鼠标，选择"移动或复制工作表"命令，打开"移动或复制工作表"对话框，如图 5-7 所示。

（3）如要移动工作表，在"下列选定工作表之前"框中确定要移动到的位置。

（4）如要复制工作表，选中"建立副本"复选框，然后在"下列选定工作表之前"框中确定要副本的位置。

（5）单击"确定"按钮。

2）使用鼠标拖动移动或复制工作表

单击工作表标签把它拖放到所需的位置（同一个工作簿内或不同的工作簿之间）以移动表格。拖放的时候，鼠标变成了一个表格样的小图标，同时还出现了一个引导箭头。

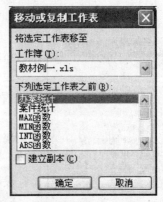

图 5-7　"移动或复制工作表"对话框

单击工作表标签，按住 Ctrl 键，把它拖放到所需的位置（同一个工作簿之间或不同的工作簿之间）以复制表格。拖放时，鼠标变成了一个表格样的小图标，上面还有一个加号。如果在不同工作簿之间移动或复制工作表，要求两个工作簿均显示在不同的窗口中。

如果在工作簿中已有一表格具有与被移动或复制的表格相同的名称，Excel 会保证它们的名称具有唯一性。如 Sheetl 会被改为 Sheetl(2)。

7. 隐藏或者显示工作表

如果需要的话，可以隐藏工作簿中的工作表。当工作表被隐藏时，它的标签也会被隐藏。工作簿至少要有一个可见的工作表，也就是不能隐藏工作簿中的所有工作表。

要隐藏工作表，选择"格式"→"工作表"→"隐藏"命令。当前工作表（或者所选的工作表）将被隐藏。

如果要显示被隐藏的工作表，选择"格式"→"工作表"→"取消隐藏"命令。

Excel 将打开一个对话框，里面列出了所有被隐藏的工作表。选择需要再次显示的工作表，然后单击"确定"按钮。不能从这个对话框中选择多个工作表，所以需要为欲显示的工作表重复使用这个命令。

8. 通过冻结窗格保持标题可见

如果工作表中的记录较多且有行或列标题时，可通过"冻结窗格"命令在滚动窗口时保持标题一直是可见状态。操作步骤如下：
（1）移动单元格指针到想在滚动时保持可见的单元格的下方或右边的单元格；
（2）选择"窗口"→"冻结窗格"命令，Excel 在上述单元格的上方或左边插入一条黑线，当滚动浏览工作表时，冻结的行和列将始终保持可见。

要取消冻结窗格，可选择"窗口"→"取消冻窗格"命令。

9. 放大或缩小以更好地查看工作表

一般来说，屏幕上显示的内容都是 1∶1 的比例。用户可以改变"显示比例"，范围为 10%～400%。

图 5-8　"显示比例"对话框

方法一：单击常用工具栏上的"显示比例"下拉箭头，然后从下拉菜单中选择所需的缩放系数即可。屏幕显示立即改变。也可以在"显示比例"工具框中直接输入所需的比例数值。

如果从中选择的是"选定区域"选项，Excel 只对所选择的单元格进行缩放。

方法二：用户还可以通过"视图"→"显示比例"命令设置缩放比例。这个命令打开了"显示比例"对话框，如图 5-8 所示，从中可以选择一个选项或选择"自定义"后在框中输入 10～400 之间的数值。

5.2.6　单元格的操作

1. 插入行和列

插入新的一行就是把其他的行向下移，以腾出一个新行。如果最后一行为空，将被删除。插入新的一列，其他列将向右移，如果最后一列为空，将会被删除。如果最后一行或一列不为空，在执行"插入"命令后，将出现一提示框，此时应按照提示内容正确使用命令。

可以使用下面的方法加入行或列：
方法一：单击工作表边界的行号或列标，选择一整行/列或多行/列。再选择"插入"→"行"/"列"命令。
方法二：单击工作表边界的行号或列标，选择一整行/列或多行/列。单击右键，从快捷菜单中选择"插入"命令。

　　方法三：把单元格指针移到想要插入的行或列上，然后选择"插入"→"行"/"列"命令。如果选中了多个单元格，Excel 将插入与所选单元格数目相等的行数或列数。

图 5-9　"插入"单元格对话框

　　除了整行或整列外，用户也可以插入单元格。选择要加入新单元格的区域，然后选择"插入"→"单元格"命令或者单击右键，从快捷菜单中选择"插入"命令。插入单元格后，其他的单元格将向右或向下移动。因此，Excel 显示了如图 5-9 所示的对话框，以确定单元格的移动方向。

　　2. 删除行和列

　　当工作表中的数据不再需要的时候。可使用以下方法删除行或列：

　　方法一：单击工作表边界的行号或列标选择一整行/列或多行/多列，然后选择"编辑"→"删除"命令。

　　方法二：单击工作表边界的行号或列标选择一整行/列或多行/多列，然后单击右键，从快捷菜单中选择"删除"命令。

　　方法三：把单元格指针移到想要删除的行/列上，然后选择"编辑"→"删除"命令。在显示的对话框中选择"整行"/"整列"命令。如果选择了列中的多个单元格，Excel 将删除所选择的所有的行或列。

　　3. 隐藏行和列

　　要隐藏工作表中的行或列，选择想隐藏的行或列，然后选择"格式"→"行"/"列"→"隐藏"命令。

　　隐藏的行实际是高度设为零的行。同样，隐藏的列就是宽度为零的列。

　　要取消隐藏，选择"格式"→"行"/"列"→"取消隐藏"命令。

　　4. 改变列宽和行高

　　通常，根据需要经常会改变列宽和行高。Excel 提供了几种方法来改变列宽和行高。

　　1）改变列宽

　　作为默认设置，列宽为 8.43 个字符。可以使用下面的方法改变列宽：

　　方法一：用鼠标拖放列的右边界至所需的宽度。

　　方法二：选择"格式"→"列"→"列宽"命令，然后在"列宽"对话框中输入数值。

　　方法三：选择"格式"→"列"→"最适合的列宽"命令或双击标题栏的右边界，这将调整所选列的宽度以适合列中最宽的条目。

　　2）改变行高

　　默认的行高依赖于所定义的普通样式字体。通过使用下面的方法调整行高。

　　方法一：用鼠标拖放行的下边界以获得所需高度。

　　方法二：选择"格式"→"行"→"行高"命令，在"行高"对话框中输入数值。

方法三：双击行的下边界，使行高自动符合最高的条目。也可以选择"格式"→"行"→"最适合的行高"命令。

5.2.7　理解 Excel 的单元格和区域

单元格是工作表中的基本元素。它可以保存数值、文本或者公式。一个单元格由其地址来识别，由列字母和行数字组成。例如，单元格 C12 就是地址为第 3 列和第 12 行的单元格。

一组单元格叫做区域。用设定区域中左上角单元格地址和右下角单元格地址中间用冒号隔开来指定区域，如 C6：F12 表示的是一个区域。

1. 选择区域

可以通过以下几种方法选择区域：

方法一：使用鼠标拖放以高亮显示区域。

方法二：选中区域的左上角单元格，按住 Shift 键，然后用鼠标单击要选择区域的右下角单元格。

方法三：在"名称框"中输入单元格或区域地址，Excel 将选择设定的单元格或区域。

方法四：使用"编辑"→"定位"命令（或按 F5 键），然后在"定位"对话框中手动输入区域的地址。单击"确定"按钮以后，Excel 将选择所设定区域的单元格。

2. 选择完整的行和列

选择整行或整列的方式与选择区域的方式相似：

方法一：单击行或列的边界，以选择一整行或一整列。

方法二：要选择相连的行或列，单击一行或列的边界，然后拖动高亮显示增加的行或列。

方法三：要选择多行或多列（不相连），按住 Ctrl 键再单击所需的行或列。

3. 选择不连续区域

Excel 允许使用不连续的区域。可以通过以下几种方法选择非连续区域：

方法一：按住 Ctrl 键拖拽鼠标选择单个单元格或区域。

方法二：选择"编辑"→"定位"命令，然后在"定位"对话框中输入区域地址。用逗号分开不同的区域，单击"确定"按钮以后，Excel 将选择用户设定区域内的单元格。

4. 复制和移动区域

移动或复制数据可以把一个单元格中的数据复制或移动到另一个单元格；也可以把一个单元格内的数据复制到一个区域内的单元格里，即原始单元格中的数据被复制到了目标区域内的每一个单元格内。

注意：粘贴信息时，Excel 将覆盖目标单元格的内容且不发出警告信息。

1) 复制或移动单元格区域

有时用户需要把信息从一个地方复制或移动到另一个地方。复制或移动数据的操作步骤如下：

（1）选择需要复制或移动的单元格或区域；

（2）选择"复制"或"剪切"命令，把它复制到剪贴板；

（3）把单元格指针移到将要保存复制或移动内容的区域，然后选择"粘贴"命令。

2) 用特殊的方法进行粘贴

当用户只想复制公式的当前数值而不是公式本身，或者只是想复制数据格式从一个区域到另一个区域。要控制复制到目标区域的内容，可以使用"编辑"→"选择性粘贴"命令。打开"选择性粘贴"对话框，如图 5-10 所示。表 5-2 中描述了"选择性粘贴"对话框中各项内容的含义。

图 5-10　"选择性粘贴"对话

表 5-2　"选择性粘贴"对话框中各项内容含义

选　　项	含　　义
全部	等于使用"编辑"→"粘贴"命令。它从 Windows 剪贴板里复制单元格的内容、格式和数据有效性
公式	只有原始区域的公式被复制
数值	复制公式的结果。复制的目的地可以是一个新的区域或者初始区域。后者，Excel 用当前值替换初始公式
格式	只复制格式
批注	只复制单元格或区域的单元格批注。这一选项不复制单元格内容或格式
有效性验证	复制有效性标准，这样可以运用同样的数据有效性
边框除外	复制除了边框以外的所有内容
列宽	从一列到另列复制列宽信息
公式和数字格式	复制所有公式和数字格式，但是不复制数值
值和数字格式	复制所有当前值和数字格式，但不复制公式本身

3) 使用复制和选择性粘贴命令

• 不带链接的粘贴

通常，复制数据的时候并不需要链接。如果在"选择性粘贴"对话框中选择"粘贴"单选按钮，数据将被不带链接地粘贴到文档中。

• 粘贴链接

如果用户认为要复制的数据将被更改，此时应该粘贴一个链接。如果选择"选择性粘贴"对话框中的"粘贴链接"单选按钮，就可以在改变源文档的时候，目标文档也自动改变。

4) 转置粘贴一个区域

"选择性粘贴"对话框中的"转置"选项，可以改变复制区域的方向。使得行变成列，列变成行。复制区域里的所有公式会被调整，以便转置后能够正常运行。

5) 对区域使用名称

对于单元格或区域可以使用有意义的名称，要创建一个区域名称，操作步骤如下：

(1) 首先要选择需要命名的单元格或区域。

(2) 选择"插入"→"名称"→"定义"命令。Excel 会显示"定义名称"对话框，如图 5-11 所示。

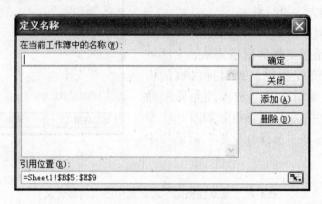

图 5-11　"定义名称"对话框

(3) 在标有"在当前工作簿中的名称"的输入框中输入区域的名称。

(4) 单击"确定"按钮，把名称加入工作表并关闭对话框。或者，可以单击"添加"按钮，继续在工作表中为区域命名。

如果不再需要一个定义的名称，可以删除它。删除一个区域名称不会删除区域里的信息。

要删除区域名称，操作如下：

(1) 选择"插入"→"名称"→"定义"命令，以显示"定义名称"对话框；

(2) 从列表中选择需要删除的名称，然后单击"删除"按钮。

注意：删除的行或列，如果其中包括定义了名称的单元格或区域，名称就会包含一个无效的指定，公式会显示"♯REF!"错误。

5. 添加单元格注释

有时，需要对单元格的内容做些说明，可通过"批注"命令来完成。要对一个单元格加批注，操作步骤如下：

(1) 选择要添加"批注"的单元格。

(2) 选择"插入"→"批注"命令。

(3) 在出现的信息框中输入批注内容。

(4) 单击工作表的任何一个地方，即可隐藏批注。

包含批注的单元格，会在单元格的右上角显示一个红色的小三角。当把鼠标指针移到含有批注的单元格上时，批注会显示出来。

如果需要显示所有的单元格批注（不管单元格指针的位置），选择"视图"→"批注"命令。再次选择它将隐藏所有的单元格批注。

要编辑批注，先激活单元格，然后单击鼠标右键，在弹出的快捷菜单中选择"编辑批注"命令。

要想删除批注，激活含有批注的单元格，单击鼠标右键，然后从快捷菜单里选择"删除批注"命令。

6. 格式化单元格

Excel 可以对工作表中的单元格进行格式化，可以通过下面几种方法显示"单元格格式"对话框，如图 5-12 所示。

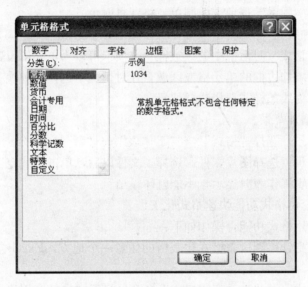

图 5-12　"单元格格式"对话框

方法一：选择"格式"→"单元格"命令。

方法二：按 Ctrl+1 快捷键。

方法三：在所选单元格或区域上单击右键，从快捷菜单中选择"设置单元格格式"命令。

"单元格格式"对话框中包含 6 个选项卡："数字"、"对齐"、"字体"、"边框"、"图案"和"保护"。

1）使用不同的字体

选择"字体"标签可以在工作表中使用不同的字体、字形、字号、颜色和下划线等。默认情况下，输入 Excel 工作表的信息使用的是 12 点大小的宋体字体。

2）改变文本的对齐方式

选择"对齐"标签可以设置文本的对齐方式。默认情况下，数字向列的右边对齐，文本向左对齐。

3）自动换行或缩小字体填充

如果文本太宽不适合于列宽，可以对文本使用"自动换行"或"缩小字体填充"选项来容纳文本。在"对齐"标签中，选择：

"自动换行"选项，在单元格中用多行显示文本。

"缩小字体填充"选项，可以减小文本字号，使其能够填充单元格而不溢出。

"合并单元格"选项，可以合并两个或更多的单元格。合并单元格时，并不合并单元格的内容。

"方向"选项，可以使用一定角度在单元格中显示文本。用户可以水平、垂直或以±90度之间的任何一个角度显示文本。

4）使用颜色和阴影

用户可以改变文本的颜色，或为工作表单元格的背景添加颜色。可以通过"单元格格式"对话框中的"图案"选项卡控制单元格背景颜色。

5）增加边框和线条

使用"单元格格式"对话框中的"边框"选项卡可以为单元格设置不同的边框。

首先选择所要增加边框的单元格或区域，在对话框中选择一种线条样式，然后通过单击一个边框图标为线条样式选择边框位置。

6）为工作表增加背景

为工作表加背景，选择"格式"→"工作表"→"背景"命令。Excel 将显示一个对话框，这样用户可以选择图片文件。选择了文件以后，单击"确定"按钮。

该背景只在编辑工作表时显示，不能打印输出。

7）使用自动套用格式功能快速格式化工作表

要应用自动套用格式功能，操作如下：

（1）把单元格指针移到所需格式化表格的任意一个地方，Excel 会自动识别表格的边界。

（2）选择"格式"→"自动套用格式"命令，显示"自动套用格式"对话框，如图5-13 所示。

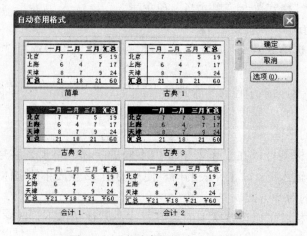

图 5-13　"自动套用格式"对话框

（3）从列表中的格式中选择一种，然后单击"确定"按钮。

用户可以对使用的格式类型进行控制，当单击"自动套用格式"对话框中的"选项"按钮时，对话框会在底部显示 6 个扩展选项，如图 5-14 所示。

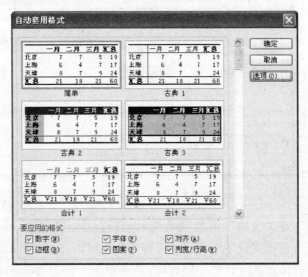

图 5-14　在"自动套用格式"对话框中显示"扩展选项"

最初，6 个复选框都被选中，也就是说，Excel 会应用所有 6 种格式。如果某些格式不想使用，单击相应复选框中的标记即可。

5.2　打印工作表

打印工作表时，Excel 只打印激活区域。换句话说，它不会打印所有的单元格，而是只打印那些有数据的单元格。如果工作表含有图表或图片，也将被打印。

5.2.1　设定所要打印的内容

有时只需要打印工作表的一部分而不是整个活动区域，或者只是想重复打印报表中的几页而不是所有页。

"打印内容"对话框的"打印内容"区域可以设定所需打印的区域，其中有三个可用选项：

• 选定区域：只打印运行"文件"→"打印"命令之前选定的区域。

• 选定工作表：打印所选择的工作表（这是默认设置）。通过按 Ctrl 键单击工作表标签，可以选择多个表。如果选择了多个表格，Excel 会在新的页面上打印每一个表格。

• 整个工作簿：打印整个工作簿，包括图表。

5.2.2　设置页眉或页脚

默认情况下，新的工作簿没有任何页眉或页脚。"页面设置"对话框的"页眉/页脚"选项，如图 5-15 所示。

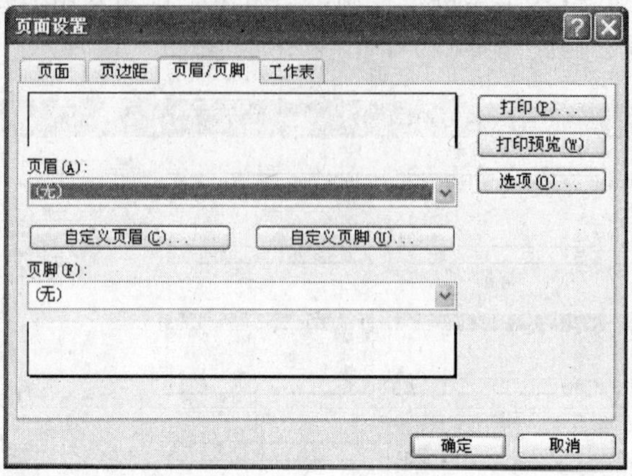

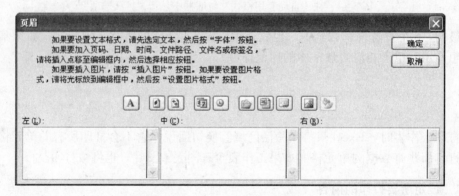

图 5-15　"页面设置"对话框中的"页眉/页脚"标签

当单击"页眉"或"页脚"下拉列表框时，Excel 会显示出一组预先设定的页眉（或页脚）。如果没有在预先设定中找到所需样式，也可以自定义页眉或页脚。单击"自定义页眉"或"自定义页脚"按钮，Excel 将显示如图 5-16 所示的对话框。

图 5-16　自定义页眉/页脚

在页眉和页脚中，用户也可以使用不同的字体和大小。只需选择欲更改和文本，然后单击"字体"按钮。Excel 将显示其"字体"对话框，这样用户就可以进行选择。如果不更改字体，Excel 就使用常规字形字体。

在定义了自定义的页眉或页脚以后，它将显示在"页面设置"对话框的"页眉/页脚"选项卡的相应下拉框的最底部。在一个工作簿中，只允许有一个自定义页眉和一个自定义页脚。所以，当编辑一个自定义页眉时，它将替代下拉框底部已有的自定义页眉。

5.2.3　设置工作表打印选项

"页面设置"对话框中的"工作表"选项卡（图 5-17）含有几个附加选项。接下来我们将讨论这些选项。

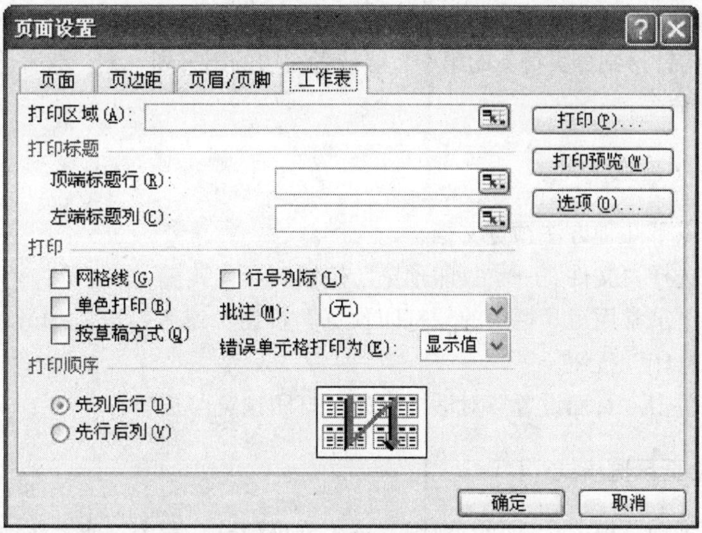

图 5-17　"页面设置"对话框中的"工作表"选项卡

1. 选择打印区域

在"打印区域"框中可以定义打印区域。如果用户选择了一个区域的单元格，而且在"打印内容"对话框中设定了打印区域，选择框中将列出选择的区域地址。Excel 会把这个打印区域命名为 Print-Area。

如果"打印区域"框为空，Excel 将打印整个工作表。用户可以激活这个选择框，选择一个区域（Excel 将更改打印区域的定义），或者可以输入一个先前定义的区域名称。

2. 打印行和列标题

如果工作表含有行标题或列标题，那么在那些没有标题的页，数据所代表的意义将比较难理解。要解决这个问题，可以选择行或列作为每一页的标题。

可以设定在每一打印页的顶部重复特殊的行，或者在每一打印页的左边重复特定的列。如要进行该操作，在如图 5-17 所示的对话框中需激活相应的选择框，然后选择工作表的行或列即可。

3. 在需要处强制显示分页符

如果打印的报表过长，Excel 会自动处理页面分隔。在打印或预览了工作表以后，它会显示虚线代表分页符。然而，有时用户想要强制分隔页面——垂直或者水平，这样报表可以按照用户的需要进行打印。

1）在需要处强制显示分页符

选择"插入"→"分页符"命令。

•若插入水平分页符：将指针放在第一列上。

•若插入垂直分页符：将指针放在第一行上。

否则，将同时插入垂直分页符和水平分页符。

2）取消添加的分页符

把单元格指针移到分页符下的第一行（或者右边的第一列）上，然后选择"插入"→"删除分页符"命令。

4. 查看打印预览

可以通过以下几种方法预览文档：

方法一：选择"文件"→"打印预览"按钮。

方法二：单击常用工具栏中的"打印预览"按钮。或者，按住 Shift 键，单击常用工具栏中的"打印"按钮。

方法三：单击"页面设置"对话框中的"打印预览"按钮。

5.2.4 使用分页预览模式

要进入分页预览模式，选择"视图"→"分页预览"命令，或者在预览窗口中单击"分页预览"按钮。工作表显示将发生变化。这样用户就可以知道打印的具体内容以及分页符的位置了，如图 5-18 所示。

年	地区	杀人	伤害	抢劫	强奸	拐卖妇女儿童	监向	财产存疑	走私	伤害类逃逸率	其他
				全 国 刑 事 案 件 统 计							
2003年	北京	786	4692	10970	1293	120	9:4354	6247	38	101	22626
2003年	上海	692	4776	10054	828	114	9:6109	6169	46	92	21026
2005年	天津	703	4374	12475	987	127	9:5554	6605	34	96	23004
2005年	重庆	770	4002	10840	1034	164	9:4042	6399	39	97	26343
2003年	浙江	685	3969	13922	1123	102	9:5628	6049	42	113	23976
2005年	云南	863	4697	13002	1372	172	90005	6116	35	124	26088
2005年	安徽	750	3978	11817	879	112	9:8237	5896	40	114	22608
2005年	新疆	891	4532	11521	1017	119	91297	6359	44	124	24695
2005年	西藏	632	3723	10643	1134	93	95012	6289	36	123	25905
2005年	四川	873	5377	11169	1355	155	9:8273	6212	37	95	22385
2005年	陕西	733	4337	11875	1029	122	9:4540	5883	35	102	26196
2005年	山西	683	4629	13931	983	104	95014	6269	41	118	21607
2005年	山东	812	5777	11452	965	122	97147	6222	30	97	25260
2005年	青海	826	4542	10341	803	127	91232	6441	43	109	22871
2005年	宁夏	779	5214	13567	997	97	9:4888	6525	45	128	24665
2005年	内蒙古	715	4147	12954	876	106	92161	6553	37	124	23242
2005年	辽宁	744	5223	11811	960	125	97539	6472	31	106	23373
2005年	江西	651	4548	10812	1036	122	9:4360	6231	33	130	24134
2005年	江苏	613	3875	10544	1163	97	95295	6621	38	93	21260
2005年	吉林	742	4851	11052	1097	123	97636	6026	40	128	21366
2005年	湖南	678	4598	11746	917	126	90067	6452	39	107	24614
2005年	湖北	680	4848	10984	954	130	96614	6518	44	121	23686
2005年	黑龙江	727	5505	11190	1148	134	95548	6242	41	127	20742
2005年	河南	845	4291	10512	1304	142	97367	6101	39	115	23785
2005年	河北	763	5389	11617	1018	125	95209	6290	47	97	24971
2005年	海南	778	3678	12450	968	113	9:4753	6469	37	118	22556
2005年	贵州	796	5006	12695	1162	121	96990	6392	36	121	23554
2005年	广西	782	4045	13715	1031	111	95791	6407	34	126	24776
2005年	广东	857	5667	13052	1237	124	91891	6151	31	109	21162
2005年	甘肃	635	5330	10649	1055	109	91661	6333	43	117	21715
2005年	福建	826	5870	14343	1396	140	9:4941	6120	47	129	23185
2004年	北京	816	4892	11470	1343	130	95854	6847	43	111	24626
2004年	上海	722	4976	10554	878	124	97109	6769	51	102	23026
2004年	天津	733	4574	12975	1037	137	100554	7205	39	106	25004
2004年	重庆	800	4202	11340	1084	174	95042	6999	44	107	28343
2004年	浙江	715	4169	14422	1173	112	96628	6649	47	123	25976
2004年	云南	893	4897	13502	1422	182	91005	6716	40	134	28088
2004年	安徽	780	4178	12317	929	122	9:4237	6496	45	124	24608
2004年	新疆	921	4732	12021	1067	129	92297	6959	49	124	26695
2004年	西藏	662	3923	11143	1184	103	96012	6889	41	133	27905
2004年	四川	903	5577	11669	1405	165	95273	6812	42	105	24385
2004年	陕西	763	4537	12375	1079	132	95540	6483	40	112	28196
2004年	山西	713	4829	14451	1033	114	96014	6822	46	128	23607
2004年	山东	842	5977	11952	1015	132	98147	6822	35	107	27260
2004年	青海	856	4742	10841	853	137	92232	7041	48	119	24871
2004年	宁夏	809	5414	14067	1047	107	95888	7125	50	138	26665
2004年	内蒙古	745	4347	13454	926	141	95161	7153	42	134	25242
2004年	辽宁	774	5423	12311	1010	135	96539	7072	36	116	25373
2004年	江西	681	4748	11312	1086	132	95360	6831	38	140	26134

图 5-18 "分页预览"显示工作表

进入分页预览模式以后，Excel 将：

- 改变缩放系数，以便看更多的工作表内容。
- 在页面上覆盖显示页码。
- 用白色背景显示当前打印区域，不打印的数据用灰色背景显示。
- 显示所有分页符。

在使用分页预览模式时，用户可以拖放边界以改变打印区域或者分页符。改变了分页符，Excel 会自动调整缩放比例，根据用户的设置，以使信息能够容纳在所有页中。

5.3　使用公式和函数

5.3.1　创建公式

公式是 Excel 用来完成计算的表达式。在一个空单元格中键入一个等号（＝）时，Excel 就认为您在输入一个公式。在单元格中输入公式后，公式就被存放在了单元格中，而单元格中显示的是公式计算的结果，公式本身显示在"编辑栏"中。

公式由两个元素组成：操作数和数学运算符。操作数确定了计算中需要使用的数值，可能是常数、其他公式或者是被引用的单元格或单元格区域；数学运算符是指用这些数值完成什么样的计算。

5.3.2　单元格引用

公式中经常使用单元格引用，因为在复制公式时不需要手工更改单元格引用，这样既能节省时间，又能确保计算准确。

相对引用：当把公式复制到其他单元格中时，行或列的引用会随之改变，因为引用的是当前行或列的实际偏移量。例如，图 5-19 所示的 E2 单元格中的公式是＝C2 * D2，复制到 E3、E4 和 E5 中后，公式分别变为如图 5-19 所示状态。相对引用的表示方法与单元格地址表示相同，如 B5。

	B	C	D	E
1	物品	单价	数量	总值
2	雪碧	3	2	=C2*D2
3	可乐	3	10	=C3*D3
4	美年达	2.8	20	=C4*D4
5	冰红茶	1.8	17	=C5*D5

图 5-19　公式的相对引用

绝对引用：复制公式时，行和列的引用不会改变。因为引用的是单元格的实际地址。例如，图 5-20 所示的 F3 单元格中的公式为＝D3 * ＄F＄1，复制到 F4、F5 和 F6 中后变为如图 5-20 所示状态。在该公式中，运算符左边为相对引用，运算符右边为绝对引用。绝对引用的表示方法为在列标、行号前分别加上＄符号，如＄A＄6。

	A	B	C	F
1				0.7
2	物品	单价	数量	折后价
3	雪碧	3	2	=D3*F1
4	可乐	3	10	=D4*F1
5	美年达	2.8	20	=D5*F1
6	冰红茶	1.8	17	=D6*F1

图 5-20　公式的绝对引用

混合引用：行或列中有一个是相对引用，另一个是绝对引用。如 D $7、$ E3 等。

5.3.3　复制公式

要想把公式复制到其他单元格中，可以使用下列方法：

方法一：选择您想要复制的公式所在单元格，单击单元格右下角的填充柄，然后将它拖拽到想要填充的单元格即可。

方法二：选择您想要复制的公式所在单元格，选择"复制"命令，然后选择目标单元格或区域，再选择"粘贴"命令。

5.3.4　编辑公式

在对工作表做一些改动时，可能需要对公式进行调整以配合工作表的改动。或者，公式返回了一个错误值，这样用户需要对公式进行编辑以改正错误。

如果包含一个公式的单元格返回一个错误，Excel 会在单元格在左上角显示一个小方块。激活单元格，可以看到一智能标签。单击智能标签，选择一个选项来更正错误（选项会根据单元格中的内容变化）。可以在"选项"对话框的"编辑"选项卡中控制 Excel 是否显示智能标签。

5.3.5　引用其他工作簿中的单元格

要引用一个不同工作簿中的单元格，可以使用下面的格式：

＝［工作簿名称］工作表名称！单元格地址

5.3.6　更正常见的公式错误

有时，当用户输入一个公式时，Excel 会显示一个以 ♯ 号开头的数值。这就表示公式返回的是一个错误的数值。必须修正公式（或者更正公式引用的单元格内容）以消除错误显示。

表 5-3 列出了单元格公式中可能出现的错误类型。如果公式引用的单元格有错误数值，公式也有可能返回一个错误值。

表 5-3　公式中可能出现的错误类型

错 误 值	说　　明
♯DIV/0	公式尝试被 0 除。当公式尝试被空单元格除时，也会出现这一错误
♯NAME?	公式引用了一个 Excel 无法识别的名称。当删除一个公式正在使用的名称或在使用文本时有不相称的引用，也会返回这种错误

续表

错误值	说　明
♯N/A	公式（直接或间接地）引用使用 NA 函数声明数据为不可用的单元格。一些函数（如 VELOOKUP）也返回♯N/A
♯NUM!	一个值存在的的问题。例如，在一个本应该出现正数的地方设置了一个负数
♯REF!	公式引用了一个无效的单元格。如果单元格从工作表中被删除就会出现这一错误
♯VALUE!	公式中包含有一个错误类型的参数或操作数。操作数是公式中用来计算结果的数值或单元格引用

5.3.7　函数的使用

1. 函数参数

"函数"类似于程序，是一个事先定义好的公式，函数强化了公式的功能。函数输出单一数值、文本或特定的数据类型。函数会需要一些特定的输入值，一般被称为"参数"，参数按照指定的顺序结构排列，以便进行简单或特定功能的运算，而函数有其"名称"和"语法"，只要符合参数的名称和参数设置的语法，就可按照函数功能获取其目标值。

根据函数的性质，一个函数可以使用如下参数：无参数、一个参数、固定参数量的参数、不确定数量的参数、可选择参数。

如果一个函数使用了多于一个的参数，用户必须要用逗号把它们隔开。一个参数可以由一个单元格引用、纯数值、纯文本字符串或由表达式组成甚至是其他函数。

2. 插入函数

要想在单元格中应用函数，可采用以下步骤：

（1）单击要应用函数的单元格。

（2）选择"插入"→"函数"命令，或单击编辑栏左侧的"插入函数"按钮，打开"插入函数"对话框，如图 5-21 所示。

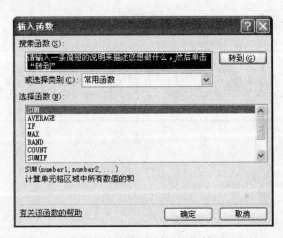

图 5-21　"插入函数"对话框

（3）Excel 提供两种方式查找所要使用的函数。一是根据类别选取函数；二是使用搜索的方法，在如图 5-22 所示的"搜索函数"编辑框中输入所要使用的函数类别，然后单击"转到"按钮。

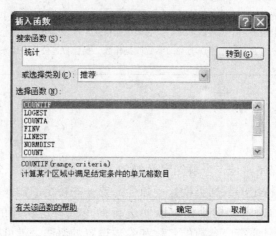

图 5-22 "搜索函数"编辑框

（4）选取所要使用的函数，然后单击"确定"按钮。

3. 返回最大值函数：MAX 函数

格式：MAX（number1，number2，…，number30）
功能：MAX 函数的功能是返回一组值中的的最大值。
说明：• number1，number2，…，是要从中找出最大值的 1 到 30 个数字参数。
• 可以将参数指定为数字、空白单元格、逻辑值或数字的文本表达式。
• 如果参数不包含数字，函数 MAX 返回 0（零）。
图 5-23 显示了 MAX 函数的使用方法。

	A	B	C	D	E
1			MAX函数应用		
2	数据				
3	15				
4	12				
5	14				
6	16		函数	结果	说　明
7	10		=MAX(A3:A10)	16	返回左边一组数字中的最大值
8	8		=MAX(A3:A10,22)	22	返回左边一组数字和22之中的最大值
9	5				
10	11				

图 5-23 MAX 函数的使用

4. 返回最小值函数：MIN 函数

格式：MIN（number1，number2，…，number30）
功能：函数 MIN 函数的功能是返回一组值中的最小值，如图 5-24 所示。

	A	B	C	D	E
1				MIN函数应用	
2	数据				
3	15				
4	12				
5	14				
6	16		函数	结果	说　　明
7	10		=MIN(A3:A10)	5	返回左边一组数字中的最小值
8	8		=MIN(A3:A10,1)	1	返回左边一组数字和1之中的最小值
9	5				
10	11				

图 5-24　MIN 函数的使用

说明：· number1，number2，…是要从中找出最小值的 1 到 30 个数字参数。

· 可以将参数指定为数字、空白单元格、逻辑值或数字的文本表达式。如果参数为错误值或不能转换成数字的文本，将产生错误。

· 如果参数中不含数字，则函数 MIN 返回 0。

5. 向下取整函数：INT 函数

格式：INT（number）

功能：INT 函数的功能是将数字向下舍入到最接近的整数，如图 5-25 所示。

	A	B	C	D	E
1				INT函数应用	
2	数据		函数	结果	说　　明
3	15.5		=INT(A3)	15	将A3中的数值向下舍入到最接近的整数
4	-15.5		=INT(A4)	-16	将A4中的数值向下舍入到最接近的整数
5			=INT(A3)+0.5	15.5	将函数结果加上0.5
6					
7					

图 5-25　INT 函数的使用

说明：参数 number 为需要进行向下舍入取整的实数。

6. 绝对值函数：ABS 函数

格式：ABS（number）

功能：ABS 函数的功能是返回数字的绝对值，如图 5-26 所示。

	A	B	C	D	E
1				ABS函数应用	
2	数据		函数	结果	说　　明
3	15.5		=ABS(A3)	15.5	单元格A3中数值的绝对值
4	-15.5		=ABS(A4)	15.5	单元格A4中数值的绝对值
5			=ABS(-9)+0.5	9.5	数值-9的绝对值加上0.5
6					
7					

图 5-26　ABS 函数的使用

说明：参数 number 为需要计算其绝对值的实数。

7. 基本计数函数：COUNT 函数

格式：COUNT（value1，value2，…，value30）

功能：COUNT 函数返回区域中包含数字的单元格的个数，如图 5-27 所示。

	A	B	C	D	E
1			COUNT函数应用		
2	数据				
3	61				
4	80				
5	75				
6	77				
7	69		函数	结果	说　明
8	55		=COUNT(A3:A8)	6	计算区域A3:A8中包含数字的单元格的个数
9	文本		=COUNT(A3:A12)	7	计算区域A3:A12中包含数字的单元格的个数
10	12月12日		=COUNT(A3:A12,10)	8	计算区域A3:A12中包含数字的单元格以及数值2的个数
11					
12	TURE				
13					

图 5-27　COUNT 函数的使用

说明：•参数 value1，value2，…，value30 为包含或引用各种类型数据的参数，但只有数字类型的数据才被计算。

•函数 COUNT 在计数时，将把数字、日期或以文本代表的数字计算在内。返回区域中满足特定条件的单元格个数。

8. 条件计数函数：COUNTIF 函数

格式：COUNTIF（range，criteria）

功能：COUNTIF 函数的功能是计算区域中满足给定条件的单元格的个数，如图 5-28所示。

	A	B	C	D	E	F
1				COUNTIF函数应用		
2	数据					
3						
4	民事案件	200				
5	刑事案件	300		函数	结果	说　明
6	经济案件	100		=COUNTIF(A4:A8,"经济案件")	2	计算区域A4:A8中含有"经济案件"的单元格的个数
7	法律顾问	400		=COUNTIF(B4:B8,">=300")	3	计算区域B4:B8中"大于等于300"的单元格的个数
8	经济案件	500				
9						

图 5-28　COUNTIF 函数的使用

说明：参数 range 为需要计算其中满足条件的单元格数目的单元格区域。

参数 criteria 为确定哪些单元格将被计算在内的逻辑条件，其形式可以为数字、表达式或文本。

9. 求和函数

格式：SUM（number1，number2，…，number30）

功能：SUM 函数的功能是返回某一单元格区域中所有数字之和，如图 5-29 所示。

	A	B	C	D	E
1			SUM函数应用		
2	数据				
3	12				
4	34		函数	结果	说　明
5	56		=SUM(11,22,33)	66	将 11,22 和 33 相加
6	78		=SUM(A3:A7)	270	将区域A3:A7中的数值相加
7	90		=SUM(A8:A9,44)	44	将区域A8:A9与 44 相加。因为引用非数值的值不被转换，故忽略该区域中的数值
8	'11		SUM("55",66,TRUE)	122	将55、66 和 1 相加。因为文本值被转换为数字，逻辑值 TRUE 被转换成数字 1
9	TRUE				

图 5-29　SUM 函数的使用

说明：• 参数 number1，number2，…，number30 为 1 到 30 个需要求和的参数。

• 参数可以是数字值、单元格、区域、数字的文本表示（它被解释为数值）、逻辑值甚至是嵌入的函数。

• 如果参数为错误值或为不能转换成数字的文本，将会导致错误。

10. 条件求和函数：SUMIF 函数

格式：SUMIF（range，criteria，sum _ range）

功能：SUMIF 函数的功能是根据指定条件对若干单元格求和，如图 5-30 所示。

	A	B	C	D	E	F
1			SUMIF函数应用			
2	数据					数据
3						
4	小龙女					100
5	黄蓉		函数	结果	说　明	300
6	杨过		=SUMIF(A4:A8,"杨过",F4:F8)	500	区域A4:A8中等于"杨过"的，将对应区域F4:F8中的数据相加	500
7	郭靖		=SUMIF(A4:A8,">黄蓉",F4:F8)	1500	区域A4:A8中大于"黄蓉"的，将对应区域F4:F9中的数据相加	700
8	李莫愁		=SUM(F4:F8,">500")	1600	将区域F4:F8中大于500的数据相加	900
9						

图 5-30　SUMIF 函数的使用

说明：• 其中参数 range 为用于条件判断的单元格区域；criteria 是确定哪些单元格将被相加求和的条件，其形式可以为数字、表达式或文本；sum _ range 是需要求和的实际单元格，如果用户忽略这个参数，函数使用与第一个参数相同的区域。

• 只有在区域中相应的单元格符合条件的情况下，sum _ range 中的单元格才求和。

11. 求平均值函数

格式：AVERAGE（number1，number2，…，number30）

功能：AVERAGE 函数的功能是返回参数的平均值（算术平均值），如图 5-31 所示。

	A	B	C	D	E
1			AVERAGE函数应用		
2	数据				
3	100				
4	300		函数	结果	说　明
5	500		=AVERAGE（A3:A7）	500	将区域A3:A7中的数据求平均值
6	700		=AVERAGE（A3:A7,50）	425	将区域A3:A7中的数据与50求平均值
7	900				

图 5-31　AVERAGE 函数的使用

说明：参数 number1，number2，…，number30 为需要计算平均值的 1 到 30 个参数。

12. 条件函数：IF 函数

格式：IF（logical _ test，value _ if _ true，vale _ if _ false）

功能：此函数会测试条件式的结果，若为 Ture 则返回第二个参数的值，假如为 False 就返回第三个参数的值，如图 5-32 所示。

	A	B	C	D	E	F
1				IF函数应用		
2	姓名	人员工资	应纳税所得额			
3	小龙女	5000	3400			
4	黄蓉	8000	6400	函数	结果	说　明
5	杨过	7700	6100	=IF（B3>B6,"Y","N"）	N	判断B3中的值是否大于B6中的值。如果是，输出Y；如果否，输出N
6	郭靖	10000	8400	=IF（C3>5000,C3*0.2-375,IF（C3>2000,C3*0.15-125,IF（C3>500,C3*0.1-25,C3*0.05)))	385	利用函数的嵌套计算个人所得税
7	李莫愁	9000	7400			

图 5-32　IF 函数的使用

说明：•参数 logical _ test 为条件式，会产生 True 或 False 的结果；参数 value _ if _ true 是 logical _ test 为 TRUE 时返回的值，若省略此参数逻辑测试为 Ture 时，则会返回结果值为 Ture；参数 value _ if _ false 是 logical _ test 为 FALSE 时返回的值，若省略此参数逻辑测试为 False 时，则会返回结果值为 False。

•函数 IF 可以嵌套七层，用 value _ if _ true 及 value _ if _ false 参数可以构造复杂的检测条件。

13. 返回排位函数：RANK 函数

格式：RANK（number，ref，order）

功能：RANK 函数的功能是返回一个数字在一列数字中的排位，如图 5-33 所示。

	A	B	C	D	E
1			RANK函数应用		
2	数据				
3	9				
4	8		函数	结果	说　明
5	5		=RANK(A5,A3:A8)	4	判断A5在区域A3:A8中的排序（降序）
6	6		=RANK(A7,A3:A8)	4	判断A7在区域A3:A8中的排序（降序）
7	5		=RANK(A3,A3:A8,1)	6	判断A3在区域A3:A8中的排序（升序）
8	2				

图 5-33　RANK 函数的使用

说明：• 参数 number 为需要找到排位的数字；参数 ref 为一个数值数组或数值引用地址；参数 order 为一数字，指明排位的方式。

• 若 order 为 0 或被省略，则 Excel 把 ref 当成由大到小（降序）排序来评定 number 的排位；若 order 不是 0，则 Excel 把 ref 当成由小到大（升序）排序来评定 number 的排位。

• 函数 RANK 对重复数的排位相同。

5.4　图表的使用

5.4.1　图表概述

图表是工作表中数据的图形化，可方便用户查看数据的差异、份额和预测趋势。用具有非常好的构思的图表来显示数据可以使数字更易于理解。

一个图表可以使用存储在许多工作表中的数据，也可以使用在不同工作簿中的工作表中的数据。

需要注意的是，图表是动态的。换句话说，图表系列被链接到工作表中的数据。如果工作表中的数据发生改变，图表会自动更新以反映那些变化。

在创建一个图表之后，还可以改变它的类型、格式、向其添加新的数据系列，或者改变现存的数据系列以使它可以使用不同区域中的数据。

创建的图表有两种方式：

（1）嵌入式图表。嵌入式图表是把图表直接插入到数据所在的工作表中。像其他的绘图对象一样，可以移动一个嵌入式图表，改变大小，改变比例，调整边界和实施其他操作。使用嵌入式图表可以在它所使用的数据旁边打印它。要对一个嵌入式的图表进行更改，必须单击它来激活图表。当一个图表被激活时，Excel 的菜单也改变了："图表"菜单替换了"数据"菜单。

（2）图表工作表。当在图表工作表中创建一个图表时，占据了整个工作表。当一个图表工作表被激活时，Excel 菜单也相应地改变，类似于选择一个嵌入式图表的方式。

　　嵌入式图表与图表工作表的转换，选择"图表"→"位置"命令，把一个嵌入式图表转化为一个图表工作表（反之亦然）。

5.4.2　创建图表

　　1. 使用一次按键创建图表

　　操作步骤：
　　(1) 在工作表中输入要做图表的数据；
　　(2) 选择在第 1 步中输入的数据区域，包括行和列标题；
　　(3) 按 F11 键。Excel 插入一个新的图表工作表（名为 Chart1），并根据选择的数值显示此图表。

　　2. 使用鼠标单击创建图表

　　操作步骤：
　　(1) 确保显示"图表"工具栏。如果工具栏没有显示，右键单击任意工具栏，然后从快捷菜单中选择"图表"选项；
　　(2) 选择要做图表的数据；
　　(3) 在"图表"工具栏上单击"图表类型"工具，然后从显示出的图标上选择一种图表类型。

　　3. 使用图表向导创建图表

　　最普通、最灵活的创建图表的方式是使用图表向导，使用图表向导创建图表，操作步骤如下：
　　(1) 选择要做图表的数据（可选）；
　　(2) 选择"插入"→"图表"命令（或单击常用工具栏上的"图表向导"工具按钮）；
　　(3) 设定图表向导的步骤 1 到步骤 4 中的各种选项；
　　(4) 单击"完成"按钮，创建图表。
　　1) 图表向导——步骤 1
　　在该步骤中确定图表类型。此对话框包括两个选项卡：标准类型和自定义类型，如图 5-34 所示。
　　"标准类型"选项卡中显示了 14 种基本的图表类型和每个类型中的子类。
　　"自定义类型"选项卡中显示了一些自定义的图表。
　　提示：在"标准类型"选项卡中，通过单击"按下不放可查看示例"按钮，可以得到一个预览。当单击此按钮时，要始终按住鼠标按键。
　　2) 图表向导——步骤 2
　　该步骤中有两个选项卡，数据区域和系列，如图 5-35、图 5-36 所示。

图 5-34　图表向导——步骤 1

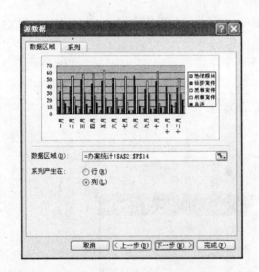

图 5-35　图表向导——步骤 2"数据区域"标签

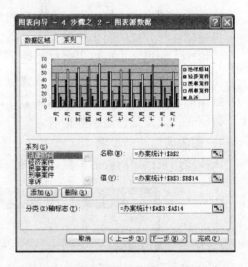

图 5-36　图表向导——步骤 2"系列"标签

　　"数据区域"选项卡：进行校验数据区域。"数据区域"框内显示当启动图表向导时选择的区域地址。如果只选择一个单元格，这个框就显示 Excel 对于要描绘的区域最好的猜测。如果数据区域不正确，可以通过在"数据区域"框中单击改变它，然后通过在工作表中拖动选择正确的区域；或者可以手动编辑区域地址。

　　改变数据方向。Excel 有用来决定数据方向的规则。如果 Excel 猜得不正确，可以通过选择"行"或"列"按钮改变它。

　　"系列"选项卡：可用来添加或删除数据系列。设定分类数据和系列数据。"系列"列表框显示了图表的所有数据系列的名字。在列表框中选择一个系列，名称的区域地址和数据显示在右边的框中，如图 5-36 所示。

3）图表向导——步骤 3

此对话框包括 6 个选项卡，如图 5-37 所示。该步骤可确定以下内容：

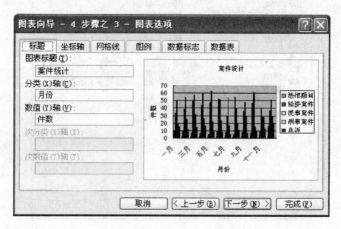

图 5-37　图表向导——步骤 3

标题：向图表中添加标题。在相应的编辑框中输入标题内容。

坐标轴：打开或关闭坐标轴显示并指定坐标轴的类型。

网格线：如果有，可以设置网格线。

图例：设置是否包括图例以及放置位置。

数据标志：设置是否显示数据标志和标志的类型。

数据表：设置是否显示数据表。

4）图表向导——步骤 4

该步骤用来指定图表的位置，如图 5-38 所示。

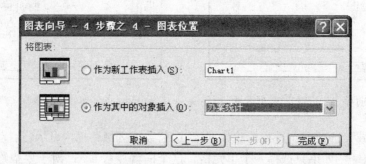

图 5-38　图表向导——步骤 4

选择"作为新工作表插入"项可以在工作表图表中创建一个图表；

选择"作为其中的对象插入"项可以创建一个嵌入式图表。

5.4.3　"图表"工具栏

当用户单击一个嵌入式图表、激活一个图表工作表或选择"视图"→"工具栏"→"图表"命令时，"图表"工具栏就显示出来，如图 5-39 所示。此工具栏包括 9 个工具，用户可以使用这些工具对图表进行常规修改。

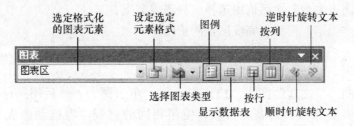

图 5-39　"图表"工具栏

图表对象：当激活一个图表时，选定图表元素的名字显示在控件中。另外，用户可以使用此下拉列表，选择指定的图表元素。

设置选定对象格式：为选择的图表元素显示格式对话框。

图表类型：当单击这个下拉箭头时，扩充显示 18 种图表类型。在这个工具扩展后，可以把它拖到一个新位置，从而创建一个微型浮动工具栏。

图例：切换显示在图表中的图例。

数据表：切换图表中数据表的显示。

按行：按行绘制数据。

按列：按列绘制数据。

顺时针斜排：以 $-45°$ 角显示所选文本。

逆时针斜排：以 $45°$ 角显示所选文本。

5.4.4　修改图表

1．移动图表和调整图表大小

如果图表是一个嵌入式图表，可以自由地移动它和改变其大小。单击图表的边界，然后拖动边界进行移动。拖动 8 个控制点中的任意一个可以改变图表大小。当单击图表边界时，图表的边和角上会出现黑色小方块，这就是控制点。

2．改变图表类型

要改变活动图表的类型，可使用以下方法之一：

方法一：单击"图表"工具栏中"图表类型"按钮的下拉箭头，扩充显示 18 种基本图表类型。

方法二：选择"图表"→"图表类型"命令。

方法三：右键单击，然后从快捷菜单中选择"图表类型"命令。

具体操作步骤如下：

（1）选中需要修改的图表。

（2）选择"图表"菜单中的"图表类型"命令，打开"图表类型"对话框，如图 5-34 所示。

说明：只有在图表被选中时，Excel 才将主菜单中的"图表"菜单项替换成"数据"菜单项。

（3）在"图表类型"对话框中选择一种图表类型。

（4）单击"确定"按钮，完成图表的更改。

3. 复制一个图表

要原样复制一个嵌入的图表，按住 Ctrl 键，单击图表，然后用鼠标将图表拖动到一个新位置。要复制一个图表工作表，使用相同的过程，但拖动图表工作表的标签即可。

4. 删除一个图表

要删除一个嵌入式图表，按住 Ctrl 键单击图表（这样会作为一个对象选择图表），然后按 Delete 键。要删除一个图表工作表，右键单击它的工作表标签，然后从快捷菜单中选择"删除"命令。

5. 移动和删除图表元素

图表的某些元素是可以移动的。可移动的图表元素包括标题、图例或数据标签。移动图表元素，只要单击并选中此元素，然后把它拖动到图表中想要的位置。删除图表元素，只要选中后按 Delete 键即可。

6. 使用格式对话框格式化图表

当选择了一个图表元素时，可以进入该元素的格式对话框来对元素进行格式修改或设置选项。每个图表元素都有各自的格式对话框。可以通过以下方法进入此对话框。

方法一：选择"格式"→"所选元素"命令（"格式"菜单中显示所选部分的相应名称）。

方法二：双击图表元素。

方法三：选择图表元素并 Ctrl＋1 快捷键。

方法四：右键单击图表元素并从快捷菜单中选择"所选元素格式"命令。

这些方法将显示该元素的格式对话框，使用户可以对选选元素进行一些修改。

1）修改图表区

图表区中包括所有图表中的元素。用户可以把它看作图表的主背景。

"图表区格式"对话框的三个选项卡的一些关键点如下：

• 图案：使用户可以改变图表区的颜色和图案（包括填充效果），出于个人喜好也可以添加边框。

• 字体：使用户可以改变图表中所有的字体的属性。

• 属性：考虑到下层单元格时，可以制定图表的位置和大小。也可以设置"锁定"属性和是否打印图表。这个选项卡只对嵌入的图表有效。

2）修改绘图区

绘图区是图表的一部分，包括实际的图表。右键单击"绘图区"，从出现的快捷菜单中选择"绘图区格式"命令，"绘图区格式"对话框只有一个选项卡：图案。此选项卡使用户可以改变绘图区的颜色和图案以及调整其边框。

3）对图表标题进行操作

一张图表有 5 个不同的标题：

- 图表标题
- 分类（X）轴标题
- 数值（Y）轴标题
- 次分类（X）轴标题
- 次数值（Y）轴标题

用户可以使用的标题的数量取决于图表的类型。例如，饼图只支持一个图表标题，因为其不包含坐标轴。

要为图表添加标题，在"图表区"右键单击鼠标，从出现的快捷菜单中选择"图表选项"命令。Excel 显示"图表选项"对话框。单击"标题"选项卡并输入标题的文字。

要编辑修改标题，可在标题上右键单击鼠标，在快捷菜单中选择"图表标题格式"命令。

7. 对数据系列进行操作

每个图表都由一个或多个数据系列组成。此数据转变为图表中的柱、线、饼等部分。用户可以对图表数据系列进行自定义操作。

对数据系列进行操作，必须首先选择它。激活图表，然后单击需要的数据系列。在柱形图中，单击柱；在折线图中，单击线等。确定所选择的是整个系列，而不是单个点。

当选择数据点时，Excel 在名称框中显示系列的名称（例如，系列 1 或系列的真实名称），并在编辑中显示 SERIES 公式。所选的数据系列中的每个元素都有一个小方块。另外，所选系列使用的单元格将被彩色框标识出来。

1）删除数据系列

要删除一个图表中的数据系列，可选择数据系列并按 Delete 键。数据系列将从图表中被移除。工作表中的数据会完整无缺地保存下来。

2）添加数据系列

通常需要给已有的图表添加另外的数据系列。可以重新创建图表，并包括了新的数据系列，但通常在已有图表中添加当选据系列是比较简单的。Excel 提供了一些方法，可以在一个图表中添加数据系列：

方法一：激活图表并选择"图表"→"源数据"命令。在"源数据"对话框中，单击"系列"选项卡。单击"添加"按钮，然后在"值"框中指定要添加的数据区域（用户可以输入区域地址或单击区域）。

方法二：选择要添加的区域并拖到图表内。当释放鼠标键时，Excel 将就拖入的数据对图表进行更新。这种方法只对嵌入在工作表中的图表有效。

3）在图表中显示数据标志

当需要在图表中显示每个点的实际数值时，用户可以在"图表选项"对话框中的"数据标志"选项卡中指定数据标志。数据标志与工作表相连接，所以如果数据改变了，标志也会相应改变。

4）添加趋势线

趋势线指出了数据的发展趋势。在一些情况下，可以通过趋势线预测出其他的数据。

在 Excel 中为图表添加趋势线，可以选择"图表"→"添加趋势线"命令，显示出"添加趋势线"对话框。

选择趋势线的类型依赖于制作图表的数据。线性趋势是最普通的，但有些数据以其他的形式描述会更加有效。

5.4.5　常用图表类型

1. 柱形图

柱形图是最普通的图表类型之一。柱形图把每个数据点显示为一个垂直柱体，高度取决于其所代表的数值。

柱形图通常用来比较离散的项目，它们可以描绘系列中的项目或是多个系列间的项目的不同。Excel 提供 7 种柱形图子类型。

2. 折线图

折线图通常用来描绘连续的数据，对于标识趋势是很有用的。例如，以一个折线图描绘每日销售，可以识别一段时间内的销售波动。通常，折线图的分类轴显示相等的间隔。Excel 支持 7 种折线图子类型。

折线图可以使用任意数量的数据序列，可以通过使用不同颜色、折线样式或标记来区分曲线。

3. 饼图

要想显示部分占总体的份额是多少，通常使用饼图。饼图只能使用一个数据系列。为了强调可以"分解"饼图的一个或更多片段。激活图表，然后单击任意饼图片断以选择整个饼图。然后单击想分解的片段，把它从中心拖出来。

5.5　数据库操作

5.5.1　了解 Excel 数据列表

数据列表是由一行标题（描述性文字）组成的有组织的信息集合。它还拥有可以是数值或文字的附加数据行。用户可以认为它是能够精确存储数据的数据库表格。

通常把数据列表中的列称为字段，同时把数据列表中的行称为记录。

用户在 Excel 中创建的数据列表的大小受到单个工作表大小的限制。换句话说，数据列表的字段个数不能超过 256，所能记载的记录不能超过 65 535（每一行含有字段名称）。

5.5.2 使用数据记录单对话框输入数据

Excel 允许使用记录单来添加、删除和查找记录。

操作方法：选择"数据"→"记录单"命令，弹出一自定义对话框，如图 5-40 所示。

"新建"按钮：如果要输入一项新的记录，单击"新建"按钮清除字段，然后就可以适当的字段中输入新信息。使用 Tab 键或 Shift＋Tab 快捷键在字段中进行移动。当单击"新建"（或"关闭"）按钮时，Excel 会把输入的信息添加到数据列表的底部。如果数据列表中含有公式，Excel 会自动把它们添加到新记录中去。

"删除"按钮：删除已显示的记录。

"还原"按钮：恢复所编辑的任何信息。必须在单击"新建"按钮之前，单击此按钮。

"上一条"/"下一条"按钮：显示数据列表中前一条/后一条记录。如果用户输入某一

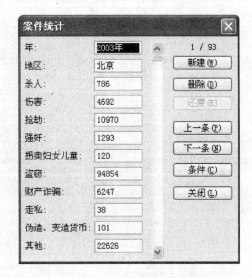

图 5-40 "记录单"对话框

条件，那么此按钮将会显示和此条件相匹配的先前记录。

"条件"按钮：清除字段，允许用户输入设置搜索记录的条件。例如，想找到抢劫案件数大于 11 000 的记录，在"抢劫"字段中输入"＞11 000"，然后使用"上一条"和"下一条"按钮显示所有符合条件的记录。

"关闭"按钮：关闭对话框。

5.5.3 筛选数据列表

筛选数据是把数据清单或数据库中所有不满足条件的记录行暂时隐藏起来，只显示那些满足条件的记录行。

1. 使用自动筛选

1）对单列使用自动筛选

用"自动筛选"命令查找记录的步骤如下：

（1）单击数据清单中的任何一个单元格。

（2）选择"数据""筛选"命令，然后从子菜单中选择"自动筛选"。这时每一列的标题处将显示一个下拉箭头。

（3）单击要筛选的列标题下的下拉箭头。将显示一个包含有筛选选项的列表框，

如图 5-41 所示。图 5-42 显示了在“地区”列中选择“北京”作为筛选条件的筛选结果。

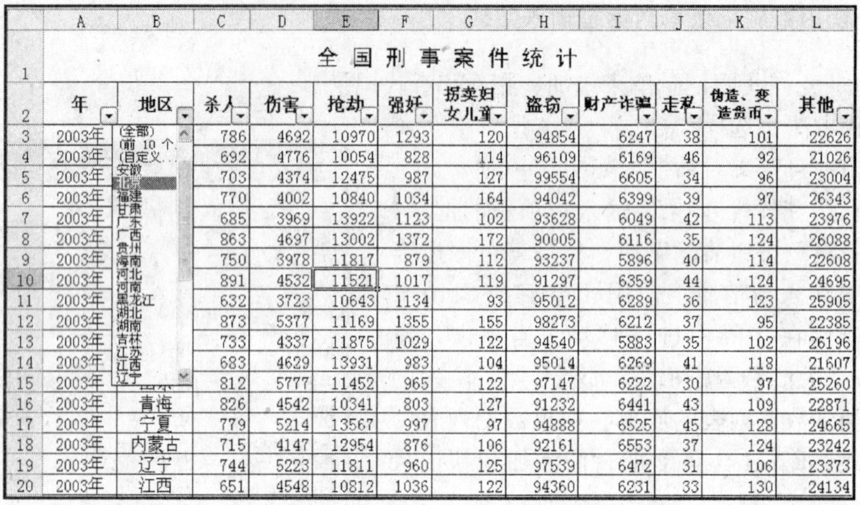

	A	B	C	D	E	F	G	H	I	J	K	L
1	全国刑事案件统计											
2	年	地区	杀人	伤害	抢劫	强奸	拐卖妇女儿童	盗窃	财产诈骗	走私	伪造、变造货币	其他
3	2003年		786	4692	10970	1293	120	94854	6247	38	101	22626
4	2003年		692	4776	10054	828	114	96109	6169	46	92	21026
5	2003年		703	4374	12475	987	127	99554	6605	34	96	23004
6	2003年		770	4002	10840	1034	164	94042	6399	39	97	26343
7	2003年		685	3969	13922	1123	102	93628	6049	42	113	23976
8	2003年		863	4697	13002	1372	172	90005	6116	35	124	26088
9	2003年		750	3978	11817	879	112	93237	5896	40	114	22608
10	2003年		891	4532	11521	1017	119	91297	6359	44	124	24695
11	2003年		632	3723	10643	1134	93	95012	6289	36	123	25905
12	2003年		873	5377	11169	1355	155	98273	6212	37	95	22385
13	2003年		733	4337	11875	1029	122	94540	5883	35	102	26196
14	2003年		683	4629	13931	983	104	95014	6269	41	118	21607
15	2003年		812	5777	11452	965	122	97147	6222	30	97	25260
16	2003年	青海	826	4542	10341	803	127	91232	6441	43	109	22871
17	2003年	宁夏	779	5214	13567	997	97	94888	6525	45	128	24665
18	2003年	内蒙古	715	4147	12954	876	106	92161	6553	37	124	23242
19	2003年	辽宁	744	5223	11811	960	125	97539	6472	31	106	23373
20	2003年	江西	651	4548	10812	1036	122	94360	6231	33	130	24134

图 5-41 “自动筛选”界面

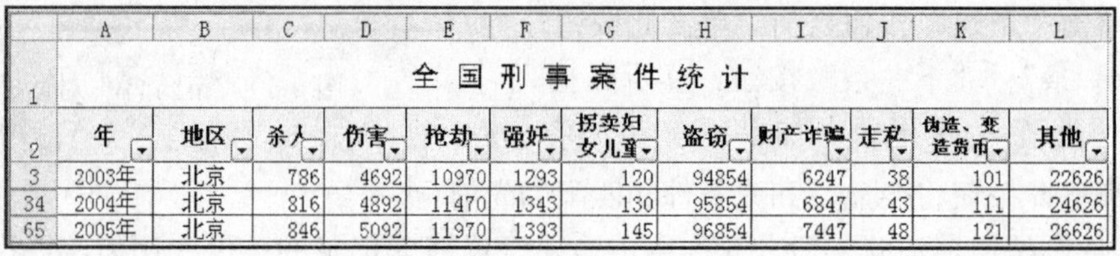

	A	B	C	D	E	F	G	H	I	J	K	L
1	全国刑事案件统计											
2	年	地区	杀人	伤害	抢劫	强奸	拐卖妇女儿童	盗窃	财产诈骗	走私	伪造、变造货币	其他
3	2003年	北京	786	4692	10970	1293	120	94854	6247	38	101	22626
34	2004年	北京	816	4892	11470	1343	130	95854	6847	43	111	24626
65	2005年	北京	846	5092	11970	1393	145	96854	7447	48	121	26626

图 5-42 “自动筛选”结果

自动筛选功能在下拉表中所列出的独特项目的数量上限为 1000。如果用户数据列表超出此上限，那么可使用将在后面介绍的高级筛选。

除了在列中显示的每一项外，下拉列表还包括其他的选项：

• 全部：显示列中所有的项目。使用此项将去除列的筛选状态。

• 前 10 个：筛选以显示数据列表中的前 10 个项目，这将在后面讨论。

• 自定义：允许用户通过多个项目筛选数据列表，这将在后面讨论。

• 空白：通过显示包含有此列中空白的行筛选数据列表。这项只有在包含一个或多个空白行的时候才会出现，而且出现在下拉列表的底部。

• 非空：通过显示包含有此列中非空的行筛选的数据列表。这项只有在包含一个或多个空白行的时候才出现，而且出现在下拉列表的底部。

要再一次显示整个数据列表时，单击箭头，从下拉表中选择“全部”；或者再次选择“数据”→“筛选”→“自动筛选”命令，把数据列表恢复到正常状态。

2）对多列使用自动筛选

首先，选择列表中的任意单元格然后过入自动筛选模式（选择“数据”→“筛选"→"自动筛选"命令）。其次单击"地区"下拉列表选择北京。这个筛选只显示"地区"字段为北京的记录。最后单击"盗窃"字段的下拉列表并选择 94854。这个筛选在上次筛选的结果列表中进行。Excel 通过给列中的下拉箭头赋予不同颜色的方法说明已经应用了筛选的列。

3）使用自定义自动筛选

通常，自动筛选包括为一列或多列选择单一值。如果在下拉列表中选择"自定义"选项，用户可以在筛选数据列表时获得较大的灵活性，用户通过以下若干途径筛选数据列表：

- 大于或小于指定值的值：例如，案件数大于 5000。
- 在一定范围内的值：例如，案件数大于 1000 小于 5000。
- 两个离散的值：例如，等于北京和等于重庆。
- 近似匹配：可以使用 * 和? 通配符进行多种方式的筛选。

自定义自动筛选功能很有用。但是有其局限性。例如，通过筛选只想显示某个字段中的三个值，如果是这样，就不能够通过自动筛选来成。这样的筛选任务需要高级筛选功能，这将在后面的"使用高级筛选"部分进行讨论。

2. 使用高级筛选

在许多情况下，自动筛选功能能够发挥作用。高级筛选比自动筛选更灵活，但在使前需要做一些准备工作。

1）为高级筛选建立条件区域

在使用高级筛选功能前，需要建立一个条件区域，一个在工作表中遵守特定要求的指定区域。此条件区域包括 Excel 使用筛选功能筛选出的信息。其必须遵守下列规定：

- 至少两行组成，在第一行中必须包含有数据列表中的一些或全部字段名称。
- 条件区域的另一行必须由筛选条件构成。

2）执行高级筛选

使用高级筛选，请按照下列步骤进行操作：

（1）把单元格指针放在工作表中的任意位置；

（2）在空白位置输入筛选条件；

（3）选择"数据"→"筛选"→"高级筛选"命令。Excel 会显示一个如图 5-43 所示的"高级筛选"对话框，在该对话框中指定列表区域和条件区域；

（4）如果希望筛选后的结果不覆盖本工作表，选择"将筛选结果复制到其他位置"单选框，并为其指定单元格地址；

（5）单击"确定"按钮。Excel 将会按照指定的条件筛选数据列表。

如果在条件区域中使用了不止一行的数据，那

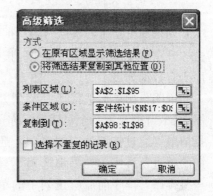

图 5-43　"高级筛选"对话框

地区	盗窃	地区	盗窃
北京		北京	>=100000
	>=100000		
"或"关系		"与"关系	

图 5-44　"高级筛选"中的条件区域

么在不同行中的条件之间相当于"或"的关系，同一行上的条件相当于"与"的关系，如图 5-44 所示。

本例中，经过筛选的列表显示了符合下列条件的行："盗窃"小于 10 000 件或"地区"字段为"北京"的数据，如图 5-45 所示。

年	地区	杀人	伤害	抢劫	强奸	拐卖妇女儿童	盗窃	财产诈骗	走私	伪造、变造货币	其他
2003年	北京	786	4692	10970	1293	120	94854	6247	38	101	22626
2004年	北京	816	4892	11470	1343	130	95854	6847	43	111	24626
2004年	天津	733	4574	12975	1037	137	100554	7205	39	106	25004
2005年	北京	846	5092	11970	1393	145	96854	7447	48	121	26626
2005年	天津	763	4774	13475	1087	152	101554	7805	44	116	27004
2005年	四川	933	5777	12169	1455	180	100273	7412	47	115	26385

图 5-45　利用"高级筛选"命令筛选的数据结果

5.5.4　数据排序

排序是对数据列表中的数据进行重新组织安排的一种方式。

1. 排序规则

排序的方式有升序和降序两种。各类数据排序方法如表 5-4 所示。

表 5-4　各类数据排序方法

数据类型	排序方法
数字	从最小的负数到最大的正数
字母	按字母先后顺序。字母排序时否区分大小写，可根据需要进行设置
逻辑值	False 排在 True 之前
错误值	所有错误值的优先级相同
空格	空格始终排在最后
汉字	汉字有两种排序方式：一种是根据汉语拼音的字典顺序进行升序或降序排列；另一种排序方式是按笔画排序，以笔画的多少作为排序的依据

2. 对单个关键字（列）排序

如果要重新排列数据列表，把单元格指针移到排序的列上，然后在常用工具栏上单击"升序排序"或"降序排序"按钮，Excel 将排序所有数据列表中的行。如图 5-46 所示。

说明：如果你选择了一整列并相对它进行排序，Excel 会显示一个对话框让你选择是对整个数据清单（通过扩展选择的范围）还是只对所选列中的项进行排序。如果你选择了只按所选列的项进行排序，排序前后所选列中的单元格所在的行是不同的。

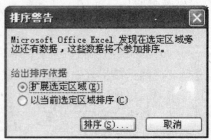

图 5-46　对选中区域排序

3. 对多个关键字（列）排序

有时，用户可能想通过两列或更多列进行排序。如果想通过两个或三个字段进行排序，操作如下：

（1）在要进行排序的数据清单中单击一个单元格。

（2）选择"数据"→"排序"命令，显示"排序"对话框，如图 5-47 所示。

（3）在"主要关键字"下拉列表中选择一个列，并指明是升序排序还是降序排序。

（4）如有必要，在"次要关键字"下拉列表中选择一个列，并指明是升序排序还是降序排序。

（5）如有必要，在"第三关键字"下拉列表中选择一个列，并指明是升序排序还是降序排序。

（6）单击"确定"按钮，进行排序。

注意：在"次关键字"部分指定的列只用来排列那些具有相同排序目标的记录，而不是用来控制整个数据清单的排序。

单击"排序"对话框中的"选项"按钮，打开"排序选项"对话框，如图 5-48 所示。这些选项的含义如下：

图 5-47　"排序"对话框

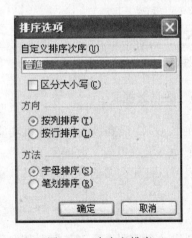

图 5-48　自定义排序

• 自定义排序次序：允许用户为排序操作自定义顺序。

• 区分大小写：让排序区分大小写，以使在降序排开中大写字母排在小写字母的前面。

• 正常情况下，排序不区分大小写。

• 方向：允许用户根据列进行排序而不是行（默认）。

多关键字排序可使数据在第一关键字字段相同的情况下，按第二关键字段排序，在第一、第二关键字都相同的情况下，数据按第三关键字段排序，其余的以此类推。但不管有多少关键字段，排序之后的数据总是按第一关键字段排序的。

5.5.5 创建分类汇总

在数据清单中添加分类汇总的步骤如下：

（1）整理数据清单，以使同一组记录放在一起。一种简单的方法是按组对列进行排序。

（2）选择"数据""分类汇总"命令，Excel 将会打开"分类汇总"对话框，如图 5-49 所示。

（3）在"分类字段"列表框中选择一个要进行分类汇总的字段，这与步骤（1）中排序的字段应该是相同的。

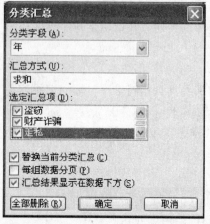

图 5-49 "分类汇总"对话框

（4）在"汇总方式"列表框中，选择分类汇总所采用的函数。

（5）在"选定汇总项"列表框中，选择在分类汇总计算中所用到的列。可以选择多个框来对多列进行分类汇总，但是在所有的列中必须使用相同的函数。

（6）单击"确定"按钮，将分类汇总加入到数据清单中。如图 5-49 所示。

提示：不需要再使用"分类汇总"命令时，单击"分类汇总"对话框中的"全部删除"按钮，即取消分类汇总的操作。

5.5.6 数据透视表

在 Excel 中最高级的数据分析功能是透视表，数据透视表本质上是从数据库中产生的一个动态汇总报告。数据库可以在一个工作簿中，也可是一个外部的数据文件。数据透视表可以把无穷多的行列数据转换成数据有意义的表述。

1. 创建数据透视表

创建一个数据透视表是根据其向导完成的，操作步骤如下：

（1）单击想作为数据透视表显示的数据清单中的任意一个单元格；

（2）选择"数据""数据透视表和数据透视图"命令，启动"数据透视表和数据透视图向导"。

步骤一：指定数据源位置

选择"数据"→"数据透视表和数据透视图"命令后，打开如图 5-50 所示的对话框。

在此步骤中需要指定数据源。Excel 在数据透视表使用的数据上提供灵活多样的选择。

步骤二：指定数据

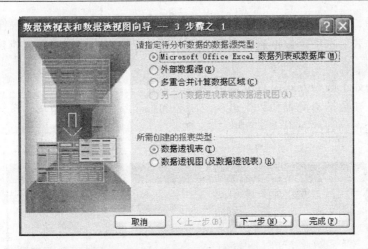

图 5-50　"数据透视表和数据透视图向导"——步骤 1

当选择"数据"→"数据透视表和数据透视图"命令时，如果把单元格指针放在工作表数据库中的任何位置，Excel 会在"数据透视表和数据透视图表向导"的第二个对话框中自动识别数据库的范围，如图 5-51 示。

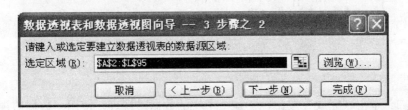

图 5-51　"数据透视表和数据透视图向导"——步骤 2

可以使用"浏览"按钮打开另一个工作表，并选择范围。单击"下一步"按钮，进入第三步。

步骤三：完成数据透视表

图 5-52 显示了数据透视表和数据透视图向导的最后一步。在此步骤中，指定数据透视表的位置。

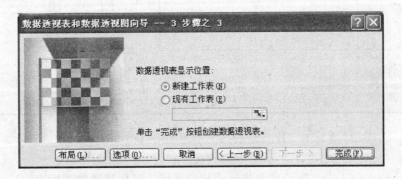

图 5-52　"数据透视表和数据透视图向导"——步骤 3

　　如果选择"新建工作表"选项，Excel 为数据透视表插入一个新的工作表。如果选择"现有工作表"选项，数据透视表则出现在当前工作表中（用户可以指定开始单元格的位置）。

　　可以使用如下两种方式设置数据透视表的布局：

　　方法一：在数据透视表和数据透视图向导的第 3 步中单击"布局"按钮，可以使用出现的对话框布局数据透视表，如图 5-53 所示。

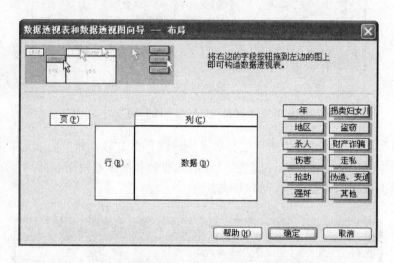

图 5-53　"数据透视表和数据透视图向导"——布局对话框

　　方法二：单击"完成"按钮，创建一个空的数据透视表。使用"数据透视表字段列表"工具栏来布局该表，如图 5-54 所示。

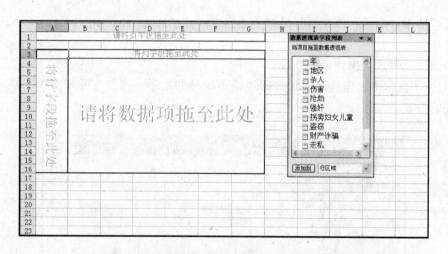

图 5-54　"数据透视表和数据透视图向导"——工具栏

　　在图 5-53、5-54 中，拖动字段按钮要相应区域，以构建数据透视表。

2. 数据透视表的构成

数据透视表的图表分为 4 部分：
- 页：此区域中的按钮将作为页面项目出现在数据透视表中。
- 行：此区域中的按钮将作为行项目出现在数据透视表中。
- 数据：此区域中的按钮在数据透视表中显示汇总的数据。
- 列：此区域中的按钮将作为列项目出现在数据透视表中。

可以拖动任何想要的字段按钮到任何位置，用户不需要使用所有的字段，没被使用字段不会出现在数据透视表中。

当拖动一个字段按钮到"数据"区域时，如果该字段包含数字值，数据透视表和数据透视图向导执行求和功能；如果该字段包含非数字值，则会执行计数功能。

图 5-55 显示了在拖动一些字段数据透视表图表后出现的对话框。数据透视表显示了三年几个城市的伤害、盗窃和走私案件的总和。

年	数据	地区 北京	上海	天津	重庆	总计
2003年	求和项:伤害	4692	4776	4374	4002	17844
	求和项:盗窃	94854	96109	99554	94042	384559
	求和项:走私	38	46	34	39	157
2004年	求和项:伤害	4892	4976	4574	4202	18644
	求和项:盗窃	95854	97109	100554	95042	388559
	求和项:走私	43	51	39	44	177
2005年	求和项:伤害	5092	5176	4774	4402	19444
	求和项:盗窃	96854	98109	101554	96042	392559
	求和项:走私	48	56	44	49	197
求和项:伤害汇总		14676	14928	13722	12606	55932
求和项:盗窃汇总		287562	291327	301662	285126	1165677
求和项:走私汇总		129	153	117	132	531

图 5-55　数据透视表结果

5.5.7　条件格式

条件格式使你可以基于单元格内容有选择地和自动地应用单元格格式。例如，可以通过设置使区域内的所有负值有一个浅黄的背景色。当输入或改变区域中的值时，Excel 检查数值然后为单元格计算条件格式规则。如果值是负的，背景就变化。否则，就不应用任何格式。

对于快速地标识不正确单元输入项或特定类型的单元格，条件格式是非常有用的。用户可以使用一种格式（例如亮红的单元格底）以使特定的单元格容易标识。

要对一个单元格或区域应用条件格式，可按如下步骤进行操作：

（1）选择单元格或区域。

（2）选择"格式"→"条件格式"命令。如图 5-56 所示，Excel 显示"条件格式"对话框。

（3）在第一个下拉列表中选择"单元格数值"（简单的条件格式）或"公式"。

（4）单击"格式"按钮，为选定区域应用格式。

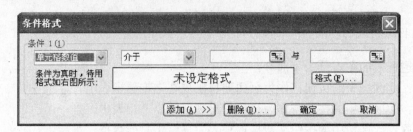

图 5-56　"条件格式"对话框

（5）要添加条件格式（最多再加两个），单击"添加"按钮，然后重复第 3 步到第 4 步。

（6）单击"确定"按钮。

在执行了这些步骤之后，单元格或区域将基于用户设定的条件被格式化。当然，这个格式是动态的：如果改变单元格的内容，Excel 会重新计算内容后再应用或去掉相应的格式。

5.5.8　数据有效性

Excel 的数据有效性特性在很多方面类似于条件格式特性。这个特性使用户可以建立一定的规则，它规定可以向单元格输入的内容。例如，可能想限制数据输入项为介于 1 到 12 之间的整数。如果用户输入了一个无效的输入项，可以显示一个自定义的消息。

要指定单元格区域中允许的数据类型，请按照以下步骤操作：

（1）选择单元格或区域。

（2）选择"数据"→"有效性"命令。Excel 显示"数据有效性"对话框，如图 5-57 所示。

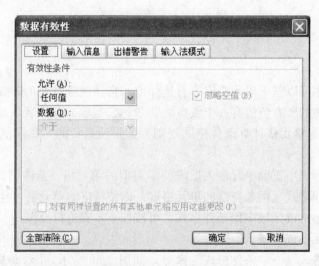

图 5-57　"数据有效性"对话框

（3）单击"设置"选项卡。

（4）从"允许"下拉列表中选择一个选项。要指定一个公式，选择"自定义"

选项。

（5）从"数据"下拉列表中选择设定条件。

（6）单击"确定"按钮。

在执行了这些步骤之后，单元格或区域就包含了用户指定的有效性条件。

5.6　查找和替换

利用 Excel 的查找和替换功能，可以很容易地在一个工作表或一个工作簿中的多个工作表间定位信息。还可以查找某个信息，并把它替换成为其他文本信息。

5.6.1　查找信息

选择"编辑"→"查找"命令，打开"查找和替换"对话框，如图 5-58 所示。使用"选项"按钮可以显示（或隐藏）附加选项，如图 5-58 所示。

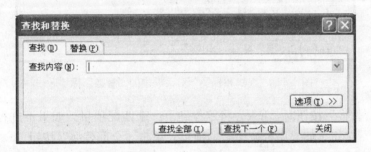

图 5-58　"查找和替换"对话框中的"查找"标签

在"查找内容"栏中输入想要查找的信息，然后单击"查找下一个"按钮或"查找全部"按钮，以定位要查找的信息。

单击"选项"按钮，打开如图 5-59 所示的对话框。

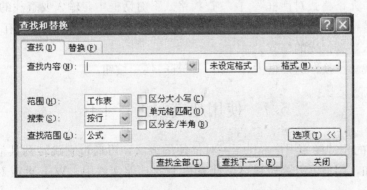

图 5-59　在"查找和替换"对话框中显示"附加选项"

使用"范围"下拉列表将指定查找的范围（当前工作表或整个工作簿）。

使用"搜索"下拉列表将指定查找的方向（按行或按列）。

使用"查找范围"下拉列表将指定单元格的哪些部分被查找（公式、值或注释）。

使用复选框将指定查找是否区分大小写、是否匹配整个单元格以及是否区分全角和半角。

5.6.2 替换信息

选择"编辑"→"替换"命令，将以一种文本替换另一种文本，如图 5-60 所示。在"查找内容"栏中输入要被替换的文本，在"替换为"栏中输入替换后的文本，单击"查找下一个"按钮，定位到第一个匹配的项目，然后单击"替换"按钮，进行替换。

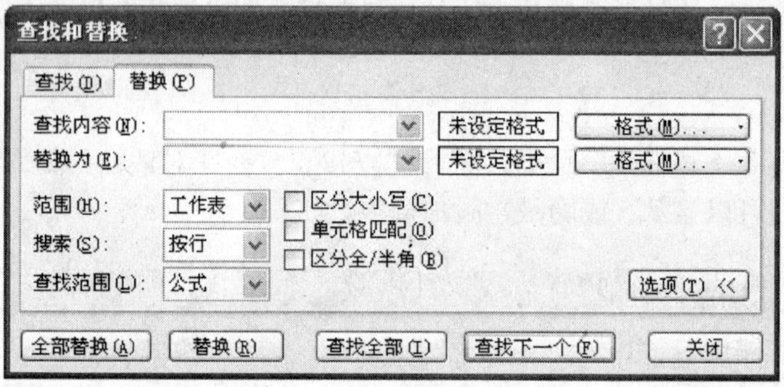

图 5-60 "查找和替换"对话框中的"替换"标签

当单击"替换"按钮时，Excel 将定位到下一个匹配项目。如果不进行替换，单击"查找下一个"按钮。如果要替换所有的项目，单击"全部替换"按钮。

5.6.3 查找格式

使用"查找和替换"命令还可以定位包含有特殊格式的单元格。用户可以以一种格式来替换另一种格式。

单击"查找和替换"对话框中的"格式"按钮，显示"查找格式"对话框，这个对话框类似"单元格格式对话框"。在"查找格式"对话框中，输入要查找的格式。

单击"替换为"行中的"格式"按钮，显示"替换格式"对话框。在"替换格式"对话框中输入要替换成的格式。

在"查找和替换"对话框中，单击"全部替换"按钮。

5.7 使用超链接进行工作

Excel 中的超链接为用户提供了一种简便的方法，可通过它跳转到其他工作簿或文件中去。例如，用户可以跳转到自己计算机上的其他文件中、Web 页或对其他资料的访问。

5.7.1 插入一个超链接

要建立一个超链接，请按照下列步骤进行操作：

（1）在工作表中，选择要添加超链接的单元格、图片或公式所在单元格。

（2）选择"插入"→"超链接"命令，或单击"常用"工具栏上的"插入超链接"按钮。Excel 将弹出"插入超链接"对话框，如图 5-61 所示。

图 5-61　"插入超链接"对话框

（3）在对话框左边的 4 个按钮中选择一个按钮单击，以确定要建立的超链接的类型。

（4）确定要链接到的文件的位置。对话框中的显示将根据用户选择的图标的不同而改变。

（5）单击"确定"按钮，然后 Excel 将在当前活动单元格中建立超链接。

5.7.2　使用超链接

要使用工作表中的超链接，只需单击包含超链接的单元格，Excel 将指向链接的位置或启动相应的应用程序并加载链接的文档。

5.8　链　接　数　据

5.8.1　将一个 Excel 区域嵌入到 Word 文档中

要想将 Excel 工作表中的某一个区域复制到 Word 文档中，请按照下列步骤操作：

（1）在 Excel 中选择要嵌入的区域并将这个区域复制到剪贴板。

（2）激活 Word，打开要嵌入这个区域的文档，并将插入点定位到想要表格出现的位置。

（3）选择"编辑"→"选择性粘贴"命令，选择"粘贴"选项，并选择 Microsoft Excel 工作表对象格式，如图 5-62 所示。

（4）单击"确定"按钮。

说明：

（1）粘贴过来的对象不是一个标准的 Word 表格。

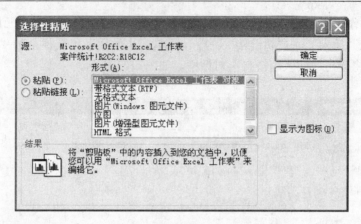

图 5-62　"选择性粘贴"对话框

　　（2）它没有链接到 Excel 的源区域，如果改变了 Excel 工作表中的数值，嵌入到 Word 中的对象中的数据不会改变；如果选择"粘贴链接"，嵌入的对象会随着源数据的改变而改变。

　　（3）要在 Word 中编辑这个嵌入的表格，双击这个对象。用户会发现 Word 的菜单栏和工具栏改变为 Excel 的菜单栏和工具栏。用户可以用 Excel 的命令来编辑这个对象。要返回到 Word，单击该文档中的空白区域即可。

5.8.2　在 Word 中建立一个新的 Excel 对象

　　要在一个 Word 文档中建立一个新的 Excel 对象，请按照下列步骤操作：

　　（1）在 Word 中选择"插入"→"对象"命令，将弹出"对象"对话框，如图 5-63 所示。

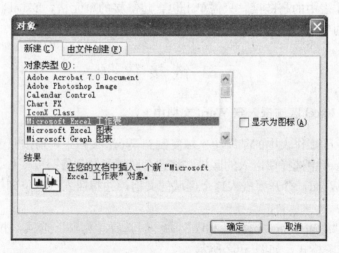

图 5-63　插入"对象"对话框

　　（2）选择"新建"标签，在"对象类型"下拉列表中列出了用户可以建立的对象的类型（该列表的内容由用户系统里安装的应用程序的多少来决定）。

（3）选择"Microsoft Excel 工作表"选项，并单击"确定"按钮。Word 将在文档中插入一个 Excel 空白工作表。

（4）如果选择"由文件创建"标签，可以在 Word 中插入一个已存在的 Excel 工作表。

说明：

（1）此时，可以使用所有的 Excel 命令来编辑该表格，结束之后，单击 Word 文档中的空白区域。当然，也可以在任何时候双击这个工作表来进行编辑修改。

（2）在对象被激活的时候，可以通过拖动对象边界所显示的任意一个控制手柄（小黑方块）来改变其大小。也可以利用"图片"工具栏裁剪该对象，根据需要使得它在不被激活时显示相关内容的单元格。

5.8.3　在 Excel 工作表中嵌入对象

可以用同样的方法将其他对象嵌入到 Excel 工作表内。

要在 Excel 工作表内嵌入一个 Word 文档，请按照下列步骤操作：

（1）在 Excel 工作表中，选择"插入"→"对象"命令，打开"对象"对话框。

（2）在"对象"对话框中，单击"新建"选项卡，并从"对象类型"列表中选择"Microsoft Word 文档"选项。插入了一个空 Word 文档并且已被激活，等待用户输入信息。

说明：

（1）此时，Word 的菜单栏和工具栏取代了 Excel 的菜单栏和工具栏。可以重新根据需要确定该文档的大小，文字将根据改变自动伸缩。

（2）还可以嵌入许多其他类型的对象，包括音频剪辑、视频剪辑、一个完整的 Microsoft PowerPoint 演示文稿、公式等。

5.9　数 据 保 护

5.9.1　保护工作表

要想保护一个工作簿中的工作表，使其不被修改，可以为工作表设置保护密码，使该工作表真正进入保护状态，操作步骤如下：

（1）选中要保护的工作表。

（2）选择"工具"→"保护"命令，在子菜单中选择"保护工作表"命令，打开"保护工作表"对话框，如图 5-64 所示。

（3）在"取消工作表保护时使用的密码"框内输入一个密码。

（4）单击"确定"按钮，显示"确认密码"对话框。

（5）再次输入密码后，单击"确定"按钮。

"保护工作表"对话框包含有一个密码文本框

图 5-64　"保护工作表"对话框

和一系列保护复选框，这些复选框列出了允许用户操作该工作表的方式。

如要撤销工作表保护，仍然选择"工具"→"保护"命令，然后从子菜单上选择"撤销工作表保护"命令。

5.9.2　保护工作簿

保护整个工作簿，即保护工作簿的结构不被修改，请按照以下步骤进行操作：

（1）选择"工具"→"保护"命令，然后从子菜单中选择"保护工作簿"命令，打开"保护工作簿"对话框，如图 5-65 所示。

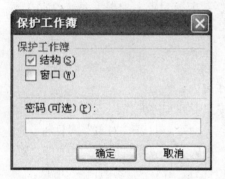

（2）在密码文本框中输入一个密码并单击"确定"按钮。

说明：

（1）如果要保护工作簿的结构，请选中"结构"复选框，这样工作簿中的工作表将不能进行插入、移动、复制、删除、隐藏或重新命名的操作。

（2）如果要保护工作簿的窗口，请选中"窗口"复选框，用户将不能调整显示在这个工作簿中的窗口大小。

图 5-65　"保护工作簿"对话框

5.10　工作簿的修订

在 Excel 中，用户可以跟踪对工作簿的修订。当要把工作簿发送给其他人阅读时可以使用该功能，文件返回后，用户能够看到工作簿的变更，并根据情况接受或拒绝这些变更。

5.10.1　开启或关闭跟踪修订功能

想要开启跟踪修订功能，选择"工具"→"修订"→"突出显示修订"命令，打开"突出显示修订"对话框，选中"编辑时跟踪修订信息，同时共享工作簿"复选框。如图 5-66 所示。

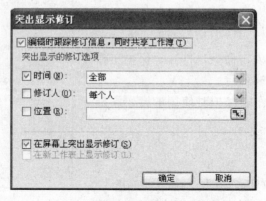

图 5-66　"突出显示修订"对话框

"时间"复选框：用于指定跟踪的时间区域。

"修订人"复选框：用于跟踪哪个用户所做的修改。

"位置"复选框：用于指定跟踪哪个区域的变化（位置）。

如果选中"在屏幕上突出显示修订"，则每个被修订过的单元格的左上角都显示有一个小三角。当选中其中某个单元格时，可以看到关于修订信息的描述。

用户选择完需要的选项后，单击"确定"按钮。想要关闭跟踪修订功能，再次选择"工具"→"修订"→"突出显示修订"命令，取消选中"编辑时跟踪修订信息，同时共享工作簿"复选框即可。

5.10.2　游览修订

使用了跟踪修订功能后，游览修订可选择"工具"→"修订"→"接受或拒绝修订"命令。"接受或拒绝修订"对话框将被显示，如图 5-67 所示，用户可以指定想要游览的信息。该对话框类似于"突出显示修订"对话框。用户可以指定时间、修订人和位置。

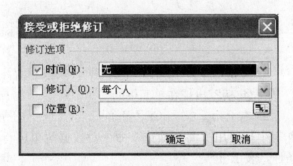

图 5-67　"接受或拒绝修订"对话框

单击"确定"按钮，Excel 将在一个新对话框中显示每个修订。单击"接受"按钮，接受修订，或单击"拒绝"按钮，拒绝修订。也可以单击"全部接受"按钮接受所有修订或单击"全部拒绝"按钮拒绝所有修订。

本 章 小 结

Excel 是一个管理和处理数据的电子表格软件。主要内容有：对工作簿和工作表的基本操作、公式和函数的使用、图表的使用以及数据分析等内容。在使用时应注意掌握以下要点：

- 在输入或修改数据之前，必须先选中要输入数据或要修改数据的单元格。
- 对数字数据可以应用格式，使数据便于理解和分析。
- 查找和替换命令可以快速定位数据，还可以用不同的数据进行替换。
- 可以在工作表中移动或复制数据，还可以复制和粘贴单元格格式。
- Excel 格式工具可以将工作表外观设置得个性化，可以通过应用边框和底纹突出单元格和单元格区域。使用自动套用格式功能对区域应用专业的设计格式。

· 页眉和页脚对于反映工作表中文档的信息具有重要的作用。

· 当打印的工作表超过一页时，可以控制分页符的位置。Excel 的方向和缩放功能使用户很容易地控制打印的工作表的页数。

· 可以向工作簿中添加工作表、删除工作表、移动和复制工作表以及重命名工作表和更改工作表标签的颜色。

· 通过公式和函数，可以及时和准确地给出计算结果和解决方法，可以像输入和编辑数据那样输入和编辑公式。

· 通过应用数据筛选，可以显示满足某些条件或某个标准的数据记录。可以通过数据透视表以查询和分析工作表的任意数据。

· 图表向导可以自动完成创建图表的任务，可以对图表的各个元素进行格式化，以强调某些数据和修改工作表的整体外观。

习　题

一、选择题

1. 在 Excel 中，要重命名一个工作表，请（　　）该工作表标签，输入新的名称并按 Enter 键。

A. 右键单击　　　　B. 左键双击　　　　C. 左键单击　　　　D. 左右键单击

2. 在 Excel 中，"填充句柄"出现在单元格的（　　）。

A. 左上角　　　　　B. 右上角　　　　　C. 左下角　　　　　D. 右下角

3. 在 Excel 工作表中，使用"高级筛选"命令对数据清单进行筛选时，在条件区不同行中输入两个条件，表示（　　）。

A."非"的关系　　B."与"的关系　　C."或"的关系　　D."异或"的关系

4. Excel 中的哪个元素显示选择命令信息（　　）？

A. 公式栏　　　　　B. 水平滚动条　　　C. 名称框　　　　　D. 状态栏

5. 在 Excel 中，函数 Max（0，1，TURE）的值是（　　）。

A. 1　　　　　　　B. 3　　　　　　　C. −1　　　　　　D. 0

6. 在工作表的某个单元格内直接输入 12−12，Excel 认为这是一个（　　）。

A. 数值　　　　　　B. 字符串　　　　　C. 时间　　　　　　D. 日期

7. 在 Excel 中，要编辑某个单元格中的内容，可在选定单元格后按（　　）键，编辑完毕后，按 Enter 键确定。

A. F1　　　　　　　B. F2　　　　　　　C. F3　　　　　　　D. F4

8. 在 Excel 中，用筛选条件"法律顾问＞20 与总案件数＞＝100"对案件统计数据表进行筛选后，在筛选结果中都是（　　）。

A. 法律顾问＞20 的记录

B. 法律顾问＞20 且总案件数＞＝100 的记录

C. 总案件数＞＝100de j 记录

D. 法律顾问＞20 或总案件数＞＝100 的记录

9. 在 Excel 中，要在工作簿中插入一张工作表，正确的操作是（　　　）。

A. 选择"编辑"→"删除工作表"命令

B. 选择"格式"→"工作表"命令

C. 选择"插入"→"工作表"命令

D. 选择"文件"→"工作表"命令

10. 如果要将数据 131.2543 修改成 131.25，应该单击"格式"公式栏中的（　　　）按钮。

A. 增加小数位数　　　　　　　　　B. 减少小数位数

C. 右对齐　　　　　　　　　　　　D. 增加缩进量

11. 在 Excel 中，将单元格底纹或字体颜色等格式自动应用于满足指定条件的单元格，以下正确的是（　　　）。

A. 执行"格式"菜单中的"自动套用格式"命令

B. 执行"格式"菜单中的"条件格式"命令

C. 执行"格式"菜单中的"格式"命令

D. 执行"数据"菜单中的"记录单"命令

12. 可以手工调整分页符的视图是（　　　）。

A. 打印预览　　　B. 分页预览　　　C. 缩放视图　　　D. 扩展对话视图

13. 在 Excel 中使用高级筛选命令时，必须先在某些空白单元格区域设置筛选条件，通常称该区域为（　　　）。

A. 自定义区域　　　B. 记录区域　　　C. 条件区域　　　D. 筛选区域

14. 下列描述中，不属于 Excel 功能的是（　　　）。

A. 完备的数据库管理系统功能　　　B. 方便灵活的表格制作与编辑功能

C. 自动绘制多种统计图　　　　　　D. 对数据进行计算处理

15. 一个 Excel 应用文档就是（　　　）。

A. 一个"工作表"　　　　　　　　B. 一个"工作表"和一个统计图

C. 一个"工作簿"　　　　　　　　D. 若干个"工作簿"

16. 在 Excel 窗口的编辑栏中，最左边有一个"名称框"，里面显示的是当前单元格的（　　　）。

A. 填写内容　　　B. 值　　　C. 位置　　　D. 名字或地址

17. 如果一个工作簿中含有若干个工作表，则当"保存"时，（　　　）。

A. 存为一个磁盘文件

B. 有多少个工作表就存为多少个磁盘文件

C. 工作表数目不超过 3 个就存为一个磁盘文件，否则存为多个磁盘文件

D. 由用户指定存为一个或若干个磁盘文件

18. 假设在 D4 单元格内输入公式"＝C3＋＄A＄5"，再把该公式复制到 E7 单元格，则在 E7 单元格中的公式实际上是（　　　）。

A. ＝C3＋＄A＄5　　　　　　　　B. ＝D6＋＄A＄5

C. ＝C3＋＄B＄8　　　　　　　　D. ＝D6＋D8

19. 在编辑 Excel 工作表时，如果输入分数，应当首先输入（　　）。

A. 数字、空格　　　B. 字母、0　　　C. 0、空格　　　D. 空格、0

20. 一个（　　）图表和数据显示在一个工作表中。

A. 筛选　　　　　B. 嵌入式　　　C. 源　　　　　D. 目的

二、上机操作题

按要求对下图所示工作表完成如下操作并保存名为"办案统计"。

	A	B	C	D	E	F	G	H
1	阳光律师事务所办案统计							
2		法律顾问	经济案件	民事案件	刑事案件	非诉	咨询	合计
3	一月	10	33	50	20	15	61	
4	二月	9	39	55	25	12	80	
5	三月	7	50	57	31	14	75	
6	四月	6	44	60	26	16	77	
7	五月	5	48	63	22	10	69	
8	六月	9	52	51	23	8	55	
9	七月	8	30	54	17	5	82	
10	八月	5	55	40	20	11	72	
11	九月	8	36	48	30	7	90	
12	十月	7	47	61	15	9	111	
13	十一月	10	40	30	28	13	97	
14	十二月	16	37	51	29	20	88	
15	总计							

（1）将工作表 Sheet1 的 A：H1 单元格合并为一个单元格，内容居中。

（2）利用 SUM 函数计算"总计""合计"的值。

（3）将工作表命名为"案件统计"。

（4）将表格中的字体设为"幼圆"，蓝色。

（5）插入页眉，页眉文字为："阳光律师事务所"。

（6）取表中 A3：G3 中的数据建立"三维饼图"，图表标题为"一月份办案情况"。

（7）数据区域 A2：H15 部分采用"自动套用格式"中的"三维效果 2"格式修饰表格。

（8）将"阳光律师事务所办案统计"复制到 Sheet2 中，用高级筛选命令筛选出满足条件：法律顾问＞10 或者咨询＞80 的记录，并将筛选出的记录保存在第 20 行以下的区域中。

（9）将"阳光律师事务所办案统计"复制到 Sheet3 中，用数据透视表筛选出下半年经济案件、民事案件和刑事案件的数据。

（10）绘制全年各类案件的柱形图。标题为"全年案件统计图"，并对图中各元素进行格式化。

第 6 章　PowerPoint 2003 演示文稿软件

6.1　PowerPoint 2003 概述

PowerPoint 2003 中文版是 Microsoft 公司最新推出的 Office 2003 系列软件中的一个重要成员，利用 PowerPoint 2003，可以帮助用户制作出图文并茂、生动美观、极富感染力的演示文稿。制作完毕后，可以通过计算机屏幕、Internet、黑白或彩色投影机及 35 毫米幻灯片将其发布出来。

PowerPoint 2003 是最通用、最易掌握的多媒体集成软件，专家、领导常用它制作演示文稿，教师常用它制作课件，企业常用它制作演示广告。它以页为单位制作一张张幻灯片，再集成为一个完整的演示文稿或课件。PowerPoint 能方便地制作文字、图形、图像、声音、动画、视频影像等多媒体形式，可以设计各种演示效果，能实现手动操作和自动播放演示文稿，是目前非常流行的电子演示工具。

6.1.1　PowerPoint 2003 的启动、保存和退出

1. PowerPoint 2003 的启动

常用的启动 PowerPoint 的方法有以下几种：

（1）常规方法："开始"→"所有程序"→"Microsoft Office"→"Microsoft Office PowerPoint 2003"。

（2）快捷方式：如果桌面上有 PowerPoint 2003 的快捷方式图标，双击即可启动。

（3）通过已建立 PowerPoint 演示文稿启动 PowerPoint 2003。在 Windows "资源管理器"或"我的电脑"中双击某个已建立的 PowerPoint 文件图标，或在"开始"菜单中的"我最近的文档"列表中单击某个 PowerPoint 文件名，都可以打开已存在的 PowerPoint 文件。

2. PowerPoint 文件的保存

可以通过文件菜单中的"保存"、"另存为"命令或常用工具栏上的"保存"按钮保存演示文稿。

在保存文稿时，PowerPoint 2003 提供了多种文件格式，见表 6-1。常用的有 .PPT、.POT 和 .PPS 三种。.PPT 是系统默认的演示文稿文件保存格式；.POT 是 PowerPoint 中模板的文件格式，用户可以创建自己个性化的 PowerPoint 模板；.PPS 文件格式一般用于需要自动放映的情境，可以使用该文件格式，在"资源管理器"或"我的电脑"中双击文件名即可直接播放演示文稿。

表 6-1　PowerPoint 2003 文件类型

保存类型	扩展名	保存格式
演示文稿	.PPT	典型的 PowerPoint 演示文稿
Windows 图元文件	.WMF	图片的幻灯片
演示文稿模板	.POT	演示文稿的模板
大纲/RTF	.RTF	演示文稿的大纲
PowerPoint 放映	.PPS	以幻灯片放映方式打开的演示文稿
图形	.JPG	压缩图形文件
图形	.GIF	图形交换文件格式
图形	.PNG	网络图形方式格式
图形	.BMP	设备无关位图格式
PowerPoint 宏	.PPA	加载宏文件
网页	.HTM，.HTML	网页格式

3. PowerPoint 2003 的退出

（1）单击 Powerpoint 程序窗口右上角"关闭"按钮。

（2）选择文件菜单中的"退出"命令。

（3）双击 Powerpoint 标题栏左上角的控制菜单。

（4）组合键：ALT＋F4。

6.1.2　PowerPoint 2003 界面组成

　　和其他的微软产品一样，PowerPoint 2003 也拥有典型的 Windows 应用程序窗口，启动 PowerPoint 2003 后可以看到如图 6-1 所示的工作界面，包括应用程序窗口和文稿窗口两部分。

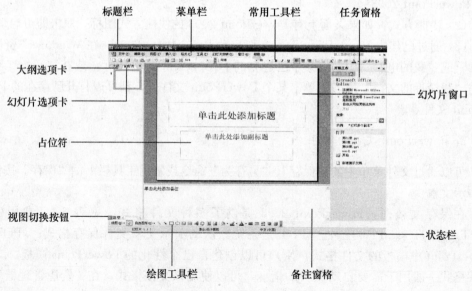

图 6-1　PowerPoint 界面

1. 标题栏

标题栏位于工作窗口的顶部，显示当前所使用的应用程序名称"Microsoft Power-Point"和演示文稿名称（默认为"演示文稿 1. PPT"）。标题栏最左边是应用程序控制菜单图标，最右边依次为"最小化"按钮、"向下还原/最大化"按钮以及"关闭"按钮。

2. 菜单栏

菜单栏一般位于标题栏的正下方，其中包括演示文稿控制菜单按钮、PowerPoint菜单名、最小化按钮、还原按钮以及关闭按钮。在默认方式下，菜单栏包括"文件"、"编辑"、"视图"、"插入"、"格式"、"工具"、"幻灯片放映"、"窗口"和"帮助"9 个菜单，几乎包含了 PowerPoint 2003 的所有的控制功能，通过菜单栏里的各个命令，可以完成各种任务。

"文件"菜单主要提供一系列关于文件管理的命令，包括创建文件、保存文件和打印文件等。

"编辑"菜单主要提供一系列关于编辑操作的命令，用于对页面中的对象进行编辑，包括对象的复制、剪切、粘贴、查找和替换等。

"视图"菜单主要提供一系列关于视图管理的命令，用于调整视图显示，包括选择视图方式、调节视图比例、设置视图颜色和显示/隐藏工具栏等。

"插入"菜单用于插入与幻灯片有关的对象，如插入新的幻灯片、幻灯片编号、图片、文字、表格、声音和超级链接等。

"格式"菜单主要提供了对象设置格式的命令，还提供了幻灯片设计模板和幻灯片的版式。

"工具"菜单提供了与制作幻灯片有关的工具，如拼写、联机和使用宏等。

"幻灯片放映"菜单主要用于控制幻灯片放映的操作，如观看放映、设置放映方式、设计动画方案、切换幻灯片和隐藏幻灯片等。

"窗口"菜单主要用于界面窗口的安排与管理，如新建窗口、层叠窗口和切换文稿等。

"帮助"菜单主要用于解决用户遇到的技术性问题，如查看帮助信息、注册软件以及检测与修复软件等。

3. 工具栏

像其他 Microsoft 办公应用软件一样，PowerPoint 2003 除了将所有功能设计成命令方式放在各个下拉菜单中之外，还将一些常用的命令用图标表示，并且将功能相近的图标集中到一起形成工具栏，从而为用户提供了一种比较简单的操作方式。PowerPoint 2003 提供了十几种工具栏，默认情况下，屏幕上会出现"常用"工具栏、"格式"工具栏和"绘图"工具栏，其他工具栏，则仅在需要时才设置显示。如果要执行某个命令，只需要单击相应的工具栏按钮即可。例如，要打开一个演示文稿，可以单击"常用"工具栏的"打开"按钮，这样就避免了单击"文件"菜单，再从下拉菜单中选择"打开"命令这一烦琐过程。

4. 演示文稿窗口

演示文稿窗口是加工、制作演示文稿的地方。通常这个窗口处于最大化状态，当前文件的名称显示在标题栏上，用户所选择各个菜单命令或按钮命令都是针对这个文件进行的。

5. 视图切换按钮

PowerPoint 2003 有三种视图方式，其切换按钮位于窗口左下方，如图 6-2 所示。

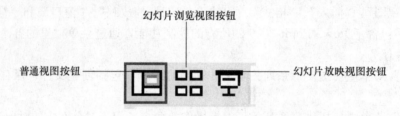

幻灯片浏览视图按钮

普通视图按钮 —————— ———— 幻灯片放映视图按钮

图 6-2 视图切换按钮

6. 状态栏

状态栏位于应用程序窗口的底部，在 PowerPoint 2003 的不同视图中，状态栏显示不同的信息。例如，在普通视图中，状态栏显示当前的幻灯片编号和总幻灯片数，以及当前幻灯片所用的模板名。

6.1.3 PowerPoint 2003 中的视图方式

演示文稿的视图是指在编辑和修改幻灯片时所使用的展示幻灯片的方式。Microsoft Powerpoint 2003 提供了 3 种主要视图：普通视图、幻灯片浏览视图和幻灯片放映视图。通过单击"视图"菜单中的视图命令或者单击窗口左下角的视图切换按钮，可以在不同的视图之间进行切换。

1. 普通视图

普通视图是 Powerpoint 2003 主要的编辑视图，用户在此可以编辑或设计演示文稿。该视图有 4 个窗格：左边的"大纲"选项卡和"幻灯片"选项卡切换窗格，中间的幻灯片窗格，右边的任务窗格和底部的备注窗格，如图 6-3 所示。

（1）"大纲"选项卡和"幻灯片"选项卡切换窗格：在此窗格中有"大纲"和"幻灯片"两张选项卡供用户选择，方便对文档的编辑与浏览。大纲选项卡可以显示幻灯片中的文本大纲，在此区域可以修改幻灯片中的内容；"幻灯片"选项卡是以缩略图的形式显示演示文稿中的幻灯片。使用缩略图能更方便地通过演示文稿导航并观看更改的效果。用户也可以重新排列、添加或删除幻灯片。

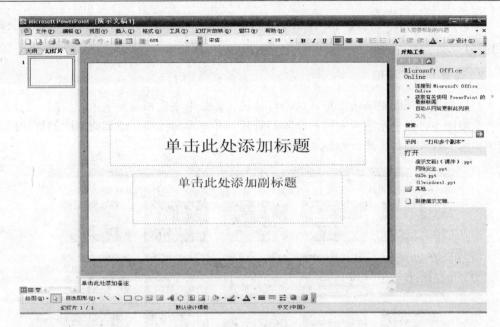

图 6-3　普通视图

- 隐藏窗格

单击窗格右上角的"关闭"按钮，或者将拆分条（窗格的右边框）一直向左拖动，都可以将窗格隐藏。

- 显示窗格

单击"视图"菜单下的"普通（恢复窗格）"命令，或者将拆分条向右拖动，都可以恢复窗格的显示。

提示：左右拖动拆分条，可以调整显示窗格的大小。

（2）幻灯片窗格：这是编辑幻灯片的主要窗格。在此窗格中，可以查看每一张幻灯片的外观，并可对幻灯片方便地添加图形、动画影片和声音，并可以创建超级链接。

（3）备注窗格：通常在此输入对当前幻灯片内容的解释与说明，可将其打印作为放映演示文稿时的参考资料。

（4）任务窗格：任务窗格里显示相关主题的操作信息，对于编辑幻灯片有很大的帮助。单击"任务窗格"标题栏的下三角符号，出现如图 6-4 所示的其他任务窗格的下拉菜单，可以方便选择要切换的内容。

- 显示"任务窗格"

单击"视图"菜单下的"任务窗格"，或使用快捷键 Ctrl＋F1。

- 隐藏"任务窗格"

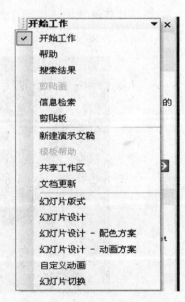

图 6-4　其他任务窗格的下拉列表

单击窗格右上角的"关闭"按钮，或将"视图"菜单下的"任务窗格"命令前的 ☑ 取消。

2. 幻灯片浏览视图

幻灯片浏览视图是缩略图形式的幻灯片视图。结束创建和编辑演示文稿后，在幻灯片浏览视图中可以显示演示文稿的全部幻灯片，并可重新排列、添加或删除幻灯片以及预览切换幻灯片动画效果，如图 6-5 所示。

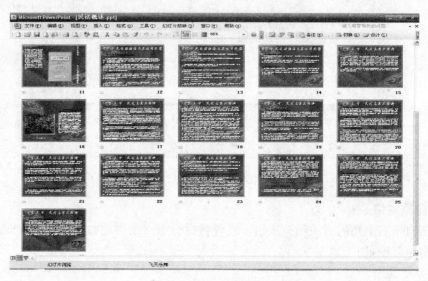

图 6-5　幻灯片浏览视图

3. 幻灯片放映视图

幻灯片放映视图占据整个计算机屏幕。在这种全屏幕视图中，用户可以看到文本、图形、影片、动画元素以及在实际放映中的切换效果，如图 6-6 所示。

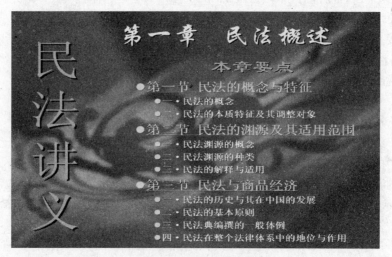

图 6-6　幻灯片放映视图

6.1.4　基本概念

1. 演示文稿

演示文稿是指在 PowerPoint 2003 中生成的文档，其内容围绕某个主题展开，由多媒体素材组成，可供在多媒体投影机上播放。

2. 幻灯片

幻灯片是演示文稿的一个基本演示单位。演示文稿是由按一定顺序排列的幻灯片组成的。在幻灯片中可以插入标题、文字、表格、图形、图像、动画、影片和声音等多媒体素材，并可以对文字及内容设置不同的动画形式，还可以设置幻灯片之间的切换方式。

3. 占位符

占位符是幻灯片上放置文字、图片、表格、视频剪辑等对象的容器。

4. 幻灯片版式

幻灯片版式是指文字、图形等对象在幻灯片中的位置及其排列方式，可以根据幻灯片中的内容选取不同的版式。PowerPoint 提供了 31 种幻灯片版式（也称自动版式）供用户选择。自动版式包含标题、文本、表格、图表、剪贴画、图片、组织结构图等对象的占位符，用虚线框表示，并且包含有提示文字。

5. 母版

母版是 PowerPoint 2003 中一类特殊的幻灯片，它控制了某些文本的特征（如字体、字号和颜色），还控制了背景色和某些特殊效果（如阴影和项目符号样式）。在母版中可以定义整个演示文稿的格式，设置演示文稿的整体外观。在母版中可以添加一系列格式，包括图片、表格、占位符大小和位置、背景设计和配色方案等。使用母版的目的是使用户方便地对整个演示文稿进行更改，如在母版中更改字型、占位符布局、页眉、页脚等，则在所有幻灯片中都得到反映。母版包括幻灯片母版、标题母版、讲义母版和备注母版。幻灯片母版用于定义在幻灯片上键入的标题和文本的格式与类型；标题母版用于定义标题版式幻灯片的标题样式和位置；讲义母版用于设置讲义视图中每页讲义上的页眉、页脚等信息；备注母版用于设置备注页的版式以及备注文字的格式。

6. 模板

模板是统一演示文稿外观的最有力、最快捷的方法。它是通用于各种演示文稿的模型，可直接应用于用户的演示文稿。模板的选择对于一个演示文稿的风格和演示效果影响很大。模板包含配色方案、具有自定义格式的幻灯片和标题母版，以及字体样式，它们都可用来创建特殊的外观。将模板应用到演示文稿时，模板的幻灯片母版、标题母版和配色方案将取代原演示文稿的相应内容。应用模板之后，添加的每张新幻灯片都拥有相同的自定义外观。用户可以随时为演示文稿选择一个满意的模板，还可以对选定的模板作进一步的修饰与更改。

7. 配色方案

配色方案是应用于演示文稿的一组均衡颜色的预设方案，也可用于图表、表格或对添至幻灯片的图片重着色。每个设计模板均带有一套配色方案。配色方案一般包括：背景、文本和线条、阴影、标题文本、填充、强调、强调和超级链接、强调和尾随超级链接 8 项。

6.1.5　演示文稿的创建

1. 使用内容提示向导创建演示文稿

此方法适用于初学者。

使用内容提示向导创建演示文稿的操作步骤如下：

(1) 单击"视图"→"任务窗格"→"新建演示文稿"按钮，打开"内容提示向导"对话框。

(2) 该对话框左边为使用内容提示向导新建演示文稿的流程图，单击"下一步"。

(3) 打开向导的"演示文稿类型"对话框，设置演示文稿的类型。如果选择"全部"，可以显示全部的演示文稿类型，然后单击"下一步"。

(4) 在此选择用户创建的演示文稿的输出类型，单击"下一步"。

(5) 在"演示文稿标题"文本框中输入演示文稿标题，在"每张幻灯片都包含的对象"选项组中，可以选择是否添加"页脚"以及是否在每张幻灯片上显示"上次更新日期"和"幻灯片编号"等选项，然后单击"下一步"。

(6) 打开向导的"完成"对话框，单击"完成"按钮，完成用"内容提示向导"创建演示文稿的操作过程。

2. 使用设计模板创建演示文稿

此方法适用于对演示文稿有一定了解的用户。

使用设计模板创建演示文稿的操作步骤如下：

(1) 若窗口中没有"新建演示文稿"的任务窗格，选择"文件"→"新建"命令。

(2) 在"新建演示文稿"的任务窗格中选择"新建"→"根据设计模板"命令。

(3) 在"幻灯片设计"任务窗格中，单击要应用的设计模板。

(4) 若希望保留第一张幻灯片的默认标题版式，则转到步骤 (5)；若希望对第一张幻灯片使用其他版式，则选择"格式"→"幻灯片版式"命令，再单击所需的版式。

（5）在幻灯片窗口中，为第一张幻灯片输入文本。

（6）若要插入新幻灯片，则选择"插入"→"新幻灯片"命令，或在工具栏上单击"新幻灯片"按钮，再单击要用于幻灯片的版式。

（7）重复执行步骤（5）和（6）以连续添加幻灯片，在幻灯片上可以添加其他想要的设计元素或效果。

（8）选择"文件"→"保存"命令，再输入文件名，单击"保存"按钮，即可保存结果。

3. 创建空演示文稿

此方法适用于熟悉演示文稿并且希望充分发挥自己个性的用户。

创建空演示文稿的操作步骤如下：

（1）PowerPoint 2003 启动成功后自动创建一张"主、副标题"版式的空白幻灯片，可在幻灯片的相应位置输入相应的标题文字。也可以使用"幻灯片版式"任务窗格来更改新幻灯片的版式，并添加用户所需要的设计元素或效果（如背景、文本框或图形等）。

（2）若选择"插入"→"新幻灯片"命令，或单击工具栏上"新幻灯片"按钮，则可向当前幻灯片之后插入一张"标题、文本"版式的新幻灯片。

（3）若在任务窗格中选择"新建演示文稿"→"新建"→"空白演示文稿"选项，或单击常用工具栏上新建按钮，均可创建一张包含"主、副标题"版式新幻灯片的演示文稿。

4. 用现有的 PowerPoint 文稿创建新演示文稿

在现有的 PowerPoint 演示文稿的基础上创建演示文稿的操作步骤如下：

（1）选择任务窗格的"新建演示文稿"→"根据现有演示文稿"选项，选择演示文稿。

（2）在打开的对话框中，选择作为新文件基础的现有演示文稿后，单击"创建"按钮。此时，用户可根据需要，修改演示文稿。

（3）选择"文件"→"另存为"命令，就可将新的文件以新的位置、新的文件名、新的文件格式加以保存。

5. 根据 PowerPoint 提供的通用模板创建演示文稿

用户还可以根据 PowerPoint 提供的通用模板创建演示文稿，其操作步骤如下：

（1）单击"文件"→"新建"命令，打开"新建演示文稿"任务窗格。

（2）在其中单击"本机上的模板"超链接，弹出如图 6-7 所示的"新建演示文稿"对话框。

（3）单击"演示文稿"标签，在此选项卡中选择一个合适的模板，然后单击"确定"按钮。用户只要在打开的演示文稿中添入相应的内容即可。

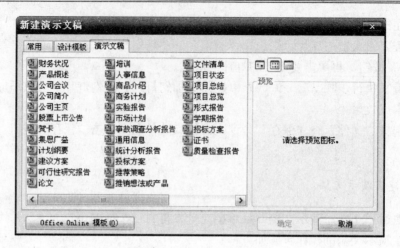

图 6-7　演示文稿通用模板

6. 创建"相册"演示文稿

用户还可以使用 PowerPoint 2003 制作相册幻灯片,步骤如下:

(1) 单击"插入"→"图片"→"新建相册"命令,打开"相册"对话框,见图 6-8 所示。

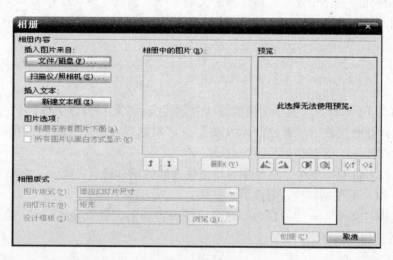

图 6-8　相册对话框

(2) 设置对话框中的各选项如下:

"相册内容":用于确定相册图片的来源媒介是文件/磁盘还是扫描仪/照相机。

"插入文本":用于插入只含文本的幻灯片,对相册中图片进行文字说明,是可选项。

"相册版式":用来确定幻灯片的应用版式,对话框的右下方自动显示选定的版式预览图。

"相册中的图片"：列出所有幻灯片，可以通过↑↓调整幻灯片的顺序。

"预览"：显示选中幻灯片的预览效果。

（3）"相册"对话框设置完毕后，单击"创建"按钮，即可创建相册演示文稿。

6.2　演示文稿的基本编辑

6.2.1　选择、插入、复制、移动、删除幻灯片

1. 选择幻灯片

（1）选择某张幻灯片，在"大纲"窗格或在"幻灯片浏览视图"中单击要选择的幻灯片。

（2）选择多张不连续的幻灯片，按住 Ctrl 键，依次单击要选择的幻灯片。

（3）选择多张连续的幻灯片，单击第一张要选择的幻灯片，然后按住 Shift 键，再单击最后一张要选择的幻灯片。

（4）选择文稿中的所有幻灯片，按 Ctrl＋A 键，或单击"编辑"→"全选"命令。

2. 插入幻灯片

1）插入新幻灯片

要插入一张新幻灯片，单击"插入"→"新幻灯片"命令，或在工具栏上单击"新幻灯片"按钮，可以在当前幻灯片之后插入一张新幻灯片。

2）插入"摘要幻灯片"

"摘要幻灯片"中的内容是当前幻灯片文稿指定幻灯片的标题。在"幻灯片浏览视图"中，选定要引用其标题的一张或多张幻灯片，然后在工具栏上单击"摘要幻灯片"图标，即可在当前幻灯片之前插入摘要幻灯片。

3）插入一个已存在的幻灯片

此法常用于多个幻灯片文稿的合并。

（1）在幻灯片浏览视图中，将光标定位至要插入幻灯片处。

（2）单击"插入"→"幻灯片（从文件）"命令，打开"幻灯片搜索器"对话框，如图 6-9 所示。

（3）在"文件"文本框中输入要插入的幻灯片的名称。

（4）如果不知道幻灯片的确切位置，可以单击"浏览"按钮，打开"浏览"对话框，选择需要的幻灯片后，单击"打开"按钮，将选中的幻灯片显示在"选定幻灯片"列表中。

（5）当"选定幻灯片"预览框中出现插入文件中的所有幻灯片时，依次单击选择要插入的幻灯片，然后单击预览框下方的"插入"按钮，即可插入所选幻灯片，新幻灯片插入到当前幻灯片之后。

图 6-9　幻灯片搜索器

3．复制幻灯片

（1）右击要复制的幻灯片，在快捷菜单上选择"复制"命令，或在工具栏上单击"复制"按钮，然后选定要复制幻灯片的位置，单击鼠标右键，在快捷菜单上选择"粘贴"命令或在工具栏上单击"粘贴"按钮，则可复制一张幻灯片。新幻灯片复制在当前幻灯片之后。

（2）如果用户需要在当前幻灯片的基础上修改之后作为下一张幻灯片，可以单击"插入"→"幻灯片副本"命令，将当前的幻灯片的副本复制到新幻灯片中。

4．移动幻灯片

在"普通视图"和"幻灯片浏览视图"中，单击要移动的幻灯片，然后将其拖动到所需的位置即可。在拖动幻灯片时，一条浮动的水平或垂直的直线可以让用户知道幻灯片将要放置的位置。

5．删除幻灯片

在"普通视图"中，单击"大纲"标签，在打开的"大纲"选项卡中，右击该幻灯片，然后在打开的快捷菜单上单击"删除幻灯片"即可。

6．幻灯片顺序的更改

对幻灯片顺序的更改有 3 种方法：

（1）在普通视图的"大纲"选项卡上，选择一个或多个幻灯片图标，将其拖放到新位置。

（2）在普通视图的"幻灯片"选项卡上，选择一个或多个幻灯片缩略图，将其拖放到新位置。

（3）在"幻灯片浏览"视图中，选择一个或多个幻灯片缩略图，将其拖放到新位置。

7. 幻灯片放映时的隐藏与重新显示

1）幻灯片的隐藏

（1）选择要隐藏的幻灯片。

（2）选择"幻灯片放映"→"隐藏幻灯片"命令。此时，隐藏的幻灯片仍然保留在文件中，而不是被删除掉。在幻灯片浏览视图中，该幻灯片的编号上有隐藏标记。

2）幻灯片隐藏后的重新显示

（1）选择要重新显示的隐藏幻灯片。

（2）再次选择"幻灯片放映"→"隐藏幻灯片"即可，即可取消幻灯片的隐藏设置。

8. 幻灯片的放大或缩小

若要对幻灯片进行放大或缩小，只需单击要更改显示比例的区域，以适应"大纲"选项卡、"幻灯片"选项卡或要在幻灯片窗格中显示的幻灯片的需要。

在"常用"工具栏上，单击"显示比例"旁边的向下箭头，再单击所需的显示比例即可。

9. 为演示文稿设置/更改/删除密码

1）为演示文稿设置密码

（1）打开要创建密码的演示文稿。

（2）单击"工具"→"选项"命令，打开"选项"对话框，如图 6-10 所示。

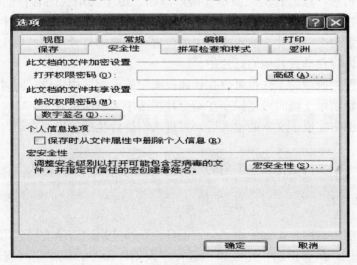

图 6-10　选项对话框

（3）单击"安全性"标签，打开"安全性"选项卡。

（4）如果要使演示文稿在提供密码后才能打开，需要在"打开权限密码"文本框中输入密码，再单击"确定"按钮。

（5）如果要使演示文稿在提供密码后才能编辑，可以在"修改权限密码"文本中，输入密码，再单击"确定"。

2）删除或更改密码

（1）单击"文件"→"打开"命令，打开"打开"对话框。

（2）选择需要打开的文件后单击"打开"按钮，打开"密码"对话框。

（3）在"输入密码以打开文件"文本框中输入密码后，单击"确定"按钮打开文档。

（4）单击"工具"→"选项"命令，打开"选项"对话框，在单击"安全性"标签，打开"安全性"选项卡。

（5）在"打开权限密码"或"修改权限密码"文本框中，选中表示密码的占位符（通常是星号）。

（6）如果要删除密码，按 Dle 键，再单击"确定"按钮。

（7）如果要更改密码，可以输入新密码，再单击"确定"按钮。如果更改了密码，在单击"确定"按钮后，会打开"确认密码"对话框。

（8）在"重新输入密码以打开"文本框中输入新密码后，再单击"确定"按钮。

6.2.2　在大纲视图中编辑幻灯片

1. 大纲视图

在普通视图方式下，单击左窗格的"大纲"标签，切换到大纲视图。在大纲视图中主要显示各个幻灯片的标题和主要的文本信息。因此，用户可以在该视图中查看贯穿各幻灯片的主要构想，最适合组织演示文稿的思路。由于大纲视图有特定的结构和工具栏，使得在该视图中比在其他视图中更容易键入和编辑文本。在该视图中利用大纲工具栏，还可以任意改变幻灯片在演示文稿中的位置，调整幻灯片内容的层次关系，以及将某个幻灯片的内容移动到其他幻灯片中。

在大纲视图中所做的工作也可以在普通视图中的大纲区中完成。同时在大纲视图或普通视图中编辑演示文稿时可以同步在幻灯片视图中观察演示效果。

在大纲视图中完成了文本的输入后，再进入幻灯片视图，以便在幻灯片上插入其他图形对象。

单击编辑演示文稿工作区左下角的"大纲视图"按钮，即可进入大纲视图。

2. 大纲工具栏

在大纲视图中，用户可以使用"大纲工具栏"快速组织演示文稿。用鼠标右键单击任意一个工具栏，从弹出的快捷菜单中选择"大纲"命令，或单击"视图"→"工具栏"→"大纲"，即可显示"大纲工具栏"，如图 6-11 所示。

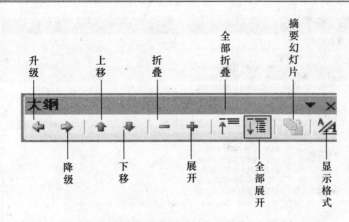

图 6-11　大纲工具栏

3. 演示文稿的大纲结构

演示文稿的大纲是由组成演示文稿的所有幻灯片的标题和对应的层次小标题构成的。幻灯片标题是该幻灯片要论述的观点，层次小标题是对相应幻灯片标题的进一步说明，是幻灯片的主体部分。

层次小标题排列在幻灯片标题的后面，每个层次小标题相对于它的上级标题向右缩进几个字符。按缩进深度的大小顺序，层次小标题依次为第 1 层、第 2 层等。

在每个幻灯片标题的左边都有一个幻灯片图标和幻灯片编号。幻灯片的编号是按由小到大的次序排列的。

在幻灯片的文本区通常含有很多的层次小标题，设有默认的项目符号。相同层次小标题使用相同的项目符号，不同层次小标题使用不同的项目符号。

当前幻灯片指插入点所在的幻灯片，当前层次小标题是指插入点所在的层次小标题。

4. 利用已有的文本创建演示文稿的大纲

可以将 Word 文档设置成大纲文件格式，然后将其大纲导入到 PowerPoint 中。

在 Word 文档中，只有样式被设置为"标题 1"至"标题 9"或大纲级别被设置为 1 至 9 级的文本才能导入到 PowerPoint 文件，其他文本被忽略。PowerPoint 将依据 Word 文档中的大纲决定其在 PowerPoint 大纲中的级别。例如，应用"标题 1"样式或大纲级别的文本将成为幻灯片标题，应用"标题 2"样式或大纲级别的文本将成为第一层小标题，以此类推。

导入大纲创建演示文稿的操作步骤如下：

（1）在大纲视图中，单击"文件"→"打开"命令，或"常用"工具栏的"打开"按钮，出现"打开"对话框，如图 6-12 所示。

（2）在"打开"对话框中，单击"文件类型"列表框右边的向下箭头，从下拉列表中选择"所有大纲"选项。

（3）在文件列表框中，单击要导入的文件，然后单击"打开"按钮。此时，PowerPoint 将打开该文件，每个主要的标题会以幻灯片的标题形式出现。

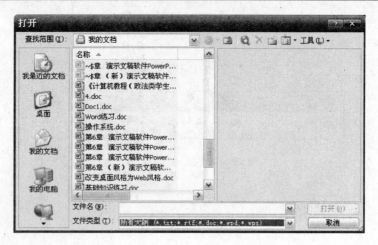

图 6-12　打开对话框

　　另外，也可以将一个 Word 文档直接发送到 PowerPoint 的大纲视图中，以该文件为新演示文稿的大纲，具体操作如下：

　　（1）在 Word 文档中设置好大纲的级别。

　　（2）选择"文件"→"发送"→"Microsoft Office PowerPoint"命令，则大纲内容会出现在 PowerPoint 的大纲视图中。

　　5．在大纲视图中编辑文本

　　1）选定文本

　　在大纲视图中编辑文本，应首先选定文本。可以选定整张幻灯片，也可以选定一个段落或一个段落及其所有子段落。

　　• 要选定整张幻灯片，单击幻灯片图标或编号。

　　• 要选定一个段落或一个段落及其所有子段落，在该段落中的任意地方单击三次。

　　• 要选定部分文本，按住鼠标左键在要选定的文本上拖动。

　　• 要选定整个演示文稿，按 Ctrl＋A 组合键。

　　2）移动幻灯片的位置

　　如果要移动单张幻灯片，可以按下述步骤进行：

　　（1）单击该幻灯片前面的图标以将其选定。

　　（2）将鼠标指针指向该图标，再上下拖动鼠标。

　　（3）拖动时，鼠标指针变成上下的双向箭头，并会出现一条水平线指出当前到达的位置。

　　（4）拖动到目的地后松开鼠标左键。

　　3）改变大纲的段落次序

　　要改变大纲的段落次序，先选定该段落，再单击"大纲"工具栏中的"上移"或"下移"按钮，即可将选定的段落及其折叠（暂时隐藏）的附加文本向上或向下移动。

　　另外，也可以使用鼠标拖动法来移动。选择需要移动的段落，按住鼠标进行拖动，还可以跨幻灯片拖动。

4）更改大纲的段落级别

在大纲视图中，利用"大纲"工具栏中的"升级"和"降级"按钮，可以很方便地修改标题和项目符号列表的级别。如果连续单击"大纲"工具栏中的"升级"按钮，会使某一项目变成一个幻灯片标题，就可以将一张幻灯片分成两张幻灯片。如果要删除某张幻灯片，又想保留其内容在其他幻灯片中，可以将插入点移到幻灯片标题中，然后单击"大纲"工具栏中的"降级"按钮。

另外，也可以使用鼠标拖动调整大纲级别的高低。把鼠标指针放在项目之前，指针会变成十字箭头形状。如果要升级大纲，则向左拖动；如果要降级大纲，则向右拖动。拖动时，指针变成水平方向的双向箭头，并且会出现一个垂直虚线指出目前到达的级数。一旦拖到所要的级别之后，松开鼠标左键，该项目以及下级项目都会自动进行调整。

5）显示字符格式

在默认情况下，大纲列表中使用的是普通宋体，如果希望显示实际的字符格式，可以单击"大纲"工具栏中的"显示格式"按钮。

6）折叠或展开单张幻灯片

如果要隐藏一张幻灯片下面的正文，先单击该幻灯片标题中的任意位置，再单击"大纲"工具栏中的"折叠"按钮，当前插入点所在是幻灯片内容被折叠起来，只显示其标题，并在幻灯片标题下面出现一条灰色的下划线。如果要重新显示被隐藏的正文，先单击该标题中的任意位置，再单击"大纲"工具栏中的"展开"按钮。

7）折叠或展开所有的幻灯片

如果要快速隐藏演示文稿中的所有幻灯片的正文，单击"大纲"工具栏中的"全部折叠"按钮。只显示每张幻灯片的标题，如图 6-13 左侧所示。如果要显示所有的标题级别和正文，可以单击"大纲"工具栏中的"全部显示"按钮。

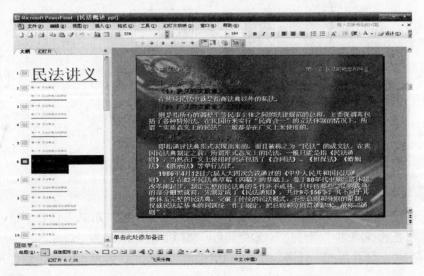

图 6-13

6.2.3　幻灯片版式

版式是指幻灯片内容在幻灯片上的排列方式。版式由占位符组成，而占位符可放置文字（如标题和项目符号列表）和幻灯片内容（如表格、图表、图片等）。每次添加新幻灯片时，都可以在"幻灯片版式"任务窗格中为其选择一种版式，如图 6-14 所示，步骤如下：

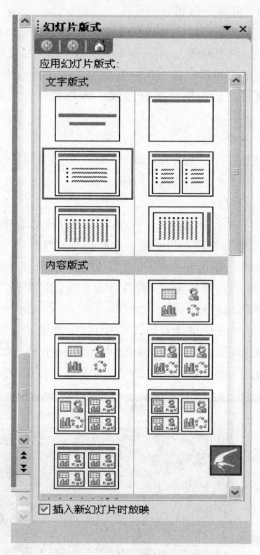

图 6-14　幻灯片版式任务窗格

（1）单击"格式"→"幻灯片版式"命令，打开"幻灯片版式"任务窗格。

（2）在普通视图的"幻灯片"选项卡上，选择要应用版式的幻灯片。

（3）在"幻灯片版式"任务窗格中，指向所需的版式，再单击它，将幻灯片应用新的版式。

6.3　制作丰富多彩的幻灯片

6.3.1　幻灯片元素的插入与格式设置

1. 插入元素

组成幻灯片的元素有多种，如文本、图片、表格、声音和视频等。插入元素的方法如下：

（1）通过占位符插入。在插入幻灯片时即确定幻灯片的版式，然后在幻灯片中单击相应占位符或占位符中的图标，插入相应元素。

（2）在一般版式的幻灯片上直接用"插入"菜单中的相应命令插入各种元素。

（3）单击工具栏中相应图标插入，如"插入表格"。

（4）用"复制"和"粘贴"的方法插入。

2. 设置元素格式

（1）通过"格式"菜单中的相应命令设置元素格式。

（2）通过元素快捷菜单中的相应命令设置。

3. 在幻灯片中添加与设置文本

可添加到幻灯片中去的文本有 4 种类型：占位符文本、自选图形中的文本、文本框中的文本和艺术字文本。演示文稿中各种文本的插入、编辑、格式化操作与 Word 文本及文本框操作相似，这里不再赘述。

4. 图片的插入

可添加到幻灯片中去的图片有：图片、剪贴画、图示、自选图形等，其格式的设置主要有 3 种途径：

（1）通过"图片"工具栏，插入图片。

（2）通过"绘图"工具栏或"图示"工具栏，插入图形。

（3）通过"插入"→"图片"菜单命令，插入图片。

5. 表格与图表的插入及数据格式的设置

1）在幻灯片中插入表格

（1）在"普通视图"中选择要插入表格的幻灯片，在"幻灯片版式"任务窗格中选择一个含有表格占位符的版式，如图 6-15 所示。

（2）双击"双击此处添加表格"，或单击"常用"工具栏上的"插入表格"按钮。

（3）设置表格所需行和列的数量。

（4）最后在表格中输入相关数据。

图 6-15　插入表格版式

2) 对表格中的数据设置格式

（1）选定要设置格式的数据，再选择"格式"→"设置表格格式"命令，打开"设置表格格式"对话框。

（2）在"设置表格格式"对话框中可以设置表格的各种格式，其设置方法与 Word 表格相似，这里不再赘述。

3) 在幻灯片中插入图表与设置图表格式

方法与 Word 图表类似，这里不再赘述。

6. 组织结构图的插入

（1）在普通视图中，选择"插入"→"图片"→"组织结构图"命令，或在幻灯片版式任务窗格中选择带有组织结构图的版式，双击"添加图示或组织结构图"按钮。

（2）再在图示类型中选择所需的图示图标，单击"确定"按钮，如图 6-16 所示。

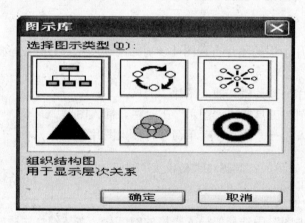

图 6-16　组织结构图

7. 声音效果及影片的添加

1) 为幻灯片添加声音

（1）在"普通视图"中选择要添加声音的幻灯片。

（2）若要插入声音文件，则选择"插入"→"影片和声音"→"文件中的声音"命令，选择所需的文件并双击。

（3）若要从剪辑管理器中插入声音剪辑，则选择"插入"→"影片和声音"→"剪辑管理器中的声音"命令，在"任务窗格"中查找所需的剪辑，单击将其添加到幻灯片中。

2）向幻灯片中添加影片

（1）在"普通视图"中选择要添加影片的幻灯片。

（2）选择"插入"→"影片和声音"→"剪辑管理器中的影片"命令，在弹出的"插入剪贴画"任务窗格中选择（单击）一个影片，影片的片头图像即出现在幻灯片上。

（3）放映该幻灯片时，在默认情况下，会播放有某些动作的影片。

（4）PowerPoint 2003 支持的视频文件格式有：. AVI . MPG 和 . FLC。

8．录制旁白

如果希望自动播放幻灯片时，播放旁白（即同步播放的声音文件），可选择"幻灯片放映"→"录制旁白"命令，打开"录制旁白"对话框。

用户可通过该对话框设置话筒级别及录音质量，单击"确定"按钮后，系统将显示"重新录制旁白"对话框。单击"当前幻灯片"或"第一张"按钮，系统将自动进入幻灯片播放方式，此时用户便可以录制旁白了。

录制结束后，系统将显示一个对话框，告诉用户旁白已经与相应的幻灯片共同保存，并询问是否保存排练时间。对于已经录制了旁白的幻灯片，将在其右下角新增一个喇叭图标。

6.3.2　调整幻灯片外观

1．设置背景

（1）打开要添加背景的演示文稿。

（2）单击"格式"→"背景"命令，打开"背景"对话框，如图 6-17 所示。

（3）单击"背景填充"下拉列表框的下拉按钮，在打开的颜色选项中选择需要的背景颜色。

（4）如果没有需要的颜色，单击"其他颜色"选项，打开"颜色"调色板，选择需要的颜色；或选择"填充效果"，设置特殊背景。

（5）如果选中"忽略母版的背景图形"复选框，可以使母版图形和文本不显示在当前选定的幻灯片或备注页上。

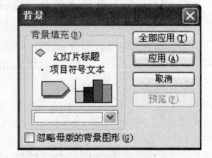

图 6-17　背景对话框

（6）单击"全部应用"按钮，可以使整个演示文稿都应用背景的设置，如果单击"应用"按钮，则只有当前的幻灯片应用新背景。

2．使用配色方案

PowerPoint 2003 使用了配色方案对幻灯片的特定对象作设置，用户可以依据需要

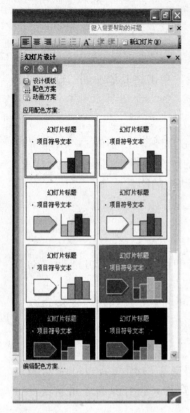

图 6-18　幻灯片配色方案

进行调整。

（1）单击"格式"→"幻灯片设计"命令，打开"幻灯片设计"任务窗格，单击"配色方案"按钮，在"任务窗格"中打开"应用配色方案"列表框，如图6-18所示。

（2）在"应用配色方案"列表框中，共有10种预置的配色方案可供选择。当鼠标指针指向某个配色方案时，该方案右侧显示一个向下的箭头，单击该箭头，可在打开的子菜单中选择需要的命令，将选定的配色方案应用于当前幻灯片或所有幻灯片。

（3）如果对当前预设的配色方案不满意，用户还可以自定义新的配色方案。

① 单击"应用配色方案"列表框下方的"编辑配色方案"链接，可以打开"编辑配色方案"对话框，并自动打开"自定义"选项卡。

② 在"配色方案颜色"选项组中，选中"背景"选项，然后单击"更改颜色"按钮，打开"背景色"对话框，选择新的背景色。通过此方法还可以设置"文本和线条"、"阴影"、"标题文本"、"填充"等多种方案的颜色。

③ 如果单击"添加为标准配色方案"按钮，还可以将新的配色方案添加到"应用配色方案"列表中，供以后随时调用。

④ 设置完毕，单击"应用"按钮，将新的配色方案应用到所选的幻灯片中。

6.3.3　母版

所谓母版，实际上就是一张特殊的幻灯片，它可以被看作是一个用于构建幻灯片的框架。在演示文稿中，所有的幻灯片都基于该幻灯片母版而创建。如果更改了幻灯片母版，则会影响所有基于母版的演示文稿幻灯片。

单击"视图"→"母版"菜单命令，根据需要在子菜单中选择"幻灯片母版"、"讲义母版"和"备注母版"。

1. 幻灯片母版

幻灯片母版如图6-19所示，进入幻灯片母版视图后，系统随之弹出"幻灯片母版视图"工具栏，如图6-20所示。

当插入新的母版时，可以单击"插入新幻灯片母版"或"插入新标题母版"按钮（只有在插入了新幻灯片母版后才可操作），也可以单击"删除母版"按钮，删除多余的母版。

当应用其他的设计模板时，在这里可以看到原有的母版已被替换；如果单击"保护

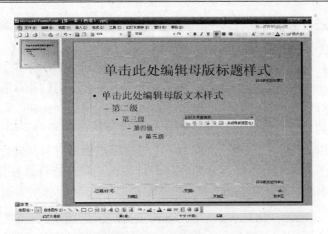

图 6-19　幻灯片母版

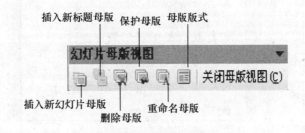

图 6-20　幻灯片母版视图工具栏

母版"按钮,即使幻灯片的设计模板被替换,母版对还会保存在母版窗格中。

　　演示文稿中可以应用多种设计模板,在幻灯片母版视图中可以看到这些设计模板的母版对都显示在左窗格中,这就是 PowerPoint 2003 的多母版功能。

　　如果要更改母版名,可单击"重命名母版"按钮。

　　当母版幻灯片里的占位符被删除后,又想恢复被删除的占位符,此时可以单击"母版版式"按钮,弹出"母版版式"对话框,从中选中对应项即可。

　　幻灯片母版包括标题和正文样式、占位符、日期区、页脚区、数字区、背景设计和配色方案。使用幻灯片母版便于用户进行全局性更改(标题幻灯片除外),如果个别幻灯片的外观与母版不同,可直接修改该幻灯片而不用修改母版。

　　幻灯片母版通常应用在以下几个方面:

* 设置文本占位符和对象占位符的大小及位置。
* 设置背景填充效果。
* 插入需出现在每张幻灯片上的文本框或图形、图片等对象。
* 选择配色方案。

2. 标题母版

　　标题母版是专门为制作标题幻灯片而设计的,它包括标题及副标题的样式、日期区、页脚区和数字区。

对标题母版进行的设置，只影响使用了标题版式的幻灯片，如果演示文稿中没有标题幻灯片，则标题母版不起作用。

默认情况下，标题母版会从幻灯片母版继承一些样式，如字体和字号。但是如果直接对标题母版做了更改，这些更改会一直保留下去，不会受幻灯片母版更改的影响。

在"幻灯片母版视图"工具栏上单击"插入新标题母版"按钮，可插入一张新标题母版。设计模板的幻灯片母版和标题母版称为幻灯片标题母版对，如图 6-21 所示。它们一同显示在母版视图上，选择一个或另一个母版缩略图可以对其进行更改，对它们的修改会分别作用于标题幻灯片和其余的内容幻灯片。当鼠标指针放在母版缩略图上时，会显示此母版的名称、状态等信息。

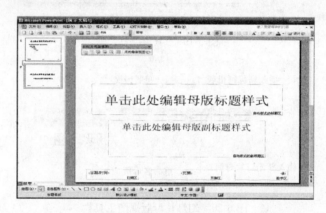

图 6-21　幻灯片标题母版对

3. 备注母版

备注母版是专门用于幻灯片备注页制作的，如图 6-22 所示。它的上部是演示文稿幻灯片，下部是备注区，此外还有日期区、页眉区、页脚区和数字区。在此可以设置备注文字的格式、外观以及幻灯片在演示时的位置，同样可以设置备注页上显示的日期、标注等。

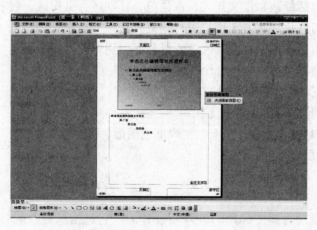

图 6-22　备注母版

要使用户的备注应用于演示文稿的所有备注页，还可以更改备注母版。例如，要在所有的备注页上放置公司的徽标或其他艺术图案，应将其添加到备注母版中。

在备注页视图中，单击备注区可以输入演讲者的备注。当然，这一过程也可以在普通视图中进行。

如果在备注页视图中无法看清所输入的备注文字，可以选择"视图"→"显示比例"命令，然后在出现的对话框中，选择一个较大的值。

4. 讲义母版

有时用户希望在演示幻灯片时，给听众一份讲义，这时可以在 PowerPoint 2003 中将幻灯片的内容，以多张幻灯片为一页的方式打印给听众。系统允许用户以每页 2 张、3 张、6 张或 9 张幻灯片为单位打印讲义，如图 6-23 所示。

图 6-23 讲义母版

讲义母版用于设置幻灯片讲义打印时的格式，可增加页码（并非幻灯片编号）、页眉和页脚等，也可在"讲义母版视图"工具栏选择在一页中打印幻灯片的数量，如图 6-24 所示。

图 6-24 讲义母版视图

讲义母版和备注母版所设置的内容，只能通过打印讲义或备注显示出来，不影响幻灯片中的内容，所以也不会在放映幻灯片时显示出来。

6.3.4 页眉和页脚

同 Word 2003 一样，在 PowerPoint 2003 中也可以设置页眉页脚。

页眉和页脚包含页眉和页脚文本、幻灯片编号或页码以及日期，它们出现在幻灯片或备注及讲义的顶端及底端。

1）设置幻灯片的页眉和页脚

（1）如果页眉和页脚信息只是应用到几个而不是所有幻灯片上，在开始添加页眉和页脚之前应选取所需的幻灯片。可以在幻灯片浏览视图或普通视图的"幻灯片"选项卡上选取幻灯片，然后选择"视图"→"页眉和页脚"命令，打开"页眉和页脚"对话框，默认打开的是"幻灯片"选项卡，如图 6-25 所示。

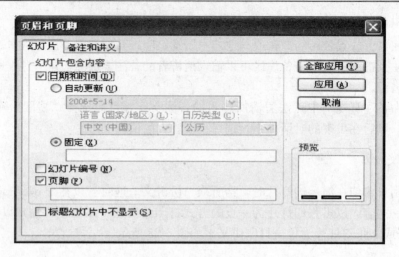

图 6-25　页眉和页脚

　　（2）日期和时间需要即时更新时，可在"日期和时间"之下，单击"自动更新"，然后选择日期和时间的格式。若要添加固定的日期和时间，可单击"固定"，然后键入日期和时间。

　　（3）若要添加编号，可选中"幻灯片编号"。

　　（4）若要添加页脚文本，可选中"页脚"复选框，再键如文本。

　　设置完成后，可执行下列操作之一：

　　（1）若要将所设置的信息应用于当前幻灯片或所选的幻灯片，可单击"应用"。

　　（2）若要将所设置的信息应用于演示文稿中的每张幻灯片，可单击"全部应用"。

　　（3）如果不想使信息出现在标题幻灯片上，可选"标题幻灯片中不显示"复选框。

　　2）设置备注或讲义的页眉和页脚

　　若要向备注和讲义中添加页眉和页脚，可执行下列操作：

　　在图 6-25 中选择"备注和讲义"选项卡，可选择下列操作：

　　（1）若要添加自动更新的日期和时间，可在"日期和时间"之下，单击"自动更新"，然后选择日期和时间的格式。若要添加固定的日期和时间，可单击"固定"，然后键如日期和时间。

　　（2）若要添加页码，可选中"页码"复选框。

　　（3）若要添加页眉文本，可选中"页眉"复选框，再键入文本。

　　（4）若要添加页脚文本，可选中"页脚"复选框，再键入文本。

　　在"备注和讲义"中添加的页眉和页脚，只有处于备注页视图模式时才会显示出来。

　　对页眉和页脚进行格式化、调整位置或大小，必须在母版中进行。打开母版，单击要更改的页眉和页脚占位符，执行下列操作之一：

　　（1）若要调整占位符的大小，可指向尺寸控点，当指针变为双向箭头时，按住鼠标左键拖动尺寸控点。

　　（2）若要重新定位占位符，可指向它，当指针变为"十"字形时，将占位符拖动到新位置。

（3）若要添加或更改填充颜色和边框，可选择"格式"→"占位符"命令，再选择"颜色和线条"，然后在"填充"和"线条"下进行选择。若要更改字体，可选择"格式"→"字体"对话框，从中清除所选的项目。

6.4　幻灯片放映

6.4.1　幻灯片动画效果设置

在 PowerPoint 2003 中，为使幻灯片放映更加生动，可以在每张幻灯片中设置各种动画效果。给演示文稿的文本或对象添加的特殊视觉或声音效果被称为"动画方案"，例如用户可以使文本项目符号逐字从左侧飞入，或在显示图片时播放掌声等。

可以使用"幻灯片放映"→"动画方案"菜单命令为整张幻灯片设置动画效果，也可以用"幻灯片放映"→"自定义动画"菜单命令对幻灯片中的各项内容单独设置动画效果。

1. 幻灯片主体动画效果的设置

使用"幻灯片设计"→"动画方案"任务窗格，可以快速设置幻灯片内容的整体动画效果。

（1）在普通视图中，如果对一张幻灯片应用动画方案，应先选定相应幻灯片。

（2）单击"幻灯片放映"→"动画方案"命令，打开"幻灯片设计"任务窗格如图 6-26 所示。

（3）单击窗格中某种动画方案，如要将该方案应用于所有幻灯片，则单击"应用于所有幻灯片"。

（4）要删除动画方案，则单击窗格列表中的"无动画"选项。

2. 设置幻灯片上各对象的动画效果

"自定义动画"任务窗格用于进一步设置幻灯片内容的动画效果。该窗格常与"幻灯片设计"窗格配合使用，用户在选定了动画方案后，可根据具体需要使用"自定义动画"任务窗格对幻灯片中选定内容进行进一步的动画设置。选择"幻灯片放映"→"自定义动画"命令，打开"自定义动画"任务窗格，如图 6-27 所示。

• 如果要设置选定对象进入幻灯片时的动画效果，应选择"进入"子菜单中的选项。

图 6-26　幻灯片设计任务窗格

- 如果要设置选定对象在幻灯片中的动画效果，应选择"强调"子菜单中的选项。
- 如果要设置选定对象离开幻灯片时的动画效果，应选择"退出"子菜单中的选项。

在普通视图中，设置了动画效果的内容，将自动在内容边显示设置序号，以表示动画设置和演示的顺序，该序号为非打印符。

3. 设置幻灯片的切换效果

幻灯片的切换效果是指在移走屏幕上已有的幻灯片，并显示新幻灯片之间如何变化，如水平百叶窗、溶解等。可以为演示文稿中每张幻灯片设置不同的切换效果，也可以使所有幻灯片具有相同的切换效果，并且可以浏览切换效果。

设置幻灯片的切换效果一般在"幻灯片视图"或"幻灯片浏览视图"中进行。

（1）在幻灯片浏览视图中，选择要添加切换效果的幻灯片。

（2）选择"幻灯片放映"→"幻灯片切换"命令，在"幻灯片切换"任务窗格中选择切换效果、速度、声音，可在视图中看到切换效果，如图 6-28 所示。

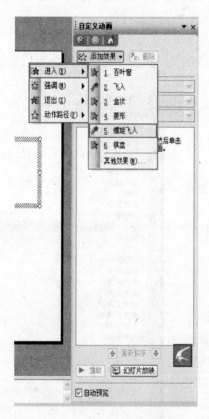

图 6-27 自定义动画任务窗格

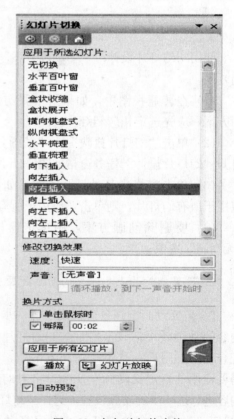

图 6-28 幻灯片切换窗格

（3）可以设置手动方式（选择单击鼠标时）换片，也可以设置自动方式（选择时间间隔）换片。

6.4.2　在幻灯片中插入超级链接和动作按钮

用户可以在演示文稿中添加超级链接和动作按钮，利用它跳转到不同的位置，还可以改变演示文稿播放时幻灯片间的播放顺序。

1. 使用超级链接

1）创建超级链接

（1）在幻灯片视图中选择代表超级链接起点的文本或对象。

（2）单击"插入"→"超链接"命令，或"常用"工具栏上"插入超链接"按钮，打开"插入超链接"对话框，如图 6-29 所示。

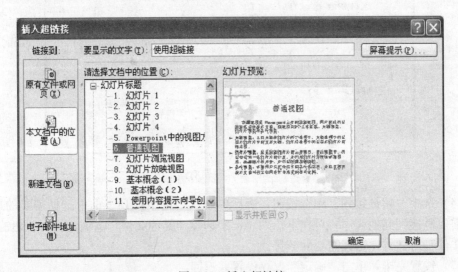

图 6-29　插入超链接

（3）在"链接到"列表框中选择"本文档中的位置"选项，对话框将自动显示所有幻灯片顺序号，在其中选定目标幻灯片，单击"屏幕提示"按钮，为超链接添加屏幕提示。然后单击"确定"。

（4）单击"幻灯片放映"查看设置效果，播放时，将鼠标指针指向超链接，并变为手形时单击，将自动跳转到目标幻灯片上继续播放。

超链接可以在放映演示文稿时激活，而不能在创建时激活。超链接的文本用下划线显示，且文本采用与配色方案一致的颜色。

2）创建指向 Web 页的超级链接

在"插入超链接"对话框中，选择"原有文件或网页"选项，在地址框中输入某个网站或网页的地址，可以在放映幻灯片时，直接跳转到该网页。

运行超链接时，需要接入 Internet。关闭网页时，可以自动回到当前正在放映的幻灯片。

2. 在幻灯片中插入动作按钮

若在单张幻灯片中插入动作按钮，可执行下列步骤：

（1）选择要放置按钮的幻灯片。

（2）单击"幻灯片放映"→"动作按钮"，在打开的子菜单中选择所需按钮。

（3）单击该幻灯片，打开"动作设置"对话框如图6-30所示。

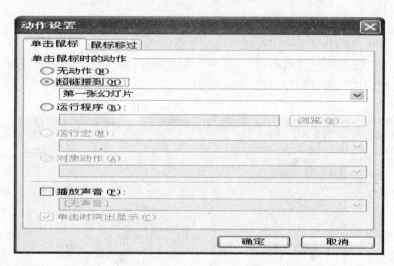

图6-30　动作按钮对话框

（4）选中"超链接到"单选按钮，然后单击其后的下拉列表框中选择需要的链接。如果需要链接到其他程序，可在下拉列表框中选择"其他文件"选项，打开"超链接到其他文件"对话框，选择需要的链接。

（5）设置完毕，单击"确定"保存设置并返回。

6.4.3　设置幻灯片的放映时间

用户可以对幻灯片的放映时间和放映方式进行控制，以满足不同用户在不同场合的放映需求。

1）手动设置排练时间

详见"幻灯片的切换效果"中的手动方式切换幻灯片内容。

2）排练时记录时间

对于一个较大的演示文稿，用户可以在排练时记录每张幻灯片的放映时间，以便准确把握演讲和播放速度。

（1）单击"幻灯片放映"→"排练计时"命令，同时显示"预演"工具栏如图6-31。

图6-31　预演工具栏

（2）准备播放下一张幻灯片时，在屏幕上单击或单击"预演"工具栏上的"下一项"按钮。

（3）到达幻灯片末尾时，会打开一个提示框，如图6-32所示，提示幻灯片放映共需的时间，以及是否保留新的幻灯片排练时间。

图 6-32

（4）单击"是"以接受排练时间，单击"否"取消本次排练时间的设置。

3）设置放映方式

单击"幻灯片放映"→"设置放映方式"命令，打开"设置放映方式"对话框进行设置，如图 6-33 所示。要使幻灯片播放时按用户指定的时间自动切换，应单击"幻灯片放映"→"排练计时"命令；要在播放时同时带有旁白，可以用"幻灯片放映"→"录制旁白"命令进行设置。

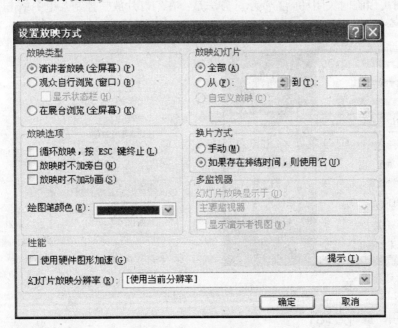

图 6-33　设置放映方式

6.4.4　启动幻灯片放映

1．放映方式

（1）单击演示文稿窗口左下角的"幻灯片放映"按钮。

（2）单击"幻灯片放映"→"观看放映"命令。

（3）单击"视图"→"幻灯片放映"命令。

（4）按 F5 键。

其中，使用"幻灯片放映"按钮放映幻灯片是从当前幻灯片开始放映的，而其他三种方式都是从第 1 张幻灯片开始放映的。

2. 文稿放映时的操作

在幻灯片放映视图中，单击鼠标右键，打开幻灯片放映控制菜单，如图 6-34 所示。

1）可手动实现幻灯片跳转

• 跳转到下一张幻灯片：单击"下一张"，或单击鼠标、按空格键、Enter 键及 PgDn 键。

• 跳转到上一张幻灯片：单击"上一张"或按 Backspace 键及 PgUp 键。

• 跳转到指定幻灯片：在快捷菜单的"定位至幻灯片"级联菜单中单击幻灯片编号。

• 结束放映：可以按 Esc 键或在快捷菜单中单击"结束放映"命令。

2）暂时关闭屏幕

放映时可以临时关闭动画的演示。方法是：在幻灯片放映控制菜单中单击"屏幕"→"黑屏"命令，如图 6-35 所示。需要继续放映时，再单击鼠标即可。

图 6-34

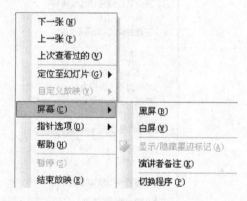

图 6-35

3）使用"演讲者备注"

在放映演示文稿的时候，用户可能需要记录一些有关演示文稿的重要信息，此时在幻灯片放映控制菜单中单击"屏幕"→"演讲者备注"命令，打开"演讲者备注"对话框，可以帮助用户记录和整理这些信息。

4）使用画笔

在放映幻灯片时，有时在讲解的同时需要在幻灯片上做标记、画重点、写提示文字等，可以使用 PowerPoint 2003 所提供的画笔功能，通过"指针选项"菜单把鼠标指针换成画笔，就可以在幻灯片上写字或做标记了。

（1）打开演示文稿，进入幻灯片放映视图。

（2）放映到需要做标记的幻灯片时，单击鼠标右键，在弹出的快捷菜单中选择"指针选项"命令，再从出现的级联菜单中，选择相应的画笔命令，如图6-36所示。

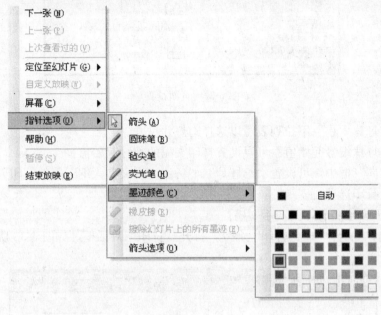

图 6-36

如果要改变画笔的颜色，在"指针选项"中选择"墨迹颜色"，从中选择所需的颜色。

（3）按住鼠标左键，在幻灯片上就可以直接书写和绘图，但不会修改幻灯片本身的内容。如果要擦除涂写的内容，单击鼠标右键，选择"指针选项"命令，再依据需要选择"橡皮擦"或"擦除幻灯片上的所有墨迹"命令。

当不需要进行画笔操作时，单击鼠标右键，在弹出的快捷菜单中选择"指针选项"→"箭头选项"命令，再从出现的级联菜单中，选择"箭头"命令，即可将鼠标指针恢复为箭头形状；也可以选择"永远隐藏"命令，在后续放映过程中，仍然可以单击鼠标右键，在弹出的快捷菜单中选择相应的操作。

6.5　演示文稿的输出

6.5.1　打印演示文稿

通过打印设备可以输出幻灯片、大纲、演讲者备注及观众讲义等多种形式的演示文稿。在幻灯片视图、大纲视图、备注页视图和幻灯片浏览视图中都可以进行打印工作。打印前应先进行页面、打印等有关的设置。

1）页面设置

选择"文件"→"页面设置"命令，打开"页面设置"对话框，如图 6-37 所示。

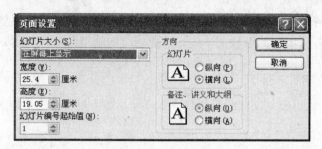

图 6-37　页面设置

（1）"幻灯片大小"下拉列表可以选择幻灯片尺寸。

（2）"幻灯片编号起始值"可以设置打印文稿的编号起始值。

（3）"方向"框中，可设置"幻灯片"、"备注、讲义和大纲"等的打印方向。

2）设置打印选项

（1）打开要准备打印的演示文稿。

（2）选择"文件"→"打印"命令，打开"打印"对话框。如图 6-38 所示。

图 6-38　打印对话框

（3）在"打印机"区域中选择所使用的打印机类型。

（4）在"打印范围"区域中通过单选按钮选择要打印的范围：可以打印全部演示文稿，或仅打印当前幻灯片，还可以输入幻灯片编号来指定某一范围。

（5）在"份数"区域中，利用微调按钮可以调整打印份数。

（6）单击"打印内容"下拉列表框，设置具体打印内容：如果选择"幻灯片"选项，则在每页打印一张幻灯片；选择"讲义"选项，可以在每页中打印 2、3、4、6 或 9 张幻灯片；选择"大纲视图"选项，可以打印演示文稿的大纲；选择"备注页"选项，可以打印指定范围中的幻灯片备注。

（7）若幻灯片设置了颜色、图案，为了打印清晰，应选择"黑白"选项。

完成各选项之后，单击"确定"按钮便开始打印了。

6.5.2　传递和打包演示文稿

为了方便地在另一台计算机上运行演示文稿，而该计算机又没有安装 PowerPoint 2003 软件，就需要将演示文稿打包。打包就是将演示文稿和它所链接的声音、影片、文件组合在一起，以便携带。将打包文件复制到磁盘或网络上，然后将该文件解包到目标计算机或网络上，以便运行该演示文稿。可以通过"文件"菜单中的"打包"命令把所需的文稿先进行打包，然后利用电子邮件或把光盘寄出去。

1）传递演示文稿

使用 PowerPoint 2003 中的"文件"→"发送"→"邮件收件人（以附件形式）"命令或单击"常用"工具栏中的"电子邮件"按钮可以将演示文稿作为邮件附件发送给其他人。

2）将演示文稿打包

演示文稿制作好之后，如果要在其他计算机上运行，就需要利用 PowerPoint 的打包功能，将演示文稿及其所链接的图片、声音、影片等打包到一张 CD 上。将打包的演示文稿复制到 CD 需要 Microsoft Windows XP 或更高的版本。其操作步骤如下：

（1）打开需要打包的演示文稿，并将 CD 插入到 CD 刻录机中。

（2）单击"文件"→"打包成 CD"命令，将弹出"打包到 CD"对话框，如图 6-39 所示。

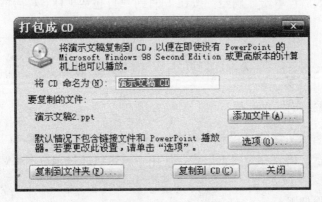

图 6-39　"打包"对话框

（3）在对话框中，在"将 CD 命名为"文本框中，可输入 CD 的名称。

（4）除了当前打开的演示文稿，用户还可以在 CD 中添加其他文件。可单击"添加文件"按钮,将弹出"添加文件"对话框,在该对话框中,选择要添加的演示文稿或其他文件,然后单击"添加"按钮。

(5) 在"播放顺序"列表框中,通过"上移"或"下移"按钮调整播放顺序。

(6) 若要更改默认的设置,可单击"选项"按钮,将弹出"选项"对话框,如图6-40所示。在该对话框中,可执行如下操作:

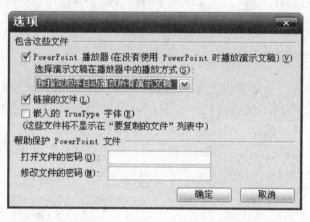

图 6-40　打包"选项"对话框

• 如果不想使用 PowerPoint 播放器,可取消选中"PowerPoint 播放器"复选框。

• 可从"选择演示文稿在播放器中的播放方式"下拉列表框中选择播放方式。

• 如果在打包演示文稿时,不想包括链接的文件,可取消选中"链接的文件"复选框。

• 若要想包括 TrueType 字体,可选中"嵌入的 TrueType 字体"复选框。

• 若需要打开或编辑打包的演示文稿密码,可在"帮助保护 PowerPoint 文件"选项组中的"打开文件的密码"和"修改文件的密码"文本框中分别输入相应的密码。

(7) 设置完成后,单击"确定"按钮,回到"打包成 CD"对话框,然后单击"复制到 CD"按钮,即可开始将演示文稿打包成 CD。

6.6　演示文稿的应用

6.6.1　演示文稿发布为 Web 页

在网上发布演示文稿的过程就是将 PowerPoint 演示文稿转换为 HTML 网页文件的过程。一旦演示文稿保存为网页形式,使用者就可以通过浏览器来观看该演示文稿的内容。

具体实现步骤如下:

(1) 打开要在网上发布的演示文稿。

(2) 选择"文件"→"另存为网页"命令,会弹出一个特殊版本的"另存为"对话框,如图 6-41 所示。

图 6-41　另存为网页对话框

　　用户通过该对话框中的"更改标题"按钮可以改变网页文件标题的内容，"文件名"文本框自动提供了一个由演示文稿的文件名演变的一个 HTML 文件名，也可以在"文件名"文本框中输入一个新的文件名。在该对话框中，如果未作任何改变，当单击"保存"按钮时会得到一份使用 PowerPoint 默认设置的 Web 页，PowerPoint 将创建一份演示文稿的 HTML 版本，把它保存到 PowerPoint 的默认的文件夹中，可在 Web 浏览器中打开它。

　　（3）在默认的文件夹中，就会看到出现了一个 Web 演示文稿的文件和一个带有".FILES"扩展名的文件夹。打开这个文件夹，在里面会有许多文件，它们包含了组成 Web 页的所有元素，例如图形项目符号、背景纹理、图片和导航栏。因此，如果要将 Web 演示文稿移动到系统的另一个文件夹或其他计算机上去，则需要同时移动 .HTM 文件和带有".FILES"扩展名的文件夹。

　　（4）在默认文件夹中，双击带有 .HTM 的文件名就能通过浏览器浏览该演示文稿了。图 6-42 所示的就是在 IE 浏览器中看到的 Web 版的演示文稿的效果。

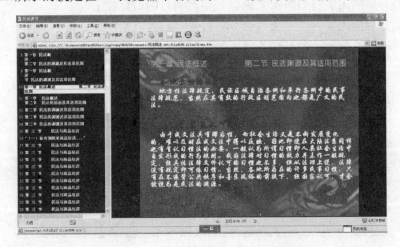

图 6-42　在浏览器中播放演示文稿

从图 6-42 中可以看到，位于窗口左侧的窗格内列出了幻灯片标题，在底部浏览窗格的中间有幻灯片翻页按钮，如上一张幻灯片或下一张幻灯片，利用它们可以方便地在幻灯片之间进行切换。在底部浏览窗格右侧有一个"全屏幻灯片放映"按钮，利用它可以播放演示文稿，其播放效果与在 PowerPoint 中一样。

6.6.2　Office 办公套件信息的共享

当 PowerPoint 与 Microsoft Office 的其他组件如 Microsoft Word、Microsoft Excel 等一同使用时，它的功能将更加强大。

1）在 Word 文档中嵌入一个完整的演示文稿

（1）同时打开 Word 文档和 PowerPoint 演示文稿文件。

（2）使 PowerPoint 演示文稿作为当前窗口并切换到幻灯片浏览视图。

（3）从"编辑"菜单中选择"全选"命令或用鼠标将演示文稿中的所有幻灯片全部选中。

（4）选择"编辑"→"复制"命令。

（5）使 Word 文档作为当前窗口并确定演示文稿幻灯片所插入的位置。

（6）选择"编辑"菜单中的"粘贴"命令。

这时演示文稿的全部幻灯片已经复制到 Word 中，但演示文稿只是以第一张幻灯片的形式出现在 Word 文档中，对它的处理就像处理图片一样，可以进行缩放、移动，还可以将它作为一张图片并能够实现图文混排的效果，双击它就可以进行演示。利用这种方法可以将一份完整的 PowerPoint 演示文稿嵌入到一个 Word 文档中，从而将一份本来枯燥乏味的 Word 文档，变成一份带有特殊效果的生动的多媒体演示文稿。

2）在演示文稿中插入直插文档

在 PowerPoint 2003 中可以利用"插入"→"对象"命令，创建并插入一份新的 Word 文档或 Excel 工作表。也可以将现有的 Word 文档或 Excel 工作表嵌入到 Power-Point 2003 中，并希望该文件以图标方式出现在幻灯片上。具体操作步骤如下：

（1）打开要插入文档的演示文稿，并移动到目的幻灯片上。

（2）选择"插入"→"对象"命令，打开"插入对象"对话框，如图 6-43 所示。

图 6-43　插入对象对话框

（3）如果所插入的文档是一个新文件，可以从该对话框中的"对象类型"列表中选择相应的程序选项；如果所插入的文档已经创建好，单击"由文件创建"按钮，再单击"浏览"按钮找到文件所在的位置，此时会在"文件"文本框内显示所要插入的文件的路径。

（4）单击对话框右侧"显示为图标"复选框。

（5）单击对话框中的"确定"按钮，此时，所插入的文件会以图标的形式出现在当前幻灯片中。如果是以"新建"方式插入，此时需要创建一个新的文件并进行保存。

3）将演示文稿转换成 Word 文档

（1）打开演示文稿文件。

（2）选择"文件"→"发送"→"Microsoft Office Word"命令，弹出"发送到 Microsoft Office Word"对话框，如图 6-44 所示。

（3）选择在 Word 中使用的版式。

（4）选择"将幻灯片添加到 Microsoft Office Word 文档"的方式。

若选择"粘贴链接"方式，在 PowerPoint 中的幻灯片发生了变化，Word 中的幻灯片会自动改变；如果选择"粘贴"选项，则在 PowerPoint 中幻灯片的变化，不会影响 Word 中的该张幻灯片。要编辑 Word 文档中的幻灯片，则需要双击某张幻灯片，在 PowerPoint 界面中进行编辑，编辑完成后，在幻灯片外单击，回到 Word 界面。

（5）保存发送到 Word 中的文档。

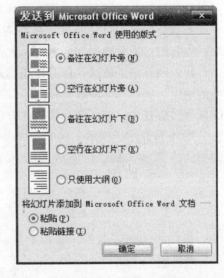

图 6-44　"发送到 Microsoft Office Word"
对话框

本 章 小 结

PowerPoint 2003 是用于制作、维护和播放幻灯片的应用软件。因此，PowerPoint 2003 的实用技术分为四大部分：创建演示文稿和幻灯片的编辑，幻灯片的效果处理，幻灯片的播放技术和演示文稿的应用。

1. 创建演示文稿和幻灯片的编辑。

演示文稿与幻灯片的关系：在 PowerPoint 2003 中，所创建的文档就是演示文稿（扩展名为 .PPT），幻灯片是演示文稿的组成部分，一张幻灯片就是演示文稿中的一页。一个完整的演示文稿是由多张幻灯片构成的。每张幻灯片是由标题、文本、图片、表格、图表、声音、视频等对象构成的。

在本章中，主要介绍了 3 种常用的启动 PowerPoint 2003 的方法；演示文稿文件的保存格式；退出 PowerPoint 2003 的 4 种基本方法；PowerPoint 2003 的工作界面的组成及标题栏、菜单栏、工具栏和演示文稿编辑区等组成部分及它们的功能；有关窗口的用途；PowerPoint 2003 中的 3 种视图方式；创建演示文稿的 6 种基本方法；有关演示文稿及幻灯片的基本概念；演示文稿的基本编辑；在大纲视图中编辑幻灯片；幻灯片的版式；幻灯片中各种对象的输入及编辑的基本方法；还介绍了调整幻灯片外观的基本方法，如：为幻灯片设置背景，使用配色方案；本章还介绍了幻灯片母版、标题母版、讲义母版和备注母版的概念及使用方法；本章还介绍了幻灯片中页眉页脚的设置方法。

2. 幻灯片放映时的效果处理。

本章中介绍了幻灯片的动画效果的设置，主要有幻灯片主体动画效果的设置和幻灯片中各对象的动画效果的设置；幻灯片切换效果的设置。

3. 本章介绍了幻灯片的播放技术的使用。主要有幻灯片播放前的处理工作、播放过程中的操控技术以及异地播放的处理技术。

本章介绍了幻灯片的 4 种放映方法；使用超链接和动作按钮改变幻灯片的播放顺序；控制幻灯片放映时间的方法，如：设置排练时间，设置放映方式，放映过程中改变幻灯片放映顺序的方法，以及使用"演讲者备注"、"画笔"技术；本章还介绍了演示文稿的输出，如：打印演示文稿前幻灯片的页面设置的方法，打印参数的设置；演示文稿的异地播放技术，如：演示文稿的打包技术。

4. 本章介绍了演示文稿的几个应用实例，如：将演示文稿发布为网页，在 word 文档中插入演示文稿，在演示文稿中插入 word 文档，将演示文稿转换成 word 文档的方法。

习　题

一、简答题

1. "内容提示向导"有什么作用？如何启动"内容提示向导"？列出利用"内容提示向导"创建演示文稿的流程。

2. 设计模板和演示文稿模板有什么不同？

3. 大纲视图有什么特点？为什么它比较适合于组织演示文稿的思路？

4. 如何在演示文稿中插入一个已有的幻灯片？

5. 什么是演讲者备注？

6. 什么是幻灯片母版？幻灯片母版有几种？

7. 插入幻灯片母版或标题母版的操作步骤是什么？

8. 怎样为幻灯片设置切换效果，并调节切换速度？

9. 怎样使用"排练计时"？

10. 如何利用超级链接功能自由组织幻灯片的浏览顺序？

11. 如何设置演示文稿的自动播放效果？

12. 简述设置自定义放映的过程。

13. 使用设计模板设计幻灯片的外观的操作步骤如何？

14. 母版的功能是什么？在 PowerPoint 中有哪几种母版类型？

15. 请列出在演示文稿中引入声音的几种方法，它们各自的特点是什么？

16. 怎样将演示文稿打包成 CD?

17. 使用"幻灯片放映"按钮与使用"幻灯片放映"→"观看放映"菜单命令放映幻灯片有什么不同?

二、填空题

1. _____实际上是大纲视图、幻灯片视图和备注页视图三种模式的综合,是演示文稿编排工作中最为常用的视图模式。

2. 进入_____模式,全屏显示幻灯片,是在计算机上模拟投影机放映幻灯片的效果,它可以按用户预设的动作进行_____或_____演示。

3. 有时需要采用一些形象的表示结构、层次、关系的图形来表明某单位或部门的结构层次。一般是在幻灯片中插入_____来体现文稿的结构性。

4. 如果要插入图框,可以利用"组织结构图"工具栏中的"插入图形按钮",_____表示可以为图框添加一个下一等级的图框。_____表示可以为图框添加一个同一等级的图框。_____表示可以为图框下面添加一个图框,位于该图框与下一级图框之间。

5. 动画使演示文稿的播放效果更加生动。可以设置动画效果的对象可以是_____、_____、_____、_____等。

6. PowerPoint 中提供了_____功能,用户可以首先放映演示文稿,进行相应的演示操作,同时系统自动记录幻灯片之间切换的时间间隔。

7. 用户可以使用_____功能将演示文稿所需的_____和_____打包到一起。甚至可以打包一个_____播放器。

三、单项选择题

1. PowerPoint 2003 具有最主要的功能是 (　　)。

A. 创建和显示图形演示文稿　　　　　B. 文字处理

C. 图形处理　　　　　　　　　　　　D. 收发邮件

2. 下列各项中哪些不属于 PowerPoint 工作界面的组成部分 (　　)。

A. 菜单栏　　　　　　　　　　　　　B. PowerPoint 帮助系统

C. 状态栏　　　　　　　　　　　　　D. 任务窗格

3. 下列哪种方法不能用来创建新演示文稿? (　　)

A. 空演示文稿　　　　　　　　　　　B. 根据设计模板

C. 根据内容提示向导　　　　　　　　D. 根据幻灯片母版

4. 下列方法中,不能用于插入一张新幻灯片的是 (　　)。

A. 单击"插入"→"新幻灯片"命令　　B. 按下 Ctrl+M 组合键

C. 按下 Ctrl+N 组合键　　　　　　　D. 按下 Enter 键

5. 不属于幻灯片视图的是 (　　)。

A. 幻灯片视图　　　　　　　　　　　B. 备注页视图

C. 大纲视图　　　　　　　　　　　　D. 页面视图

6. 当一份演示文稿已经打开后,屏幕通常处于 (　　) 模式。

A. 普通视图　　　　　　　　　　　　B. 大纲视图

　　C. 备注页视图　　　　　　　　　　　　　D. 幻灯片视图

7. 正确插入组织结构图的操作是（　　　）。

　A. 在"幻灯片版式"任务窗格中选择一个含有组织结构图的版式插入

　B. 单击"插入"→"组织结构图"命令

　C. 用绘图工具绘制组织结构图

　D. 单击"视图"→"组织结构图"命令

8. 在 PowerPoint 中添加动画效果是指（　　　）。

　A. 使幻灯片上的文本、形状、声音、图像、图表和其他对象具有动画效果

　B. 插入多媒体动画

　C. 设置幻灯片切换时的动画效果

　D. 插入具有动画效果的影片文件

9. 对于添加动画的操作，以下叙述不正确的是（　　　）。

　A. 可以设置对象运动时间的路径和运动时间

　B. 单击"幻灯片放映"→"自定义动画"命令就可以直接给对象插入动画

　C. 可以设置对象"进入"、"强调"、"退出"的动画效果

　D. 可以设置动画相应的方式

10. 在放映幻灯片时用户不可以设置的是（　　　）。

　A. 设置放映的幻灯片比例　　　　　　B. 设置幻灯片的放映范围

　C. 选择以演讲者放映方式放映　　　　D. 选择以观众自行浏览方式放映

11. 放映幻灯片有多种操作方法，以下方法不正确的是（　　　）。

　A. 单击"幻灯片放映"→"观看放映"命令

　B. 单击窗口左下角的"幻灯片放映"按钮

　C. 直接按 F11 键，放映幻灯片

　D. 直接按 F5 键，放映幻灯片

12. 下列哪种方式不能用于放映幻灯片（　　　）？

　A. 按下 F6 键　　　　　　　　　　　B. 按下 F5 键

　C. 单击"视图"→"幻灯片放映"命令

　D. 单击"幻灯片放映"→"观看放映"命令

四、多项选择题

1. 放映演示文稿时，可以实现的放映方式是（　　　）。

　A. 从第 1 张幻灯片开始放映　　　　B. 放映全部幻灯片

　C. 从任意张幻灯片开始放映　　　　D. 从最后一张幻灯片开始逆序播放

　E. 在播放过程中可以自由地终止幻灯片的播放

2. 在幻灯片播放过程中，可以打开放映控制菜单的操作是（　　　）。

　A. 单击鼠标右键　　　　　　　　　B. 单击鼠标左键

　C. 单击屏幕左下角放映控制按钮　　D. 单击"浏览"菜单

　E. 双击鼠标左键

3. 要在幻灯片非占位符的空白处增加一段文本，可以执行的操作是（　　　）。

A. 单击"绘图"工具栏的"文本框"按钮

B. 单击"绘图"工具栏的"竖排文本框"按钮

C. 直接输入

D. 选单击目标位置，然后再输入

4. 在幻灯片浏览视图下，移动幻灯片的操作方法是（　　　）。

A. 按住 Shift 键拖动幻灯片到目的位置

B. 按住 Ctrl 键拖动幻灯片到目的位置

C. 直接拖动该幻灯片到目的位置

D. 先选中幻灯片，"剪切"，到目标位置后，再"粘贴"

E. 不可能实现

5. 在大纲视图下，要将相邻的两张幻灯片：第 3 张和第 4 张幻灯片位置交换的方法是（　　　）。

A. 选择第 3 张幻灯片，单击"上移"按钮

B. 选择第 4 张幻灯片，单击"上移"按钮

C. 选择第 3 张幻灯片，拖动到第 5 张幻灯片之前

D. 选择第 3 张幻灯片，单击"上移"按钮

E. 选择第 3 张幻灯片，单击"剪切"按钮，再"粘贴"到第 3 张幻灯片之后

6. 在某文本上做超链接的方法是（　　　）。

A. 选中该文本

B. 选中该文本，单击"插入"菜单的"动作设置"命令

C. 选中该文本，单击"插入"菜单的"超级链接"命令

D. 选中该文本，单击"常用"工具栏的"插入超级链接"命令按钮

E. 选中该文本，单击"幻灯片放映"菜单的"超级链接"命令

7. 下列说法正确的是（　　　）。

A. 幻灯片母版上的内容与幻灯片无关

B. 要将幻灯片的标题文本的字体设置为隶书，只需在幻灯片母版上对标题的字体进行设置，即可完成

C. 同一个演示文稿中，幻灯片可以采用不同的配色方案

D. 要使演示文稿的每一张幻灯片上均出现"样张"两字，唯一的方法就是在每一张幻灯片上插入这两个字

E. 幻灯片中的声音总是在播放该幻灯片时自动播放的

8. 下列说法正确的是（　　　）。

A. 可以把多个图形作为一个整体进行移动、复制和改变大小

B. 在幻灯片浏览视图下，不能采用剪切、粘贴的方法来移动幻灯片

C. 在大纲视图下，选中第 3 张幻灯片，单击"上移"按钮，则第 3 张幻灯片与第 4 张幻灯片进行了交换

D. 幻灯片中，艺术字的大小、位置可以改变，但不能旋转

E. 艺术字是作为图形对象出现的

五、判断题

1. 在备注页中既可以插入文本字符，又可以插入图片等其他对象信息。

2. 设计模板是软件设计者设计的一系列演示文稿框架，每个演示文稿框架都是针对不同工作所需而设计的，比较实用，而且具有固定的格式。

3. 在备注页视图中，除文字外，插入到备注页中的对象不能在普通视图模式下显示，但可以在备注页中显示，也可以通过打印备注页的形式打印出来。

4. 在 PowerPoint 中，一般地，幻灯片都是由各种对象组成的。对象使用的好坏，可直接影响到幻灯片的整体效果。

5. 放映时如果用户要定位到第 8 张幻灯片，请判断以下的操作哪一项是正确的，哪一项是错误的。

A. 在放映幻灯片时右击鼠标，从弹出的快捷菜单中选择"第 8 页"命令。

B. 在放映幻灯片时右击鼠标，从弹出的快捷菜单中选择"定位"→"幻灯片漫游"命令，然后从打开的"幻灯片漫游"对话框中选择。

C. 在放映幻灯片时右击鼠标，然后按下上的数字键 8。

D. 在放映幻灯片时右击鼠标，从弹出的快捷菜单中选择"定位"→"第 8 页"命令。

6. 以下是对打包演示文稿的叙述，请判断哪一项是正确的，哪一项是错误的。

A. 可以将演示文稿打包到软盘或者本地计算机的硬盘上。

B. 打包时选择"包含链接文件"，可以确保在目标计算机上打开演示文稿中链接的文件。

C. 如果进行演示的目标机器上没有最新、最佳版本的 PowerPoint，就不可以打包一个 PowerPoint 播放器。

六、上机练习

1. 使用"内容提示向导"创建演示文稿。

2. 在幻灯片上应用配色方案。

3. 制作一张幻灯片，要求标题用"我的第一张幻灯片"，副标题用你的姓名，备注使用当前的制作日期。

4. 练习在幻灯片中插入文本、图片、表格、声音、超链接等各种对象。

5. 练习使用设计模板设计幻灯片的外观。

6. 练习使用幻灯片母版、标题母版、备注母版、讲义母版设计幻灯片的统一外观。

7. 给每张幻灯片设计动画效果。

8. 给每张幻灯片的每个对象设计动画效果。

9. 设计幻灯片的切换效果。

10. 练习打包演示文稿。

第7章 计算机网络应用基础

7.1 计算机网络基础知识

7.1.1 概述

1. 计算机网络的概念

计算机网络近年来获得了飞速的发展。在我国，十年前只有少数的人接触过网络。现在，计算机网络被广泛应用于企业、教育、科学研究、政府管理等各个方面，目前，绝大多数公司拥有了多个网络。从小学到研究生教育的各级学校都使用计算机网络为教师和学生提供全球范围的联网图书信息的即时检索。从中央到地方的各级政府使用网络，各种军事单位同样如此。简而言之，计算机网络已遍布各个领域。

计算机网络是计算机技术与通信技术相结合的产物，已成为计算机应用中不可或缺的重要内容。由于其发展非常迅速，同任何新的科技领域一样，其定义也在不断的演变，目前，国内外主流认识有以下几个：

（1）广义观点的定义。计算机网络是利用通信线路和通信设备，将分散在不同地点，并具有独立功能的多个计算机系统互相连接，按照网络协议进行数据通信，实现资源共享的计算机系统的集合。

这个定义表明，计算机是在协议的控制下通过通信系统实现计算机之间的通信的，它包括了从具有通信功能联机系统的"终端—计算机"网络，到具有通信的多机系统集合的"计算机—计算机"网络。

（2）着眼于应用和资源共享观点的定义。计算机网络是把地理上分散的以能够相互共享资源的方式连接起来，并具有独立功能的计算机系统集合。

（3）国际化标准组织 ISO 的定义。计算机网络是一组互联在一起的计算机系统的集合。

综上几点，我们认为，计算机网络就是利用通信线路和设备，将分散在不同地点，并具有独立功能的多个计算机系统互联起来，按网络协议相互通信，在功能完善的网络软件控制下实现网络资源共享和信息交换的系统。

2. 计算机网络的形成与发展

早期的计算机系统是高度集中的，所有的设备安装在单独的大房间中，后来出现了批处理和分时系统，分时系统所连接的多个终端必须紧接着主计算机。20 世纪 50 年代中后期，许多系统都将地理上分散的多个终端通过通信线路连接到一台中心计算机上，这样就出现了第一代计算机网络。

第一代计算机网络是以单个计算机为中心的远程联机系统。典型应用是由一台计算机和全美范围内 2000 多个终端组成的飞机订票系统。

终端：一台计算机的外部设备包括 CRT 控制器和键盘，无 CPU 内存。随着远程终端的增多，在主机前增加了前端机 FEP。当时，人们把计算机网络定义为"以传输信息为目的而连接起来，实现远程信息处理或进一步达到资源共享的系统"，但这样的系统已具备了通信的雏形。

第二代计算机网络是以多个主机通过通信线路互联起来，为用户提供服务，兴起于 20 世纪 60 年代后期，典型代表是美国国防部高级研究计划局协助开发的 ARPAnet。

主机之间不是直接用线路相连，而是接口报文处理机 IMP 转接后互联的。IMP 和它们之间互联的通信线路一起负责主机间的通信任务，构成了通信子网。通信子网互联的主机负责运行程序，提供资源共享，组成了资源子网。

两个主机间通信时对传送信息内容的理解，信息表示形式以及各种情况下的应答信号都必须遵守一个共同的约定，称为协议。

在 ARPA 网中，将协议按功能分成了若干层次。如何分层，以及各层中具体采用的协议的总和，称为网络体系结构。体系结构是个抽象的概念，其具体实现是通过特定的硬件和软件来完成的。

20 世纪 70～80 年代中第二代网络得到迅猛的发展。

第二代网络以通信子网为中心。这个时期，网络概念为"以能够相互共享资源为目的互联起来的具有独立功能的计算机之集合体"，形成了计算机网络的基本概念。

第三代计算机网络是具有统一的网络体系结构并遵循国际标准的开放式和标准化的网络。

ISO 在 1984 年颁布了 OSI/RM，该模型分为七个层次，也称为 OSI 七层模型，公认为新一代计算机网络体系结构的基础，为普及局域网奠定了基础。

70 年代后，局域网由于投资少，方便灵活而得到了广泛的应用和迅猛的发展。与广域网相比有共性，如分层的体系结构，又有不同的特性，如局域网为节省费用而不采用存储转发的方式，而是由单个的广播信道来连接网上计算机。

第四代计算机网络从 80 年代末开始，局域网技术发展成熟，出现光纤及高速网络技术、多媒体以及智能网络，整个网络就像一个对用户透明的大的计算机系统，发展为以 Internet 为代表的因特网。

3. 计算机网络的功能

计算机网络的建设，极大地扩展了计算机的应用范围，打破了空间和时间的限制，解决了大量信息和数据的传输、转接存储与高速处理的问题，使计算机的功能大大加强，提高了其可靠性和可用性，并使软硬件资源由于可以共享而得到充分发挥。可以说，计算机网络的应用必将大大促进社会各行各业的发展，为人类的美好生活提供更加有效的手段。同时，利用计算机网络也可以使整个社会获得巨大的经济效益和社会效益。

分析计算机网络的功能，主要有以下五个方面：

1）资源共享

在计算机网络中，资源包括计算机软件、硬件以及要传输、处理的数据。资源共享是计算机网络的最基本功能之一，也是早期建网的初衷。由于网络中某些计算机及其外围设备非常昂贵，采用计算机网络达到资源共享可以减少硬件设备的重复购置，从而提高设备的利用率，软件共享则可以避免软件的重复购置或重复开发，通过实现分布式的计算机和存储方法，使某一软件可供全网共享。数据资源包括数据文件、数据库和数据软件系统等。由于信息本身具有共享性，因此用户信息（数据）也是一种非常有价值的资源，特别是随着信息时代的到来，数据资源也越来越重要。所以，通过网络实现全网资源的共享，可以提高利用率。

2）提高可靠性

建立计算机网络，可以大幅度提高系统的可靠性，这是因为计算机在单机运行时不可避免地会产生故障，如果没有备用机，系统便无法进行正常的工作。而在计算机网络中，由于设备彼此相连，当一台机器出现故障时，可以通过网络寻找的其他机器代替本机工作。

3）均衡负载

当网络中某一台机器的处理负担过重时，可以将其作业转移到其他空闲的机器上执行，这样就可以减少用户信息在系统中的处理时间，均衡了网络中各个机器的负担，提高了系统的利用率，增加了整个系统的可用性。

4）分布式处理

在计算机网络中，可以将某些大型处理任务转化成小型任务由网中的各计算机分担处理。例如，用户可以根据任务的性质与要求选择网络中最合适而且经济的资源处理。此外，利用网络技术还可以将许多小型机或微型机连接成具有高性能的计算机系统，使其具备解决复杂问题的能力，从而降低费用。

5）数据传输

计算机网络为用户提供了通信的功能。利用网络可以方便地实现远程文件和多媒体信息的传输，特别是在当今的信息化社会中，随着人们对信息的快速性、广泛性与多样性要求的不断提高，网络数据传输的这一功能显得越来越重要。例如，网上电子邮件、远程文件传输、网上综合信息服务以及电子商务等就是人所共知的例子。

此外，利用计算机网络的数据传输功能，还可以对分散的对象进行实时、跟踪管理与监控。无论是办公自动化中的管理信息系统（management information system，MIS）、企业资源计划（enterprise resource planning，ERP）、客户关系管理（customer relationship management，CRM），还是银行、商业的管理信息系统和政府部门的办公自动化系统（office automation，OA），都是典型的对分散信息与对象进行集中控制与管理的实例。

实际上，从应用角度上看，计算机网络还有许多功能。特别是随着网络社会化、社会网络化程度的不断加深，人们对网络的功能与应用将会有更深和更广泛的认识。

4. 计算机网络的分类

计算机网络分类的标准很多，如拓扑结构、应用协议等。但是这些标准只能反映网

络某方面的特征，最能反映网络技术本质特征的分类标准是网络覆盖范围，按覆盖范围分为

- 局域网（LAN）
- 都市网（MAN）
- 广域网（WAN）
- 因特网（INTERNET）

1）局域网（local area network，LAN）

这是我们最常见、应用最广的一种网络。现在局域网随着整个计算机网络技术的发展和提高得到充分的应用和普及，几乎每个单位都有自己的局域网，有的甚至家庭中都有自己的小型局域网。很明显，所谓局域网，就是在局部地区范围内的网络，覆盖的范围较小。局域网在计算机数量配置上没有太多的限制，少的可以只有两台，多的可达几百台。一般来说在企业局域网中，工作站的数量在几十到两百台次左右。在网络所涉及的地理距离上通常可以是几米至 10 公里以内。局域网一般位于一个建筑物或一个单位内，不存在寻径问题，不包括网络层的应用。

这种网络的特点就是：连接范围窄、用户数量少、配置容易、连接速率高。目前局域网最快的速率要算现今的 10G 以太网了。IEEE 的 802 标准委员会定义了多种主要的 LAN 网：以太网（ethernet）、令牌环网（token ring）、光纤分布式接口网络（FDDI）、异步传输模式网（ATM）以及最新的无线局域网（WLAN）。

2）城域网（metropolitan area network，MAN）

这种网络一般来说是在一个城市，但不在同一地理小区的计算机互联。这种网络的连接距离可以在 10～100 公里，它采用的是 IEEE 802.6 标准。MAN 与 LAN 相比，扩展的距离更长，连接的计算机数量更多，在地理范围上可以说是 LAN 网络的延伸。在一个大型城市或都市地区，一个 MAN 网络通常连接着多个 LAN 网。如连接政府机构的 LAN、医院的 LAN、电信的 LAN、公司企业的 LAN 等。由于光纤连接的引入，使 MAN 中高速的 LAN 互联成为可能。

城域网多采用 ATM 技术做骨干网。ATM 是一个用于数据、语音、视频以及多媒体应用程序的高速网络传输方法。ATM 包括一个接口和一个协议，该协议能够在一个常规的传输信道上，在比特率不变及变化的通信量之间进行切换。ATM 也包括硬件、软件以及与 ATM 协议标准一致的介质。ATM 提供一个可伸缩的主干基础设施，以便能够适应不同规模、速度以及寻址技术的网络。ATM 的最大缺点就是成本太高，所以一般在政府城域网中应用，如邮政、银行、医院等。

3）广域网（wide area network，WAN）

这种网络也称为远程网，所覆盖的范围比城域网（MAN）更广，一般是在不同城市之间的 LAN 或者 MAN 网络互联，地理范围可从几百公里到几千公里。因为距离较远，信息衰减比较严重，所以这种网络一般是要租用专线，通过 IMP（接口信息处理）协议和线路连接起来，构成网状结构，解决寻径问题。因为所连接的用户多，总出口带宽有限，所以用户的终端连接速率一般较低，通常为 9.6Kbps～45Mbps，如 CHINANET、CHINAPAC 和 CHINADDN 网。

4）因特网

因特网又因其英文单词"Internet"的谐音称为"因特网"，有时也叫做"万维网"。因特网不是一种具体的网络技术，它是将不同的物理网络技术按某种协议统一起来的一种高层技术。从地理范围来说，它可以是全球计算机的互联。这种网络的最大的特点就是不定性，整个网络的计算机每时每刻都在变化。接入因特网的时候，用户的计算机可以算是因特网的一部分，一旦断开与因特网的连接时，用户的计算机就不属于因特网了。但它的优点也是非常明显的，就是信息量大，传播广。无论身处何地，只要联上因特网，就可以对任何可以联网用户发出信息。因为这种网络的复杂性，实现的技术也是非常复杂的，这一点我们可以通过后面要讲的几种因特网接入设备详细地了解到。

上面列出了网络的几种分类，其实在现实生活中我们真正遇得最多的还是局域网，因为它可大可小，无论在单位还是在家庭实现起来都比较容易，应用最为广泛。

5．计算机网络的拓扑结构

网络拓扑（topology）结构是指用传输介质互联各种设备的物理布局。是采用图论演变而来的"拓扑"的方法，抛开网络中的具体设备，把工作站、服务器等网络元素抽象为"点"，把网络中的电缆等传输介质抽象为"线"，这样从拓扑学的观点看计算机和网络系统，就形成了由点和线组成的几何图形。这种采用拓扑学方法抽象出的网络结构为计算机网络的拓扑结构。

构成网络的拓扑结构有很多种，通常包括：星型拓扑结构、总线拓扑结构、环型拓扑结构、树型拓扑结构、网状拓扑结构。

1）星型拓扑结构

星型拓扑结构是由中央站点和通过点到点通信链路接到中央站点的各个站点组成，如 7-1 所示。中央站点执行集中式通信控制策略，因此中央站点较复杂，而各个站点的通信处理负担都很小。采用星型拓扑结构的交换方式有电路交换和报文交换，尤以电 路交换更为普遍。现在的数据处理和声音通信的信息网大多采用这种拓扑结构。目前流行的专用交换机 PBX（private branch exchange）就是星型拓扑结构的典型实例。一旦建立了通道连接，可以无延迟地在连通的两个站点之间传送数据。

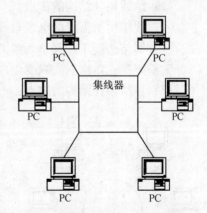

图 7-1　星型拓扑结构示意图

（1）星型拓扑结构的优点：

·控制简单。在星型网络中，任何一个站点都与中央站点相连接，因而媒体访问控制的方法很简单，致使访问协议也十分简单。

·容易做到故障诊断和隔离。在星型网络中，中央站点可以对连接线路逐条隔离，进行故障检测和定位。单个连接点的故障只影响一个设备，不会影响全网。

·方便服务。中央站点可方便地对各个站点提供服务和网络重新配置。

（2）星型拓扑结构的缺点：

·电缆长度和安装工作量可观。因为每个站点都要和中央站点直接连接，需要耗费大量的电缆，安装、维护的工作量也骤增。

·中央站点的负担加重，形成瓶颈，一旦故障，则全网受影响，因而中央站点的可靠性和冗余度方面的要求很高。

·各站点的分布处理能力较少。

2）总线拓扑

总线拓扑结构采用一个信道作为传输介质，这条信道称为总线。所有站点都通过相应的硬件接口都直接连到总线上。任何一个站点发送的信号都沿着总线传播而且能被其他站点接收。总线拓扑结构如图7-2所示。因为所有站点共享一条公用的传输信道，所以一次只能由一个站点传输信号。通常采用分布式控制策略来决定下一次哪一个站点可以发送。发送时，发送站将报文分成分组，然后一个一个依次发送这些分组，有时要与其他站点的分组交替地在总线上传输。当分组经过各站点时，其中的目的站会识别到分组的目的地址，然后拷贝下这些分组的内容。

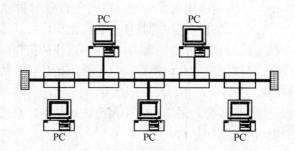

图 7-2　总线拓扑结构示意图

（1）总线拓扑结构的优点：

·总线结构所需要的电缆数量少。

·总线结构简单，又是无源工作，有较高可靠性。

·易于扩充，增加或减少用户比较方便。

（2）总线拓扑结构的缺点：

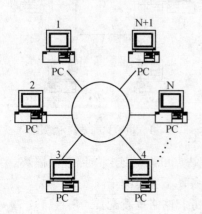

图 7-3　环型拓扑结构示意图

·系统范围受到限制。同轴电缆的工作长度一般在 2km 以内，在总线的干线基础上扩展长度时，需使用中继器扩展一个附加段。

·故障诊断和隔离较困难。因为总线拓扑网络不是集中控制，故障检测需在网上各个站点进行，检测不容易。如故障发生在站点，则只需将站点从总线上去掉。若是总线故障，则整个这段总线要切断。

3）环型拓扑结构

环型拓扑结构由站点和连接站点的链路组成一个闭合环如图 7-3 所示。

每个站点能够接收从一条链路传来的数据，并以同样的速度串行地把该数据传送到另一端链路上。这种链路可以是单向的，也可以是双向的。单向的环型网络，数据只能沿一个方向传输，数据以分组形式发送，例如图中 1 站点希望发送一个报文到 3 站点，那么要把报文分成若干个分组，每个分组包括一段数据加上某些控制信息，其中包括 3 站的地址。1 站依次把每个分组送到环上，开始沿环传输，3 站识别到带有它自己地址的分组时，将它接收下来。由于多个设备连接在一个环上，因此需要用分布控制形式的功能来进行控制，每个站都有控制发送和接收的权限。

（1）环型拓扑结构的优点：

・电缆长度短。环型拓扑结构网络所需的电缆长度和总线拓扑网络结构相似，但比星型拓扑结构网络要短得多。

・增加或减少工作站时，仅需简单地连接。

・可使用光纤，它的传输速度很高，十分适用于环型拓扑结构的单向传输。

（2）环型拓扑结构的缺点：

・站点的故障会引起全网故障。这是因为在环上的数据传输是通过接在环上的每一个站点，一旦环中某一站点发生故障就会引起全网的故障。

・检测故障困难。这与总线拓扑结构相似，因为不是集中控制，故障检测需在网上各个站点进行，故障的检测就不很容易。

・环型拓扑结构的媒体访问控制协议都采用令牌传递的方式，则在负载很轻时，其等待时间相对来说就比较长。

4）树型拓扑结构

树型拓扑结构是从总线拓扑结构演变而来的，形状像一棵倒置的树，顶端是树根，树根以下带分枝，每个分枝还可再带子分枝，如图 7-4 所示。

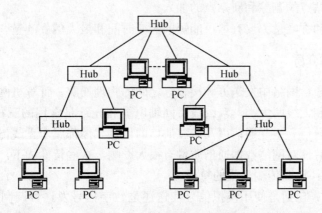

图 7-4 树型拓扑结构示意图

这种拓扑结构的站点发送信号时，根接收该信号，然后再重新广播发送到全网。树型拓扑结构的优缺点大多和总线的优缺点相同，但也有一些特殊点。

（1）树型拓扑结构的优点：

・易于扩展。从本质上讲，这种结构可以延伸出很多分支和子分支，这些新站点和

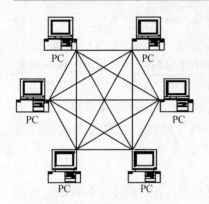

图 7-5　网状拓扑结构示意图

新分支都较容易地加入网内。

　　·故障隔离较容易。如果某一分支的站点或线路发生故障，很容易将故障分支和整个系统隔离开采。

　　（2）树型拓扑结构的缺点是各个站点对根的依赖性太大，如果根发生故障，全网则不能正常工作，从这一点来看树型拓扑结构的可靠性与星型拓扑结构相似。

　　5）网状拓扑结构

　　网状拓扑结构近年来在广域网中得到了广泛应用，如图 7-5 所示。

　　它的优点是不受瓶颈问题和失效问题的影响。由于站点之间有许多条路径相连，可以为数据流的传输选择适当的路由，绕过失效的部件或过忙的站点。这种结构虽然比较复杂，成本比较高，为提供上述功能，网形拓扑结构的网络协议也较复杂，但由于它的可靠性高，受到用户的欢迎。

　　总揽几种常用拓扑和它们的优缺点，不管是局域网或广域网，其拓扑的选择，需要考虑很多因素。网络既要易于安装，又要方便扩展。拓扑结构的选择往往与传输介质的选择和媒体访问控制方法的确定紧密相关。在选择网络拓扑结构时，应该考虑的主要因素有下列几点：

　　·可靠性。尽可能提高可靠性，保证所有数据流能准确接收。还要考虑系统的维护，要使故障检测和故障隔离较为方便。

　　·费用低。它包括建网时需考虑适合特定应用的费用和安装费用。

　　·灵活性。需要考虑系统在今后扩展或改动时，能容易地重新配置网络拓扑结构，能方便地对原有站点的删除和新站点的加入。

　　·响应时间和吞吐量。要有尽可能短的响应时间和最大的吞吐量。

7.1.2　网络传输介质

　　传输介质是通信网络中发送方和接收方之间的物理通路。计算机网络中采用的传输介质可分为有线和无线两大类。双绞线、同轴电缆和光纤是常用的三种有线传输介质。卫星通信、红外通信、激光通信以及微波通信的信息载体都属于无线传输介质。

　　传输介质的特性对网络数据通信质量有很大影响，这些特性如下：

　　·物理特性：说明传输介质的特征。

　　·传输特性：包括是使用模拟信号发送还是数字信号发送，调制技术、流量及传输的频率范围。

　　·连通性：点到点或多点连接。

　　·地理范围：网上各点间的最大距离，能用在建筑物内、建筑物之间或扩展到整个城市。

　　·抗干扰性：防止噪音、电磁干扰对数据传输影响的能力。

　　·相对价格：以元件、安装和维护的价格为基础。

1. 双绞线（twisted-pair cable，TP）

双绞线电缆是目前局域网中最通用的电缆形式，它相对便宜，灵活且易于安装，同时在需要一个中继器放大信号前它能跨越更远的距离（虽然不如同轴电缆传的远）。双绞线电缆能适用于多种不同的拓扑结构中，但更常用于星型拓扑结构中。此外，双绞线电缆能应付当前所采用的更快的网络传输速度。双绞线电缆有一个缺点，那就是由于其灵活性，它比同轴电缆更易遭受物理损害。相对于同轴线带来的好处，这个缺点是一个可以忽略的因素。所有的双绞线电缆可以分为两类：屏蔽双绞线（STP）（图 7-6）以及非屏蔽双绞线（UTP）（图 7-7）。

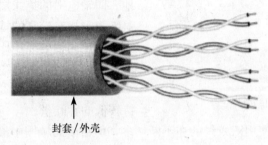

封套/外壳

图 7-6　非屏蔽双绞线（UTP）

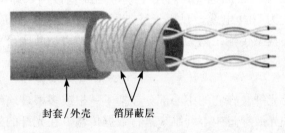

封套/外壳　箔屏蔽层

图 7-7　屏蔽双绞线（STP）

屏蔽双绞线（STP）电缆中的缠绕电线对被一种金属如箔制成的屏蔽层所包围，而且每个线对中的电线也是相互绝缘的。一些 STP 使用网状金属屏蔽层。这层屏蔽层如同一根天线，将噪声转变成直流电（假设电缆被正确接地），该直流电在屏蔽层所包围的双绞线中形成一个大小相等，方向相反的直流电（假设电缆被正确接地）。屏蔽层上的噪声与双绞线上的噪声反相，从而使得两者相抵消。影响 STP 屏蔽作用的因素包括：环境噪声的级别和类型，屏蔽层的厚度和所使用的材料，接地方法以及屏蔽的对称性和一致性。非屏蔽双绞线（UTP）电缆包括一对或多对由塑料封套包裹的绝缘电线对。UTP 没有用来屏蔽双绞线的额外的屏蔽层。因此，UTP 比 STP 更便宜，抗噪性也相对较低。

双绞线既能用于传输模拟信号，又能传输数字信号，其带宽取决于铜线的粗细和传输的距离。有许多情况下，传输速率能够达到每秒几兆位，其性能较好，价格低廉，使用广泛。

2. 同轴电缆

同轴电缆，英文简写为"Coax"。在 20 世纪 80 年代，它是 Ethernet 网络的基础，并且多年来是一种最流行的传输介质。然而，随着时间的推移，大部分现代局域网中，双绞线电缆逐渐取代了同轴电缆。同轴电缆包括：有绝缘体包围的一根中央铜线、一个

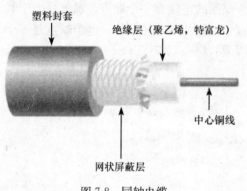

图 7-8　同轴电缆

网状金属屏蔽层以及一个塑料封套。图 7-8 描绘了一种典型的同轴电缆。在同轴电缆中，铜线传输电磁信号，网状金属屏蔽层一方面可以屏蔽噪声，另一方面可以作为信号地。同轴电缆的绝缘层和防护屏蔽层使得它对噪声干扰有较高的抵抗力。在信号必须放大之前，同轴电缆能比双绞线电缆将信号传输得更远，但不及光缆。另一方面，同轴电缆要比双绞线电缆昂贵得多，并且通常只支持较低的吞吐量。

尽管在局域网中使用双绞线的在不断增多，但目前局域网中最普遍使用的传输介质仍然是同轴电缆。目前用于局域网的有两种同轴电缆：一种是在 CATV 同轴电缆，电视系统中使用的阻抗为 75Ω 的电缆，可用于基带网或宽带网，即可作模拟传输或数字传输；另一种是阻抗为 50Ω 电缆，只用于基带网，作数字传输。最高传输率 10Mbps。一般说来，基带电缆典型传输距离为几公里，宽带电缆可达几十公里。

3. 光纤

光导纤维简称为光纤。在它的中心部分包括了一根或多根玻璃纤维，通过从激光器或发光二极管发出的光波穿过中心纤维来进行数据传输。在光纤的外面，是一层玻璃称之为包层。它如同一面镜子，将光反射回中心，反射的方式根据传输模式而不同。这种反射允许纤维的拐角处弯曲而不会降低通过光传输的信号的完整性。在包层外面，是一层塑料的网状的聚合纤维，以保护内部的中心线。最后一层塑料封套覆盖在网状屏蔽物上。图 7-9 显示了一根光纤的不同层面。

光纤可分成两大类：单模光纤和多模光纤，见图 7-10。单模光纤携带单个频率的光将数据从光纤的一端传输到另一端。通过单模光纤，数据传输的速度更快，并且距离

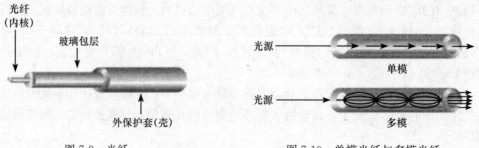

图 7-9　光纤　　　　　　　　　　　　图 7-10　单模光纤与多模光纤

也更远。但是这种光纤开销太大，因此不被考虑用于一般的数据网络。相反，多模光纤可以在单根或多根光纤上同时携带几种光波。

在网络中，光纤目前主要用作主干线，光纤的优势在于几乎无限的吞吐量、非常高的抗噪性以及极好的安全性。光纤传输的信号可以保持在光纤中而不会被轻易截取；光纤传输信号的距离也比同轴电缆或双绞线电缆所能传输的距离要远得多。美中不足的是，光纤的成本较高，而且一次只能传输一个方向的数据。目前，光纤的实用技术达到了几公里内每秒几百兆位，实验室可达更高。

4. 无线传输介质

无线传输介质中的红外线、激光、微波或其他无线电波由于不需要任何物理介质，非常适用于特殊场合。微波、红外线和激光的通信频率都很高（微波 $10^9 \sim 10^{10}$ Hz，红外线 $10^{11} \sim 10^{14}$ Hz，激光 $10^{14} \sim 10^{15}$ Hz），理论上都可承担很高的数据传输速率，但目前的工艺水平和技术，只能做到每秒几兆位，传输距离也只有几公里至几十公里。因此，目前主要用于建筑物之间，特别是建筑物间拉线有困难的场合，这三种电磁信号都沿直线传播，要使用发射器和接收器必须在视线之内。红外线和激光通信方式的方向性很强，窃听、人工干扰都很困难，但大自然中的雨和雾却对通信有很大的影响和干扰。微波在远程通信上广泛被视作同轴电缆的替代物，由于基频较低，因此对天气（雨、雾等）不像激光和红外线一般敏感，调制技术也较成熟，但缺点是方向性差，易被窃听和干扰。

7.1.3　网络操作系统

一个计算机网络通常由服务器、工作站、网桥、网关、路由器、传输介质、共享软件、共享数据等多种软硬资源构成，对这些资源进行管理就是网络操作系统的任务。将单机操作系统的思想扩展到计算机网络，将所有连入网络的计算机硬件、软件等当作一个整体，在整个网络范围内实现各种资源的统一调度和管理，并为网络中的每一个用户提供统一、透明使用网络资源的手段，这样的程序的集合就是网络操作系统（network operating system，NOS）。网络操作系统通常管理以下资源：

- 可供其他用户和工作站访问的文件系统。
- 共享存储器。
- 共享程序的加载和运行。
- 网络设备及输入/输出。
- 用户等。

网络操作系统一般具有以下几个特征：

- 网络操作系统允许在不同的硬件平台上安装和使用，能够支持各种的网络协议和网络服务。
- 提供必要的网络连接支持，能够连接两个不同的网络。
- 提供多用户协同工作的支持，具有多种网络设置，管理的工具软件，能够方便的完成网络的管理。

· 有很高的安全性，能够进行系统安全性保护和各类用户的存取权限控制。

网络操作系统与运行在工作站上的单用户操作系统或多用户操作系统由于提供的服务类型不同而有差别。一般情况下，网络操作系统是以使网络相关特性最佳为目的的。如共享数据文件、软件应用以及共享硬盘、打印机、调制解调器、扫描仪和传真机等。一般计算机的操作系统，如 DOS、OS/2、Windows98 等，其目的是让用户与系统及在此操作系统上运行的各种应用之间的交互作用最佳。

目前局域网中主要存在以下几类网络操作系统：

1）Windows 类

微软公司的 Windows 系统不仅在个人操作系统中占有绝对优势，它在网络操作系统中也有较好的表现。这类操作系统配置在整个局域网配置中是最常见的，但由于它对服务器的硬件要求较高，且稳定性能不是很高，所以微软的网络操作系统一般只是用在中低档服务器中，高端服务器通常采用 UNIX、LINUX 或 Solairs 等非 Windows 操作系统。在局域网中，微软的网络操作系统主要有：Windows NT 4.0 Serve、Windows 2000 Server/Advance Server，以及最新的 Windows 2003 Server/ Advance Server 等，工作站系统可以采用任一 Windows 或非 Windows 操作系统，包括个人操作系统，如 Windows 9x/ME/XP 等。

在整个 Windows 网络操作系统中最为成功的还是要算 Windows NT4.0 这一套系统了，它几乎成为中、小型企业局域网的标准操作系统，一则是它继承了 Windows 家族统一的界面，使用户学习、使用起来更加容易；再则它的功能也的确比较强大，基本上能满足所有中、小型企业的各项网络需求。虽然相比 Windows 2000/2003 Server 系统来说在功能上要逊色许多，但它对服务器的硬件配置要求要低许多，可以更大程度上满足许多中、小企业的 PC 服务器配置需求。

2）NetWare 类

Novell 公司推出一系列 Netware 的网络操作系统，在文件服务与目录服务方面功能相当出色，所以在 Netware 3.XX 版本以后，就占领了大部分以文件服务和打印服务为主的服务器市场。但由于微软公司的 NT 系列的性能不断增强，现在 Novell Netware 的影响力有所下降。目前，NetWare 操作系统虽然远不如早几年那么风光，在局域网中早已失去了当年雄霸一方的气势，但是 NetWare 操作系统仍以对网络硬件的要求较低（工作站只要是 286 机就可以了）而受到一些设备比较落后的中、小型企业，特别是学校的青睐。目前常用的版本有 3.11、3.12 和 4.10、V4.11，V5.0 等中英文版本。

3）Unix

UNIX 系统由 AT&T 和 SCO 公司推出，目前常用版本主要有：Unix SUR4.0、HP-UX 11.0、SUN 的 Solaris 等。支持网络文件系统服务，提供数据等应用，功能强大。这种网络操作系统稳定和安全性能非常好，但由于它多数是以命令方式来进行操作的，不容易掌握，特别是初级用户。正因如此，小型局域网基本不使用 Unix 作为网络操作系统，历史上 Uinx 是大型服务器操作系统的不二选择。Unix 网络操作系统历史悠久，其良好的网络管理功能已为广大网络用户所接受，拥有丰富的应用软件的支持。

4) Linux

这是一种新型的网络操作系统，它的最大的特点就是源代码开放，可以免费得到许多应用程序。目前也有中文版本的 Linux，如 REDHAT（红帽子），红旗 Linux 等。在国内得到了用户充分的肯定，主要体现在它的安全性和稳定性方面，它与 Unix 有许多类似之处。目前这类操作系统主要应用于中、高档服务器中。

总的来说，对特定计算环境的支持使得每一个操作系统都有适合于自己的工作场合。例如，Windows XP 适用于桌面计算机，Linux 目前较适用于小型的网络，而 Windows 2003 Server 和 Unix 则适用于大型服务器应用程序。因此，对于不同的网络应用，需要我们有目的的选择合适地网络操作系统。

7.2　网络协议及局域网的组建

7.2.1　OSI 与 TCP/IP

1. 网络体系结构与通信协议概述

1）OSI 参考模型

计算机网络是由多个互连的结点组成的，结点之间需要不断地交换数据与控制信息，要做到有条不紊地交换数据，每个结点都必须遵守一些事先约定好的规则。这些规则明确地规定了所交换数据的格式和时序。这些为网络数据交换而制定的规则、约定与标准被称为网络协议（protocol）。网络协议由以下三个要素组成：

语法：用户数据与控制信息的结构与格式。

语义：需要发出何种控制信息，以及完成的动作与做出的响应。

时序：对事件实现顺序的详细说明。

网络协议对计算机网络是不可缺少的，一个功能完备的计算机网络需要制定一整套复杂的协议集。对于结构复杂的网络协议来说，最好的组织方式是层次结构模型。计算机网络协议就是按照层次结构模型来组织的。我们将网络层次结构模型与各层次协议的集合定义为计算机网络体系结构（network architecture）。网络体系结构对计算机网络应该实现的功能进行了精确的定义，而这些功能是用什么样的硬件与软件去完成的，则是具体的实现问题。体系结构是抽象的，而实现是具体的。

计算机网络采用层次结构，具有以下优点：

（1）各层之间相互独立，高层不需要知道低层是如何实现的，而仅知道该层通过层间的接口所提供的服务。

（2）当任何一层发生变化时，例如由于技术进步促进实现技术的变化，只要接口保持不变，则在这层以上或以下各层均不受影响。

（3）各层都可以采用最合适的技术来实现，各层实现技术的改变不影响其他层。

（4）整个系统被分解为若干个易于处理的部分，这种结构使得一个庞大而复杂系统的实现变得容易控制。

（5）每层的功能与所提供的服务都有精确的说明，因此这有利于促进标准化过程。

在 1974 年，IBM 公司提出了世界上第一个网络体系结构，这就是系统网络体系结构（system network architecture，SNA）。此后，许多公司纷纷提出各自的网络体系结构。这些网络体系结构共同之处在于它们都采用了分层技术，但层次的划分、功能的分配与采用的技术均不相同。随着发展，各种计算机系统联网和互连成为人们迫切需要解决的课题。OSI 参考模型就是在这个背景下提出与研究的。1974 年，国际标准化组织（international organization for standardization，ISO）发布了著名的 ISO/IEC 7498 标准，也就是开放式系统互联（open systems interconnection，OSI）参考模型。OSI 包括了体系结构、服务定义和协议规范三级抽象。OSI 的体系结构定义了一个七层模型，用以进行进程间的通信，并作为一个框架来协调各层标准的制定；OSI 的服务定义描述了各层所提供的服务，以及层与层之间的抽象接口和交互用的服务原语；OSI 各层的协议规范，精确地定义了应当发送何种控制信息及何种过程来解释该控制信息。如图7-11所示，OSI 七层模型从下到上分别为物理层、数据链路层、网络层、传输层、会话层、表示层和应用层。

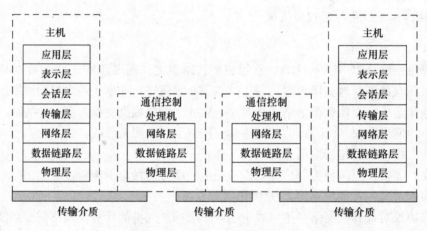

图 7-11　OSI 参考模型的结构

OSI 参考模型各层功能：

- 物理层（physical layer）

物理层是 OSI 模型的最底层或第 1 层，该层包括物理连网介质，如电缆、网络连接设备等。物理层的协议产生并检测电压以便发送和接收携带数据的信号。例如在计算机上插入网络接口卡，就建立了计算机联网的基础，换言之，提供了一个物理层。尽管物理层不提供纠错服务，但它能够设定数据传输速率并监测数据出错率。网络物理问题，如电线断开，将影响物理层。同样地，如果没有将网络接口卡在计算机的电路板中插得足够深，计算机也将在物理层出现网络问题。

- 数据链路层（data link layer）

数据链路层是 OSI 模型的第 2 层，控制网络层与物理层之间的通信。它的主要功能是将从网络层接收到的数据分割成特定的可被物理层传输的帧。帧是用来移动数据的结构包，它不仅包括原始数据，或称"有效荷载"，还包括发送方和接收方的网络地址以及纠错和控制信息。其中的地址确定了帧将发送到何处，而纠错和控制信息则确保帧无差错到达。数据链路的建立、拆除，对数据的检错、纠错是数据链路层的基本任务。

• 网络层（network layer）

网络层，即 OSI 模型的第 3 层，其主要功能是将网络地址翻译成对应的物理地址，并决定如何将数据从发送方路由到接收方。网络层通过综合考虑发送优先权、网络拥塞程度、服务质量以及可选路由的花费来决定从一个网络中结点 A 到另一个网络中结点 B 的最佳路径。由于网络层处理路由，而路由器因为连接网络各段，并智能指导数据传送，属于网络层。在网络中，"路由"是基于编址方案、使用模式以及可达性来指引数据的发送。网络层协议还能补偿数据发送、传输以及接收的设备能力的不平衡性。为完成这一任务，网络层对数据包进行分段和重组。分段即是指当数据从一个能处理较大数据单元的网络段传送到仅能处理较小数据单元的网络段时，网络层减小数据单元的大小的过程。这个过程就如同将单词分割成若干可识别的音节，给正学习阅读的儿童使用一样。重组过程即是重构被分段的数据单元。类似地，当一个孩子理解了分开的音节时，他会将所有音节组成一个单词，也就是将部分重组成一个整体。

• 传输层（transport layer）

传输层主要负责确保数据可靠、顺序、无错地从 A 结点到传输到 B 结点。因为如果没有传输层，数据将不能被接收方验证或解释，所以，传输层常被认为是 OSI 模型中最重要的一层。传输协议同时进行流量控制，即根据接收方可接收数据的快慢程度规定适当的发送速率。

除此之外，传输层按照网络能处理的最大尺寸将较长的数据包进行强制分割。例如，以太网无法接收大于 1500 字节的数据包。发送方结点的传输层将数据分割成较小的数据片，同时对每一数据片安排一序列号，以便数据到达接收方结点的传输层时，能以正确的顺序重组，该过程即被称为排序。

• 会话层（session layer）

会话层负责在网络中的两结点之间建立和维持通信。"会话"指在两个实体之间建立数据交换的连接，常用于表示终端与主机之间的通信。会话层的功能包括：建立通信链接，保持会话过程通信链接的畅通，同步两个结点之间的对话，决定通信是否被中断以及通信中断时决定从何处重新发送。有人把会话层称作网络通信的"交通警察"。当通过拨号向 ISP（因特网服务提供商）请求连接到因特网时，ISP 服务器上的会话层向客户机上的会话层进行协商连接。若此时电话线偶然从墙上插孔脱落时，客户机上的会话层将检测到连接中断并重新发起连接。会话层通过决定结点通信的优先级和通信时间的长短来设置通信期限。而且会话层通过监测会话参与者的身份以确保只有授权结点才可加入会话。

• 表示层（presentation layer）

表示层如同应用程序和网络之间的翻译官。在表示层，数据将按照网络能理解的方案进行格式化，这种格式化也因所使用网络的类型不同而不同。表示层管理数据的解密与加密，如系统口令的处理。如果在 Internet 上查询你的银行账户，使用的即是一种安全连接。账户数据在发送前被加密，在网络的另一端，表示层将对接收到的数据解密。

除此之外，表示层协议还对图片和文件格式信息进行解码和编码。

· 应用层（application layer）

OSI 模型的顶端也即第 7 层是应用层。应用层负责对软件提供接口以使程序能使用网络服务。应用层提供的服务包括文件传输、文件管理以及电子邮件的信息处理。例如，如果在网络上运行 Microsoft Word。并选择打开一个文件，你的请求将由应用层传输到网络。

表 7-1 是 OSI 参考模型各层功能的简要概括：

表 7-1　OSI 参考模型各层的功能

OSI 层	功　　能	OSI 层	功　　能
应用层	在程序之间传递信息	网络层	决定传输路由，处理信息传递
表示层	处理文本格式化，显示代码转换	数据链路层	编码、编址、传输信息
会话层	建立、维持、协调通信	物理层	管理硬件连接
传输层	确保数据正确发送		

2）TCP/IP 的产生和发展

由于种种原因，OSI 模型并没有成为真正应用在工业技术中的网络体系结构。在网络发展的初期，网络覆盖的地域范围非常有限，而且主要用途也只是为了美国国防部和军方科研机构服务。随着民用化发展，网络通过电话线路连接到大学等单位，进一步需要通过卫星和微波网络进行扩展，军用网络中原有技术标准已经不能满足网络日益民用化和网络互联的需求，因此设计一套以无缝方式网络互联的技术标准就提到议事日程上来。这一网络体系结构就是后来的 TCP/IP 参考模型。TCP/IP 模型是于 1974 年首先定义的，而设计标准的制定则在 20 世纪 80 年代后期完成。

3）TCP/IP 参考模型及各层包含的协议

TCP/IP 参考模型也是一种层次结构，共分为 4 层，分别为应用层、传输层、互联层和主机-网络层，如图 7-12 所示。各层实现特定的功能，提供特定的服务和访问接口，并具有相对的独立性。

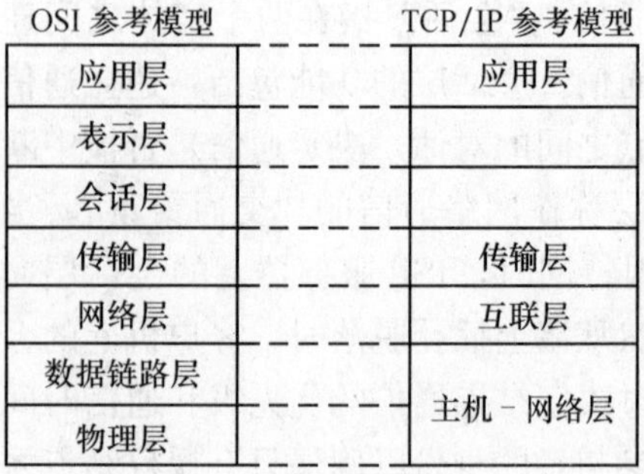

· 主机-网络层（网络接口层）

TCP/IP 参考模型中的主机-网络层相当于 OSI 参考模型中的物理层和数据链路层，这一层的功能是将数据从主机发送到网络上。

· 互联层

互联层定义了标准的分组格式和接口参数，只要符合这样的标准，分组就可以在不同网络

图 7-12　TCP/IP 参考模型

间实现漫游。

· 传输层

传输层不仅可以提供不同服务等级、不同可靠性保证的传输服务，而且还可以协调发送端和接收端之间的传输速度差异。

· 应用层

应用层是 TCP/IP 参考模型中的第四层。与 OSI 参考模型不同的是，在 TCP/IP 参考模型中没有会话层和表示层。由于在应用中发现，并不是所有的网络服务都需要会话层和表示层的功能，因此这些功能逐渐被融合到 TCP/IP 参考模型中应用层的那些特定的网络服务中。应用层是网络操作者的应用接口，正像发件人将信件放进邮筒一样，网络操作者只需在应用程序中按下发送数据按钮，其余的任务都由应用层以下的层完成。

2. TCP/IP 的三要素

Internet 地址能够唯一地确定 Internet 上每台计算机及每个用户的位置。对于用户来说，Internet 地址有两种表示形式：IP 地址与域名。

接入 Internet 的计算机与接入电话网的电话类似。每台计算机或路由器都有一个由授权机构分配的号码，称为 IP 地址。根据 TCP/IP 协议规定，IP 地址是由 32 位二进制数组成，而且在 Internet 范围内是唯一的。例如，某台联在因特网上的计算机的 IP 地址为：11000000 10101000 00001010 00000010，很明显，这些数字对于人来说不太好记忆。人们为了方便记忆，就将组成计算机的 IP 地址的 32 位二进制分成四段，每段 8 位，中间用小数点隔开，然后将每八位二进制转换成十进制数，这样上述计算机的 IP 地址就变成了 192.168.10.2。

Internet 是把全世界的无数个网络连接起来的一个庞大的网络，每个网络中的计算机通过其自身的 IP 地址而被唯一标识的，据此可以设想，在 Internet 上这个庞大的网络中，每个网络也有自己的标识符。这与日常生活中的电话号码很相像，如有一个电话号码为 010-58909502，这个号码中的前四位表示该电话是属于哪个地区的，后面的数字表示该地区的某个电话号码。与上面的例子类似，我们把计算机的 IP 地址也分成两部分，分别为网络标识和主机标识。同一个物理网络上的所有主机都用同一个网络标识，网络上的一个主机（包括网络上工作站、服务器和路由器等）都有一个主机标识与其对应。IP 地址的 4 个字节划分为 2 个部分，一部分用以标明具体的网络段，即网络标识；另一部分用以标明具体的结点，即主机标识，也就是说某个网络中的特定的计算机号码。例如，中国政法大学某一主机的 IP 地址为 202.205.64.7，对于该 IP 地址，可以把它分成网络标识和主机标识两部分，这样上述的 IP 地址就可以写成：

网络标识：202.205.64.0

主机标识：　　　　　　7

合起来写：202.205.64.7

由于网络中包含的计算机有可能不一样多，有的网络可能含有较多的计算机，也有的网络包含较少的计算机，于是人们按照网络规模的大小，把 32 位地址信息设成三种定位的划分方式，这三种划分方法分别对应于 A 类、B 类、C 类 IP 地址。

· A 类 IP 地址

一个 A 类 IP 地址是指，在 IP 地址的四段号码中，第一段号码为网络号码，剩下的三段号码为本地计算机的号码。如果用二进制表示 IP 地址的话，A 类 IP 地址就由 1

个字节的网络地址和3个字节主机地址组成，网络地址的最高位必须是"0"。A类IP地址中网络的标识长度为7位，主机标识的长度为24位，可见A类网络地址数量较少，但可以用于主机数达1600多万台的大型网络。

* B类IP地址

一个B类IP地址是指，在IP地址的四段号码中，前两段号码为网络号码，B类IP地址就由2个字节的网络地址和2个字节主机地址组成，网络地址的最高位必须是"10"。B类IP地址中网络的标识长度为14位，主机标识的长度为16位，B类网络地址适用于中等规模的网络，每个网络所能容纳的计算机数为6万多台。

* C类IP地址

一个C类IP地址是指，在IP地址的四段号码中，前三段号码为网络号码，剩下的一段号码为本地计算机的号码。如果用二进制表示IP地址的话，C类IP地址就由3个字节的网络地址和1个字节主机地址组成，网络地址的最高位必须是"110"。C类IP地址中网络的标识长度为21位，主机标识的长度为8位，C类网络地址数量较多，适用于小规模的局域网络，每个网络最多只能包含254台计算机。

除了上面三种类型的IP地址外，还有几种特殊类型的IP地址，TCP/IP协议规定，凡IP地址中的第一个字节以"1110"开始的地址都叫多点广播地址。因此，任何第一个字节大于223小于240的IP地址是多点广播地址；IP地址中的每一个字节都为0的地址（"0.0.0.0"）对应于当前主机；IP地址中的每一个字节都为1的IP地址（"255.255.255.255"）是当前子网的广播地址；IP地址中凡是以"11110"开头的地址都留着将来作为特殊用途使用；IP地址中不能以十进制"127"作为开头，127.1.1.1用于回路测试，同时网络IP的第一个6位组也不能全置为"0"，全"0"表示本地网络。

（1）子网掩码。

子网掩码也是一个32位地址，其作用是用于屏蔽IP地址的一部分以区分网络标识和主机标识，并说明该IP地址是在局域网上，还是在远程网上。只有同在一个子网中的主机才能互相通信联系，否则就要通过特殊手段了。

例如：设IP地址为192.168.10.2，子网掩码为255.255.255.240，那么子网掩码是怎样来区分网络标识和主机标识的呢？

将十进制转换成二进制进行"与"运算。

IP地址：　　11000000　10101000　00001010　00000010
子网掩码：　　11111111　11111111　11111111　11110000
AND运算：
　　　　　　　11000000　10101000　00001010　00000000

则可得其网络标识为192.168.10.0，主机标识为2。

从以上例子可以得出，只要有一个IP地址和以上的子网掩码进行"与"运算后得到192.168.10.0，那么这些IP地址就在同一个子网中。

（2）IP路由。

在Internet中，发送数据的主机称为源主机，接收数据的主机称为目的主机，它们的 IP 地址分别称为 IP 源地址与 IP 目的地址。源主机在发送数据之前，要将 IP 源地址、IP 目的地址与数据封装在 IP 数据包中。IP 地址保证了 IP 数据包的正确传送，其作用类似于日常生活中使用的信封上的地址，如图 7-13 所示。

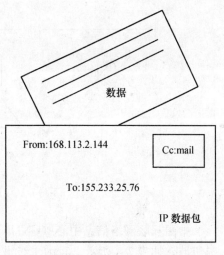

图 7-13

源主机在改善 IP 数据时只需指明第一个路由器，而该路由器会根据该数据包中的目的 IP 地址来决定在 Internet 中的传输路径，在经过路由器的多次转发后将该数据包交给目的主机。数据包具体沿哪一条从源主机发送到目的主机，用户无需参与，完全由通信子网独立完成。

3. 域名系统 DNS

IP 地址为 Internet 提供了统一的编址方式，直接使用 IP 地址就可以访问 Internet 中的主机。一般来说，用户很难记住 IP 地址。例如，用点分十进制表示的某个主机的 IP 地址为 "202.205.64.7"，这样一串数字就很难记住。然而，如果告诉用户中国政法大学 WWW 服务器地址用字符表示为 "www.cupl.edu.cn"，每个字符都有一定的意义，并且书写有一定的规律，这样就很容易理解，而且也容易记忆。为此提出了域名这个概念。

Internet 的域名结构是由 TCP/IP 协议集的域名系统（domain name system，DNS）定义的。域名系统也与 IP 地址的结构一样，采用的是典型的层次结构。域名系统将整个 Internet 划分为多个顶级域，并为每个顶级域规定了通用的顶级域名，如表 7-2 所示。由于美国是 Internet 的发源地，因此美国的顶级域名是以组织模式划分。对于其他国家，它们的顶级域名是以地理模式划分的，每个申请接入 Internet 的国家名称缩写都可以顶级域出现。例如，cn 代表中国，jp 代表日本，fr 代表法国，uk 代表英国，ca 代表加拿大。

表 7-2　顶级域名分配

顶级域名	域名类型	顶级域名	域名类型
com	商业组织	mil	军事部门
edu	教育机构	net	网络支持中心
gov	政府部门	org	各种非营利性组织
int	国际组织	国家代码	各个国家

网络信息中心将顶级域的管理权授予指定的管理机构，各个管理机构再为它们所管理的域分配二级域名，并将二级域名的管理权授予其下属的管理机构，如此层层细分，就形成了 Internet 层次状的域名结构，如图 7-14 所示。

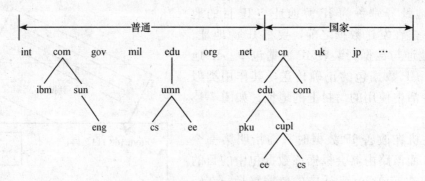

图 7-14 Internet 层次状的域名结构

中国互联网络信息中心（CNNIC）负责管理我国的顶级域。它将 cn 域划分为多个二级域，如表 7-3 所示。我国二级域的划分采用了两种划分模式：组织模式与地理模式。其中，前 7 个域对应于组织模式，而行政区代码对应于地理模式。例如，bj 代表北京市，sh 代表上海市，tj 代表天津市，he 代表河北省，nl 代表黑龙江，nm 表内蒙古自治区，hk 代表香港。

表 7-3 二级域名分配

二级域名	域名类型	二级域名	域名类型
ac	科研机构	int	国际组织
com	商业组织	net	网络支持中心
edu	教育机构	org	各种非营利性组织
gov	政府部门	行政区代码	我国的各个行政区

CNNIC 将我国教育机构的二级域（edu 域）的管理权授予中国教育和科研计算机（CERNet）网络中心。CERNet 网络中心将 edu 域划分为多个三级域，将三域名分配给各个大学与教育机构。例如，edu 域下的 cupl 代表中国政法大学，并将 cupl 域的管理权授予中国政法大学网络管理中心管理。

Internet 主机域名的排列原则是低层的子域名在前面，而它们所属的高层域名在后面。Internet 主机域名的一般格式为：

四级域名. 三级域名. 二级域名. 一级域名

例如，主机域名：www. cupl. edu. cn，表示的是中国政法大学的 WWW 服务的主机。

在域名系统 DNS 中，每个域是由不同的组织来管理的，而这些组织又可将其子域分给其他的组织来管理。这种层次结构的优点是：各个组织在它们的内部可以自由选择域名，只要保证组织内的唯一性，而不用担心与其他组织内的域名冲突。

例如，中国政法大学是一个教育机构，那么主机域名都包括"cupl. edu"后缀；如果有一家名为 cupl 的公司也想用 cupl 来命名它的主机，由于它是一个商业机构，那么它的主机域名要带"cupl. com"后缀。在 Internet 中，"cupl. edu. cn"与"cupl. com. cn"这两个域名是相互独立的。

7.2.2　组建对等局域网

1. 对等网的概念与特点

计算机网络按其工作模式主要有：对等模式和客户机/服务器（C/S）模式。在家庭、小型企业网络中通常采用对等网模式，而在规模较大的企业网络中则通常采用 C/S 模式。因为对等模式注重的是网络的共享功能，而企业网络更注重的是文件资源管理和系统资源安全等方面。对等网除了应用方面的特点外，更重要是的它的组建方式简单，投资成本低，非常容易组建，适合于家庭、小型企业选择使用。

"对等网"也称"工作组网"，它不像企业专业网络中那样是通过域来控制，在对等网中没有"域"，只有"工作组"。对等网上各台计算机有相同的功能，无主从之分，网上任意结点计算机既可以作为网络服务器，为其他计算机提供资源，也可以作为工作站，以分享其他服务器的资源。同时，对等网除了共享数据之外，还可以共享硬件设备例如打印机，对等网上的打印机可被网络上的任一结点使用，如同使用本地打印机一样方便。

对等网主要有如下特点：

（1）网络用户较少，适合人员少、应用网络较多的中小企业。

（2）网络用户都处于同一区域中。

（3）对于网络来说，网络安全不是最重要的问题。

它的主要优点有：网络成本低、网络配置和维护简单。

它的缺点也相当明显，主要有：网络性能较低、数据保密性差、文件管理分散、计算机资源占用大。

虽然对等网结构比较简单，但根据具体的应用环境和需求以及不同的规模和传输介质类型的不同，其实现的方式也有多种，常见的组网方式有：两台计算机的对等网、三台计算机的对等网和多于 3 台计算机的对等网。两台计算机的对等网的组建可以直接用串、并行电缆连接两台机即可，但这种采用串、并行电缆连接的网络的传输速率非常低，并且串、并行电缆制作比较麻烦，在网卡如此便宜的今天这种对等网连接方式比较少用。如果网络所连接的计算机不是 2 台，而是 3 台，则可以采用双网卡网桥方式，就是在其中一台计算机上安装两块网卡，另外两台计算机各安装一块网卡，然后用双绞线连接起来，再进行有关的系统配置即可。对于多于 3 台机的对等网组建方式只能有两种：一种是采用集线设备（集线器或交换机）组成星型网络；另外一种是用同轴电缆直接串联，组成总线型网络。

2. 组建对等网

如何运用前面所学的计算机网络知识亲手组建一个局域网呢？下面以多台计算机组建一个简单的局域网——对等网为例，来熟悉对等网组建过程。

对等网组建通常有以下几个步骤：

（1）确定网络组建方案，绘制网络拓扑图。

（2）硬件的准备和安装。

（3）网络协议的选择与安装。

（4）运行网络安装向导。

（5）授权网络资源共享。

举例：将一个实验室内 20 台计算机级建成一个对等网，实现资源的共享，组网的计算机均为 Windows XP 为平台。

第一步：确定网络组建方案，绘制网络拓扑图。

一个好的组网方案是网络建设成功的一半。在组网过程中需要考虑到网络性能、成本和实现的难易程度等诸多问题。在网络组建的初期，先思考和分析清楚需求是什么，采用哪些软硬件，如何连接，网络要达到什么样的目标，把它们记录下来，形成一份组网方案和网络拓扑图。

根据前面所学的知识，了解各种拓扑结构的特点以及各种网络连接设备的特性，结合网络的实际应用和组网成本，我们选用星型拓扑结构来组建该对等网。

第二步：硬件的准备和安装。

欲将 20 台计算机连接成星型结构的网络，需要准备的硬件有：100Mb/s 即插即用网卡 20 个，24 端口集线器一个以及非屏蔽双绞线和 RJ-45 接头若干。

（1）制作双绞线。使用 RJ-45 工具钳，制作双绞线 RJ-45 接头。注意双绞线的 8 根线蕊的排列顺序，按国际标准 pin 1 2 3 4 5 6 7 8 分别对应白橙 橙 白绿 蓝 白蓝 绿 白棕 棕色。这样做好的双绞线传输速率可达到 100Mb/s。

（2）安装网卡。断开电源，打开机箱，在主板上找到空闲的 PCI 插槽，将网卡插牢并固定好，盖好机箱。

（3）连线。将做好的带水晶接头的双绞线一端接入集线器一端口，一端接入网卡，每台计算机与集线器相连，形成星型网络结构。

（4）安装网卡驱动程序。硬件连接好后，重新启动计算机，启动过程中，Windows XP 将自动检测网卡，并加载网卡驱动程序，或者使用网卡自带的驱动程序进行安装。并在“控制面板”的“网络连接”中自动创建“本地连接”。

第三步：网络协议的选择与安装。

当今局域网中最常见的三个协议是 Microsoft 的 NetBEUI、Novell 的 IPX/SPX 和 TCP/IP。

NetBEUI 是一个基本协议，它提供工作组及计算机的网络标识名，而且不需要配置网络地址，另外，NetBEUI 还有一些通信功能。该协议并不支持路由选择。在 Windows ME/2000/XP 等系统中不需要安装该协议。

IPX/SPX 最早是由 Novell 公司开发的协议，可以进行路由选择。Microsoft 很早就做出了 IPX/SPX 的兼容协议，它可以支持一些高级的功能，例如，自动检测点类型和网络地址等。在混合型网络中（如 Windows 98 及 NetWare 网络），发挥着很大的作用。如果希望共享打印机，并进行互联游戏的话，那么 IPX/SPX 协议也是不可或缺的。

　　TCP/IP 是专门用于 Internet 的，也是 Internet 的核心技术之一，可以在局域网中使用它，使整个网络拥有错误检查功能。它要求每台计算机有 IP 地址，标识计算机在网络中的位置。要接入 Internet 网，本协议是必不可少的。

　　组建局域网必须安装 IPX/SPX 协议或 NetBEUI 协议。如果还要在这个局域网中共享访问 Internet 资源，需要安装 TCP/IP 协议。

　　(1) TCP/IP 协议的安装与配置。

　　首先选择"开始"→"控制面板"→"网络连接"命令，打开"网络连接"对话框。右击"本地连接"图标，在弹出的快捷菜单中选择"属性"命令，出现"本地连接属性"对话框，如图 7-15 所示。其中上面的一栏列出的是正在使用的网卡，默认情况下系统自动加载"Microsoft 网络客户端"、"网络文件和打印机共享"和"TCP/IP 协议"，每个服务或协议前面都有一个选择框，用来选择是否加载该项，标有"√"的便是已加载的项目。

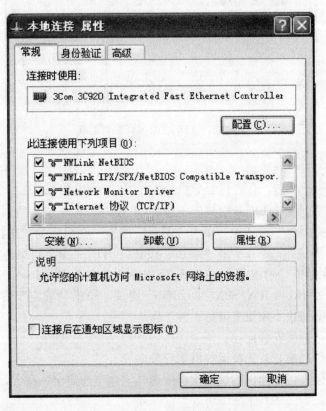

图 7-15　"本地连接属性"对话框

　　在"本地连接属性"对话框中，双击 TCP/IP 协议，打开"TCP/IP 协议属性"对话框，如图 7-16 所示，在这里进行以下设置：

　　• IP 地址：192.168.0.X（X 的取值范围 1-255，同一局域网中不重复即可）

　　• 子网掩码：255.255.255.0

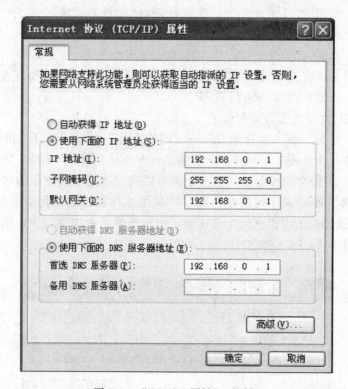

图 7-16　"TCP/IP 属性"对话框

- 默认网关：192.168.0.1
- 首选 DNS 服务器：192.168.0.1

（2）IPX/SPX 及 NetBEUI 协议的安装。

在"本地连接属性"对话中，单击"安装"按钮，在出现的"选择网络组件类型"对话框中选择"协议"，然后单击"添加"按钮，出现"选择网络协议"对话框，在"网络协议"列表框中，列出了 Microsoft 公司开发的基于 Windows XP 操作系统的网络协议，选择"NWLink IPX/SPX/NetBIOS"协议，单击"确定"按钮，系统即可加载这些协议。这些协议不用设置就可正常工作。

第四步：运行网络安装向导。

设置共享文件之前，首先要运行网络安装向导。

右击共享文件夹，在弹出的快捷菜单中选择"共享与安全"命令，打开"共享文件夹属性"对话框，如图 7-17 所示。

在"共享"选项卡中，有两种选择："本地共享和安全"及"网络共享和安全"。本地共享是将共享文件复制至共享文件夹（Windows XP 提供的专用文件夹）中，进行简单的文件共享；网络共享和安全用于设置局域网和 Internet 共享。这里选择"网络共享和安全"。

在"共享"选项卡中，单击"网络安全向导"，根据屏幕提示，依次单击"下一步"按钮，完成设置。在这个过程中，要进行以下选择：

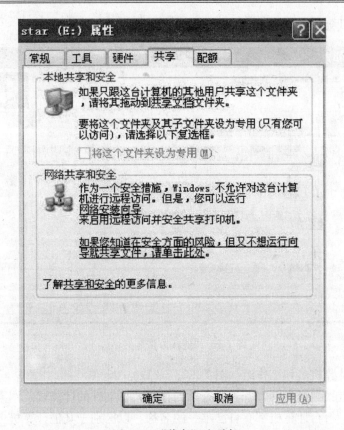

图 7-17 "共享"选项卡

（1）选择连接方式。在图 7-18 中提供了三种连接方式，前两者用于设置与 Internet 的连接方式，而这里设置的是局域网共享，所以选择"其他"单选按钮。

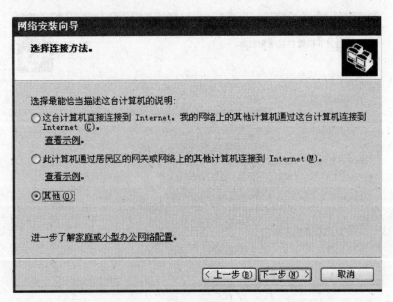

图 7-18 "选择连接方法"对话框

（2）选择其他 Internet 连接方法，如图 7-19。

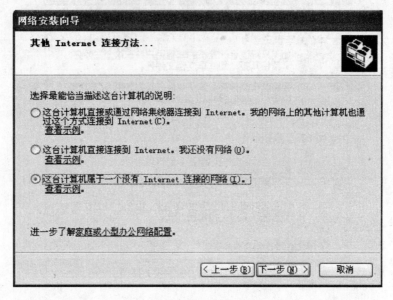

图 7-19　"连接方法"对话框

（3）设置计算机名和工作组（图 7-20、7-21）。

通过网络查找共享文件，首先要查找到存放共享文件的计算机。网络中是以名字来标识计算机的，每台计算机都有自己唯一的名称，以区别于其他计算机。工作组用于将网络中的计算机按组归类。如一个大的公司中，不同部门的计算机划归在不同的组中，以便于管理。如果网络中的计算机不是很多，那么最好把它们放在一个工作组中，这样联网查找计算机的速度会更快。

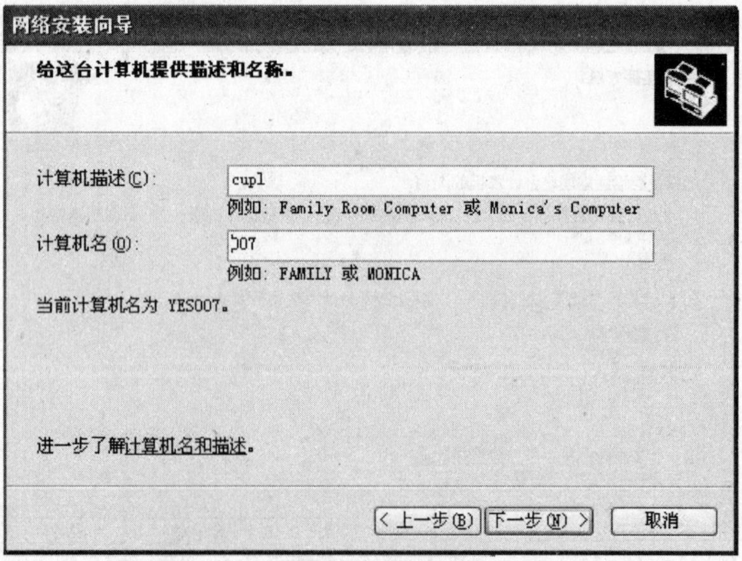

图 7-20　设置计算机名

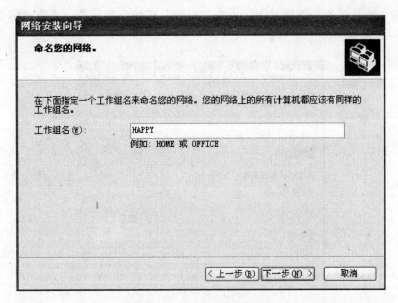

图 7-21　设置工作组名

若计算机名不合适，还可进行修改。其方法如下：

（1）在桌面上，右击"我的电脑"图标，打开"系统属性"对话框，如图 7-22 所示。

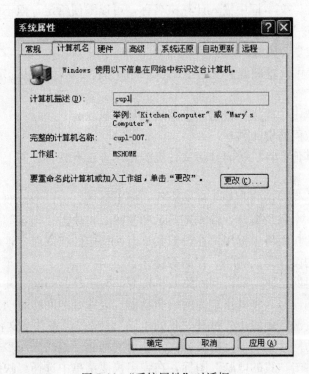

图 7-22　"系统属性"对话框

（2）在"计算机名"选项卡中，单击"更改"按钮，打开"计算机名称更改"对话框，如图 7-23 所示。

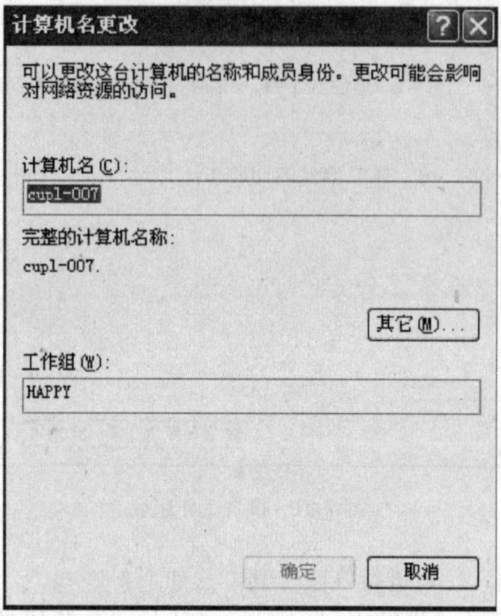

图 7-23 "计算机名更改"对话框

在"计算机名"文本框中输入计算机名称，可以随便给定，但不能与网络中的其他计算机名相同；在"工作组"文本框中输入工作组名称。

（3）设置"共享"属性。

Windows XP 可设置磁盘、文件夹、文件和程序共享，这里选定一个文件夹做成共享。

设置完毕，单击"确定"按钮，重新启动计算机。

第五步：授权网络资源共享。

从网络上的其他计算机访问共享文件资源常用方法有三种：网上邻居、映射网络驱动器和运行。

（1）通过网上邻居访问共享文件夹。在"网上邻居"窗口中，双击欲访问的计算机名，此时会弹出一个登录窗口，输入用户名和密码，再单击"确定"按钮，即可登录。

提示：访问的权限将根据用户在设置共享时所指定的权限而定，可以在允许的权限范围内进行文件的读、写、删除、存储等操作。

（2）通过映射网络驱动器访问网络共享资源。对于经常访问的共享资源，还可为它设置一个逻辑驱动器号，将其指定为网络驱动器。设置好的网络驱动器，将出现在"我的电脑"窗口和资源管理器中。打开"我的电脑"，双击代表共享文件夹的网络驱动器图标，即可直接访问该驱动器下的文件夹。映射网络驱动器的操作步骤如下：

在桌面上，右击"我的电脑"图标，在弹出快捷菜单中选择"映射网络驱动器"对话框，如图 7-24 所示。在"驱动器"下拉列表选择一个驱动器名，如"Z"；在"文件

夹"输入该网络驱动器的路径，如 \\my \ sub，表示指向的共享资源为网络中名为
"my"的计算机上的"sub"的文件夹。也可单击"浏览"按钮，在打开的"浏览文件
夹"对话框中指定一个网络共享的文件夹。选中"登录时重新连接"复选框，可再重新
启动并登录到 Microsoft 网络时，重新连接该网络驱动器。

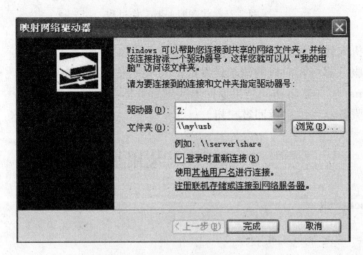

图 7-24　"映射网络驱动器"对话框

　　单击"确定"按钮，完成网络驱动器的添加过程。这时"我的电脑"窗口中增加了
"网络驱动器"，并在中期显示了新建的网络驱动器名。

　　(3) 使用"运行"命令。

　　•选择"开始"→"运行"命令，打开"运行"对话框。

　　•在"打开"文本框中输入要查找的计算机名，如 \\jszx。

　　•最后单击"确定"按钮。

　　通过上述方法均可访问共享文件夹，但必须有相应的用户权限。使用不同的用户登
录，对共享文件夹所拥有的权限也不相同。此外，还可在几台计算机上使用同一个账号
访问共享文件夹，如可用"Guest"账户或已创建的"wang"账户。

7.2.3　代理服务器及代理服务器的实现

　　代理服务器（proxy server）位于客户机和 Internet 服务器之间。对于 Internet 上
的各种服务器而言，它是客户机，向 Internet 服务器提出各种请求；对于客户机而言，
它是服务器，接受客户机提出的请求并提供相应的服务。也就是说代理服务器好像用户
和 Internet 连接的一个中间人，客户机访问 Internet 时，所发出的访问服务器的请求不
再直接发送给 Internet 服务器，而是被送到代理服务器上的，代理服务器则代向 Inter-
net 服务器提出请求，Internet 服务器收到代理服务器的请求后，处理该请求并将处理
结果返回给代理服务器，代理服务器接收 Internet 服务器返回的数据并将其保存在自己
的硬盘上，然后用这些数据为客户机提供相应的服务。代理服务器的工作过程如图7-25
所示。

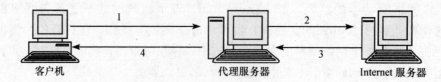

图 7-25　代理服务器工作过程

（1）客户机向代理服务器发出访问请求。

（2）代理服务器将客户机的请求转发给 Internet 服务器。

（3）Internet 服务器将访问结果返回给代理服务器。

（4）代理服务器将结果返回客户机。

7.3　Internet 应用基础

7.3.1　Internet 概述

1. Internet 的起源和发展

Internet 是全球性的、最具影响力的计算机因特网络，也是世界范围的信息资源宝库。目前，它已经成为覆盖全球的信息基础设施之一。

Internet 连接了分布在世界各地的计算机，并且按照"全球统一"的规则为每台计算机命名，制定了"全球统一"的协议来协调计算机之间的交往。Internet 从一开始就打破了中央控制的网络结构，任何用户都不必担心谁控制谁的问题。Internet 使世界变成了一个整体，而每个用户都变成了这个整体中的一部分。

Internet 的前身是 ARPAnet，它是由美国国防部的高级研究计划署资助的。在1983 年，TCP/IP 协议正式成为 ARPAnet 的协议标准。随着一些地区性网络的连入，Internet 逐步扩展到其他国家与地区。TCP/IP 协议为任何一台计算机连入 Internet 提供了技术上的保障，任何人、任何团体都可以加入到 Internet 中。对用户以及服务提供者开放，正是 Internet 获得成功的重要原因。

Internet 的最初用户限于科研与学术领域，其目的是进行研究和教育而不是谋求利润。到 20 世纪 90 年代初期 Internet 上的商业活动开始缓慢发展，各公司也逐渐意识到 Internet 在产品推销、信息传播等方面的价值。商业应用的推动，使 Internet 的发展更加迅猛，使其规模不断扩大、用户不断增加、应用不断拓展、技术不断更新，几乎深入到社会生活的每个角落，成为一种全新的工作、学习与生活的方式。

2. 我国 Internet 的发展情况

我国 Internet 的发展，和世界上大多数国家 Internet 发展相似，最初都是由学术网络发展而来的。从 20 世纪 80 年代中期开始，中国的科技人员开始了解到国外同行们已经采用电子邮件来互相交流信息，十分方便、快捷。因此，一些单位开始了种种努力，争取早日使用 Internet。1987 年 9 月，中国学术网（chinese academic network，CA-NET）在北京计算机应用技术研究所内正式建成中国第一个国际因特网电子邮件结点，并于 9 月 14 日发出了中国第一封电子邮件："Across the Great Wall we can reach every corner in the world.（越过长城，走向世界）"，揭开了中国人使用因特网的序幕。

1992 年，中关村地区教育与科研示范网络（NCFC），即中科院院网（CASNET，连接了中关村地区三十多个研究所及三里河中科院院部）、清华大学校园网（TUNET）和北京大学校园网（PUNET）全部完成建设。1994 年初，在美国华盛顿举行的由中美两国政府代表团参加的中美科技合作联委会上，美国国家科学基金会（NSF）正式允许中国联入 Internet。1994 年 4 月 20 日，NCFC 正式开通可以全功能访问国外 Internet 的专线。随后，中国科学院计算机网络信息中心于 1994 年 5 月 21 日 完成了中国国家顶级域名（CN）的注册，设立了中国自己的域名服务器，改变了中国的顶级域名服务器一直在国外运行的历史，揭开了我国 Internet 发展的新篇章。

从 20 世纪 90 年代中期开始，Internet 在中国发展迅速。到 2000 年底，我国已有 9 个因特网与 Internet 相联，其中，有 6 个是经营性：

（1）中国公用计算机因特网络（中国电信），简称 ChinaNet，由中国电信主管。

（2）网通公用因特网（中国网通），简称 CNCNet。

（3）中国联通数据网（中国联通），简称 UNINet。

（4）国家公用经济信息通信网（金桥网），简称 CHINAGBN，由信息产业部吉通公司主管。

（5）中国移动因特网，简称 CMNet。

（6）中国卫星。

有 3 个是非经营性的，它们是：

（1）中国教育科研网，简称 CERNet，由教育部主管。

（2）中国科学技术网，简称 CSTNet，由中国科学院网络中心主管。

（3）利用军队资源组建的网络。

其中中国科学技术网（CSTNet）、中国教育科技网（CERNet）、中国公用计算机互联网（ChinaNet）、中国金桥信息网（CHINAGBN）资历较老，基础雄厚，被称为中国 Internet 的四大骨干网。

同时，我国的 Internet 各项业务发展很快，据中国互联网络信息中心（CNNIC）的统计报告，截止到 2006 年 6 月 30 日，中国的网民总人数为 12 300 万人，与去年同期相比增加了 2000 万人，增长率为 19.4%，同 1997 年 10 月第一次调查的 62 万网民人数相比，现在的网民人数已是当初的 198.4 倍（图7-26），网民人数居世界第二。可以看出中国的网民发展走势良好；上网计算机已达到 5450 万台，从接入 Internet 的方式看，通过专线接入互联网的计算机为 625 万台，通过拨号方式接入互联网的计算机为 2010 万台，宽带上网的计算机数为 2815 万台（图 7-27）；中国网站总数约为 788,400 个，CN 下注册的域名总数为 342,419 个；国际出口带宽总量已从 1994 年的 64K 达到目前的 214,175M，连接的国家有美国、俄罗斯、法国、英国、德国、日本、韩国、新加坡等。

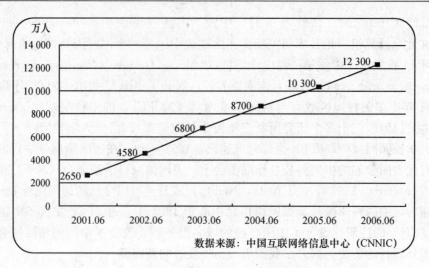

图 7-26　近几年上网人数统计

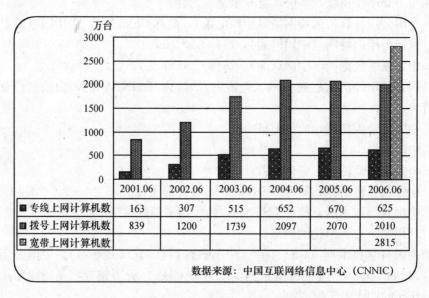

	2001.06	2002.06	2003.06	2004.06	2005.06	2006.06
■ 专线上网计算机数	163	307	515	652	670	625
▨ 拨号上网计算机数	839	1200	1739	2097	2070	2010
▨ 宽带上网计算机数						2815

数据来源：中国互联网络信息中心（CNNIC）

图 7-27　近几年以不同方式上网计算机数统计

7.3.2　接入 Internet 的方式

如果用户想使用 Internet 提供的服务，首先要将自己的计算机接入 Internet，这时就需要了解 Internet 的基本接入方式。

1. ISP 的概念

1）什么是 ISP

Internet 服务提供者（internet service provider，ISP）是用户接入 Internet 的入口点，它为用户提供 Internet 接入服务；另一方面，它也为用户提供各类信息服务。

　　一般说来，用户计算机接入 Internet 的方式主要有以下两种：通过局域网接入 Internet 和通过电话网接入 Internet。图 7-28 给出了两种基本 Internet 接入方法的结构示意图。

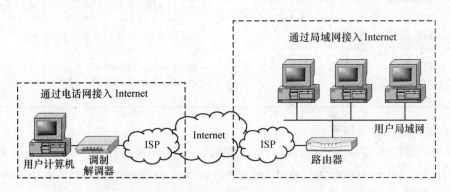

图 7-28　两种基本的 Internet 接入方法

　　不管使用哪种方式接入 Internet，首先都要连接到 ISP 的主机。从用户角度看，ISP 位于 Internet 的边缘，用户通过某种通信线路连接到 ISP，再通过 ISP 的连接通道接入 Internet。

　　2）如何选择 ISP

　　用户计算机接入 Internet 时，一定要将速度快、使用方便、价格便宜作为衡量用户所能享受 Internet 服务质量的标准。具体选择一个 ISP 时，应该注意以下几个问题：

　　（1）ISP 所在的位置。在选择 ISP 时，要考虑 ISP 所在的位置，当然首先考虑选择本地的 ISP。这样，可以花费更少的电话费用，并得到更可靠的通信线路。

　　（2）ISP 支持的传输速率。在选择 ISP 时，要考虑 ISP 端调制解调器的速率，它关系到访问 Internet 的传输速率。

　　（3）ISP 的可靠性。ISP 的可靠性是选择 ISP 时需要考虑的一个重要因素。首先，要看 ISP 能否保证用户顺利地与它连接；其次，ISP 在连接建立后能否保证连接不中断；最后，ISP 的电子邮件与域名服务器能否为用户提供可靠的服务。

　　（4）ISP 的出口带宽。ISP 的出口带宽是影响 Internet 传输速率的一个重要因素。ISP 的所有用户共享 ISP 的 Internet 连接通道，如果 ISP 的出口带宽比较窄，它会成为用户访问 Internet 瓶颈。

　　（5）ISP 的收费标准。选择 ISP 时，ISP 的收费标准也是一个很重要的因素。目前，ISP 的收费标准主要有两种：对于通过电话网接入 Internet 的用户，一般是按与 ISP 建立连接的时间来收费。另外，某些 ISP 还提供包月的收费方法，用户每月向 ISP 交付固定的 Internet 使用费用后，就可以随意访问 Internet。

　　3）国内主要的 ISP

　　目前，国内几大因特网运营机构都在国内大中型城市设立了 ISP。例如，ChinaNet 提供的"163"与"169"服务，CERNet 覆盖的大专院校及科研部门的校园网。此外，国内还存在着众多小型的 ISP。表 7-4 列出了目前国内主要的 ISP。

表 7-4　国内主要的 ISP

ISP 名称	特 服 号	提供的带宽
中国电信	163 与 169	主干网（180Gbps）国际出口（1234Mbps）
中国联通	165	主干网（15Gbps）国际出口（50Mbps）
中国吉通	167	主干网（622Gbps）国际出口（67Mbps）
中国网通		主干网（40Gbps）国际出口（350Mbps）
首都在线	263	596Mbps 与 CHINANET 互连
中国万网		600Mbps 与 CHINANET 互连
世纪互连		922Mbps 与 CHINANET 互连
首创网络		1Gbps 与 CHINANET 互连

4）如何向 ISP 申请账号

如果要通过拨号接入 Internet，首先要通过拨号方式连接到 ISP，然后才能通过 ISP 线路接入 Internet。任何想通过 ISP 访问 Internet 的用户，在使用之前必须向该 ISP 申请一个账号。

在向某个 ISP 申请 Internet 账号时，需要向 ISP 提供希望使用的账号名。当申请账号成功后，该 ISP 会告知合法的账号名与口令。

2. 接入 Internet 的方式

目前，接入 Internet 的方式主要有三类：

1）拨号上网方式

拨号是常用的上网方式。上网之后用户往往会被动态地分配一个合法的 IP 地址，这种拨号方式也称为拨号 IP 方式。用拨号 IP 方式上网的投资不大，但是能使用的功能却很强。拨号 IP 进入 Internet，接入设备不是一般的主机，而是称为接入服务器（Access Server）的设备，同时在用户计算机与接入设备之间的通信必须使用专门的通信协议题 SLIP 或 PPP。

拨号上网接入 Internet，速度受电话线及相关接入设备的硬件条件限制，到现阶段仍局限在 56k 之内，远远不能满足未来网络多媒体服务的高带宽要求，以后必将被更好的、更快速的接入方式所代替。

2）宽带接入方式

宽带技术虽然在几年以前已经发展成熟，但直到现在才为人们所熟悉。它的上网速度可以是普通拨号上网的几十至几百倍，可以说是个质的飞跃。这也是为什么它会受到如此大的关注，以及大家都对它梦寐以求的原因。

目前的宽带接入方式较多，就单个用户而言主要有 ISDN、ADSL、Cable Modem、LAN 等几种。现就常用的几种作简单介绍：

ISDN 专线入网，即现在常说的"一线通"，又称窄带综合业务数字网业务（N-ISDN）。它是在现有电话网上开发的一种集语音、数据和图像通信于一体的综合业务形式。"一线通"用户最大的好处就是利用一对普通电话线即可得到综合电信服务：边上网边打电话、边上网边发传真、两部计算机同时上网、两部电话同时通话等，用户的一部电话实际上成为两部电话；如果做桌面电视系统，通信双方可以像面对面通话一样，同时传话音、图像和数据，也可以利用电子白板通过计算机屏幕互相讨论问题。ISDN 专线方式上网速度最高可达 128k/s。

ADSL（asymmetric digital subscriber loop）称为非对称数字用户环路。它能够利用现有的双绞线即普通电话线上根据当地线路状况提供 2～8Mbps 下行速率和 640Kbps 的上行速率。这种下行速率远大于上行速率的非对称结构特别适合浏览 Internet、宽带视频点播等下行速率需求大于上行速率需求的应用。ADSL 充分利用了现有电话线路，不需要改造和重新建设网络，在电话线两端加装 ADSL 设备即可，降低了成本，减少了用户上网费用。ADSL 传输距离可达 3～5 公里，用户均可享用高质量的网络服务。ADSL 技术因具很高的传输速率、信息传递快速可靠安全、费用低廉、安装快捷方便等特点，备受广大用户的青睐。

Cable Modem（线缆调制解调器）是近两年开始试用的一种超高速 Modem，它是利用现成的有线电视（CATV）网进行数据传输，由于 CATV 的带宽是 PSTN（公用交换电话网）根本无法比拟的，因而采用 Cable Modem 进行数据传输时的速率自然是普通 Modem 望尘莫及的。通过有线网络提供的 Internet 接入方式，在理论上可以达到最大 38Mbps 的下载速度。但是，用户在实际使用时的速率可能要低得多。一般情况下，Cable Modem 能够提供的平均下载速度约为 382Kbps，平均上传速度约为 315Kbps，该速度虽然比理论上的数值低很多，但是仍然相当于普通 Modem 传输速率的 6 倍之多。

局域网（LAN）连接就是把用户的电脑连接到一个与 Internet 直接相连的局域网，并且获得一个永久属于用户计算机的 IP 地址。使用网络连接时，在计算机上应配有网卡，用于与 LAN 的通信。一般网卡的数据传输速度要比 Modem 高得多。因此用这种方法连接 Internet 是性能最好的。

3）专线接入方式

所谓专线接入，就是通过 DDN（digital data network）即数字数据网进入 Internet。它是随着数据通信业务的发展而迅速发展起来的一种新型网络。DDN 的主干网传输介质有光纤、数字微波、卫星信道等；到用户端多使用普通电缆和双绞线。DDN 利用数字信道传输数据信号，这与传统的模拟信道相比有本质的区别，DDN 传输的数据具有质量高、速度快、网络时延小等一系列的优点，特别适合于计算机主机之间、局域网之间、计算机主机与远程终端之间的大容量、多媒体、中高速通信的传输。目前，Internet 网络接入普遍采用 DDN 专线，传输速率可达 64Kbps，误码率低，传输距离远且安全。由于 DDN 是采用数字传输信道传输数据信号的通信网，因此，它可提供点对点、点对多点透明传输的数据专线出租电路，为用户传输数据、图像、声音等信息。

3. 接入 Internet 的具体实现

1）拨号上网

拨号上网是指用户计算机使用调制解调器，通过电话网与 ISP 相连接，再通过 ISP 的线路接入 Internet。图 7-29 给出了通过电话网接入 Internet 的结构示意图。

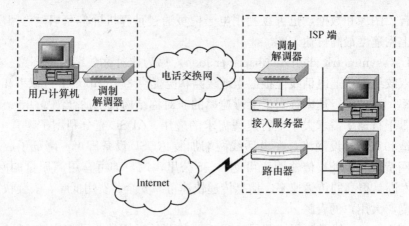

图 7-29　通过电话网接入 Internet

用户的计算机与 ISP 的远程接入服务器（remote access server，RAS）均通过调制解调器与电话网相连。用户在访问 Internet 时，通过拨号方式与 ISP 的 RAS 建立连接，通过 ISP 的路由器访问 Internet。

电话网是为传输模拟信号而设计的，计算机中的数字信号无法直接在普通的电话线上传输，因此需要使用调制解调器。在数据的发送端，调制解调器将计算机中的数字信号转换成能够在电话线上传输的模拟信号；在数据的接收端，它将接到的模拟信号转换成能够在计算机中识别的数字信号。

由于电话线支持的传输速率有限，目前较好线路的最高传输速率可以达到 56kbps，一般线路只能达到 33.6kbps，而较差线路的传输速率会更低，所以这种方式适合于个人或小型企业使用。

拨号上网实现的具体步骤：

第一步：安装调制解调器及驱动程序。

将调制解调器连接到计算机后，要为它安装相应的驱动程序。如果调制解调器支持即插即用功能，那么在完成硬件安装并重新启动计算机后，操作系统就检测到该硬件，并自动加载相应的驱动程序。若系统没有该驱动，则使用厂家提供的软盘或光盘按提示完成驱动安装。

第二步：设置调制解调器属性。

安装调制解调器后，需要对调制解调器属性进行设置，以使调制解调器能更好地工作。

要设置调制解调器属性，可以按以下步骤进行操作：

（1）在"控制面板"窗口中，双击"电话和调制解调器选项"图标，将会打开"电话和调制解调器选项"对话框。在"调制解调器"选项卡中，将会列出已安装好的调制解调器。这时，可以添加与删除调制解调器，以及设置调制解调器的属性。

（2）在"本机上已安装了下列调制解调器"列表中，选中要设置的调制解调器，单击"属性"按钮，将会弹出"调制解调器属性"对话框。在"调制解调器"选项卡中，可以设置调制解调器的端口、扬声器音量、最快速度等属性。

第三步：安装 TCP/IP 协议。

Internet 是基于 TCP/IP 协议的网络，要想使用 Internet 提供的各种服务，就必须安装 TCP/IP 协议。

要安装 TCP/IP 协议，可以按以下步骤进行操作：

（1）在"控制面板"中双击"网络连接"图标，选中"网络连接"对话框中"拨号连接"项中的连接图标。单击鼠标右键，选择"属性"命令按钮。在"网络"选项卡的列表中，列出了已安装的网络组件。如果要安装网络协议，单击"安装"按钮（图 7-30）。

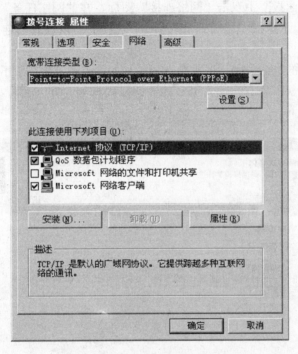

图 7-30　"拨号连接属性"对话框

（2）在"请选择网络组件类型"对话框（图 7-31）中选中"协议"选项，单击"添加"按钮。

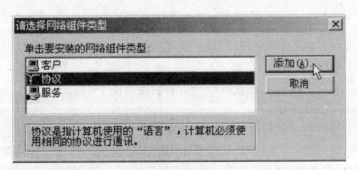

图 7-31　"请选择网络组件类型"对话框

（3）弹出"选择网络协议"对话框。在"网络协议"列表中，选中"TCP/IP"选项。单击"确定"按钮，系统开始安装 TCP/IP 协议。

（4）安装协议后，将会弹出"系统设置改变"对话框。这时，需要重新启动计算机，TCP/IP 协议才会生效。

第四步：创建拨号连接。

拨号网络是 Windows 操作系统提供的拨号程序。通过拨号网络连接 Internet，实际上是使自己的计算机通过拨号，登录到 ISP 拨号服务器上。

要创建拨号连接，可以按以下步骤进行操作：

（1）在"控制面板"中双击"网络连接"图标，在"网络任务"栏内选择"创建一个新的连接"，按提示选择"连接到 Internet"→"手动设置我的连接"→"用拨号调制解调器连接"。

（2）输入 ISP 的电话号码。通常会选择本地的 ISP，因此一般不需要输入区号。在"电话号码"框中，（图 7-32）输入 ISP 的电话号码（如"95963"）。完成输入后，单击"下一步"按钮。

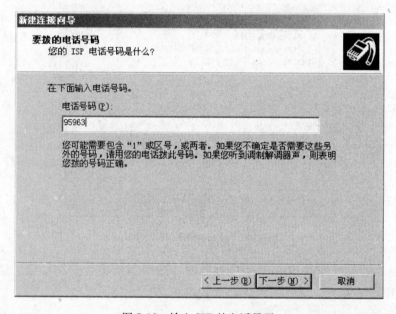

图 7-32　输入 ISP 的电话号码

（3）系统显示"输入帐户信息"对话框（图 7-33），用户可按 ISP 提供的信息输入。然后单击"下一步"。

（4）单击"完成"按钮，完成拨号连接的创建（图 7-34）。

第五步：使用拨号连接。

创建新拨号连接后，就可以使用拨号连接拨号上网了。步骤如下：

（1）在"网络连接"窗口中，双击要使用的拨号连接，弹出"连接到"对话框。在"用户名"框中，输入相应的用户名；在"密码"框中，输入用户名密码。如果计算机只是自己使用，可以选中"保存密码"复选框。单击"连接"按钮，系统开始进行拨号。

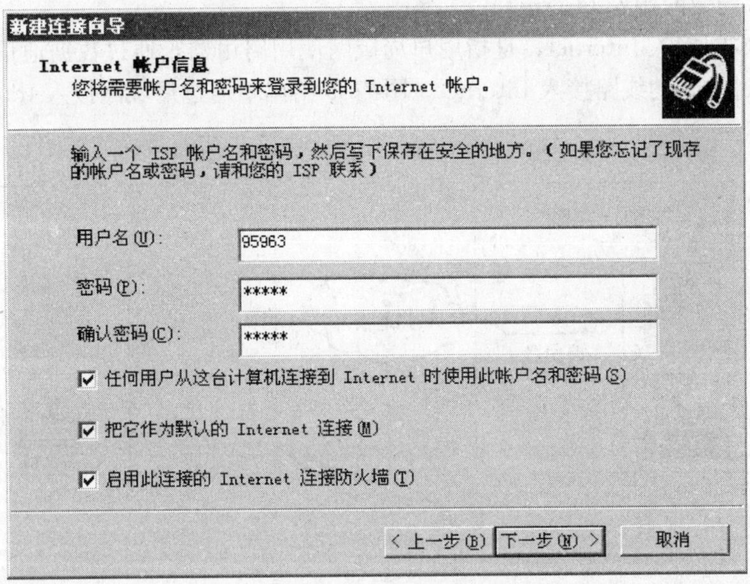

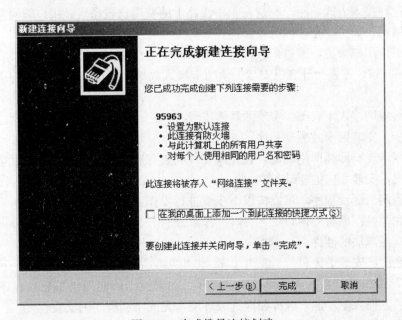

图 7-33　输入帐户信息

图 7-34　完成拨号连接创建

　　（2）弹出"正在连接到 95963"对话框。如果要停止拨号，可以单击"取消"按钮。如果与 ISP 成功建立连接，这个对话框将会自动关闭。

　　（3）在 Windows 系统右下角的状态栏中，出现"拨号连接"图标。双击"拨号连接"图标，弹出"连接到×××"对话框。其中，列出了当前的连接速度、连接时间等。如果要断开与 ISP 的连接，单击"断开连接"按钮。

2）通过局域网接入 Internet

通过局域网接入 Internet，是指用户局域网使用路由器，通过数据通信网与 ISP 相连接，再通过 ISP 的线路接入 Internet。图 7-35 给出了通过局域网接入 Internet 的结构示意图。

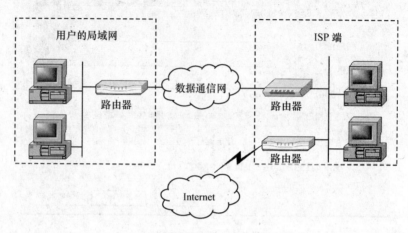

图 7-35　通过局域网接入 Internet

采用这种接入方式，用户花费在租用线路上的费用比较昂贵，用户端通常是有一定规模的局域网，如一个企业网或校园网。

对于单位用户来说，通过局域网接入 Internet 是比较方便的方法。如果要通过局域网接入 Internet，需要为计算机安装一块网卡接入局域网，由路由器负责与 Internet 建立连接。

通过局域网接入 Internet 实现的具体步骤：

第一步：安装网卡及驱动程序。

如果网卡支持即插即用功能，在完成硬件安装并启动计算机后，系统就会检测到该硬件，并提示安装相应的驱动程序。

要安装网卡驱动程序，可以按以下步骤进行操作：

（1）在"控制面板"窗口中，打开"添加硬件"对话框（见 3.7.1 节）。这时，系统会自动检测添加的硬件。

（2）在"已安装的硬件"列表中，选择"网络适配器"选项，单击"下一步"按钮，如图 7-36 所示。系统自动加载驱动程序。如果网卡厂商提供了驱动程序，可将驱动程序安装盘插入驱动器，选择相应选装环境，完成驱动程序的安装。

第二步：设置 TCP/IP 属性。

安装网卡驱动程序后，还需要设置网卡的 TCP/IP 属性，才能通过局域网接入 Internet。

要设置网卡的 TCP/IP 属性，可以按以下步骤进行：

（1）在"控制面板"窗口中，双击"网络连接"图标，右击"本地连接"图标在弹出的快捷菜单中选择"属性"命令，出现"本地连接属性"对话框，选取 TCP/2P 协议，单击"属性"按钮，弹出"Internet 协议（TCP/2P）属性"，对话框（图 7-37）。如

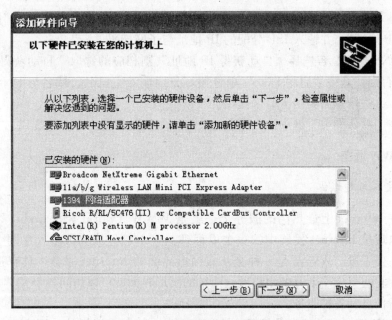

图 7-36　选择要安装的硬件类型

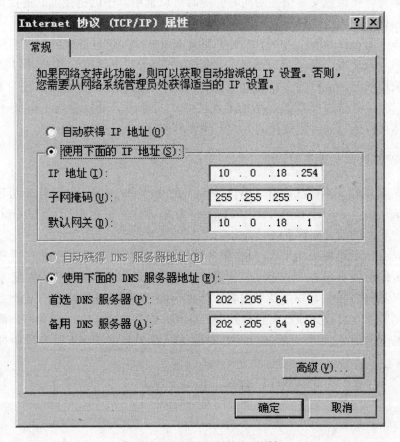

图 7-37　"TCP/IP 属性"对话框

果 ISP 提供 DHCP（动态主机配置协议）服务器，选择"自动获得 IP 地址"；否则，选择"指定 IP 地址"，并输入 ISP 分配的 IP 地址与子网掩码。

（2）DNS 配置。若选择"自动获得 IP 地址"则相应的选取"自动获得 DNS 服务器地址"，否则，选中"启用 DNS"单选钮，分别输入主机名、域名与 DNS 服务器搜索顺序域。这些信息需要由 ISP 来提供。

（3）在"默认网关"框中输入网关地址，网关地址需要由 ISP 来提供。

7.3.3　WWW 服务

1. 超文本与超媒体

目前在 Internet 上最热门的服务之一就是 WWW（world wide web，万维网）服务，它的出现是 Internet 发展中的一个里程碑。Web 已经成为很多人在网上查找、浏览信息的主要手段。WWW 是一种交互式图形界面的 Internet 服务，具有强大的信息链接功能。它使得成千上万的用户通过简单的图形界面就可以访问各个大学、组织、公司等的最新信息和各种服务。

在 WWW 系统中，信息是按超文本（hypertex）方式组织的。用户直接看到的是文本信息本身，在浏览文本信息的同时，随时可以选中其中的链接点。链接点往往是上下文关联的词句，通过选择热点可以跳转到其他的文本信息。

超媒体（hypermedia）进一步扩展了超文本所链接的信息类型。用户不仅能从一个文本跳到另一个文本，而且可以激活一段声音，显示一个图形，甚至可以播放一段动画。在目前市场上，流行的多媒体电子书籍大都采用这种方式。例如，在一本多媒体儿童读物中，当读者选中屏幕上显示的老虎图片、文字时，可以播放一段关于老虎的动画。超媒体可以通过这种集成化的方式，将多种媒体的信息联系在一起。

2. WWW 的工作方式

WWW 是以超文本标注语言（hypertext markup language，HTML）与超文本传输协议（hypertext transfer protocol，HTTP）为基础，能够提供面向 Internet 服务的、统一的用户界面的信息浏览系统。

WWW 系统的结构采用了客户机/服务器模式，它的工作原理如图 7-38 所示。信息资源以网页的形式存储在 WWW 服务器中，用户通过浏览器向 WWW 服务器发出请求；WWW 服务器根据客户端请求内容，将保存在 WWW 服务器中的某个页面发送到客户端；浏览器在接收到该页面后对其进行解释，最终将图、文、声并茂的画面呈现给用户。用户可以通过页面中的链接，方便地访问位于其他WWW服务器中的页面，或

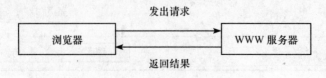

图 7-38　C/S模式工作原理

是其他类型的网络信息资源。

3. URL 与信息定位

在 Internet 中有众多的 WWW 服务器，而每台服务器中又包含很多的主页，用户如何找到想看的主页呢？这时，就需要使用统一资源定位器（Uniform Resource Locators，URL）。

标准的 URL 由三部分组成如下：服务器类型、主机名和路径及文件名。例如，中国政法大学的 WWW 服务器的 URL 为

$$http:// www. cupl. edu. cn/index. html$$

　　　　　协议　　　　主机名　　　　路径与地址

其中，"http:"指出要使用 HTTP 协议，"www. cupl. edu. cn"指出要访问的服务器的主机名，"index. html"指出要访问的主页的路径与文件名。

因此，通过使用 URL 机制，用户可以指定要访问什么服务器、哪台服务器、服务器中的哪个文件。如果用户希望访问某台 WWW 服务器中的某个页面，只要在浏览器中输入该页面的 URL，便可以浏览到该页面。

4. 网站与网页

网站是指 Internet 上的 Web 服务器。

网页（home page）是指个人或机构的基本信息页面，用户通过网页可以访问有关的信息资源。

网页一般包含以下基本元素：

- 文本（text）：最基本的元素，就是通常所说的文字。
- 图像（image）：WWW 浏览器一般只识别 GIF 与 JPEG 两种图像格式。
- 表格（table）：类似于 Word 的表格，表格单元内容一般为字符类型。
- 超链接（hyperlink）：HTML 中的重要元素，用于将 HTML 元素与其他主页相连。

5. WWW 浏览器

WWW 浏览器是用来浏览 Internet 上的主页的客户端软件。WWW 浏览器为用户提供了寻找 Internet 上内容丰富、形式多样的信息资源的便捷途径。

现在的 WWW 浏览器的功能非常强大，利用它可以访问 Internet 上的各种类型的信息，更重要的是，目前的浏览器基本上都支持多媒体特性，可以通过浏览器来播放声音、动画与视频，使得 WWW 世界变得更加丰富多彩。

目前，Windows XP 捆绑的浏览器软件是由美国 Microsoft 公司开发的 Internet Explorer。Internet Explorer 的出现虽晚，但由于 Microsoft 公司在计算机操作系统领域的优势，以及它本身是一个免费软件，所以在浏览器市场的占有率逐年增长。新版本 Internet Explorer 将 Internet 中使用的整套工具集成在一起，用户可以使用 Internet Explorer 来浏览主页、收发电子邮件、阅读新闻组、制作与发表主页、上网聊天等。

7.3.4　E-Mail 服务

E-Mail 服务又称为电子邮件服务，是目前 Internet 上使用最频繁的一种服务，它为 Internet 用户之间发送和接收消息提供了一种快捷、廉价的现代化通信手段。在传统需要几天完成的传递，电子邮件系统仅用几分钟，甚至几秒钟就可以完成。

现在电子邮件系统不但可以传输格式的文本信息，而且还可以传输图像、声音、视频等多种信息，它已成为多媒体信息传输的重要手段之一。世界上每天大约有 2500 万人通过电子邮件相互联系。

1. 电子邮件的基本概念

邮件服务器（mail server）是 Internet 邮件服务系统的核心，它的作用与日常生活中的邮局相似。一方面，邮件服务器负责接收用户送来的邮件，并根据收件人地址发送到对方的邮件服务器中；另一方面，它负责接收由其他邮件服务器发来的邮件，并根据收件人地址分发到相应的电子邮箱中。

电子邮箱（mail box）是由提供电子邮件服务的机构（一般是 ISP）为用户建立的。如果用户要使用电子邮件服务，首先要拥有一个电子邮箱。当用户向 ISP 申请电子邮箱时，ISP 就会在它的邮件服务器上建立该用户的电子邮件账户，它包括用户名（user name）与用户密码（password）。任何人都可以将电子邮件发送到某个电子邮箱中，但只有电子邮箱的拥有者输入正确的用户名与用户密码，才能查看电子邮件内容或处理电子邮件。

电子邮件地址（E-mail address）即电子邮箱的地址。电子邮件地址的格式是固定的，并且在全球范围内是唯一的。用户的电子邮件地址格式为：用户名@主机名，其中"@"符号表示"at"。主机名指的是拥有独立 IP 地址的计算机的名字，用户名是指在该计算机上为用户建立的电子邮件账号。例如，在"cupl. edu. cn"主机上，有一个名 happy 的用户，那么该用户的 E-mail 地址为：

happy@cupl. edu. cn

用户名　　　主机名

2. 电子邮件系统结构

电子邮件系统分为两个部分：邮件服务器端与邮件客户端。在邮件服务器端，包括用来发送邮件的 SMTP 服务器、用来接收邮件的 POP3 服务器或 IMAP 服务器，以及用来存储电子邮件的电子邮箱；在邮件客户端，包括用来发送邮件的 SMTP 代理、用来接收邮件的 POP3 代理，以及为用户提供管理界面的用户接口程序。电子邮件系统结构如图 7-39 所示。

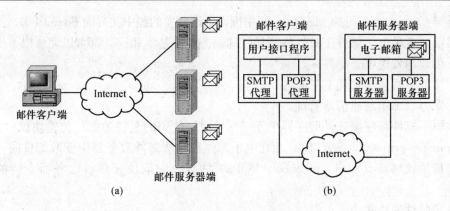

图 7-39 电子邮件的系统结构

用户通过邮件客户端访问邮件服务器中的电子邮箱和其中的邮件，邮件服务器根据邮件客户端的请求对邮箱中的邮件作适当处理。邮件客户端使用 SMTP 协议向邮件服务器中发送邮件，邮件客户端需使用 POP3 协议或 IMAP 协议从邮件服务器中接收邮件。

3. 电子邮件服务的工作过程

电子邮件服务基于客户机/服务器结构，它的具体工作过程如图 7-40 所示。

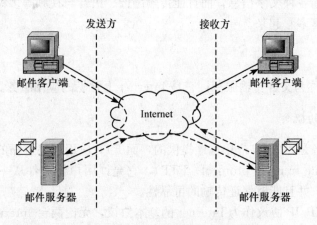

图 7-40 电子邮件服务的工作过程

首先，发送方将写好的邮件发送给自己的邮件服务器；发送方的邮件服务器接收用户送来的邮件，并根据收件人地址发送到对方的邮件服务器中；接收方的邮件服务器接收到其他服务器发来的邮件，并根据收件人地址分发到相应的电子邮箱中；然后，接收方可以在任何时间或地点从自己的邮件服务器中读取邮件，并对它们进行处理。发送方将电子邮件发出后，通过什么样的路径到达接收方，这个过程可能非常复杂，但是不需要用户关心，一切都是在 Internet 中自动完成的。

4. 电子邮件客户端软件

发送与接收电子邮件工具软件很多，其中最常用的主要有：Microsoft 公司的 Outlook

Express 与 Netscape 公司的 Messanger，中国人自己开发的纯中文界面 Foxmail 等。

目前，各种电子邮件工具软件所提供的服务功能基本相同，都可以完成以下操作：

- 创建与发送电子邮件。
- 接收、阅读与管理电子邮件。
- 账号、邮箱与通信簿管理。

在电子邮件程序向邮件服务器中发送邮件时，使用的是简单邮件传输协议（simple mail transfer protocol，SMTP）；而在电子邮件程序从邮件服务器中读取邮件时，可以使用邮局协议（post office protocol，POP3）协议，它取决于邮件服务器支持的协议类型。

电子邮件的格式

电子邮件与普通的邮政信件相似，也有自己固定的格式。电子邮件包括邮件头（mail header）与邮件体（mail body）两部分。

邮件头是由多项内容构成的，其中一部分是由系统自动生成的，如发信人地址（From：）、邮件发送的日期与时间；另一部分是由发件人自己输入的，如收信人地址（To：）、抄送人地址（Cc：）与邮件主题（Subject：）等。

邮件体就是实际要传送的信函内容。传统的电子邮件系统只能传输英文信息，而采用多目的电子邮件系统扩展（multipurpose internet mail extensions，MIME）的电子邮件系统不但能传输各种文字信息，而且能传输图像、语音与视频等多种信息，这就使得电子邮件变得丰富多彩起来。

7.3.5　FTP 服务

FTP 服务又称为文件传输服务，它是 Internet 上常见的应用服务。

1. 文件传输的概念

文件传输服务是由 FTP 应用程序提供的，而 FTP 应用程序遵循的是 TCP/IP 中的文件传输协议（file transfer protocol，FTP），它允许用户将文件从一台计算机传输到另一台计算机上，并且能够保证传输的可靠性。

由于采用 TCP/IP 协议作为 Internet 的基本协议，无论两台 Internet 上的计算机在地理位置上相距多远，只要它们都支持 FTP 协议，它们之间就可以随意地相互传送文件。这样做不仅可以节省实时联机的通信费用，而且可以方便地阅读与处理传输过来的文件。

在 Internet 中，许多公司、大学的主机上含有数量众多的各种程序与文件，这是 Internet 的巨大与宝贵的信息资源。通过使用 FTP 服务，用户就可以方便地访问这些信息资源。采用 FTP 服务后，等于使每个联网的计算机都拥有一个容量巨大的备份文件库，这是单个计算机无法比拟的优势。

2. FTP 服务的工作过程

FTP 服务采用的是典型的客户机/服务器工作模式。提供 FTP 服务的计算机称为

FTP 服务器，通常是信息服务提供者的计算机，就相应于一个大的文件仓库。用户的本地计算机称为客户机。将文件从 FTP 服务器传输到客户机的过程称为下载，将文件从客户机传输到 FTP 服务器的过程称为上载。

　　FTP 服务是一种实时的联机服务，用户在访问 FTP 服务器之前必须进行登录，登录时要求用户给出其在 FTP 服务器上的合法账号和口令。只有成功登录的用户才能访问该 FTP 服务器，并对文件进行查阅和传输。FTP 的这种工作方式限制了 Internet 上一些公用文件及资源的发布。为此，Internet 上的多数 FTP 服务器都提供了一种匿名 FTP 服务。

　　3. 匿名 FTP 服务

　　匿名 FTP 服务的实质是：提供服务的机构在它的 FTP 服务器上建立一个公开账户（一般为 Anonymous），并赋予该账户访问公共权限，以便提供免费的服务。

　　要访问这些提供匿名服务的 FTP 服务器，一般不需要输入用户名与用户密码。如果需要输入它们，可以用"Anonymous"作为用户名，用"Guest"作为用户密码。有些 FTP 服务器可能会要求用户用自己的电子邮件地址作为用户密码。提供这类服务的服务器叫做匿名服务器。

　　目前，Internet 用户使用的大多数 FTP 服务都是匿名服务。为了保证 FTP 服务器的安全，几乎所有的匿名 FTP 服务都只允许用户下载文件，而不允许用户上载文件。

　　4. FTP 客户端程序

　　目前，常用的 FTP 客户端程序通常有以下三种类型：传统的 FTP 命令行、浏览器与 FTP 下载工具。

　　传统的 FTP 命令行是最早的 FTP 客户端程序，它在 Windows95 中仍然能够使用，但是需要进入 MS-DOS 窗口。FTP 命令行包括了五十多条命令，对初学者来说是比较难于使用的。

　　目前的浏览器不但支持 WWW 方式访问，还支持 FTP 方式访问，通过它可以直接登录到 FTP 服务器并下载文件。例如，如果要访问中国政法大学的 FTP 服务器，只需在 URL 地址栏中输入"ftp：//ftp. cupl. edu. cn"即可。

　　使用 FTP 命令行或浏览器从 FTP 文件时，如果在下载过程中网络连接意外中断，下载完的那部分文件将会前功尽弃。FTP 下载工具可以解决这个问题，通过断点续传功能就可以继续进行剩余部分的传输。

　　目前，常用的 FTP 下载工具有以下几种：CuteFTP、LeapFTP、AceFTP、Bulle-tFTP、WS-FTP。其中，CuteFTP 是较早出现的一种 FTP 下载软件，它的功能比较强大，支持断点续传、文件拖放、上载、标签与自动更名等功能。CuteFTP 的使用方法很简单，但使用它只能访问 FTP 服务器。CuteFTP 是一种共享软件，可以从很多提供共享软件的站点获得。

　　5. HTTP 下载工具

　　单独使用 FTP 服务时，用户在将文件下载到本地前，无法了解文件的内容。为了克服这个缺点，人们越来越倾向于使用 WWW 浏览器搜索需要的文件，然后利用 WWW 浏览器支持的 FTP 功能下载文件。

目前，常用的 HTTP 下载工具主要有以下几种：Netants、Getright、NetVampire、GoZilla。其中，Netants 是中国人开发的文件下载工具，它的功能很强，下载速度非常快。Netnats 适合于与浏览器配合使用，首先用浏览器找到文件的位置，然后用 Netants 来下载文件。Netants 是一种共享软件，可以从很多提供共享软件的站点获得。

7.3.6　BBS 服务

电子公告牌（BBS）也是 Internet 上较常用的服务功能之一。电子公告牌提供一块公共电子白板，每个用户都可以在上面书写、发布信息或提出看法。用户可以利用 BBS 服务与未谋面的网友聊天、组织沙龙、获得帮助、讨论问题及为别人提供信息。

电子公告牌就像日常生活中的黑板报，可以按不同的主题，分成很多个布告栏。布告栏是依据大多数 BBS 使用者的需求与喜好而设立的。使用者可以阅读他人关于某个主题的最新看法，它有可能是在几秒钟之前别人刚发布的；使用者也可以将自己的看法毫无保留地贴到布告栏中去，同样也可以看到别人对你的观点发表的看法。如果需要私下进行交流的话，可以将想说的话直接发到某人的邮箱中。

网上聊天是 BBS 的一个重要功能，一台 BBS 服务器上可以开设多个聊天室。进入聊天室的人要输入一个聊天代号，先到聊天室的人会列出本次聊天的主题，用户可以在自己的计算机屏幕上看到。用户可以通过阅读屏幕上所示的信息及输入自己想要表达的信息，与同一聊天室中的网友进行聊天。

在 BBS 中，人们之间的交流打破了空间与时间的限制。与别人进行交往时，无需考虑自己的年龄、学历、知识、社会地位、财富、外貌与健康状况，而这些条件在人们的其他交往形式中是无法回避的。而且，也无法得知对方的真实社会地位。采用这种形式，可以平等地与其他人进行任何问题的讨论。

早期的 BBS 服务是一种基于远程登录的服务，想要使用 BBS 服务的用户，必须首先利用远程登录功能登录到 BBS 服务器上。每台 BBS 服务器都有允许同时登录人数的限制，如果人数超出限制，必须等待。国内许多大学的 BBS 都是采用这种方式，其中最著名的是清华大学的"水木清华"BBS 站。目前，很多 BBS 站点开始提供 WWW 访问方式，用户只要连接到 Internet 上，就可以直接用浏览器阅读其他用户的留言，或者发表自己的意见。

7.3.7　搜索引擎

Internet 中拥有数以百万计的 WWW 服务器，而且 WWW 服务器所提供的信息所覆盖的领域也极为丰富。用户如何在数百万个网站中快速、有效地查找到想要得到的信息呢？这就需要借助于 Internet 中的搜索引擎。

搜索引擎是 Internet 上的一个 WWW 服务器，它的主要任务是在 Internet 中搜索其他 WWW 服务器中的信息并对其自动索引，将索引内容存储在可供查询的大型数据库中。用户可以利用搜索引擎所提供的分类查询功能查找所需要的信息。"Yahoo!"搜索引擎是 Internet 上最著名的搜索引擎之一。

用户在使用搜索引擎之前必须知道搜索引擎站点的主机名，通过该主机名用户便可以访问到搜索引擎站点的主页。使用搜索引擎，用户只需要知道自己要查找什么，或要查找的信息属于哪一类。当用户将自己要查找信息的关键字告诉搜索引擎后，搜索引擎会返回给用户包含该关键字信息 URL，并提供通向该站点的链接，用户通过这些链接便可惜获取所需的信息。

本 章 小 结

本章内容主要介绍了两个方面的内容，一是网络基础知识，二是 Internet 基础知识及应用。网络基础知识这部分首先介绍网络的概念、形成与发展、功能、分类及一些常见的网络设备和软件；接着介绍了网络的体系结构 OSI/ISO 及 TCP/IP 模型，同时还对 IP 地址、域名（DNS）等基本概念作了阐述；最后以一个实例来介绍如何组建一个简单局域网并通过它来如何实现资源的共享及如何访问共享。Internet 基础知识及应用部分首先介绍了 Internet 的基本概念、发展状况；接着介绍了接入 Internet 的常用方法和具体实现，目前接入 Internet 的方法主要有三类即拨号接入、宽带接入和专线接入。本节就常用的拨号连接与局域网接入的具体实现过程做了详细介绍。最后就 Internet 的主要服务（WWW 服务、E_Mail 服务、FTP 服务、BBS 服务、信息搜索服务）作了具体的介绍。

习　　题

一、思考题

1. 什么是网络拓扑结构？常见的网络拓扑结构有哪些？

2. 什么是对等网？在 Windows XP 操作系统中如何实现对等网？

3. 局域网常用的协议有哪些，其各自的作用是什么？

4. 如何把一个常用的网址添加到"收藏夹"中？如何将"收藏夹"中的地址分类整理？如何删除"收藏夹"中不用的地址？

5. 举出 IP 地址、域名、URL、邮件地址的例子各一个，并描述它们的组成。

二、选择题

1. OSI 七层协议中，用来实现路由选择、网络互联的协议在（　　）实现。

A. 数据链路层　　　　　　　　　B. 网络层

C. 物理层　　　　　　　　　　　D. 会话层

2. 下列叙述中正确的是（　　）。

A. 在同一间办公室中的计算机互联不能称之为计算机网络

B. 至少六台计算机互联才能称之为计算机网络

C. 两台以上计算机互联是计算机网络

D. 多用户计算机系统是计算机网络

3. 网络（　　）决定了网络的传输速率、网络段的最大长度、传输的可靠性及网卡的复杂性。

　　A. 通信协议　　　　　　　　　B. 通信介质

　　C. 拓扑结构　　　　　　　　　D. 信号传输方式

4. 计算机网络最突出的优点是（　　）。

　　A. 精度高　　　　　　　　　　B. 运算速度快

　　C. 存储容量大　　　　　　　　D. 共享资源

5. 在下列计算机网络的拓扑结构中，所有数据信号都要通过同一条电缆来传递的是（　　）。

　　A. 环状　　　　　　　　　　　B. 总线型

　　C. 星状　　　　　　　　　　　D. 树状

6. 调制解调器的作用是（　　）。

　　A. 把计算机的数字信号和模拟的音频信号互相转换

　　B. 把计算机的数字信号转换为模拟的音频信号

　　C. 把模拟的音频信号转换成为计算机的数字信号

　　D. 防止外部病毒进入计算机中

7. 在计算机网络中，通常把提供并管理共享资源计算机称为（　　）。

　　A. 服务器　　　　　　　　　　B. 工作站

　　C. 网关　　　　　　　　　　　D. 网桥

8. 电子邮件地址由两部分组成，即：用户名@（　　）。

　　A. 文件名　　　　　　　　　　B. 域名

　　C. 匿名　　　　　　　　　　　D. 设备名

9. IP 地址是（　　）。

　　A. INTERNET 中的子网地址

　　B. INTERNET 中网络资源的地理位置

　　C. 接入 INTERNET 的局域网的编号

　　D. 接入 INTERNET 的主机地址

10. 实现 IP 地址转换为域名的是（　　）。

　　A. DNS　　　　　　　　　　　B. ISP

　　C. ARP　　　　　　　　　　　D. TCP/IP

三、上机操作题

1. 观察机房局域网，回答以下问题：

（1）该局域网中使用的传输介质是什么？

（2）网络中使用的是集线器还是交换机？

（3）拆开一台计算机，观察网卡与计算机间是如何连接的。

（4）画出机房局域网的拓扑结构。

（5）根据网卡、集线器、交换机及传输介质的性能，分析网络的最大传输速率。

2. 在一个安装 Windows XP 操作系统的小型局域网中，实现以下功能：

（1）在一台计算机上设置共享文件。

（2）访问共享文件。

（3）写出整个操作过程。

3. 在机房上机时，假如正在使用的计算机的软驱已损坏，如何利用已学过的知识使软盘上的内容输出到本机显示器？写出操作步骤。（提示：机房的计算机在一个局域网中）

4. 请使用 IE 浏览器访问一个 FTP 服务器（ftp://ftp.nankai.edu.cn）。

5. 请使用 IE 浏览器访问"新浪网"搜索引擎（http://www.sina.com.cn），并搜索关键字为"希望工程"的站点。

6. 请使用 Outlook Express 创建电子邮件账号（电子邮件地址为"elle@eyou.com"，邮件接收服务器为"pop.eyou.com"，邮件发送服务器为"eyou.com"）。

第 8 章 常用工具软件

8.1 压缩软件 WinRAR

用户使用计算机，有时会感到文件太多，磁盘空间不够，另外，若文件存储容量过大，也不便于网络传输。为了解决这个问题就需要使用专门工具软件对文件进行压缩。

1）什么是文件压缩、解压缩

一个较大的文件经压缩后，生成了另一个便于存储和传输的较小容量的文件。这个较小容量的文件就是压缩文件。要使用压缩的文件，就必须将这些经过压缩处理的文件还原成可以处理或执行的文件格式，这个过程就是解压缩。压缩文件的格式有很多种，其中常见的有：.ZIP、.RAR 和自解压文件格式 .EXE 等。而目前在 Windows 系统中，最常用的压缩管理软件有 WinZIP 和 WinRAR 两种。其中，WinRAR 可以解压缩绝大部分压缩文件，WinZIP 则不能解压缩 RAR 格式的压缩文件。以下介绍的是 WinRAR 的安装及使用。

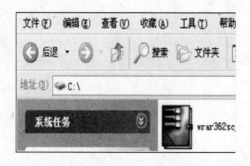

图 8-1 WinRAR 安装文件

2）WinRAR 的安装

（1）打开 WinRAR 安装文件所在的文件夹，双击安装文件，开始安装，如图 8-1 所示。

（2）在弹出的窗口中，单击"浏览"按钮可以选择安装目录，建议采用默认安装目录，即"C：\ Program Files \ WinRAR"。单击"安装"按钮，按照安装向导的提示逐步选择各项参数，直到安装完毕。

3）使用 WinRAR 解压缩文件

（1）如果无法判断文件是否为压缩文件，可以在文件上单击右键。若是压缩文件，则出现如图 8-2 所示的菜单；否则，菜单如图 8-3 所示。

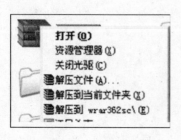

图 8-2 解压文件快捷菜单

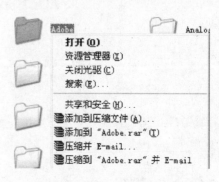

图 8-3 压缩文件快捷菜单

（2）WinRAR 的解压方式如下：

方法一：右键解压。右键单击压缩文件，弹出如图 8-2 所示的快捷菜单，其中三个"解压"的使用功能如下所述。

• 解压文件（A）：将文件解压到新建的文件夹中。单击后，弹出"解压路径和选项"对话框，选择解压目录，如 C：\ ABC，如图 8-4 所示。

图 8-4 "释放路径和选项"对话框

• 解压到当前文件夹（X）：将文件解压到压缩文件所在的文件夹。

• 解压到（E)\：单击后，在压缩文件所在的文件夹里新建一个与压缩文件名相同的文件夹，然后将文件解压到这个文件夹里面。如解压一个名为"cjjx. rar"文件，将建立一个名为"cjjx"的文件夹，然后将文件解压到 cjjx 文件夹里面。通常采用这种方式解压文件。如果压缩文件设置了密码，则会弹出一个对话框要求输入密码。

方法二：主窗口解压。双击压缩文件打开 WinRAR 主窗口；或者在"开始"菜单中选择"所有程序"→"WinRAR"→"WinRAR"，如图 8-5 所示，在窗口中双击要解压的文件。

在主窗口的工具栏中，可以单击"信息"和"注释"按钮，来查看这个压缩文件有无密码。

4）使用 WinRAR 压缩文件

WinRAR 除了用来解压缩文件之外，还有一个重要功能——压缩文件。

（1）用 WinRAR 压缩文件可以减小文件大小。当用户需要在一个较小的磁盘空间存储文件时（例如，一张软盘只能容纳 1.38MB 大小的用户文件），可以使用 WinRAR 来压缩文件。

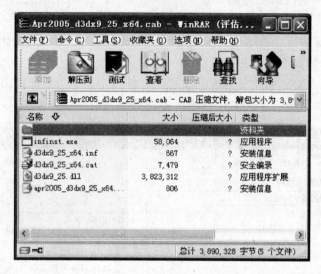

图 8-5　WinRAR 主窗口

（2）用 WinRAR 可以将多个文件或文件夹压缩成一个压缩文件。例如，将多个文件通过 E-mail 发送给朋友时，用 WinRAR 将这些文件压缩成一个压缩文件。这样，不仅可以减小文件的大小，传送的成功率也较高。与解压文件一样，用 WinRAR 压缩文件也有相应的两种方式。

　　所有文件可采用右键压缩的方式。首先选择要压缩的文件或文件夹，然后右击弹出快捷菜单，如图 8-3 所示。

　　• 添加到压缩文件（A）：单击后，弹出"压缩文件名和参数"对话框，如图 8-6 所示。如果希望对压缩的文件有更详细的设置，就选择这种方式。下面是一些常用设置：

　　在"常规"标签中，单击"浏览"按钮，可以选择压缩后压缩文件所在的文件夹，选择之后，在"压缩文件名"下面的文本框内显示，如图 8-7 所示。若无选择，压缩文件就会自动存放在当前文件夹。在"压缩文件格式"中，选择压缩文件是 .RAR 格式，还是 .ZIP 格式。

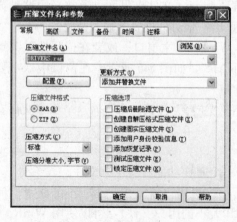

图 8-6　设置压缩文件参数对话框

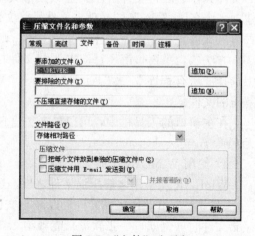

图 8-7　"文件"选项卡

　　单击选择"文件"标签，可以对要压缩的文件进行设置，如图 8-7 所示。单击"追加"按钮，可以将其他需要压缩的文件添加到文件列表中。在"要添加的文件"下面的文本框中，会显示已选择了的文件，多个文件用空格隔开。设置结束后，单击"确定"开始压缩。

　　• 添加到（T）".rar"：单击后，WinRAR 会自动将选择的文件压缩成一个压缩文件保存在当前文件夹里。如果选择的是单个文件或文件夹，压缩后的压缩文件名就会和这个文件或文件夹的名称相同；如果选择了多个文件和文件夹，压缩后的压缩文件名就会和这些文件和文件夹所在文件夹的名称相同。

8.2　文件传输软件 FlashFXP

　　文件传输是指通过网络将文件从一台计算机传送到另一台计算机上。Internet 上的文件传输是基于 FTP 协议（File Transfer Protocol，文件传输协议）。Internet 上的一些主机上存放着供用户使用的文件，并运行着 FTP 服务程序，用户在本地计算机上运行 FTP 客户端程序，由 FTP 客户程序与服务程序协同工作完成文件传输。

　　文件传输有上传和下载两种方式，上传是指用户将本地计算机文件传输到网络主机中，下载是用户将网络主机上可以下载的文件传输到本地计算机。为了高效完成文件传输，可以使用专门的 FTP 工具，FlashFXP 就是其中之一。

　　1）启动 FlashFXP

　　在"资源管理器"中找到 FlashFXP.exe 并双击，出现 FlashFXP 主界面，如图 8-8 所示。

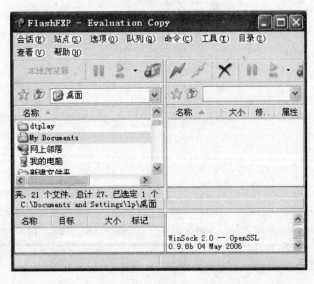

图 8-8　FlashFXP 主界面

　　2）软件设置

　　（1）选择菜单上的"站点"→"站点管理器"，在弹出的对话框中单击"新建站点"

按钮，提示输入站点名，比如输入"我的网站"，如图 8-9 所示。单击"确定"按钮后，出现如图 8-10 所示窗口，此时第一步设置完成。

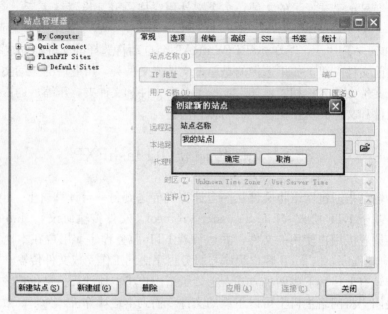

图 8-9　"站点管理器"窗口之一——新建站点

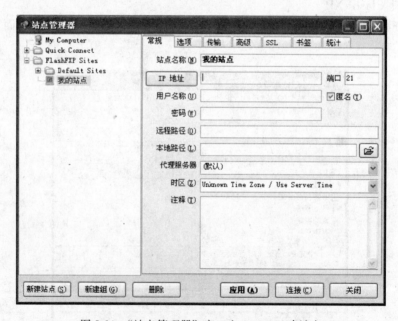

图 8-10　"站点管理器"窗口之二——已建站点

（2）建立新站点后，输入"IP 地址"、"用户名称"、"密码"，然后单击"连接"按钮，如图 8-11 所示。

如果输入的 IP 地址、用户名称、密码正确，则连接到用户网站，如图 8-12 所示。

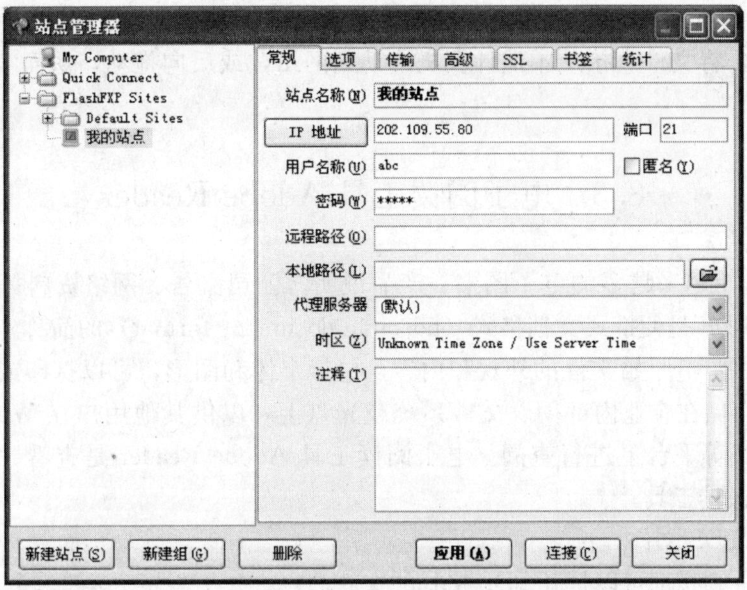

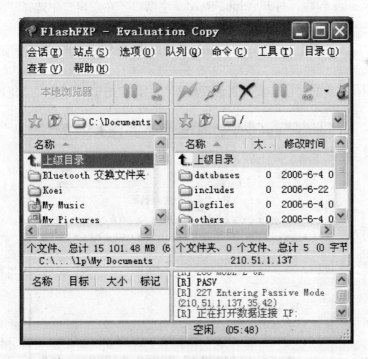

图 8-11　"站点管理器"窗口之三——设置参数

图 8-12　连接网站

3）文件传输

在图 8-12 中，左边是本地计算机中的硬盘数据，选择要上传到网站上的文件或者文件夹，然后右击该文件或者文件夹，选择"传送"，即可传送到右边的网站上。若上传的文件或文件夹较多，可以使用 Shift 或 Ctrl 键辅助选择，使用方法与在 Windows 的 "资源管理器" 中选择多个文件或文件夹方式相同。另外，还可以通过 "拖动" 的方式，将文件直接从本地计算机拖动到网站，或反向拖动，从而实现文件的上传或下载。

8.3　电子阅读工具 Adobe Reader

Internet 上越来越多的电子图书、产品说明、公司文告、网络资料等都开始使用 PDF 格式。PDF 是便携式文档格式（portable document format）的简称，这种格式的文件如实地保留了原始文件的外观和内容，包括字体和图形，可以打印或通过 E-mail 发送，也可存储在企业内部网、文件系统或光盘上，以供其他用户在 Windows、Ma-cOS 和 UNIX 等平台上进行查阅。电子阅读工具 Adobe Reader 是查看、阅读和打印 PDF 文件的最佳工具。

1）打开 PDF 文件

以下三种方式都可以打开 PDF 格式的文件。

方法一：在 Windows XP 中选择 "开始" → "所有程序" → "Adobe Reader 7.0"，运行 Adobe Reader 程序，打开 Adobe Reader 主窗口。在主窗口中选择 "文件" → "打开" 命令或使用 "打开" 按钮，打开 PDF 文件。

方法二：双击桌面上的 Adobe Reader 快捷方式图标，打开主窗口后，再打开 PDF 文件。

方法三：在 "我的电脑" 或 "资源管理器" 中，双击 PDF 文件，如图 8-13 所示。

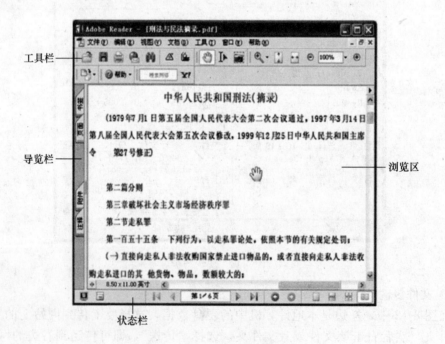

图 8-13　Adobe Reader 主窗口

2) 阅读 PDF 文件

在 Adobe Reader 中阅读 PDF 文件，主要通过导览栏、工具栏和状态栏进行各种控制。

（1）将鼠标指针移至文档浏览区，当指针变为 🖐 时，按住鼠标不放进行上下移动，即可浏览本页之前或之后的内容。

（2）阅读时，可以在工具栏中使用"显示比例"按钮选择适宜的显示比例。

（3）阅读时，可以通过状态栏进行切换，如图 8-14 所示。

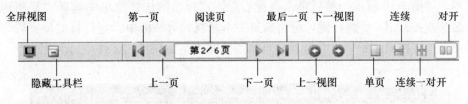

图 8-14　Adobe Reader 状态栏

（4）若文件设置了目录标题，在导览栏中单击"书签"标签，则在左窗格中显示目录，单击相应的标题可方便地定位到需要阅读的内容处。

（5）单击"页面"标签，左窗格显示每一页的缩略图，单击缩略图，则在浏览区中显示该页内容，如图 8-15 所示。

图 8-15　Adobe Reader "页面"浏览

（6）PDF 文件的创建者可以加入 PDF 或非 PDF 文件，即附件。浏览此类文件时，可在导览栏中单击"附件"标签，查看附件内容。

（7）在导览栏中单击"注释"标签，可以查看该文件的注释信息。

3）复制 PDF 文件中的文本和图片

在使用 Adobe Reader 阅读 PDF 文件时，可以选择和复制其中的文本和图片对象。其方法是单击工具栏中的"选择工具"按钮，此时，鼠标指针在浏览区呈 I 形状。在需要选择文本的开始处单击并按住鼠标左键，拖动至结束处再释放鼠标，便可以选择所需的文本，如图 8-16 所示。然后单击鼠标右键，在弹出的快捷菜单中选择"复制到剪贴板"命令或按 Ctrl＋C 组合键，可将所选文本复制到剪贴板中。定位目的位置后，使用粘贴命令，或按 Ctrl＋V 组合键，即可将所选文本粘贴到目的文件中。

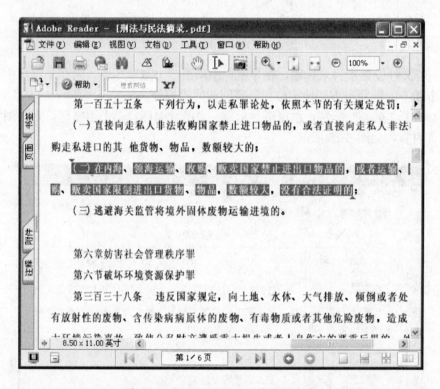

图 8-16　在 Adobe Reader 中选择文本

若要复制 PDF 文档中的图像，只需单击工具栏中的"选择工具"后，在需要选择的图片上单击，再进行复制操作。

4）打印 PDF 文件

阅读 PDF 文件时，可以通过打印的方式打印全部或部分 PDF 文件。方法是单击工具栏上的"打印"按钮或选择"文件"→"打印"命令，将打开"打印"对话框，设置打印机、打印范围和打印份数等选项后单击"确定"按钮即可，如图 8-17 所示。

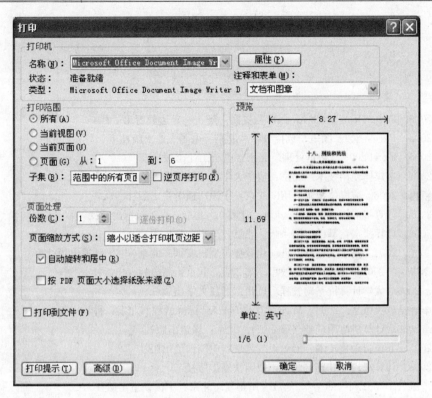

图 8-17 Adobe Reader "打印" 对话框

参 考 文 献

陈崇斌. 2005. PowerPoint 2003/XP 入门与提高. 延吉：延边教育出版社

陈杰等. 2005. Excel 函数、图表与数据分析. 北京：电子工业出版社

杜茂康. 2005. Excel 2003 与数据处理. 北京：电子工业出版社

郭宁宁. 2006. 多媒体使用技术. 北京：清华大学出版社，北京交通大学出版社

胡泽、赵新梅. 2006. 流媒体技术应用. 北京：中国广播电视出版社

李淑华. 2005. 计算机应用基础（Windows XP 版）. 北京：高等教育出版社

李秀等. 2005. 计算机文化基础. 第 4 版. 北京：清华大学出版社

林章崇，李光. 2004. 高级文秘办公自动化教程与上机实训. 北京：中国铁道出版社

卢湘鸿，李春荣. 2004. 文科计算机教程. 第 2 版. 北京：高等教育出版社

陆汉权等. 2006. 大学计算机基础教程. 杭州：浙江大学出版社

庞兆广，李胜格，吴雄华. 2004. Microsoft Office XP 标准教程. 北京：科学出版社

宋金珂等. 2006. 计算机应用基础（第 2 版）. 北京：铁道出版社

谭浩强. 2005. 办公自动化技术. 第 2 版. 北京：中国铁道出版社

谭浩强. 2006. 计算机应用基础. 北京：中国铁道出版社

王成春，萧雅云. 2002. Excel 2002 函数应用秘笈. 北京：中国铁道出版社

王国平. 2005. 开天辟地 Word 2003/XP 入门与提高. 长春：吉林电子出版社

王善利等. 2006. 多媒体技术教程. 北京：清华大学出版社，北京交通大学出版社

微软公司. 2002. Excel 2002 标准教程. 北京：中国劳动社会保障出版社

微软公司. 2002. Word 2002 标准教程. 北京：中国劳动社会保障出版社

微软公司. 2006. Microsoft Office Excel 2003. 童欣，江凌等译. 北京：高等教育出版社

吴功宜，吴英. 2002. 计算机网络应用技术教程. 北京：清华大学出版社

许进标. 2005. Excel 函数与宏实例应用解析. 北京：中国铁道出版社

张金贵. 2005. 开天辟地 Word 2003/XP 应用技巧. 天津：天津电子出版社

张宁. 2005. 计算机应用技术. 北京：光明日报出版社

Douglas E Comer. 2000. 计算机网络与因特网. 北京：机械工业出版社

John Walkenbach. 2005. Excel 2003 宝典. 陈缅，裕鹏等译. 北京：电子工业出版社

John Walkenbach. 2005. Excel 2003 公式与函数应用宝典. 邱燕明，赵迎等译. 北京：电子工业出版社

Larry Peterson，Bruce S Davie. 2002. 计算机网络. 第 2 版. 北京：机械工业出版社

Lisa Stefanik. 2000. 计算机网络实用教程. 北京：机械工业出版社

Michael Halvorson，Michael J Y. 2002. 精通 Microsoft Office XP 中文版. 智慧东方工作室译. 北京：清华大学出版社

Timothy Zapawa. 2006. Excel 高级报表宝典. 别红霞等译. 北京：电子工业出版社

附录 标准 ASCII 字符集

八进制	十六进制	十进制	字 符	八进制	十六进制	十进制	字 符
00	00	0	nul	43	23	35	#
01	01	1	soh	44	24	36	$
02	02	2	stx	45	25	37	%
03	03	3	etx	46	26	38	&
04	04	4	eot	47	27	39	`
05	05	5	enq	50	28	40	(
06	06	6	ack	51	29	41	)
07	07	7	bel	52	2a	42	*
10	08	8	bs	53	2b	43	+
11	09	9	ht	54	2c	44	,
12	0a	10	nl	55	2d	45	—
13	0b	11	vt	56	2e	46	.
14	0c	12	ff	57	2f	47	/
15	0d	13	er	60	30	48	0
16	0e	14	so	61	31	49	1
17	0f	15	si	62	32	50	2
20	10	16	dle	63	33	51	3
21	11	17	dc1	64	34	52	4
22	12	18	dc2	65	35	53	5
23	13	19	dc3	66	36	54	6
24	14	20	dc4	67	37	55	7
25	15	21	nak	70	38	56	8
26	16	22	syn	71	39	57	9
27	17	23	etb	72	3a	58	:
30	18	24	can	73	3b	59	;
31	19	25	em	74	3c	60	<
32	1a	26	sub	75	3d	61	=
33	1b	27	esc	76	3e	62	>
34	1c	28	fs	77	3f	63	?
35	1d	29	gs	100	40	64	@
36	1e	30	re	101	41	65	A
37	1f	31	us	102	42	66	B
40	20	32	sp	103	43	67	C
41	21	33	!	104	44	68	D
42	22	34	"	105	45	69	E

续表

八进制	十六进制	十进制	字　符	八进制	十六进制	十进制	字　符
106	46	70	F	143	63	99	c
107	47	71	G	144	64	100	d
110	48	72	H	145	65	101	e
111	49	73	I	146	66	102	f
112	4a	74	J	147	67	103	g
113	4b	75	K	150	68	104	h
114	4c	76	L	151	69	105	i
115	4d	77	M	152	6a	106	j
116	4e	78	N	153	6b	107	k
117	4f	79	O	154	6c	108	l
120	50	80	P	155	6d	109	m
121	51	81	Q	156	6e	110	n
122	52	82	R	157	6f	111	o
123	53	83	S	160	70	112	p
124	54	84	T	161	71	113	q
125	55	85	U	162	72	114	r
126	56	86	V	163	73	115	s
127	57	87	W	164	74	116	t
130	58	88	X	165	75	117	u
131	59	89	Y	166	76	118	v
132	5a	90	Z	167	77	119	w
133	5b	91	[	170	78	120	x
134	5c	92	\	171	79	121	y
135	5d	93	]	172	7a	122	z
136	5e	94	ˆ	173	7b	123	{
137	5f	95	_	174	7c	124		
140	60	96	´	175	7d	125	}
141	61	97	a	176	7e	126	~
142	62	98	b	177	7f	127	DEL